U0156391

高等院校计算机应用系列教材

Linux 编程

（第二版）（微课版）

刘文果　主　编

丁　凯　徐钦桂　钟雪峰　谭　伟　副主编

清华大学出版社

北京

内 容 简 介

本书将 Linux 系统编程应用与操作系统原理深度融合，先从 Linux C 案例程序出发，提出问题，引入操作系统的概念和原理，讨论解决问题的理论和方法，再从理论回归实践，分析和解决编程应用问题，破解传统上理论教学和实践教学脱节的问题，取得了很好的教学效果。本书主要内容包括 Linux 基本操作、Shell 编程、系统 I/O 编程、文件系统、进程控制原理、多进程并发编程、信号机制、线程概念、多线程并发编程、同步互斥概念、基于信号量与 P/V 操作解决同步互斥问题、经典同步问题、网络编程、并发网络应用编程等。本书安排了大量的程序示例、课后习题，旨在训练读者理论运用和解决问题的能力，精心设计了很多绘图，使抽象的概念、原理和技术看得见。

本书内容全面、结构合理、思路清晰、语言简洁、示例丰富。本书既可作为高等院校计算机类专业有关操作系统和 Linux 编程等课程的教材，又可作为 C 程序、嵌入式开发工程师的参考资料。

本书配套的电子课件、示例源代码、习题答案和实验指导可以到 http://www.tupwk.com.cn/downpage 网站下载，也可以扫描前言中的"配套资源"二维码获取。扫描前言中的"看视频"二维码可以直接观看教学视频。

图书在版编目(CIP)数据

Linux 编程：微课版 / 刘文果主编. —2 版.—北京：清华大学出版社，2024.4
高等院校计算机应用系列教材
ISBN 978-7-302-65807-8

Ⅰ. ① L… Ⅱ. ① 刘… Ⅲ. ① Linux 操作系统—程序设计—高等学校—教材 Ⅳ. ① TP316. 85

中国国家版本馆 CIP 数据核字(2024)第 055772 号

责任编辑：胡辰浩
封面设计：高娟妮
版式设计：妙思品位
责任校对：马遥遥
责任印制：刘海龙

出版发行：清华大学出版社

　　　网　　　址：https://www.tup.com.cn，https://www.wqxuetang.com
　　　地　　　址：北京清华大学学研大厦 A 座　　　　　邮　　编：100084
　　　社 总 机：010-83470000　　　　　　　　　　　邮　　购：010-62786544
　　　投稿与读者服务：010-62776969，c-service@tup.tsinghua.edu.cn
　　　质 量 反 馈：010-62772015，zhiliang@tup.tsinghua.edu.cn

印 装 者：三河市君旺印务有限公司

经　　销：全国新华书店

开　　本：185mm×260mm　　　印　　张：22.5　　　字　　数：604 千字

版　　次：2019 年 1 月第 1 版　　2024 年 6 月第 2 版　　印　　次：2024 年 6 月第 1 次印刷

定　　价：79.00 元

产品编号：102743-01

前　言

    Linux是一种技术先进、功能强大、性能优越、应用广泛的操作系统，也是当今大多数云计算、大数据平台的节点用操作系统。要掌握Linux系统原理和编程技术需要具备操作系统原理知识，而学习操作系统原理，又需要通过Linux编程来巩固和应用理论知识。以往这两方面的教学脱节严重，致使教学效果不及预期。

    本书是作者从事多年有关操作系统课程教学研究与改革成果的结晶，针对过去理论原理和编程实践脱节的问题，将操作系统理论和Linux编程实践进行深度融合，以Linux系统编程为主线，纳入操作系统中的进程管理、线程机制、信号量与P/V操作、进程间通信、文件系统等部分内容，将理论和实践有机结合，要想熟练掌握操作系统与Linux编程，不仅要深入理解相关的概念和原理，还要用操作系统理论知识去分析问题，在Linux环境下编写系统和网络通信应用程序。

    本书先介绍操作系统的操作使用、Shell编程、文件管理操作，使读者获得初步的感知，然后介绍系统内部结构、原理和编程等内容，使学习过程自然而不唐突。对于文件系统、进程管理与控制、线程管理、进程间通信、网络编程，都是从学生看得见、摸得着的命令操作和C程序运行结果开始，提出问题，引发学生讨论，引入操作系统的概念、内部结构、理论原理和解决方案。书中的绘图使抽象的原理看得见，逐步引导学生用理论知识去解决更多、更复杂的应用问题。本教材于2017年开始应用于我校有关操作系统课程的教学，经过两年的完善，2019年出版第一版，2023年出版Mooc视频版。多年的教学实践表明，采用本书内容和教学方案，有效破解了多年来操作系统课程难教难学的问题。

    本书既可作为有关操作系统课程的主要教材，又可独立作为有关操作系统实验或Linux系统编程的教材，书中提供了大量的微课视频、PPT课件、示例源代码、习题答案、实验指导等教学资源。

    本书内容全面、结构合理、思路清晰、语言简洁、示例丰富。每章的开头概述了本章的学习目标。每章的正文都结合所讲述的关键技术和难点，穿插了大量有价值的示例程序，安排了有针对性的思考和练习，帮助学生理解相关概念。每章末尾都安排了丰富的课后习题，培养学生分析和解决问题的能力。

    在编写本书的过程中，我们参考了相关文献，在此向这些文献的作者深表感谢。由于我们水平有限，书中难免有不足之处，恳请专家和广大读者批评指正。我们的电话是010-62796045，电子邮箱是992116@qq.com。

本书配套的电子课件、示例源代码、习题答案和实验指导可以到http://www.tupwk.com.cn/downpage 网站下载，也可以扫描下方的"配套资源"二维码获取。扫描下方的"看视频"二维码可以直接观看教学视频。

<table>
<tr><td>扫描下载</td><td>扫一扫</td></tr>
</table>

配套资源　　　　　　　　　　　　看视频

作　者

2023 年 11 月

目　　录

第 1 章

Linux 系统文件操作

本章主要介绍 Linux 系统的基本知识,包括 Linux 系统简介、Linux 系统的目录结构、文件类型、文件权限、Linux 命令格式以及文件目录的基本操作,为在 Linux 环境下进行编程打下基础。

本章学习目标:

- 了解 UNIX 与 Linux 系统的基本特点和发展历程
- 理解 Linux 系统的目录结构
- 掌握 Linux 系统的安装、启动、登录方法
- 掌握 Linux 文件属性和权限的概念
- 掌握 Linux 文件路径的概念和通配符的含义
- 掌握常用的 Linux 文件与目录操作命令
- 掌握 Linux 文件的打包及解包方法
- 理解 I/O 重定向和管道的功能及基本概念

1.1 UNIX/Linux 操作系统简介

1.1.1 UNIX 简介

1969 年,Bell Labs(贝尔实验室)的 Ken Thompson 和 Dennis Ritchie 出于兴趣开发了一种多用户、多任务、多层次的操作系统 UNIX,1971 年完成第一版的开发,实现了多任务管理、文件操作、网络通信功能。这一版本的 UNIX 性能卓越。

1973 年,Dennis Ritchie 创造了 C 语言,与 Ken Thompson 一起用 C 语言重写了 UNIX 的第三版内核,使代码维护和移植变得便利,UNIX 得到了科研机构与企业的大力支持,该版本后来逐渐形成了 UNIX AT&T System V Relcase 4(SVR4)和 BSD 两个版本系列:

- 加利福尼亚大学 Berkeley 分校于 1978 年开发出研究版本 BSD UNIX,于 1994 年开发出 4.4 BSD 版本,并成为现代 BSD 基本版本。
- AT&T 于 1983 年开发出商业版本 System V 版本 1,其后的 System V 版本 4(称为 SVR4)大获成功,基于 SVR4 造就了 IBM 的 AIX 和 HP 的 HP-UX。

UNIX 系统在金融、教育、科研、军事等领域获得广泛应用,成为大学师生研究、学习操作系统原理的首选实例系统。UNIX 的主要版本有以下几种。

(1) AIX：IBM 基于 SVR4 开发的一套 UNIX 操作系统，其性能高、安全性高、可靠性强，被广泛用于银行领域。

(2) Solaris：Sun Microsystems 于 1982 年推出基于 BSD UNIX 的 Sun OS，随后的新版本 Solaris 在接口上逐渐向 SVR4 靠拢，其性能高、处理能力强，具有 GUI，在高校、科研院所用得较多。

(3) HP-UX：惠普(HP)公司以 SVR4 为基础研发的类 UNIX 操作系统。

(4) IRIX：SGI 公司以 SVR4 与 BSD 延伸程序为基础研发的 UNIX 操作系统，具有很强的图形处理功能，在游戏设计中使用广泛的三维图形编程库 OpenGL 就基于此系统。

尽管 UNIX 系统具有技术先进、性能高、安全性高等优点，但 UNIX 的不同版本间并不兼容，这给应用开发带来极大负担。搭建 UNIX 系统也涉及非常昂贵的费用，计算机硬件、UNIX 系统、开发工具、应用软件都需要分别计费。通常，搭建一套带开发系统的 UNIX 工作站的费用达数十万元，很多用户负担不起，很多学校买不起。另外，UNIX 系统源代码不开放，这给学习、研究带来不便。UNIX 厂商间的恶性竞争削弱了 UNIX 系统的技术优势，而与此同时，微软公司的 Windows 操作系统却得到了迅速发展，占据了桌面领域的市场。

1.1.2 Linux 概述

为方便广大师生学习、研究 UNIX 系统，1991 年，芬兰的林纳斯·托瓦兹(Linus Torvalds)开发了一套多用户、多任务、多线程的类 UNIX 操作系统，即 Linux。Linux 继承了 UNIX 系统强大的功能和性能，采用与 UNIX 系统兼容的操作命令，兼容 UNIX 编程接口规范 POSIX。只要学会了操作使用 Linux，一般就可操作 UNIX 系统；只要掌握了 Linux 环境编程，就能在 UNIX 环境下进行编程开发。

Linux 系统运行于廉价的 PC 上，可免费使用，开放源代码，鼓励广大师生使用和开发 Linux 环境的配套软件，这样可使 Linux 环境的各种开发工具(如 gcc)和应用软件变得非常齐全，而且全部开放源代码、免费使用、免费升级。

2001 年，Linux 2.4 版本内核发布。2003 年，Linux 2.6 版本内核发布，使 Linux 逐渐成为一种成熟的操作系统，在很多关键领域得到应用。目前，常见的 Linux 内核版本有 Linux 2.4、Linux 2.6、Linux 3.2、Linux 4.6 等。

Linux 系统自 1991 年诞生以来，借助 Internet，通过世界各地编程爱好者的共同努力，已成为如今使用最多的一种类 UNIX 操作系统。Linux 可安装在各种计算机硬件设备上，如个人计算机、大型机、超级计算机、Android 手机、平板电脑、路由器，世界上运算最快的 10 台超级计算机全部运行 Linux 操作系统。目前主流大数据平台 Hadoop 的每个节点都是一个 Linux 系统。

Linux 系统开源、完全免费、安全性高、可靠性强、支持多种平台；它功能强大，其目录结构、基本命令与 UNIX 一致，可为未来学习 UNIX 系统打下良好的基础。不同厂商将 Linux 内核与外围实用程序和文档封装，提供安装界面和系统配置、管理工具等，形成发行系统，目前主要发行版本包括 Red Hat Enterprise、Fedora、Ubuntu 等。不同 Linux 发行版本都采用至今仍由 Linux 系统创始人林纳斯·托瓦兹维护的同一个内核版本，在某种发行版本下编写的源程序和可执行程序不加修改即可在另一种 Linux 发行版本下运行，完全克服了 UNIX 不同发行版本间的不兼容问题。

👉 **思考与练习题 1.1** UNIX 系统得以发展的主要原因是什么？进入 20 世纪 90 年代和 21 世纪后，阻碍 UNIX 进一步发展的原因又是什么？

🗨 **思考与练习题 1.2**　近年来，Linux 系统从诞生到得以广泛应用的原因是什么？

1.2　Linux 系统目录结构

　　图 1-1 是 Linux 系统目录结构，它与 UNIX(如 IBM AIX、Sun Solaris)系统的目录结构基本一致。与 Windows 系统不同，Linux 系统目录结构是一棵树，树根是/，每个文件和目录的路径都是以 "/" 开始的一条路径，如/home/can。Linux 系统没有盘符概念，除了根分区，其他硬盘分区的文件系统都挂载到某个以 "/" 开始的目录路径下。Linux 系统主要目录的路径、描述，以及 Windows 环境下的对等目录或设施如表 1-1 所示。

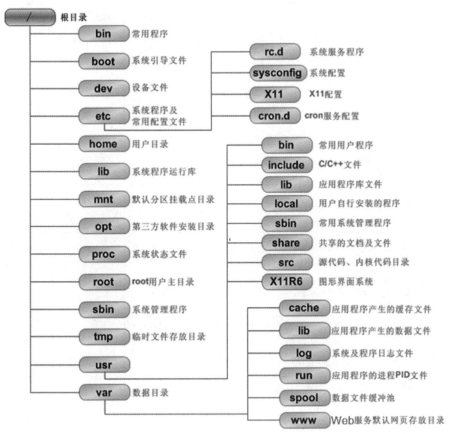

图 1-1　Linux 系统目录结构

　　Linux/UNIX 采用以上目录结构规范的好处有：

　　(1) 用户创建的文件全部放在/home 目录下，一来便于实施用户权限管理，二来可创建一个专门用于保存用户文件的分区，挂载到/home 目录下，方便管理；

　　(2) 可创建专用系统分区，保存 Linux 系统文件，以只读方式挂载在/usr 目录下，可防止恶意用户或病毒破坏系统目录，提高系统安全性；

　　(3) 可创建一个专用分区，保存动态增长的文件，以读写方式挂载到/var 目录下，万一该分区受到破坏，整个系统将不受影响，从而提高系统可靠性；

(4) 这种目录结构规范来自 UNIX 系统，所有的 UNIX 和 Linux 采用的目录结构与上述规范大体相似，这使 UNIX/Linux 系统具有很好的向前兼容性，同时也方便人们学习。

表 1-1　Linux 目录结构说明

目录	描述	助记单词	Windows 系统对应目录或设施
/	根目录,所有的目录、文件、设备都在根目录/下,根目录/就是 Linux 文件系统的组织者,也是顶级目录		
/bin	bin 就是单词binary的英文缩写,含义是二进制。在一般的系统中,可以在这个目录下找到 Linux 常用的用户命令	binary(二进制)	C:\WINDOWS\system32
/boot	Linux 内核及系统引导过程所需的文件所在的目录,比如 vmlinuz initrd.img 文件就位于这个目录中。一般情况下,GRUB 或 LILO 系统引导管理器也位于这个目录中	boot	
/dev	dev 是单词device的英文缩写,这个目录中包含 Linux 系统中使用的所有设备文件,是访问这些外部设备的一个入口,使用户能够用操作文件的方法操作这些外部设备	device	
/etc	目录/etc 中存放各种系统配置文件,其中还有子目录,系统网络配置文件、文件系统、X 图形界面配置、设备配置、用户设置信息等都位于这个目录中	etcetera	注册表
/home	普通用户的家目录,如果建立一个用户,用户名是 "xx",那么在 /home 目录下就有一条对应的/home/xx 路径,它是用来存放用户文件的家目录		C:\Documents and Settings
/include 或 /usr/include	C/C++源程序所需的系统头文件默认所在的目录		
/lib 或 /usr/lib	lib 是 library 的缩写。这个目录用来存放系统的库文件。几乎所有的应用程序都会用到这个目录中的库文件	library(库)	C:\WINDOWS\system32
/lost+found	在 ext2 或 ext3 文件系统中,当系统意外崩溃或机器意外关机而产生一些文件碎片时,将它们放在此目录下		
/mnt	该目录一般用于管理存储设备的挂载目录,比如/mnt/cdrom子目录下挂载 cdrom、/mnt/C 下挂载 Windows C 盘	mount	
/opt	该目录主要存放那些可选的程序	option	
/proc	可以在这个目录下获取系统及各种进程的信息,这些信息保存在内存中,由系统自己产生	process	注册表
/root	Linux 超级权限用户root的主目录		
/sbin 或 /usr/sbin	该目录用来存放系统管理用的命令与程序,执行其中的命令需要具备超级权限用户 root 的权限	system binary	
/selinux	SELinux的一些配置文件目录,SELinux 可以让 Linux 更加安全	secure linux	
/srv	服务启动后所需访问的数据目录,如 www 服务启动后,读取的网页数据就可以放在/srv/www 中	server	
/tmp	临时文件目录,用来存放不同程序执行时产生的临时文件。有些用户程序在运行过程中会产生临时文件	temporary	C:\Windows\Temp

（续表）

目录	描述	助记单词	Windows 系统对应目录或设施
/usr	这是系统存放程序的目录，如命令、帮助文件等，大多数 Linux 发行版官方提供的软件包就安装在该目录中	UNIX System Resources	C:\Program Files
/var	这个目录中的内容经常变动，其名称为单词 variable 的缩写，/var 下的子目录/var/log 用于存放系统日志；/var/www 子目录用于存放 Apache服务器网站的文件；/var/lib 子目录用于存放一些库文件，如 MySQL 的库文件及MySQL数据库	variable	

思考与练习题 1.3　Linux 目录结构有何意义？/home、/usr、/etc、/var 等目录的用途是什么，这样安排有何好处？

思考与练习题 1.4　简述/etc、/home/guest、/root、/var、/usr、/usr/lib、/bin、/tmp、/usr/include、/usr/sbin、/boot 等目录中可保存何种用途的文件。

1.3　Linux 系统的安装、启动、登录、用户界面与命令格式

1.3.1　在 VMware 中用快照快速安装 Linux 虚拟机系统

假设安装于 D 盘，具体步骤如下：

(1) 下载 VMWare；

(2) 安装 VMware(安装过程中需要重启计算机)；

(3) 下载 Ubuntu 快照并将其解压缩到 D 盘，目录名为 D:\ubuntu；

(4) 启动 VMware，输入序列号；

(5) 选择 File→Open，选择打开 D:\ubuntu 下的.vmx 文件，双击 My Computer 下的 Linux 或 Ubuntu，启动 Ubuntu Linux；

(6) 选择 VM→Update VMWare Tools Installation，更新 VMWare 工具，启用可在主机与 Linux 虚拟机之间以拖放方式复制文件的功能。

1.3.2　启动与登录 Linux

1. 启动与登录系统

学习本节时，读者可观看"Linux 系统启动与登录(以普通用户身份登录).exe"视频。与 Windows 系统一样，为安全起见，Linux 系统启动后，会提示用户输入用户名与密码以完成登录，这样才能使用系统执行任务。Linux 系统有两类用户：普通用户与超级用户(管理用户)。超级用户为root，在系统安装过程中创建，可执行系统管理、维护、软件安装等工作，具有执行任何操作的权限，相当于 Windows 下的管理用户 Administrator。超级用户 root 的家目录为/root。

启动 VMWare,选择 Ubuntu 并启动 Linux 系统后,以普通用户 can 的身份登录,输入密码 123456 后进入系统。打开命令窗口，输入用户命令，命令提示符为"$"，视频中还演示了创建 hello.c 文件的过程。

如果以 root 用户身份登录，打开终端窗口后就可执行任何操作，root 用户的密码也是 123456。为了能够与普通用户的操作环境有明显区别，root 用户的命令提示符是"#"。

2. 如何切换成 root 用户身份

在普通用户打开的以"$"为提示符的终端窗口中，输入命令"su -"，接着输入 root 用户的密码，就可以暂时切换成 root 用户身份，命令提示符也会变成"#"，之后就可执行需要 root 用户权限的各种操作和命令了。执行完需要 root 用户权限的操作后，执行"exit"命令，可退出 root 登录身份，恢复成原来的普通用户身份。

3. Linux 系统的一般操作方式

一般以普通用户身份登录 Linux 系统，通过在终端窗口中输入操作命令来使用系统。Linux 系统提倡使用终端命令来执行各种操作的原因是，Linux 操作命令的种类异常丰富，功能强大，如果设计成由桌面系统启动，反而过于复杂，操作不便。

以普通用户身份登录的原因是，普通用户的操作权限受限，凡涉及系统配置、管理、维护的命令都无权执行，Linux 系统遭受攻击的威胁较小，系统安全性和可靠性较高。例如，当普通用户因误操作执行硬盘格式化或对系统文件执行删除操作时，系统将拒绝执行，这样就可避免不必要的损失；又如，当普通用户意外双击执行病毒或木马程序时，病毒或木马程序的影响仅限于该用户的文件，而不至于危及整个系统的安全。

1.3.3 三种系统操作方法

Linux 提供了三种系统操作方法。

1. 图形界面

一般启动 Linux 系统后直接进入图形用户界面，通过选择主菜单或单击文件管理器，可执行系统管理和文件操作，图 1-2 是 Ubuntu 下的文件管理器界面，可通过下拉菜单、弹出菜单等执行文件、目录操作。

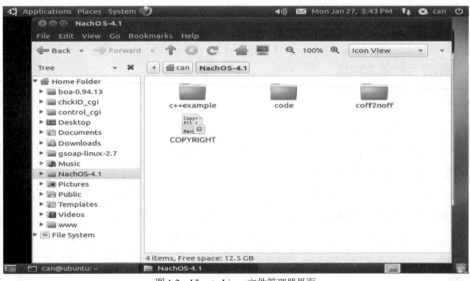

图 1-2　Ubuntu Linux 文件管理器界面

2. 命令界面

由于 Linux 系统的功能非常强大,系统操作种类异常丰富,而桌面环境通常难以支持太多操作功能,因此 Linux 的多数功能难以通过图形界面运行。为此,Linux 系统提供了大量的操作命令,可以通过在终端窗口或命令窗口中输入命令来操作 Linux 系统,命令输出也显示在终端窗口中。对计算机专业人员来说,往往会更多地使用命令界面进行各种开发工作,因为这样效率更高。在图 1-3 中,输入命令 *ls* 可显示当前目录下的文件列表,而输入 *cat /etc/passwd* 则显示用户数据库文件/etc/passwd 的内容。

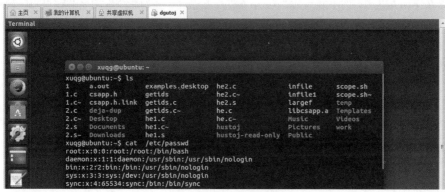

图 1-3　Linux 命令界面

3. 编程接口

编程接口是指在 C/C++语言程序(也包括其他程序)中调用 Linux 系统功能的方法,一般是通过一些称为系统调用的库函数来实现的。例如:文件操作流接口——fopen、fread、fwrite、fclose、fseek,在程序中调用这些函数可分别打开、读、写、关闭文件,以及移动读写指针;文件与设备操作系统调用接口——open、read、write、close,在程序中调用这些函数可分别打开、读、写、关闭文件或设备。本书后面各章主要讨论如何使用 Linux 库函数进行 Linux 系统编程。

1.3.4　Linux 命令格式和说明

1. Linux 命令格式

Linux 系统命令遵循统一的格式,一般形式为:

```
$ 命令名 选项 参数 1 参数 2……
```

命令名、选项、参数间以空格分隔,在很多命令中,选项与参数都有默认值,各部分说明如下:

1) 命令名

一般是由小写英文字母构成的字符串,往往是表示相应功能的英文单词的缩写。例如,date 表示日期;who 表示谁在系统中;cp 是 copy 的缩写,表示复制文件等。Linux 系统支持的用户命令主要放在目录/usr/bin 和/bin 下。命令名中出现大写字母的命令一般都不是正确的系统命令。

2) 选项

选项是对命令的特别定义,以 "-" 开始,指示命令按特定模式执行,生成输出。例如:加-l 选项的 ls 命令 *"ls -l"* 表示以长格式显示文件列表,每个文件一行,显示文件名与属性;加-a 选项的 ls 命令

"*ls -a*" 表示文件名以点(.)开头的隐藏文件也要显示出来；若同时使用多个选项，多个选项可用一个 "-"连起来，"*ls -l -a*" 命令与 "*ls -la*" 命令的功能完全相同，显示包括隐藏文件的当前目录文件属性。

不同选项的书写一般没有先后限制，但如果选项本身带有参数，那么选项和参数必须在一起，中间不允许插入其他命令参数或命令选项。Linux 命令的选项一般位于命令参数之前，有时也放在命令参数之后。例如，按长格式显示包括隐藏文件在内的文件目录列表的命令 "*ls -l -a*" 也可写成 "*ls -a -l*"。在将 C 程序 hello.c 编译成可执行程序 hello 的命令 "*gcc -o hello hello.c*" 中，命令选项 "-o hello" 用于指定输出文件名，命令参数是源程序文件名 "hello.c"，允许二者交换，可将命令写成 "*gcc hello.c -o hello*"，但不能写成 "*gcc -o hello.c hello*"，因为命令选项名 "-o" 与其参数 "hello" 被命令参数 hello.c 隔开了。

3) 参数

参数用于提供命令运行的信息或命令执行过程中使用的文件名。通常，参数是一些文件名，告诉命令从哪里可以得到输入，以及把输出送到什么地方，例如，命令 "*cp file1 file2*" 将文件 *file1* 复制到文件 *file2*。

☞ 思考与练习题 1.5　分别指出命令 "*ls -l -a /home/can*" 与 "*gcc -o he he.c*" 中的命令名、选项与参数，它们的含义是什么？

2. 命令说明

1) 判断命令是否成功执行

一条 Linux 命令仅在命令名、选项、参数全部正确时，才能正确执行，否则执行将失败，并显示出错信息，出错信息的格式为 "命令名: 出错描述"。以下是命令执行失败的示例：

```
$ LS                          #命令名错误，显示目录列表的命令是小写的 ls
bash: LS: command not found   #显示命令 LS 未找到错误
$ ls  -P                      #命令 ls 无选项-P
ls: invalid option – P
$ ls  -l  PP                  #文件 PP 不存在
ls: cannot access PP: No such file or directory
```

2) 命令输出

如果命令执行后有输出，成功执行后的输出信息会紧接着命令串显示。由于很多 Linux 命令没有输出，如下面将要介绍的目录与文件操作命令 cd、mkdir、rmdir、rm、mv，因此它们在执行完毕后，将立即显示命令提示符 "$" 或 "#"。由于含有错误的命令一定会显示出错信息，因此一条命令如果执行后没有任何输出而是立即显示命令提示符，则说明该命令的执行一定是成功的。例如：

```
$ cd          #该命令无任何输出，执行必然成功
$
```

3) 联机帮助

Linux 操作系统的联机帮助对每个命令(包括主要系统配置文件)的准确语法都做了说明，可以使用 man、info 等命令来获取相应命令的联机说明，如 "*man ls*" 和 "*info ls*"。一般按字符 q 即可退出 man 和 info 命令。

☞ 思考与练习题 1.6　查找联机帮助，了解 wc 命令的功能。

☞ 思考与练习题 1.7　查找联机帮助，给出文件/etc/fstab、命令 pwd 的用途。

4) 本书命令输入说明

若命令提示符为"#"，则假定是以管理用户 root 身份登录；若命令提示符为"$"，则假定是以普通用户 can 身份登录。为方便读者练习，书中的用户输入命令和信息以斜体文本行显示，系统显示内容以常规字体文本行显示，用户输入的命令行后面以"#"开头的文字是对命令功能的解释，如图 1-4 所示。

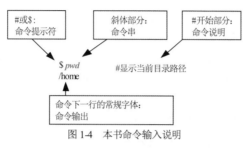

图 1-4　本书命令输入说明

1.4　Linux 文件、目录操作及文件属性、权限

通常，普通用户的主要工作是处理文件，通过命令从文件中读取输入数据，经过处理后，保存到另一文件。Linux 系统为每个普通用户在/home 目录下创建了一个以用户名命名的"家"目录，如用户 can 的"家"目录是/home/can，用户 guest 的"家"目录是/home/guest，但根用户 root 的"家"目录是/root。按照 Linux 系统权限管理规范，普通用户仅能在其"家"目录(用户主目录)下创建、修改、删除文件，而不能增删"家"目录之外其他目录中的文件，从而使系统有较好的文件保护能力。与文件操作相关的 Linux 命令主要包括：文件与目录操作命令、文件内容查阅命令、文件目录权限设置命令、文件查找命令等。

1.4.1　目录路径与目录操作

1. 绝对路径、工作目录和相对路径

Linux 中的目录是"树状结构"，一般每个叶节点为一个普通文件，每个分支节点为一个目录文件。要操作或访问某个文件，应通过路径方式给出文件所在位置。

- 绝对路径：要对某个文件(或目录)进行操作，可在操作命令中给出从根目录"/"开始，直到文件名、上下级目录以"/"隔开的完整路径，称为绝对路径，如显示文件内容的命令 *cat /etc/passwd* 和 *more /home/can/NachOS-4.1/code/test/*。Linux 系统中文件路径的目录分隔符是"/"而不是"\"，这是与 Windows 系统的另一个区别。
- 工作目录：为缩短文件路径字符串的长度，Linux 系统为每个命令窗口(Terminal，终端)和应用进程设置了一个工作目录(初始设置为用户的"家"目录，可用命令 cd 改变)，当用户操作工作目录中的文件时，仅需要在命令中给出文件名，不需要给出完整路径，以简化命令输入。若当前工作目录为"/home/can"，要在该目录下创建新文件 f1，只需要执行命令 *touch f1*。
- 相对路径：从绝对路径中删除工作目录部分后得到的路径为相对路径。若当前工作目录为"/home/can"，则文件/home/can/NachOS-4.1/code/test/add.c 可用相对路径表示为 NachOS-4.1/

code/test/add.c，相应的文件内容显示命令也简化为 *cat NachOS-4.1/code/test/add.c*。

2. 几个特殊目录名("."".."   "-"   "~")

为了便于命令的输入，Linux 系统定义了几个符号来表示一些常用的特殊目录。

- "."代表当前工作目录，若工作目录为/home/can，则在文件路径中，"."等同于/home/can，每个目录下都有一个文件名为"."的目录。
- ".."代表上一层目录，若当前目录为/home/can，则".." 表示目录/home，每个目录下也有一个文件名为".."的目录。
- "-"代表前一个工作目录，若当前工作目录为/home/can，则执行 cd /etc 命令后，"."表示/etc，而"-" 表示/home/can。
- "~"代表当前用户所在的家目录，若当前用户为 can，则其家目录/home/can 可表示为"~"；非当前用户 guest 的家目录则表示为~guest。

思考与练习题1.8　用 *ls -a* 命令显示目录列表，可以看到每个目录下都有文件名为"."和".."的两个目录文件，这是为什么？

思考与练习题1.9　当前用户为 can，当前工作目录为/home/can/work 时，文件/home/can/work/lib/wrapper.h 的相对路径是什么？文件~/a.out 的绝对路径是什么？

3. Linux 目录操作命令(cd、pwd、mkdir、rmdir、rm、ls)

Linux 下文件目录的操作包括创建目录、删除目录、切换工作目录、显示当前工作目录路径等。
1) cd(切换当前工作目录)、pwd(显示当前工作目录)

Linux 系统使用 cd(change directory)命令改变当前工作目录，使用 pwd(print work directory)命令显示当前工作目录的绝对路径。通常人们喜欢将这两个命令联合使用，用 cd 命令切换到目标目录，用 pwd 命令验证切换到哪里了。这两个命令的格式为：

```
$ cd    目录名
$ cd
$ pwd
```

以下是使用范例：

```
$ pwd                    #假设当前登录用户为 can，其"家"目录为最初的当前工作目录
 /home/can
$ cd   ~guest            #将当前工作目录切换到用户 guest 的家目录/home/guest，没有报告出错信息
                         #立即出现命令提示符，未显示任何出错信息，表明命令成功执行
$ pwd                    #显示当前工作目录，表明确实切换到用户 guest 的家目录/home/guest
 /home/guest
$ cd   ~                 #表示回到用户 can 的家目录/home/can
$ pwd                    #显示当前工作目录，结果为/home/can，表明确实切换到了用户 can 的家目录
/home/can
$ cd                     #cd命令不带任何参数和命令选项，表示回到自己的家目录/home/can
$ cd   ..                #表示切换到上级目录，即/home/can 的上层目录/home
$ pwd                    #显示当前目录路径，结果是"/home"，表明确实进入了希望的目录
 /home
$ cd   -                 #表示回到前一条 cd 命令执行前的目录，即/home/can
                         #读者随后可用命令 pwd 测试 cd -是否执行成功
```

```
$ cd   /var/spool/mail       #用绝对路径直接转到目录/var/spool/mail
$ cd   ../mqueue             #用相对路径转到目录/var/spool/mqueue
```

思考与练习题 1.10　假设当前登录用户是 root，不执行命令，分析下列两个命令序列中 pwd 命令的输出。

命令序列 1：　　　　　　　　　　　　　　　　命令序列 2：

```
# cd   ~                          # cd   ..
# pwd                             # pwd
# cd   ~can                       # cd   -
# pwd                             # pwd
```

2) mkdir(创建目录)、rmdir(删除空目录)、rm(删除非空目录)

Linux 提供的 mkdir(<u>m</u>a<u>k</u>e <u>directory</u>)、rmdir(<u>rem</u>ove <u>directory</u>)两个命令分别用于创建新的目录、删除空目录，但删除非空目录要用 rm(<u>rem</u>ove)命令。通常会在某个 mkdir、rmdir、rm 命令后跟 ls(<u>list</u>)命令，列出文件目录，以验证目录创建、目录删除操作是否成功。

```
$ mkdir 目录名          //创建目录
$ ls    目录名          //显示目录列表
$ rmdir 空目录名        //删除空目录
$ rm  -rf 目录名        //删除任何目录，选项-rf 表示强制删除包括子目录在内的文件
```

以下是使用范例(假设先以 can 用户身份登录并打开终端窗口)：

```
$ cd   /tmp           #/tmp 是可读写公共临时目录
$ pwd                 #显示当前工作目录，为/tmp
/tmp
$ rm   -rf   *        #删除当前目录下的所有文件与目录，清空，一般慎用
$ ls                  #显示当前目录列表，已经为空
$ mkdir test          #在当前目录/tmp 下建立名为 test 的新目录
$ ls                  #用 ls 测试执行情况，看到了 test 目录名，表示创建成功
test
$ mkdir test1  test/sub  test2    #创建 test1、test/sub、test2 三个目录
$ ls  .  test         #列出当前工作目录和 test 目录列表，看到了三个新创建的目录
test  test1  test2

test:
sub
$ rmdir  test1        #删除空目录 test1，成功
$ rmdir  test         #试图删除非空目录 test，报告失败及出错原因
rmdir: failed to remove 'test1': Directory not empty
$ rm  -rf test        #改用带-rf 选项的 rm 命令删除非空目录 test，执行成功
$ ls                  #再检视目录内容
test2                 #仅剩目录 test2，test 与 test1 都被删除
```

3) ls(文件目录检视命令)

ls 命令用于检视指定目录下的文件列表与文件属性，其应用十分广泛，常用格式为：

```
$ ls   [-aAdfFhilRS] 目录名
```

其中方括号[]表示其中的命令选项可有可无，以下是对常用命令选项的说明。

● -a：列出全部文件(或称文档)，包括文件名以"."开头的隐藏文件。
● -A：列出全部文件，包括隐藏文件(但不包括"."与".."这两个目录)，这个选项用得较多。

- -F：根据文件、目录等信息类型，给出类型标记符号。例如，*代表可执行文档；/代表目录；=代表 socket 文件；|代表 FIFO 文件；无标记符号者为普通无执行权限文件。
- -i：列出索引节点(inode)编号。
- -l：以长格式列出目录内容，包含大多数文件属性，这个选项用得较多。
- -R：连同子目录内容一起列出。

以下是一些命令执行范例(先以 root 用户身份登录并打开终端窗口)：

```
$ cd                      #回到用户 can 的"家"目录
$ ls                      #显示当前目录的文件列表
Desktop      Nachos-3.4-for-ubuntu.tar.gz   Public
...
 $ ls   -A                #显示当前目录的文件列表，包括文件名以"."开头的隐藏文件
                          #文件名以"."开头的隐藏文件，在文件管理器中以及使用
                          #不带-A 和-a 选项的命令时都不会显示
.bash_history   .lesshst    Pictures
...
$ ls   /etc               #给出绝对路径，列出目录/etc 下的文件名
...
$ ls   -F                 #列出当前目录的文件，给出每个文件的类型标记
Desktop/    nachos-3.4/   Pictures/
fifo1|      a.out*        test/     f1
$ ls -l ~                 #将家目录(可用符号"~"表示)下的所有文件
                          #及详细属性列出来，每行一个文件

total 24708
drwxr-xr-x 2 root root     4096 2012-08-21 17:31 Desktop
drwxr-xr-x 2 root root     4096 2012-08-18 23:27 Documents
drwxr-xr-x 2 root root     4096 2012-08-18 23:27 Downloads
-rw-r--r-- 1 root root        0 2015-02-01 11:41 f1
prw-r--r-- 1 root root        0 2015-02-01 11:38 fifo1

$ ls   -i                 #显示当前目录(省略目录名时为当前目录)下所有文件的
                          #文件名及其 i 节点号(显示于文件名之前)
686757 Desktop      686812   nachos-4.0.tar
807026 Documents    807159   NachOS-4.1.bak

$ ls  -ial
或
$ ls  -i  -a  -l          #显示当前目录下的所有文件
                          #(包括隐藏文件)的名称、i 节点及详细属性
                          #(i 节点的概念在下面介绍)
                          #多个命令选项可写在一起，也可分开写
683678 -rw------- 1 root root     7428 2014-04-05 15:44 .bash_history
686917 -rw-r--r-- 1 root root     3135 2012-08-19 15:07 .bashrc
925835 drwx------ 5 root root     4096 2015-02-01 08:07 .cache
678320 drwx------ 9 root root     4096 2012-10-24 17:55 .config
......
```

思考与练习题 1.11   使用 ls 命令查看 can 主目录下有哪些隐藏文件，并猜测其用途。

1.4.2　文件属性与权限

1. 文件属性

前面的 ls -l 命令以长格式显示目录下的文件列表，每行显示一个文件的属性，每个文件或目录常用的属性有 9 种，如下所示：

root@ubuntu:~# ls -ild com1 fifo1 f1 work								
695133	crw-r--r--	1	root	root	54, 1	2015-02-01 12:11	com1
695132	-rw-r--r--	1	root	root	0	2015-02-01 11:41	f1
694990	prw-r--r--	1	root	root	0	2015-02-0111:38	fifo1
689855	drwxr-xr-x	4	root	root	4096	2012-10-24 23:26	work
索引节点号	文件类型访问权限	链接计数	所属用户	所属用户组	文件大小（以字节计）	最后修改时间	文件名

其中，所属用户是指该文件归属哪个用户，所属用户组是指归属哪个用户组。文件大小以字节为单位，但由于管道 fifo1 的数据完全存在于内存中，因此不占用磁盘空间，其文件大小显示为 0；字符设备文件 com1 也不是真正的文件，只是以文件名的形式来表示设备，文件大小字段中的第 1 个数 54 表示设备类型，称为主设备号，文件大小字段中的第 2 个数 1 表示该设备在同类设备中的编号为 1。文件属性中其他字段的含义稍后介绍。

Linux 系统在文件目录列表中用字符-、d、c、b、p、l 分别表示常规文件、目录文件、字符设备文件、块设备文件、管道文件、符号链接文件。Linux 文件系统中用 16 位二进制数对文件类型和权限进行编码，图 1-5 描述了 Linux 文件类型和访问权限位的结构(类型名为 st_mode)。其中，12~15 位是文件类型的编码，符号 S_IFxxx 表示相应文件类型的宏，若文件具有相应的类型，则其宏所对应的位为 1。例如目录文件类型，st_mode 的位 14 为 1，则表示这种文件类型的宏的八进制数值为 S_IFDIR=0040 000；而对于符号链接类型，st_mode 的位 13、位 15 均为 1，因此 S_IFLNK=0120 000。

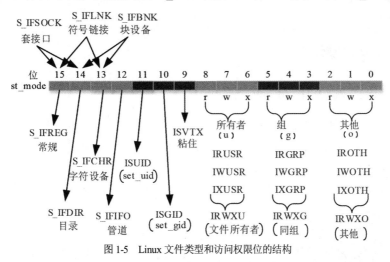

图 1-5　Linux 文件类型和访问权限位的结构

2. 文件访问权限

Linux对每个文件(包括文件目录、管道、设备等)都设置了访问权限,对所属用户(又称文件所有者, owner)、所属用户组(group)和其他用户(other),都可设置读(r, read)、写(w, write)、执行(x, execute)三种访问权限。

st_mode 用位 0~11 表示文件访问权限,其中位 6~8 分别对应文件所有者的执行(x)、写(w)、读(r)权限,当 owner 拥有某种权限时,对应位为 1,否则为 0。位 3~5 为所属用户组访问权限,位 0~2 为其他用户访问权限。当使用命令 ls -l 显示文件权限时,若某位置有 r、w 或 x,则表示某类用户对文件有相应权限;若某位置为-,则表示无对应权限。例如,rw-r--r--表示文件所有者有读、写权限,无执行权限,所属用户组的用户和其他所有用户仅有读权限,无写、执行权限。st_mode 的位 9~11 仅在特殊情况下使用,一般为 0。

对于普通文件、管道和设备等文件来说,某用户对一个文件有 r 权限,是指该用户能读这个文件的内容;有 w 权限,是指能更改文件的内容;有 x 权限,是指能执行这个文件代表的程序或命令,当然,此时该文件应该是可执行的命令文件或脚本文件。

对于目录文件来说,权限解释有所不同。某用户对目录有 r 权限,表示能列出该目录的内容;有 w 权限,表示能在该目录中增加或删除文件;有 x 权限,表示能用 cd 命令进入该目录。

以下面的文件为例进行说明:

| -rwxr-xr-x | 1 | can | users | 1234567 | 2015-02-01 11:41 | hello |
| drwxr-xr-- | 2 | alice | users | 4096 | 2015-02-01 12:41 | sub |

文件 hello 访问权限的左边三位 rwx 表示所属用户 can 对文件 hello 有读、写、执行三种权限;中间三位 r-x 表示属于用户组 users 的用户对文件 hello 有读、执行权限,本来应该出现"w"的位置换成了符号"-",表示没有写权限;右边三位 r-x 表示既不是用户 can 又不在 users 用户组中的用户对该文件有读和执行权限。目录 sub 访问权限的左边三位 rwx 表示所属用户 alice 能列出目录内容、在该目录中创建和删除文件、能进入该目录;中间三位 r-x 表示用户组 users 中的用户能列出目录内容、进入该目录;右边三位 r--表示所有其他用户仅能列出目录内容,既不能进入该目录,又不能在该目录下增删文件。

1.4.3 Linux 文件操作命令

1. 复制、移动与删除文件(cp、mv、rm、ln)

在 Linux 系统中,复制文件使用 cp(copy)命令,cp 命令的用途有很多,除单纯的复制功能,还可以建立符号链接文件(相当于 Windows 系统的快捷方式,其中保存的是被链接文件的路径)、比对两个文件的新旧,从而予以更新,以及复制整个目录,等等。

ln(link)命令用于创建硬链接(hard link)与符号链接(symbolic link),硬链接为同一索引节点的另一文件名,符号链接仅为某文件的一条路径。

rm(remove)命令用于移除文件,不但可删除文件,还可删除目录。

mv(move)命令用于移动文件或目录到一个新的目录位置,也可以用于重命名(rename)文件。

1) cp(复制文件或目录)

命令格式:

① 创建一个文件的副本

cp [-adfilprsu] 源文件(source) 目的文件(destination)

② 将多个选定文件复制到某目录下

cp [options] source1 source2 source3 .... directory

常用选项如下。

-f: 为强制(force)的意思,若目的文件存在或有其他疑问,不会询问用户,而是强制复制。

-i: 若目的文件(destination)已经存在,在覆盖时会先询问用户。

-l: 创建文件的硬链接,而非创建新文件。

-r: 递归持续复制,用于复制目录。

-s: 创建一个符号链接,符号链接相当于 Windows 环境下的快捷方式。

示例 1-1(复制单个文件):将家目录下的.bashrc 文件复制到/tmp 目录下,将文件名改为 bashrc。

```
$ cd  /tmp                      #进入/tmp 目录
                                #可以用 pwd 来确认是否已进入希望的目录
$ cp  ~/.bashrc  bashrc         #复制成当前目录下的文件 bashrc.bak
$                               #立即显示提示符$,无错误报告,命令执行成功
```

示例 1-2(复制单个文件):将/var/log/wtmp 复制到/tmp 目录下,文件名不变。

```
$ cd  /tmp
$ cp  /var/log/wtmp  .          #复制到当前目录 "." 下
$ ls  -l  /var/log/wtmp wtmp
-rw-rw-r--  1 root utmp 71808 Jul 18 12:46 /var/log/wtmp
-rw-r--r--  1 root root 71808 Jul 18 21:58 wtmp
```

示例 1-3(复制整个目录):复制/etc/目录中的所有内容到/tmp 目录下。

```
$ cd  /tmp
$ cp  /etc/  /tmp               #由于复制的内容是目录,因此若还使用通常的复制方式就会导致出错
cp: omitting directory `/etc`
$ cp  -r  /etc/ /tmp            #增加-r 选项,复制成功
```

示例 1-4(创建硬链接、符号链接):为示例 1-1 复制的 bashrc 文件创建硬链接和符号链接。

```
$ ls  -l  bashrc
-rw-r--r--  1 root root 395 Jul 18 22:08 bashrc
$ cp  -s bashrc bashrc_slink 或 ln -s bashrc bashrc_slink    #创建符号链接(softlink)
$ cp  -l  bashrc bashrc_hlink 或 ln  bashrc bashrc_hlink     #创建硬链接
$ ls  -l  bashrc*                                            #显示文件列表,以验证是否创建成功
-rw-r--r--  2 root root 395 Jul 18 22:08 bashrc             #这是原来的文件
-rw-r--r--  2 root root 395 Jul 18 22:08 bashrc_hlink       #这是新建的硬链接
                                                            #两个文件的链接计数都变为2
lrwxrwxrwx  1 root root    6 Jul 18 22:31 bashrc_slink -> bashrc
                                                            #新建的符号链接
```

示例 1-5(同时复制多个文件): 将家目录中的.bashrc 及.bash_history 文件复制到/tmp 目录下。

```
$ cp  ~/.bashrc  ~/.bash_history  /tmp
$
```

2) rm(移除文件或目录)

命令格式: rm [-fir] 文件或目录

常用选项如下。

-f: 意指强制移除。

-i: 互动模式,在删除前会询问用户是否动作。

-r: 递归删除,见到文件删文件,见到目录删目录。

示例 1-6: 复制一个文件,然后删除。

```
$ cd  /tmp
$ cp  ~/.bashrc  bashrc
$ rm    bashrc              #删除当前目录下的文件 bashrc
```

示例 1-7: 删除一个不为空的目录。

```
$ mkdir  test
$ cp  ~/.bashrc  test/        #将文件复制到 test 目录中,test 就不是空目录了
$ rmdir  test                 #试图删除 test 目录
rmdir: `test`: Directory not empty  #删不掉,因为 test 不是空目录
$ rm  -rf  test               #添加-rf 选项后就删除成功了
```

3) mv(移动文件与目录,或者更名)。

常用格式:

```
mv [-fiu] source destination            (文件或目录更名)
mv [options] source1 source2 source3 .... directory  (文件或目录移动)
```

常用选项如下。

-f: 强制直接移动而不询问。

-i: 若目标文件(destination)已经存在,就会询问是否覆盖。

-u: 若目标文件已经存在,且源文件(source)比较新,则更新(update)。

示例 1-8(移动单个文件): 复制一个文件,创建一个目录,将复制的文件移到该目录中。

```
$ cd  /tmp
$ cp  ~/.bashrc  bashrc
$ mkdir  mvtest               #保证文件要移去的地方作为目录已经存在
$ mv  bashrc  mvtest          #将文件 bashrc 移到目录 mvtest 中
$
```

示例 1-9(目录更名): 将刚刚创建的目录 mvtest 更名为 mvtest2。

```
$ mv  mvtest  mvtest2         #执行该命令前 mvtest2 不是目录,否则就是移动目录
```

示例 1-10(移动多个文件): 再创建两个文件,全部移到/tmp/mvtest2 目录中。

```
$ cp  ~/.bashrc  bashrc1
$ cp  ~/.bashrc  bashrc2
$ mv  bashrc1  bashrc2  mvtest2
```

🐟 思考与练习题 1.12

① 当前登录用户为 can，在其主目录下创建工作目录 work，并将/home/NachOS-4.1 整个目录复制到 work 目录下，写出会话过程(即命令序列)。

② 写出删除/home/can/work/NachOS-4.1/整个目录的命令。

2. 查阅文件内容(cat、tac、head、tail、more、less、od)

1) 直接检视文本文件内容：cat、tac、head、tail

检视文本文件内容的最常用命令是 cat(catenate)和 tac，cat 是按正常顺序显示内容，tac 则逆序显示文件内容。这两个命令仅适合查看较小文件的内容，因为它们会一次性地将所有内容以刷屏方式显示在终端窗口中，实际上最后展示在用户面前的只是最后一屏，要查看前面的文本行，需要回滚终端窗口中的滚动条。有时只需要查看文件的前若干行和后若干行，这时可分别用 head 和 tail 命令来实现。

常用格式：

```
# cat [-AEnTv] [文件名]      # tac [文件名]
# head 文件名                 # tail 文件名
```

cat 命令常用于显示文件内容，下面仅给出该命令的使用范例。

示例 1-11：检视文件/etc/passwd 的内容。

```
$ cat   /etc/passwd
root:x:0:0:root:/root:/bin/bash
daemon:x:1:1:daemon:/usr/sbin:/bin/sh
…
```

示例 1-12：承接上例，顺便打印行号。

```
$ cat   -n   /etc/passwd
1  root:x:0:0:root:/root:/bin/bash
2  daemon:x:1:1:daemon:/usr/sbin:/bin/sh
…
```

2) 翻页检视文本文件内容：more、less

more 和 less 命令按翻页方式在屏幕上打印文本文件内容，用得也非常多。不同的是：more 命令按翻页方式向下显示文件内容，less 命令按翻页方式向下或向上显示文件内容，因此使用 more 命令不能查看已看过的页，而使用 less 命令还可以回看已经看过的页。常用格式为：

```
more  文件名
less  文件名
```

对于多页文件，more 和 less 命令先显示第一页，翻页的方法如下。

● 空格键(space)：向下翻一页。
● Enter 键：向下翻一行。
● [page down]：向下翻一页。
● [page up]：向上翻一页，仅用于 less 命令。

以下两个命令还提供了可迅速找到所需内容页面的方法。

● "/字符串"：向下查找字符串。

- "?字符串"：向上查找字符串，仅用于 less 命令。

在文件内容尚未展示完毕的情况下，要退出命令，只需要输入字母"q"。

示例 1-13：用 more 或 less 命令翻页检视文件/etc/passwd 的内容。

```
$ more   /etc/passwd
……
avahi-autoipd:x:103:108:Avahi autoip daemon,,,:/var/lib/avahi-autoipd:/bin/false
avahi:x:104:109:Avahi mDNS daemon,,,:/var/run/avahi-daemon:/bin/false
--More--(51%)
$ less   /etc/passwd
……
avahi-autoipd:x:103:108:Avahi autoip daemon,,,:/var/lib/avahi-autoipd:/bin/false
avahi:x:104:109:Avahi mDNS daemon,,,:/var/run/avahi-daemon:/bin/false
```

思考与练习题 1.13 查看/proc/mounts、/proc/cpuinfo、/proc/meminfo、/proc/version、/proc/uptime、/proc/devices、/proc/modules、/etc/passwd、/etc/shadow、/etc/fstab、/etc/group 文件的内容，猜测它们的用途。

非文本文件(二进制文件)的内容一般通过特定应用程序查看，如数据库文件的内容需要通过数据库管理工具查看。如果只需要知道每字节的值，可使用 od 命令。假设文件 test.txt 的内容是"计算机与网络安全学院"，用 od 命令按十六进制显示的各字节内容为：

```
$ od   -x   test.txt
0000000 e83b a1ae aee7 e697 ba9c b8e4 e78e 91bd
0000020 bbe7 e59c 89ae 85e5 e5a8 a6ad 99e9 3ba2
0000040 000a
0000041
```

其中，每行的第 1 列是本列第 1 字节离文件起始处的八进制偏移量。包括换行符在内，该文件大小为 33 字节，每个汉字用 3 字节编码。

3. 创建与编辑文件(gedit、touch、dd)

在 Linux 环境下，若未启动图形界面，可用 vi 等工具创建、编辑源程序等文本文件。vi 的启动命令为"vi 文件名"，详细使用方法见相关参考资料，在此不做介绍。若已启动图形用户界面，一般用 gedit 等 GUI 编辑器。

1) 用 gedit 创建或编辑文本文件

常用格式：

```
$ gedit  文件名
```

示例 1-14：用 gedit 打开源程序 h1.c 并进行编辑，命令为$ **gedit   h1.c &**。

命令后加"&"符号表示在后台执行命令，并立即显示命令提示符，图 1-6 显示了 gedit 文件编辑器的界面。

2) 用 touch 命令创建空文件

touch 命令一般用于创建空文件，常用格式为：

```
$ touch   文件名
```

示例 1-15：在/tmp 目录下新建一个空文件 testtouch。

```
$ cd    /tmp
$ touch    testtouch
$ ls    -l    testtouch
-rw-r--r--   1 root root      0 Jul 19 20:49 testtouch
```

图 1-6　gedit 文件编辑器的界面

3) 用 dd 命令创建指定大小且初始化为 0 的文件

dd 命令可用于创建指定大小、内容不做要求的文件。

命令格式为：

dd if=/dev/zero of=文件名 count=块数 bs=块大小

含义是：从设备/dev/zero 创建大小为 bs*count 字节的文件，总共从设备读取 count 块，每块大小为 bs，因此文件大小为 bs*count。由于从设备/dev/zero 读出的数据全为 0，因此新建的文件被初始化为 0。

示例 1-16：在/tmp 目录下创建一个大小为 10 MB 的文件 testdd。

```
$ cd    /tmp
$ dd    if=/dev/zero    of=testdd    count=10240    bs=1024
$ ls    -l    testdd
-rw-r--r--   1 root root      0 Jul 19 20:49 testtouch
```

1.4.4　修改文件属性

文件通常有文件名、链接计数、文件大小、修改时间、文件类型、访问权限、文件所有者、文件用户组等属性，这些属性保存在索引节点(又称 i 节点)中，i 节点在创建文件时由系统分配。所有文件的索引节点位于磁盘或分区的特定区域，每个 i 节点在表中有一个编号，就是索引节点号。在文件的诸多属性中，文件名可用 mv 命令修改；i 节点号在文件创建时分配，不可改变；链接计数表示有几个名称指向同一个 i 节点(索引节点)，由系统自动维护；文件大小以字节数为单位，在用户向文件写入内容或调整文件大小时由系统自动修改；修改时间由系统更新为最后写入文件的时间；文件类型是文件固有的属性，不能更改。能够通过专门命令修改的属性主要是访问权限、文件所有者、文件用户组三种属性，为方便某种需要，Linux 系统也允许通过命令直接更新文件的最后修改时间。比如将"家"目录的 Desktop 子目录的修改时间更新为当前时间。

```
$ cd
$ ls  -d  -l  Desktop
drwxr-xr-x 2 root root 4096 2012-08-21 17:31 Desktop
$ touch   Desktop
$ ls  -d  -l  Desktop
drwxr-xr-x 2 root root 4096 2015-02-01 17:20 Desktop
```

1. 文件权限更改：chmod

由前面的文件访问权限说明可知，Linux 文件的访问权限位有 12 位。其中位 9~11 不常使用，通常取值为 0。经常使用的是位 0~8，这 9 个二进制位分成三组，从高到低分别为文件所有者访问权限、所属用户组访问权限、其他用户访问权限。例如，对于 rwxr-xr--，位 6~8 为 111(显示为 rwx)，表示文件所有者有完整的读、写、执行权限；位 3~5 为 101(显示为 r-x)，表示同组用户只有读、执行权限；位 0~2 为 100(显示为 r--)，表示其他用户仅有读权限。这种 9 位的权限正好方便用三位八进制数 754 来表示，因此文件权限修改命令 chmod 通常有两种指明文件权限的格式：三位八进制数格式和 rwxrwxrwx 格式。

chmod 命令的基本格式为：

```
chmod  [-R]   三位的八进制数 文件或目录名
chmod  [-R]   [u,g,o] [+,-]  [r,w,x]  文件或目录
```

命令说明：

(1) 第一种格式直接将文件的权限设置成三位八进制数表示的权限，-R 命令选项表示递归设置 (recursive)，将整个目录及其所有文件设置成指定权限。

(2) 第二种格式用于给 user(文件所有者)、group(用户组)、other(其他用户)增加或减少某种权限，如参数 u+x 表示给文件所有者增加执行权限，g+w 表示给同组用户增加写权限，o-r 表示取消其他用户的读权限，ugo+r 表示给文件所有者、同组用户、其他用户都增加读权限。

示例 1-17：在/tmp 目录下创建文件 f52、f521、f522，将文件 f52 的文件权限更改为 777，为所有用户添加对 f521 文件的读写权限，去掉所有用户对 f522 文件的写权限。

```
$ cd   /tmp
$ touch   f52  f521  f522              #创建三个空文件
$ ls  -l  f52  f521  f522
-rw-rw-r-- 1 xuqg xuqg 0 Mar   5 18:31 f52
-rw-rw-r-- 1 xuqg xuqg 0 Mar   5 18:31 f521
-rw-rw-r-- 1 xuqg xuqg 0 Mar   5 18:31 f522
$ chmod   777  f52                     #将文件权限设置为 777，即 rwxrwxrwx
$ chmod   ugo+rw  f521   或 chmod ug+rw,o+r,o+w f521
                                       #为文件所有者(user)、同组用户、
                                       #其他用户(other)增加 rw 权限
$ chmod   ugo-w  f522                  #对三类用户(u、g、o)取消 w 权限
$ ls  f52  f521  f522  -l              #验证前面三条命令执行结果的正确性
```

```
-rwxrwxrwx 1 xuqg xuqg 0 Mar   5 18:34 f52
-rw-rw-rw- 1 xuqg xuqg 0 Mar   5 18:34 f521
-r--r--r-- 1 xuqg xuqg 0 Mar   5 18:34 f522
```

2. 文件归属更改：chown、chgrp

chown、chgrp 命令分别用于文件所有者、文件所属用户组，一般需要 root 权限。因为随意改变文件所属用户或用户组可能会带来安全问题，所以这种操作仅允许 root 用户执行。基本命令格式为：

```
chown   用户名 文件名        #更改文件所属用户名
chgrp   组名 文件名          #更改文件所属用户组
```

示例 1-18：以 root 身份登录，在/tmp 目录下创建文件 f53，将其文件所有者、所属用户组分别更改为 can、bin。

```
# cd   /tmp
# touch   f53
# ls   -l   f53
-rw-r--r-- 1 root root 0 2015-02-01 23:10 f53    #f53 原来属于 root 用户、root 用户组
# chown   can   f52
# chgrp   bin   f52
$ ls   -l   f52
-rw-r--r-- 1 can bin 0 2015-02-01 22:10 f53      #f53 现在属于 can 用户、bin 用户组
```

📑 **思考与练习题 1.14**

(1) 一个 Linux 文件的八进制数访问权限为 755，用 ls -l 命令显示的文件权限是什么？假设用 ls -l 命令显示的文件权限是 rw-r--r--，用八进制数表示的权限值是多少？

(2) 写出命令，在当前目录下创建文件 f54，将其访问权限设置为 664。

(3) 当前目录下文件 test.sh 的权限是 rw-r--r--，成功执行命令 chmod +x test.sh 后，test.sh 文件的权限变成_____，用八进制数表示为_____。

1.4.5　使用通配符("*"和"?")匹配文件名

前面的文件操作命令仅对一个文件或目录进行操作，但 cp、mv、rm 等命令也可以分别对多个文件或目录进行复制、移动、删除操作。选择多个文件或目录有两种方法。一种是直接列出待访问的多个文件名或目录名，例如：

```
rm   ff1   ff2              #同时删除两个文件 ff1 和 ff2
cp   ff1   ff2   personal   #同时将两个文件复制到目录 personal 中
```

另一种方法是使用通配符指出文件名或目录名，常用的通配符有以下两个。

- *：匹配任何字符串。
- ?：匹配任何一个字符。

示例 1-19：在/tmp 目录下创建两个文件 ff1 和 ff2，将所有文件名以 ff 开头、长度为 3 个字符的文件复制到目录 personal 中。

```
$ cd   /tmp
$ mkdir   personal
$ touch   ff1   ff2
```

```
$ mv   ff?   personal
$ ls   personal
```

示例 1-20: 删除 personal 目录下所有文件名以 ff 开头的文件。

```
$ cd   /tmp
$ rm     personal/ff*
$ ls   personal
```

示例 1-21: 删除 personal 目录下的所有文件、目录,包括子目录。

```
$ cd   /tmp
$ rm   personal/*   -rf
$ ls   personal
```

🖝 **思考与练习题 1.15**

(1) 写出命令,删除当前目录下所有文件名以 "f" 开头的文件和以 ".o" 结尾的文件。

(2) 写出命令,显示所有文件名仅包含两个字符的文件。

1.4.6   文件的压缩与打包

在系统管理和编程开发中,经常需要对一批文件(一个目录或满足某种条件的一些文件)进行打包、压缩,以便发布、传播等,也需要对压缩文件、打包文件执行解压缩、解包操作。Linux 系统提供了 compress、gzip、bzip2、tar、bzcat、dd、cpio 等一系列工具,能满足不同场景下的打包、解包之需。

1. 文件的压缩与打包命令(compress、gzip、bzip2、tar、bzcat、dd、cpio)

compress、gzip、bzip2 命令采用不同的压缩算法,实现单个文件的压缩、解压缩;tar 命令用于多文件的打包、解包,该命令还可通过命令选项来调用压缩命令,对打包后的文件进行压缩,或先对文件解压缩,再解包。各命令的主要功能如下。

● compress:压缩文件,压缩后缀为.z。

● gzip:压缩文件,压缩后缀为.gz。

● bzip2:压缩文件,压缩后缀为.bz2。

● tar:打包一批文件,包文件后缀为.tar。

通常将 tar 与 gzip 或 bzip2 命令结合起来执行打包与压缩操作。

常用命令格式: $ tar   <选项>   [压缩文件]   <文件列表>

常用命令选项:

-cvf   打包   -xvf   解包

-zcvf 打包并压缩成.gz 格式文件   -zxvf 先对.gz 文件解压缩,再解包

-cjvf 打包并压缩成.bz2 格式文件   -xjvf 先对.bz2 文件解压缩,再解包

示例 1-22: 在当前目录下创建目录 dir5,在其中创建 4 个文件 f1、f2、f3、f4,对该目录打包并压缩成文件 dir5.tar.gz,删除该目录,然后解包 dir5.tar.gz。

```
$ mkdir   dir5
$ cd   dir5
```

```
$ touch  f1  f2  f3  f4              #创建 4 个空文件
$ cd  ..                            #进入父目录
$ ls dir5                           #列出目录 dir5 下的文件
f1  f2  f3  f4
$ tar  -zcvf  dir5.tar.gz  dir5     #将整个目录 dir5 打包后压缩成 dir5.tar.gz,
                                    #也就是对目录 dir5 进行备份
$ rm  -rf  dir5                     #删除目录 dir5
$ ls  dir5                          #列出目录 dir5 下的文件,该目录已不存在
ls: cannot access dir5: No such file or directory
$ tar  -zxvf  dir5.tar.gz           #解压缩并解包文件 dir5.tar.gz
$ ls  dir5                          #验证目录 dir5 是否被成功恢复
f1  f2  f3  f4
```

2. 在 Windows 主机与 Linux 虚拟机之间互传文件

在本课程实验中,经常需要将在 Linux 虚拟机上创建的文档或源程序导出到 Windows 主机上,或进行反向传输。可通过简单的拖放操作在 Windows 主机与 VMware Linux 虚拟机之间互传文件。

(1) Linux 虚拟机到 Windows 主机的文件传输方法。

将 Linux 虚拟机上的文件用 tar 命令打包成一个压缩文件,之后打开 Linux 的文件管理器,将压缩文件拖到 Windows 主机上的某个文件夹(桌面)中。

(2) Windows 主机到 Linux 虚拟机的文件传输方法。

打开 Linux 文件管理器,将打包并压缩好的文件从 Windows 系统拖到 Linux 系统中的指定位置,用双击操作和 tar 命令对压缩文件解压缩和解包即可。

(3) 请参阅"Linux 文件目录压缩解压缩及与 Windows 系统间文件互传(演示).exe"视频演示文件。

☛ 思考与练习题 1.16　写出命令,将目录 work 下的所有.c 源代码文件打包并压缩成 prog.tar.bz2,并将其传送到 Windows 主机。

☛ 思考与练习题 1.17　写出命令,将 Windows 主机上的 Web 服务器源代码包 boa-0.94.13.tar.gz 传送到 Linux 虚拟机,将其解压缩并解包,展开其目录结构。

1.5　输入/输出重定向和管道

Linux 环境有很多有用的特性可以给命令操作带来极大便利。除前面介绍的相对路径、特殊目录名、通配符,还有输入重定向、输出重定向和管道。输入重定向是指将从终端读取输入数据改为通过符号"<"从文件读取。输出重定向是指将命令的正常输出改送到文件而非终端,重定向的方法是在命令串后用">"或">>"指明输出文件名。输出重定向可将比较长的输出先保存起来,以后再查看和分析。管道是指用一个"|"符号将两个命令连起来,将前一命令的输出直接作为后一命令的输入。

下面是一个范例:

```
$ man   passwd > a                 #将前一命令给出的 passwd 联机帮助重定向到文件 a
                                   #覆盖文件 a 的所有内容
$ date >> a                        #将命令 date 给出的日期时间信息追加到文件 a
```

```
$ cat   <   /etc/passwd          #不带参数的 cat 命令本来是从终端读取输入,
                                  #通过输入重定向改从文件读取
$ more   /etc/passwd | sort       #将文件/etc/passwd 的内容送往命令 sort 排序输出
$ find   ~   -name "*.c" | more    #find 命令在当前用户的家目录树中查找所有后缀为.c 的文件名,
                                  #文件信息交由 more 分页显示
$ grep   -r   main() | more        #grep 命令在当前目录树文件中搜索包含"main()"的
                                  #文本,交由命令 more 分页显示
```

1.6 本章小结

本章主要讲述 Linux 系统的基本知识、目录结构、文件属性、访问权限,重点介绍 Linux 系统常用的文件操作命令,为日后在 Linux 环境下进行编程打下基础。希望深入学习 Linux 操作命令用法的读者,可参考专门的书籍。表 1-2 汇总了 Linux 系统常用的用户操作命令。

表 1-2　Linux 系统常用的用户操作命令列表

序号	功能	命令名	常用格式举例
1	列出文件列表	ls、dir	①ls　②ls　-l　③ls　-al ④ls　/etc ⑤ls　-il　~ ⑥ls　~root ⑦ls -F /tmp
2	显示当前工作目录路径	pwd	pwd
3	切换工作目录	cd	①cd　/proc　②cd .. 　③cd　~ ④cd　~root
4	创建文件目录	mkdir	①mkdir　dir1 ②mkdir　-p　dir2/dir3
5	删除空目录	rmdir	rmdir　dir2/dir3
6	复制文件	cp	①cp　/etc/passwd ②cp　/tmp/a*　work ③cp　~/.bashrc　bashrc.bak ④cp　-rf　/home/NachOS-4.1　work ⑤cp　-s　~/.bashrc　bashrc_slink
7	创建硬链接和符号链接	cp、ln	①cp　-l　~/.bashrc　bashrc_hlink 或 　ln　~/.bashrc　bashrc_slink ②cp　-s　~/.bashrc　bashrc_slink 或 　ln　-s　~/.bashrc　bashrc_slink
8	删除文件或目录(包括非空目录)	rm	①rm　bashrc　　②rm　-rf　test/* ③rm　/tmp/a? 　④rm　/tmp/b*
9	移动、更名文件、目录	mv	①mv　file1　file2 ②mv　file1　dir1 ③mv　dir1　dir2 　④mv　/tmp/c*　./dir1
10	显示文本文件内容	cat、tac、more、less	①cat　/etc/passwd ②tac　/etc/passw ③more　/etc/passwd
11	创建文本文件	gedit、vi	略
12	创建空文件,更新文件修改时间	touch	①touch　f521 ②touch　~/Desktop

(续表)

序号	功能	命令名	常用格式举例
13	修改文件权限	chmod	①chmod ugo+rw f521 ②chmod 777 f52
14	更改用户、用户组	chown chgrp	①chgrp bin f52 ②chown can f52
15	文件/目录的打包、压缩与解压缩、解包	tar	tar -zcvf dir5.tar.gz dir5 tar -zxvf dir5.tar.gz

课后作业

思考与练习题 1.18 不考虑操作权限因素，下面哪些 Linux 命令是正确的？哪些不正确，存在什么问题？

(1) ls -ial	(5) ls -l/etc	(9) ls - 1 /home
(2) ls -i-l	(6) cp /etc/passwd /tmp	(10) Ls /
(3) ls/home/can	(7) cp /etc/passwd .	(11) ls \etc
(4) ls-l /etc	(8) cp /etc/passwd /tmp	

思考与练习题 1.19 写出显示根目录 "/" 下各文件(包括隐藏文件)所有属性(包括 i 节点号)的命令，说出根目录的 i 节点号是什么？为何 "." 与 ".." 这两个文件具有相同的 i 节点号？目录 "/" 的链接计数是多少？为何是这个值？

思考与练习题 1.20 以下列出了命令执行后的出错信息，请判断是缺少什么权限所致。

命令及输出	当前用户对目录/root 缺少何种权限所致？
$ cd /root bash: cd: /root: Permission denied	
$ ls /root ls: cannot open directory /root: Permission denied	
$ mkdir /root/work mkdir: cannot create directory '/root/work': Permission denied	

思考与练习题 1.21 图 1-7 为 Linux 系统目录树结构的一部分。

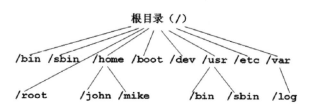

图 1-7 Linux 系统目录树结构的一部分

请完成以下练习题：

(1) 用户 john 与用户 root 的家目录在哪里？

(2) 若当前工作目录是/home/john，请给出目录 mike、usr 的相对路径与绝对路径。

(3) 若当前用户为 john，请用符号"~"给出目录 mike、home 的相对路径。

第 2 章
Linux Shell 编程

Linux 中的 Shell 作为用户与操作系统的接口，是用户使用操作系统的窗口。Shell 既是命令解释器，又是一种编程语言。作为命令解释器，Shell 是一个终端窗口，接收用户输入的命令，识别、解释、执行该命令，并向用户返回结果，Shell 的功能类似于 Windows 系统中的 cmd.exe 程序。作为编程语言，Shell 提供了变量、流程控制结构、引用、函数、数组等功能，可将公共程序、系统工具、用户程序"黏合"在一起，创建 Shell 脚本(又称 Shell 程序)，实现更加复杂的应用功能。Linux 系统的很多管理任务是通过 Shell 脚本实现的，例如，Linux 系统的启动过程就是通过运行/etc/rc.d 目录中的脚本来执行系统配置和创建服务的。Shell 脚本还用于用户工作环境的定制，如 Java 开发环境、Android 开发环境、大数据应用开发环境等，都是通过 Shell 脚本来设置的。掌握一些基本的 Shell 脚本编程知识对操作、使用 Linux 非常有帮助。每个 Linux 系统发行版本中都包含多种 Shell，一般有 Bash、Bourne Shell、TC Shell、C Shell 和 Korn Shell 等。其中，Bash 是 Bourne-Again Shell 的英文缩写，它吸收和继承了其他 Shell 的优点，成为当前应用最广泛的 Shell，是 Linux Shell 的事实标准。

本章学习目标：
- 掌握 Shell 脚本、变量、表达式、数学运算、字符串处理、输入/输出的语法结构
- 掌握使用 Shell 条件和条件、选择、循环三大控制结构的基本编程方法
- 理解全局变量、局部变量、环境变量、命令行参数的基本概念与用途
- 掌握文件 I/O 和 I/O 重定向的基本编程方法
- 理解 Shell 函数

2.1 Shell 编程基本概念

Shell 脚本就是由很多 Linux 命令通过 Shell 控制结构粘合起来构成的文本文件，可将一个 Shell 脚本当作一条 Linux 命令来执行，以高效方式完成较为复杂的管理控制功能，Shell 脚本又称 Shell 程序。

2.1.1 Shell 脚本的结构

组成 Shell 脚本的语句可包括 Linux 命令、赋值语句、输入/输出语句和流程控制结构。下面的 shscri.sh 是一个 Shell 脚本实例：

```
1    #!/bin/bash
2    list=`ls ./temp`
3    for  f  in  $list
```

```
4    do
5        mv   ./temp/$f  ./temp/$f.txt
6    done
7    echo   finished!
```

第 1 行是一个特殊的注释行(所有以字符#开头的脚本行都是注释行)，它用符号"#!"指明本脚本应该用 Shell 命令解释器/bin/bash 来解释执行脚本。第 2 行将当前目录下的文件名列表赋给变量 list，赋值表达式`ls ./temp`是一个用反引号(``)括起的命令，表示该命令的输出为表达式值，即./temp 目录下的文件列表。第 3~6 行是一个 for 循环，第 3 行表示变量 f 依次取变量 list 中的每一项，执行 for 循环体，其中变量名前加美元符号$(即$list)表示引用变量 list 的值；do 与 done 之间为循环体，仅包含一条语句，它对./temp 目录下文件名为 f 变量值的文件添加后缀".txt"。第 7 行的 echo 命令输出信息"finished!"，表示脚本执行完毕。

2.1.2 Shell 脚本的创建与执行方法

Shell 脚本是文本文件，可以用任何文本编辑器来创建，如 gedit、vi、kate 等，甚至可以在 Windows 环境下创建好后再复制到 Linux 系统中。

为了执行 2.1.1 节中的 Shell 脚本 shscri.sh，我们先创建目录./temp 及该目录下的一些文件：

```
$ mkdir  ./temp
$ touch  f1  f2  f3  f4
```

Shell 脚本本身并不包含 CPU 直接执行的机器指令，其中的指令或语句由第 1 行指定的 Shell 命令解释器解释执行。在前面的例子中，Shell 命令解释器是/bin/bash。运行 Shell 脚本实际上是在执行/bin/bash，bash 从脚本文件中逐条读入 Shell 指令，解释执行，Shell 脚本实际上只是 bash 的一个数据文件。因此，前面 Shell 脚本的运行方法和结果是：

```
$ bash   shscri.sh
finished!
```

可通过查看/temp 目录下的文件列表来检查脚本 shscri.sh 是否执行成功。

既然脚本 shscri.sh 是 Linux Shell 脚本命令，就应允许我们直接输入文件路径和文件名以执行它。Linux bash 接收用户输入的命令时，首先会对用户权限进行检查，仅当用户有执行权限时，才会执行命令或脚本。如果输入的文件名代表可执行的二进制文件，Linux 就直接加载执行；如果输入的文件名代表文本文件，Linux 就会根据脚本第 1 行的"#!..."去查找相关的解释程序，然后启动相应的解释程序来执行脚本命令。因此，如果给 shscri.sh 添加了执行权限：

```
$ chmod  +x  shscri.sh
$ ls  -l  shscri.sh
-rw-rw-r-- 1 xuqg xuqg   104 Jul 15 16:44 shscri.sh
```

就可以输入完整路径直接执行它：

```
$ ./shscri.sh
finished!
```

上述命令串中，"./"是脚本文件 shscri.sh 所在的目录，因为"."代表当前工作目录。

对于未添加执行权限的任何文件(包括 Linux 命令文件)，如果直接输入文件路径或文件名并试图运行它，Linux 会显示权限不允许的错误信息，例如：

```
$ ls  -l  f1
-rw-rw-r-- 1 xuqg xuqg      0 Jul 15 16:58 f1
$ ./f1
bash: ./f1: Permission denied
```

2.1.3 Shell 变量与赋值表达式

Shell 程序中一些命令产生的数据常常会被传给其他命令以做进一步处理，这可通过变量来完成。变量允许临时性地存储信息，供脚本中的其他命令使用。

用户变量可以是任何不超过 20 个字符(字母、数字或下画线)的文本字符串，用户变量区分大小写，所以变量 Varl 和变量 varl 是不同的。Shell 变量的使用非常灵活，不必事先定义变量，在给变量赋值时，变量会自动获得定义。Shell 变量值的类型都是字符串，可以将任何字符串赋值给变量。值通过等号直接赋给用户变量，在变量、等号和值之间不能出现空格。如果字符串值的中间有空格，应该用引号括起。以下是一些给用户变量赋值的例子：

```
var1=10
var2=57
var4=testing
var4="still more testing"
```

Shell 变量的赋值表达式可以由字符串常量、Shell 变量引用、Linux 命令输出直接拼接而成，但要注意以下几点。

(1) 为区分字符串常量和变量引用，Shell 要求通过美元符号($)来引用变量。

(2) 若被引用的 Shell 变量名后紧跟字母、数字、下画线等字符，则应将变量名用花括号({})括起，否则 bash 无法从中正确提取变量名。

(3) 为区分赋值表达式中的 Linux 命令和字符串常量，Linux 命令需要用反引号(``)括起。

(4) 未经定义的 Shell 变量也可引用，只是变量值为空值。

当然，赋值表达式的值也可用 echo 命令直接显示输出，在 echo 命令中，字符串表达式的中间允许存在空格而两边不用加引号。

下面的 exvar.sh 是一个使用变量的 Shell 脚本示例：

```
1    #!/bin/bash
2    #testing variables
3    num=3
4    guest1=Alice
5    guest2="Bill Gates"
6    msg="$guest1 logs out before the ${num}th day."
7    echo $msg
8    echo "current directory of ${guest2} is `pwd`. "
```

在第 5 行中，变量赋值语句右边的字符串中间有空格，故要用引号将整个字符串括起；第 6 行用$符号引用变量 num 的值，因为变量名后紧跟字符串常量 th，所以将变量名用花括号{}括起；第 8 行要获得命令 pwd 的输出，因此在 pwd 两边加反引号。下面是 Shell 脚本的输出结果：

```
$ chmod  +x  exvar.sh
$ ./exvar.sh
Alice logs out before the 3th day.
current directory of Bill Gates is /home/xuqg/temp.
```

👉 思考与练习题 2.1 下面的 Shell 脚本存在多处错误，每行都有错误，请指出来并予以更正。

```
#!bi n/bash
var1 = 5
var2=hello world
var3=$var2abcd
echo 我的当前目录是：'pwd'
```

2.1.4 Shell 输入/输出语句

Shell 脚本用 echo 命令将包含变量值、字符串常量、命令输出的表达式值显示出来，如前面示例所示。Shell 脚本用 read 命令让用户从键盘终端输入信息，存入 Shell 变量。read 命令的格式如下：

```
read  [-s]  [-p  prompt]  variable1  variable2  …
```

上述语法表示将用户输入的多个字符串依次存入 Shell 变量 variable1、variable2、…使用 bash 命令提取输入时，以空格为字符串分隔符。bash 命令有两个命令选项，这里用方括号括起，表示命令选项根据需要可选。

- -p prompt：表示在提示用户输入前显示提示串 prompt。
- -s：使输入不可见，适用于输入密码等敏感信息。

以下脚本 io.sh 是使用案例：

```
1    #!/bin/bash
2    #testing read and echo commands
3    read  -p  "Enter your name: " first last
4    echo "Checking data for $last,$first"
5    read  -s  -p "请输入您的密码: " pass
6    echo   "Is your password really $pass?"
```

脚本的执行结果如下：

```
$ chmod  +x  io.sh
$ ./io.sh
Enter your name: Bill Gates
Checking data for Gates, Bill
请输入您的密码:123456   #输入的密码不显示
Is your password really 123456?
```

2.1.5 终止脚本的执行和终止状态

使用 bash 启动的命令或脚本运行完毕后，我们经常需要了解该命令或脚本的执行情况，是成功、失败，还是根本就没有执行。如果失败，是什么原因所致。后续命令需要根据终止状态进行不同的处理。因此，在 Linux 系统中，任何命令、脚本执行完毕后，都有终止状态，即使命令根本没有执行或不存在，也会有终止状态。

按照 Linux 系统规范，命令或脚本的终止状态码是一个介于 0 和 255 的整数，一般 0 代表执行成功，>0 代表执行失败。命令或脚本的终止状态分为用户设置和系统设置两种情况。

1) 用户设置终止状态码

高级编程语言和 bash 都提供了系统函数或命令来结束程序或脚本的执行，并设置终止状态码。在 C 语言程序中，用系统函数 exit()来终止程序，设置终止状态。在 bash 中，用命令 exit 终止脚本，设置终止状态，其格式为：

exit 状态码

状态码为 0 表示脚本执行成功，为非 0 表示执行失败，非 0 编码与失败原因之间的对应关系由编程人员自行定义。

2）系统设置终止状态码

如果 C 程序没有执行 exit()函数调用，则其终止状态码为程序最后一个函数调用的返回值；如果 Shell 脚本没有执行 exit 命令，则其终止状态码为最后执行的命令的终止状态码。

如果用户输入的命令或脚本根本就不存在或根本没有执行，或者 Linux 命令、Shell 脚本非正常终止，则其状态码由 Linux 系统根据失败原因自动设定，这时每个编码都有特定含义。表 2-1 是 Linux 命令、脚本的常见终止状态码及描述。

表 2-1　Linux 命令、脚本的常见终止状态码及描述

终止状态码	描述	终止状态码	描述
0	命令成功执行	128	无效的终止参数
126	命令无法执行	128+x	使用 Linux 信号的致命错误
127	没有找到命令	130	使用 Ctrl+C 组合键终止进程

Linux 将进程(命令、脚本的执行)的终止状态保存在一个特殊的 Shell 变量(?)中，可在进程结束时，立即读取该变量的值以取得前一个命令或脚本的终止状态。因为读取$?变量值的命令也是一条命令，所以 bash 会根据这条命令的终止状态更新变量$?的值。表 2-2 中是一些示例。

表 2-2　使用环境变量$?获取命令返回值的一些示例

命令类别	命令或程序示例	说明
Linux 命令	$ date Sat Sep 29 10 : 01 : 30 EDT 2007 $ echo　$? 0	该命令执行成功，其终止状态码为 0
	$ asdfg -bash: asdfg: command not found $ echo　$? 127 $ echo　$? 0	该命令不存在，其终止状态码为 127，因此第 1 个 echo $?的输出为 127；由于第 1 个 echo $?命令执行成功，它把$?设置成 0，这样第 2 个 echo $?的输出为 0
	$ ./myprog.c -bash: ./myprog.c: permissi on denied $ echo　$? 126	myproc.c 虽然存在，但无执行权限，其终止状态码为 126
Shell 脚本	status1.sh #/bin/bash pwd $ bash　./status1.sh $ echo　$? 0	该脚本的最后一条命令执行成功，其终止状态码为 0

(续表)

命令类别	命令或程序示例	说明
Shell 脚本	status2.sh #/bin/bash exit 0 $ *bash ./status2.sh* $ *echo $?* 0	该脚本的最后一条命令是 exit 0，返回终止状态码 0，因而显示的终止状态码是 0
	status3.sh #/bin/bash exit 10 $ *bash ./status3.sh* $ *echo $?* 10	该脚本的最后一条命令是 exit 10，返回终止状态码 10，因而显示的终止状态码是 10
Linux C 程序	status4.c int main() { exit(5); } $ *gcc -o status4 status4.c* $ *./status4* $ *echo $?* 5	gcc 命令将 status4.c 编译成可执行程序 status4，命令./status4 执行该程序。由于 C 语言的库函数 exit()返回的终止状态码是 5，因此 echo $?命令显示的终止状态码是 5
	status5.c int main() { atoi("123"); } $ *gcc -o status5 status6.c* $ *./status5* $ *echo $?* 123	由于最后的函数调用atoi()的返回值是整数 123(字符串"123"的整数值)，因此其终止状态码是 123

思考与练习题 2.2　在当前目录下输入命令"ls -l"并执行的输出结果如下：

```
-rw-rw-r--    1 xuqg xuqg        114 Jul 15 19:07 test.sh
-rw-rw-r--    1 xuqg xuqg        110 Jul 15 18:46 semlib.c
drwxr-xr-x   4 root root        4096 Feb  1 00:18 dir1
```

请问下列命令序列中 echo $?的输出结果是什么？(注意：Linux Shell 允许在一行中输入多个命令，命令间以分号隔开。)

(1) ./dir1; echo $? ; echo $?

(2) cd; echo $?

(3) ./semlib.c; echo $?; echo $?

(4) ./abcd; echo $?

2.2　Shell 数学运算与字符串处理

2.2.1　Shell 数学运算

一般编程语言都应提供数学运算功能。虽然 bash 将所有变量值看成字符串，不便于进行数学运算，但它也提供了两种实施数学运算的机制：一种是使用 expr 命令，格式为 expr expression；另一种是用美元符号和方括号把数学表达式括起来，格式为$[expression]。由于 expr 命令比较笨拙，对表达式的格式限制很多，而方括号非常灵活，因此实际应用中更多使用第二种机制。请看以下示例脚本 arith.sh：

```
1    #!/bin/bash
2    varl=100
3    var2=45
4    var3=50
5    var4=$[$varl * ($var2 - $var3)]
6    echo The final result is $var4
```

运行此脚本将生成如下输出：

```
$ chmod  +x  arith.sh
$ ./arith.sh
The final result is –500
```

2.2.2　Shell 字符串处理

C、Java、Python 等高级语言都提供了丰富的库函数，以方便开发人员进行字符串处理。Bash Shell 本身没有库函数，对字符串处理的支持主要通过 expr、awk 等命令来实现。这两个命令能够实现较为丰富的字符串处理功能，以满足应用程序的编程需要。表 2-3 中展示了一些 Shell 字符串处理方法及示例。

表 2-3　Shell 字符串处理方法及示例

功能	编程方法	编程示例
提取子字符串	expr substr 字符串 开始索引 长度 开始索引以 1 开始	str=`expr substr "abc" 2 2` 结果：str 的值为 bc
	${str:pos} ${str:pos:len} 功能：在字符串 str 中，提取从位置 pos 开始、长度为 len 的子串	str="abc" str2=${str:1} str3=${str:1:2} 结果：str2、str3 的值都是 bc

计算字符串的长度	${#string}
	expr length $string
	功能：计算字符串 string 的长度
		str=acbdef
		n1=${#str}
		n2=`expr length $str`
		结果：n1、n2 的值都是 6

(续表)

功能	编程方法	编程示例
计算子串的出现位置	expr index $string substring 功能：在字符串 string 中找出子串 substring 第一次出现的位置，若找不到，返回 0 或 1	str="hello,everyone" n1=\`expr index "$str" my\` n2=\`expr index "$str" ev\` n3=\`expr index "$str" ev.*\` 结果：n1 为 0，n2、n3 都是 2
返回匹配到的子串的长度	expr match $string substring 功能：返回 string 从头开始匹配 substring 的子串的长度，若找不到，返回 0	string="hello,everyone" n1=\`expr match "$string" he\` n2=\`expr match "$string" he.*\` 结果：n1 为 2，n2 为 14 其中，.*是正则表达式通配符，表示匹配任何子串
删除字符串	${string#substring} 功能：删除 string 开头处与 substring 匹配的最短字符子串	str="20091111 readnow please" str1=${str#2*1} 结果：str1 为 111 readnow please 删除从字符 2 开始，到第一个 1 为止的子串
	${string##substring} 功能：删除 string 开头处与 substring 匹配的最长字符子串	str="20091111 readnow please" str2=${str##2*1} 结果：str2 为 readnow please 删除从字符 2 开始，到最后一个 1 为止的子串

📖 **思考与练习题 2.3** 请写出执行以下脚本后的输出：

```
#!/bin/bash
string="hello,everyonemynameisxiaoming"
echo    ${#string}
expr    index   "$string" my
expr    match   "$string" hell.*
expr    match   "$string" hell
echo    ${string:10:5}
expr    substr "$string" 10    5
```

2.3 Shell 条件与 if 控制结构

bash 可以对 Shell 脚本进行流程控制，提供 if、case 和 for 等控制结构，使 Shell 具有 C、Java 等高级语言的流程控制能力，这些控制结构具有较好的结构化特征，称为结构化命令。本节介绍 if 和 case 两种结构化命令。

2.3.1 if 语句

if 语句是包括汇编语言在内几乎所有编程语言必须提供的流程控制结构。bash 的 if 语句非常直观，其格式有不带 else 分支和带 else 分支两种。

不带 else 分支的 if 语句格式：

```
if command
then
commands
fi
```

带 else 分支的 if 语句格式：

```
if command
then
   commands
else
   commands
fi
```

if 语句的含义：如果 if 行的命令执行成功(即终止状态码为 0)，则执行 then 分支的语句序列，否则执行 else 分支的语句序列。下面给出几个示例。

示例 2-1：condif1.sh

```
1    #!/bin/bash
2    # testing the if statement
3    if date
4    then
5       echo "it worked"
6    fi
```

该脚本的执行结果如下：

```
$ ./condif1.sh
Sat Sep 29 14 : 09:24 EDT 2007
it worked
```

因为 date 命令总能成功执行，所以该脚本会执行 then 分支的命令序列。

示例 2-2：condif2.sh

```
1    #!/bin/bash
2    # testing a bad commnand
3    if asdfg
4    then
5       echo "it didn't work"
6    fi
7    echo "we' re outside of the if statement"
```

该脚本的执行结果如下：

```
$ ./condif12.sh
. /test2 : line 3: asdfg: command not found
we're outside of the if statement
```

在本例中，在 if 行放了一条错误的命令，它会产生一个非零的终止状态码，这样 Bash Shell 会跳过 then 部分的 echo 语句，直接执行后面的命令。需要注意的是，运行 if 语句中的命令所产生的错误信息仍然出现在脚本的输出结果中。

示例 2-3：condif3.sh

```
1    #!/bin/bash
2    # testing multiple commands in the then section
3    testuser=can
4    if grep $testuser   /etc/passwd
5    then
```

```
6        echo The bash files for user $testuser are :
7        1s -a /home/$testuser/.b*
8     else
9        echo "The user name $testuser doesn ' t exist on this system"
10    fi
```

该脚本的 if 语句行使用 grep 命令搜索/etc/passwd 文件，查看系统是否正在使用某个特定的用户名。如果一个用户拥有该登录名，脚本会显示一些文本，然后列出该用户家目录下名称以.b 开头的文件。该脚本的执行结果如下：

```
$ ./condif3.sh
can:x:1002:1002::/home/can:
The bash files for user can are :
/home/can/.bash_logout /home/can/.bashrc
```

有时需要在脚本代码中检查几种情况。这时不必单独编写 if-then 语句，可以使用 else 部分的另一种版本，称为 elif。elif 以另一个 if-then 语句继续 else 部分：

```
if command1
then
   commands
elif command2
then
   more commands
fi
```

还可以把多个elif语句串在一起，创建一个大的 if-then-elif 组：

```
if commandl
then
command set 1
elif command2
then
command set 2
elif command3
then
   command set 3
elif command4
then
 command set 4
fi
```

bash 会按顺序执行if语句，只有第一个返回0终止状态码的命令会导致其 then 部分的命令被执行。

2.3.2   test 命令

前面给出的 if 语句行都以普通的 Shell 命令作为评判条件。但在实际应用中，bash 还需要具有通常意义上的条件检测能力，比如能够进行数值比较、文件属性检查、字符串比较等。Linux Shell 提供了 test 命令来实现这些功能。若 test 命令算出的条件值为 true，则 test 命令将其终止状态码设置为 0，if语句执行其 then 分支；若算出的条件值为 false，则 test 命令将其终止状态码设置为非零，执行 if 语句的 else 分支。

test 命令的格式非常简单：

```
test condition
```

其中，condition 是 test 命令要测试的一系列参数和值。在 if-then 语句中声明 test 命令的方法如下所示：

```
if   test condition
then
    commands
fi
```

Bash Shell 提供了在 if-then 语句中声明 test 命令的另一种方法：

```
if   [ condition ]
then
    commands
```

方括号定义在 test 命令中使用的条件。注意：在左方括号的后面和右方括号的前面必须都有一个空格，否则会得到错误信息。test 命令能够用于数值比较、字符串比较、文件比较。

1. 数值比较

test 命令的最常用方法是比较两个数值，表 2-4 显示了用于测试两个值的条件参数列表。

表 2-4　test 命令用于数值比较

比较	描述	比较	描述
n1 -eq n2	检查 n1 是否等于 n2	n1 -le n2	检查 n1 是否小于或等于 n2
n1 -ge n2	检查 n1 是否大于或等于 n2	n1 -lt n2	检查 n1 是否小于 n2
n1 -gt n2	检查 n1 是否大于 n2	n1 -ne n2	检查 n1 是否不等于 n2

数值条件测试可以用于数字和变量上，下面的脚本 cmpnum.sh 是一个例子：

```
1   #!/bin/bash
2   #using numeric test comparisons
3   val1=10
4   va12=11
5   if [ $va11 -gt 5 ]
6   then
7      echo "The test value $va11 is greater than 5"
8   fi
9   if [ $va11 -eq $va12 ]
10  then
11     echo "The values are equal"
12  else
13     echo "The values are different "
14  fi
```

第一个 if 语句"if [$va11 -gt 5]"测试变量 val1 的值是否大于 5，第二个 if 语句"if [$va11 -eq $va12]"测试变量 vall 的值是否等于变量 va12 的值。运行该脚本并查看结果：

```
$ ./cmpnum.sh
The test value 10 is greater than 5
The values are different
```

这两个数值条件测试结果都像预期的那样。

2. 字符串比较

test 命令允许对字符串值进行比较。进行字符串的比较稍微复杂一些，表 2-5 列出了常用的字符串值比较表达式。

表 2-5　test 命令用于字符串比较

比较	描述	比较	描述
str1 = str2	检查 str1 与 str2 是否相同	str1 > str2	检查 str1 是否大于 str2
str1!= str2	检查 str1 与 str2 是否不同	-n str1	检查 str1 的长度是否大于 0
str1 < str2	检查 str1 是否小于 str2	-z str1	检查 str1 的长度是否为 0

下面的示例脚本 cmpstr.sh 对字符串的长度进行测试：

```
1    #!/bin/bash
2    # test1ng string l ength
3    vall=testing
4    va12="
5    if [ -n $vall ]
6    then
7        echo "The string '$vall' is not empty"
8    e1se
9        echo "The string '$vall' is empty"
10   fi
11
12   if [ -z $va12 ]
13   then
14       echo "The string '$val2' is not empty"
15   e1se
16       echo "The string '$val2' is empty"
17   fi
```

该脚本的运行结果如下：

```
$ ./cmpstr.sh
The string 'testing' is not empty
The string '' is empty
```

这个例子创建了两个字符串变量：变量 val1 包含一个字符串，变量 va12 作为空字符串创建。测试结果是 val1 的长度不为 0，val2 的长度为 0。

3. 文件比较

文件属性测试是经常需要用到的功能，test 命令能够测试 Linux 文件系统中的文件状态和路径。表 2-6 列出了这些用于文件比较和测试的条件格式。

表 2-6　test 命令用于文件比较

比较	描述
-d file	检查 file 是否存在并且是一个目录
-e file	检查 file 是否存在
-f file	检查 file 是否存在并且是一个文件
-r file	检查 file 是否存在并且可读
-s file	检查 file 是否存在并且不为空
-w file	检查 file 是否存在并且可写
-x file	检查 file 是否存在并且可执行
-O file	检查 file 是否存在并且被当前用户拥有
-G file	检查 file 是否存在并且默认值为当前用户组
file1 -nt file2	检查 file1 是否比 file2 新
file1 -oz file2	检查 file1 是否比 file2 旧

这些条件允许在 Shell 脚本中检查文件系统中的文件，经常用于访问文件的脚本。下面以检查文件是否存在和是否可以执行来说明文件属性测试命令的使用方法。

1) 检查对象是否存在

在脚本中使用文件或目录之前，可使用-e 选项检查它们是否存在。如果要确定指定的对象是否为文件，可使用-f选项。下面的脚本 cmpfile1.sh 是一个示例：

```
1    #!/bin/bash
2    # check if a file
3    if [ -e $HOME ]
4    then
5      echo "The object $HOME exists , is it a file?"
6    if [ -f $HOME ]
7    then
8      echo "Yes, it 's a file! "
9    else
10       echo "No, $HOME is not a file!"
11   fi
12   if [ -f $HOME/.bash_history ]
13   then
14     echo "But $HOME/.bash_history is a file!"
15   fi
16   else
17     echo "Sorry, the object doesn't exist"
18   fi
```

该脚本的运行结果如下：

```
$ ./cmpfile1.sh
The object … exists, is it a file?
NO, … is not a file!
But …/.bash_history is a file!
```

在该脚本中，系统变量$HOME 是当前用户的"家"目录，程序执行后实际显示的"…"是用户登录主目录。这个小脚本使用-e 选项来检查$HOME 是否存在，如果存在，就使用-f选项检查它是否为文件。如果不是文件(当然不是文件)，使用-f选项检查$HOME/.bash-history 是否为文件，它确实是文件。

2) 检查文件是否能运行

使用-x 选项是确定是否拥有指定文件的运行权限的一种简单方法，如果从 Shell 脚本中运行很多脚本，这项测试就会很方便。下面的脚本 cmpfile2.sh 是一个示例：

```
1   #!/bin/bash
2   #testing file execution
3   if [ -x cmpfile1.sh ]
4   then
5       echo "You can run the script:"
6       ./cmpfile1.sh
7   else
8       echo "Sorry, you are unable to execute the script"
9   fi
```

该脚本的运行结果如下：

```
$ ./cmpfile2.sh
You can run the script :
…
```

该 Shell 脚本示例使用-x 选项来检查是否有执行脚本 cmpfile1.sh 的权限，如果有权限，就会运行该脚本。

*2.3.3　复合条件检查

if-then 语句可以使用布尔逻辑来合并检查条件，可以使用以下两个布尔操作符：

```
... [ conditionl ] && [ condition2 ]
... [ conditionl ] || [ condition2 ]
```

使用第一个布尔操作&&合并的两个条件都满足时才执行 then 部分；使用第二个布尔操作||合并的两个条件，只要任何一个条件的计算结果为 true，就会执行 then 部分。下面的脚本 cmpand.sh 是一个示例：

```
1   #!/bin/ bash
2   #testing compound comparisons
3   if [ -d $HOME ] && [ -w $HOME:/testing ]
4   then
5       echo "The file exists and you can write to it"
6   else
7       echo "1 can't write to the file"
8   fi
```

以下是该脚本的运行结果：

```
$ ./cmpand.sh
I can't write to the file
$ touch   $HOME:/testing
$ ./cmpand.sh
```

The file exists and you can write to it

第一个条件检查用户的家目录是否存在；第二个条件检查用户的根目录下是否有 testing 文件，以及用户是否对该文件有写权限。任意一个条件失败，if 条件就为 false，Shell 执行 else 部分；如果这两个条件都满足，if 条件为 true，Shell 执行 then 部分。

注释：

本书标题前面加"*"号的内容难度较大但不影响知识的系统性，可在学时不足的情况下略去不讲。

2.3.4　case 语句

case 语句也是一种常用的控制结构，bash 的 case 结构比 C 语言的 case 结构更加灵活，使用更加方便。case 命令以列表导向格式检查单个变量的多个值：

```
case variable in
   patternl | pattern2) commandsl;;
   pattern3) commands2;;
   *) default commands;;
esac
```

case 命令将指定的变量与不同的模式进行比较。如果变量与模式匹配，Shell 执行为该模式指定的命令。可以在一行中列出多个模式，使用|操作符将每个模式分开。星号代表与任何列出的模式都不匹配的所有值。以下脚本 condcase.sh 是一个使用 case 命令转换 if-then-else 程序的示例：

```
1    #!/bin/bash
2    # using the case command
3    USER=rich
4    case $USER in
5      rich | barbara)
6          echo "Welcome, $USER"
7          echo "Please enjoy your visit";;
8      testing)
9          echo "Special testing account";;
10     essica)
11         echo "Don't forget to log off when you're done";;
12     *)
13         echo "Sorry, you're not allowed here"; ;
14   esac
```

以下是该脚本的运行结果：

```
$ ./condcase.sh
Welcome, rich
Please enjoy your visit
```

2.4　循环结构

循环控制命令也是 Shell 脚本的结构化命令，能将过程和命令进行循环，直到满足某个特定条件。Bash Shell 循环命令有 for、while 和 until。

2.4.1　for 循环结构

bash 提供的 for 命令用于创建基于列表的循环，循环变量依次取列表中的每个值，然后执行循环体。for 命令的基本格式为：

```
for var in list
do
    commands
done
```

参数 list 会提供一系列用于迭代的值。在每次迭代中，变量 var 包含列表中的当前值。第一次迭代使用列表中的第一项，第二次迭代使用第二项，以此类推，直到列表中的所有项都被使用。do 和 done 之间的命令序列是 for 循环体，这些命令可以用$var 引用变量 var 的值，即当前迭代的列表项值。

在列表中指定值有以下几种不同的方法。

1. 读取列表或变量中的值

for 命令的基本使用方法是直接给出值列表，下面的脚本 loopfor1.sh 是一个示例：

```
1    #!/bin/bash
2    #basic for command
3    for test in Alabama Alaska Arizona "New Mexico"
4    do
5       echo The next state is $test
6    done
```

以下是该脚本的运行结果：

```
$ ./loopfor1.sh
The next state is Alabama
The next state is Alaska
The next state is Arizona
The next state is New Mexico
```

每次循环迭代都将列表中的下一个值赋给变量 test。循环结束时，变量$test 中保存的是最后一次迭代的列表项值。列表中的值以空格隔开，若某个值的中间包含空格，则必须使用双引号括起。

2. 读取命令结果中的值

for 命令的第二种使用方法是通过运行命令产生列表，命令要用反引号括起来，下面的脚本 loopfor2.sh 是一个示例：

```
1    #!/bin/bash
2    #reading values from a file
3    file="states"
4    for state in `cat $file`
5    do
6       echo   "Visit beautiful $state"
7    done
```

该示例使用 cat 命令列出目录 states 的内容，并将其作为列表，复制给循环控制变量 state。

3. 使用通配符读取目录

for 命令还可自动从目录中读取文件名，并将其作为列表，一般需要在文件或路径名中使用通配符，下面的脚本 loopfor3.sh 是一个示例：

```
1    #!/bin/bash
2    # iterate through all the files in a directory
3    for file in /home/can/work/*
4    do
5      if [ -d "$file" ]
6      then
7         echo "$file is a directory"
8      elif [ - f "$file " ]
9      then
10        echo file is a file "
11     fi
12   done
```

以下是该脚本的运行结果：

```
$ ./loopfor3.sh
/home/can/work/chap3 is a directory
…
```

📩 **思考与练习题 2.4**　ls -F 命令的输出如下：

```
chap3/   chap4/   chap5/   chap6/   chap7/   chap8/   chap9/   lib/
```

请编写 Shell 程序，将子目录 lib 下的 libwrapper.h 和 wrapper.h 这两个文件复制到 chap3~chap9 这 7 个目录中。

2.4.2　while 循环结构

while 命令有点像 if-then 语句和 for 循环的结合。while 命令允许定义要测试的命令，然后只要定义的测试命令返回终止状态码 0，就循环执行一组命令。它在每次迭代开始时检查测试命令。测试命令返回非 0 的终止状态码时，while 命令停止执行命令集。while 命令的格式如下：

```
while test command
do
   other commands
done
```

while 命令的关键在于，指定的 test 命令的终止状态必须根据循环中命令的运行情况而改变。如果终止状态码总是为 0，while 循环就会陷入无限循环中。以下的 loopwhile1.sh 是一个脚本示例，它利用 while 循环对一个值为整数的变量做递减运算，并显示运算结果：

```
1    #!/bin/bash
2    # while command test
3    var1=10
4    while [ $var1   -gt   0 ]
5    do
6      echo $var1
7      var1=$[ $var1-1 ]
```

```
8    done
```

以下是该脚本的运行结果:

```
$ ./loopwhile1.sh
10
9
8
…..
```

该示例使用 Shell 算术将变量值减 1:

```
var1=$[ $var1 -1 ]
```

当测试条件不再为 true 时,while 循环终止。

2.4.3   until 循环结构

until 命令刚好与 while 命令相反,当测试命令产生非 0 的终止状态码时,循环就继续,直到测试命令的终止状态码为 0。until 命令的格式是:

```
until test commands
do
    other commands
done
```

下面的 loopuntil.sh 是一个使用 until 命令的示例脚本,它利用 until 循环对一个值为整数的变量做递减运算,并显示运算结果:

```
1    #!/bin/bash
2    # using the until command
3    var1=100
4    until [ $var1 -eq 0 ]
5    do
6      echo $var1
7      var1=$[ $var1 - 25 ]
8    done
```

以下是该脚本的运行结果:

```
$ ./loopuntil.sh
100
75
…
```

这个示例测试变量 var1 以决定 until 循环何时终止,一旦变量的值等于 0,until 命令就终止循环。

🖋 思考与练习题 2.5   编写 Shell 脚本,计算 100 以内所有偶数的和并打印输出。

2.5   Linux 全局变量和环境变量

2.5.1   Linux Shell 层次结构

前面讨论过,执行当前目录下的脚本 script.sh 的方法通常有两种: ./script.sh 和 bash script.sh,它们完全等效。执行 script.sh 实际上是执行命令 bash，script.sh 实际上是命令 bash 的数据文件，由 bash 解释并执行 script.sh 中的每条命令。当我们打开一个 Terminal 终端时，就启动了一个 bash，在终端输入的命令由该 bash 解释并执行。当我们在终端执行命令 bash 或 bash script.sh 时，又会启动另一个 bash。这些 bash 之间有何关系，对其解释并执行的 Shell 脚本有何影响，这些是本节将要讨论的内容。

在 Linux 系统中，若在 bashA 环境下启动了 bashB，则称 bashA 是父 Shell、bashB 是子 Shell。如果按不同方式启动多个 bash 或 Shell 脚本，则会形成一种比较复杂的 Shell 层次结构。

下面举例说明这种概念。假定我们创建了一个 Shell 脚本 scope.sh，它仅包含一条语句：

```
#!/bin/bash
```

现在，在当前终端执行以下命令序列：

```
$ bash ./scope.sh       命令①
$ bash                  命令②
$ ./scope.sh            命令③
$ exit                  命令④
$ . ./scope.sh          命令⑤
```

上述过程共创建了 4 个 Shell，如图 2-1 所示。

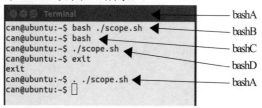

图 2-1　创建的 4 个 Shell

首先，终端窗口本身是一个 bash，我们记为 bashA。

执行命令①bash ./scope.sh 时，bashA 会创建一个新的 Shell 来解释并执行脚本 scope.sh，将这个 bash 记为 bashB，脚本完成后，bashB 退出。

执行命令②bash 时，bashA 启动一个新的 Shell，记为 bashC，现在终端命令由 bashC 解释并执行。

启动命令③./scope.sh，bashC 又创建一个新的 Shell，以解释并执行该脚本，记为 bashD，脚本完成后，bashD 退出。

执行命令④exit，退出 bashC，现在，终端命令重新由 BashA 解释并执行。

执行命令⑤. ./scope.sh，在脚本启动命令前增加"."，表示不创建新的 Shell，而是由命令窗口的 bashA 解释并执行该脚本，命令⑤的另一种等效启动方式是"source ./scope.sh"。

综上所述，以上 4 个 Shell 的父子关系如图 2-2 所示，终端对应的 bashA 是 bashB 和 bashC 的父 Shell，bashC 又是 bashD 的父 Shell。Shell 之间的父子关系与 Linux Shell 的全局变量、环境变量概念关联密切。

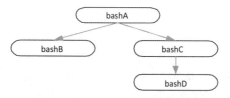

图 2-2　4 个 Bash Shell 间的父子关系

2.5.2　Shell 全局变量与局部变量

Bash Shell 中有两种类型的变量：全局变量与局部变量。全局变量是在所有子 Shell 中都可见的 Shell 变量，而局部变量是仅在创建它的 Shell 中可见的变量。局部变量是通过直接给变量赋值而创建的 Shell 变量，而全局变量则是用 export 命令处理过的局部变量。例如，以下脚本创建了局部变量 var1 和两个全局变量 var2、var3：

```
var1=local
export var2="global var2"
var3="global var3"
export var3
```

下面用一个示例来说明全局变量和局部变量的特征。假设脚本文件 scope2.sh 的内容如下：

```
1    #!/bin/bash
2    echo    $var1
3    echo    $var2
```

以下是在终端执行的命令序列：

```
1    $ var1=local
2    $ export var2="global var2"
3    $ bash ./scope2.sh
4    $ bash
5    $ ./scope2.sh
6    $ exit
7    $ .    ./scope2.sh 或 $ source    ./scope2.sh
```

不难获知，这个命令序列创建了图 2-2 所示父子关系的 4 个 Shell，我们仍以该图中的 Shell 名称来记录这 4 个 Shell。

(1) 首先，第 1 行与第 2 行分别创建 bashA 的局部变量 var1 和全局变量 var2。

(2) 执行第 3 行命令的 bashB 是 bashA 的子 Shell，它只能看见 bashA 的全局变量 var2，而看不见局部变量 var1。因此，在脚本 scope2.sh 看来，var2 的值为 global var2，var1 无定义，因此输出为 global var2。

(3) 执行第 5 行命令的 bashD 是 bashC 的子 Shell，而 bashC 是 bashA 的子 Shell，bashA 的全局变量会经由 bashC 传给 bashD。因此，这时在脚本 scope2.sh 看来，var2 可见，var1 不可见，命令输出也是 global var2。

(4) 第 7 行命令由 bashA 执行，scope2.sh 脚本可视为直接在终端窗口中执行，scope2.sh 可同时看到变量 var1 和 var2 的值，这时命令输出有两行：local 和 global var2。

🖋 **思考与练习题 2.6**　在上述脚本中，将第 1 行命令改为 "export var1=local"，将第 2 行命令改为 "var2= global var2"，请问第 3、5、7 行命令的输出结果是什么？

2.5.3　Linux 环境变量

在 Linux 系统中，包括 Shell 脚本在内的应用程序、系统程序经常需要获取系统配置信息、用户身份信息、运行环境信息。Linux 系统将这些信息保存在一组环境变量中，供应用程序、系统程序读取。Linux 环境变量是用来保存系统配置信息、用户身份信息、运行环境信息的全局 Shell 变量。

虽然 Linux 环境变量一般都是全局 Shell 变量，但由系统定义的环境变量通常用大写英文单词命名，而用户自定义的全局变量则用小写英文单词命名。在应用中，我们经常也将用户自定义的全局变量称为环境变量。

系统环境变量实际上是在 Linux 系统启动、用户登录、创建 Shell 会话(打开命令窗口)的过程中，为执行特定初始化脚本而创建的全局变量。在 Linux 和 Windows 下，Java、Android 等开发平台都普遍使用环境变量来设置开发环境和运行环境。使用 C/C++、Java、Perl、Python 等语言编写的程序都提供了相应的设施来访问系统环境变量。

表 2-7 列出了 Linux 常用的环境变量的名称和描述。

表 2-7　Linux 常用的环境变量的名称和描述

变量	描述
PATH	冒号隔开的目录列表，Shell 将在这些目录中查找命令
LD_LIBRARY_PATH	程序运行过程中用于查找第三方动态库的目录路径，以冒号隔开多个目录
C_INCLUDE_PATH	C 程序编译过程中用于查找第三方头文件的目录路径，以冒号隔开多个目录
CPLUS_INCLUDE_PATH	C++程序编译过程中用于查找第三方头文件的目录路径，以冒号隔开多个目录
JAVA_HOME	Java 开发环境所在目录
UID	当前用户 ID
HOME	当前用户的主目录
USER	当前用户名
SHELL	当前 Shell 类型
PWD	当前工作目录

既然环境变量也是 Shell 变量，那么可以用命令 echo 或赋值语句读取变量值，例如：

```
$ echo  $HOME
/home/can
```

此外，Linux 还提供了 env、printenv 等命令，可用于查看所有环境变量的值：

```
$ env
XDG_VTNR=7
XDG_SESSION_ID=c2
……
```

在系统管理和应用程序的开发中，常用的 Linux 环境变量有以下几个。

1. 命令搜索路径环境变量 PATH

PATH 环境变量定义了 Linux 系统的命令搜索目录列表。当我们在终端窗口中输入一个命令时，bash 会依次搜索 PATH 环境变量中的每个目录。如果找到一个以命令串为文件名的可执行文件，bash 就加载并执行该文件；如果所有目录中都不包含命令文件，bash 就显示"command not found"(命令未找到)错误，并设置终止状态码为 127。

假设当前目录下有前面创建的 Shell 脚本 arith.sh，已为其添加执行权限。在该脚本所在目录下，以文件完整路径"./arith.sh"为命令串，可成功启动该脚本。但如果命令串仅给出文件名，则命令启动失败，显示"command not found"错误。

```
$ arith.sh
exam1.sh: command not found
```

为了探究个中原因，我们查看环境变量 PATH 中保存的命令搜索目录列表是什么：

```
$ echo $PATH
/usr/local/sbin:/usr/local/bin:/usr/sbin:/usr/bin:/sbin:/bin:/usr/games:/root/nachos/bin
```

当输入命令 arith.sh 时，bash 将在包括/usr/local/sbin、/usr/local/bin、/usr/bin 在内的 8 个目录中查找文件 arith.sh，但 arith.sh 所在的当前目录(假定为/home/can)不在这 8 个目录中，所以 bash 找不到命令文件而无法执行命令，从而显示命令未找到错误。

但如果将文件 arith.sh 所在的目录路径"."添加到 PATH 环境变量的路径列表中：

```
$ export PATH=$PATH:.
```

再直接输入文件名，就能执行该命令了：

```
$ arith.sh
The final result is -500
```

将"."添加到 PATH 环境变量的目录列表中后，bash 就能找到位于当前目录的命令文件。若希望在切换到其他目录之后，还能直接执行位于家目录(假设为/home/can)的命令文件，则应将目录(/home/can)添加到 PATH 环境变量的路径列表中。

2. 开发工具安装位置环境变量

Linux 系统下的很多开发工具，如 Java、Spark、Tomcat、Hadoop 等，当把它们安装到系统中时，安装程序通常会为每种工具创建一个环境变量，用于保存它们的安装位置。通常，该类环境变量的命名方式为"大写的工具名称_HOME"，如 JAVA_HOME、SPARK_HOME、TOMCAT_HOME、HADOOP_HOME 等。这些软件本身携带的一系列操作命令一般存放在其子目录 bin 中。因此，为了方便运行这些命令，一般应该手工或自动将相应的 bin 目录添加到环境变量 PATH 的目录列表中。比如，安装 Hadoop 后，就应该将$HADOOP_HOME/bin 添加到 PATH 中：

```
$ export PATH=$PATH:$HADOOP/bin
```

采用命令行方法添加开发工具命令目录后，只有当前窗口能直接运行开发工具命令，而且每次打开新窗口时，都必须重新设置 PATH 环境变量。如果希望每次开机后系统自动设置好 PATH 路径列表，则应将设置 PATH 路径的命令放到初始化脚本文件中。系统初始化脚本有多个，在 Ubuntu 中，/etc/profile 是系统初始化脚本，放在该文件中的设置对所有用户生效；$HOME/.profile 是用户登录初始化脚本，放在该文件中的设置对所有新打开的终端窗口和应用程序生效；而$HOME/.bash_rc 是终端窗口初始化脚本，放在该文件中的设置仅对当前窗口的初始化有效。

*3. C/C++应用开发与运行相关环境变量

C/C++应用开发与运行相关环境变量有三个：LD_LIBRARY_PATH、C_INCLUDE_PATH、CPP_INCLUDE_PATH。其中，LD_LIBRARY_PATH 变量保存应用程序运行时搜索到的自定义或

第三方共享库(动态库)路径列表；C_INCLUDE_PATH 变量保存第三方 C 语言库函数 API 的头文件
目录列表，将其作为 gcc 默认查找的头文件目录；CPP_INCLUDE_PATH 变量保存第三方 C++库函
数 API 的头文件目录列表，将其作为 g++默认查找的头文件目录。

*2.5.4　Shell 变量的删除和只读设置方法

赋值后的 Linux 变量需要占用内存，如果能确定以后不再使用，则可用命令 unset 删除它。局部
变量和全局变量都可用 unset 命令删除，例如：

```
$ var1=123456
$ echo   var1
123456
$ unset var1
$ echo   $var1
$
```

Shell 变量一般都是可读写的，但可用内置命令 readonly 或 declare –r 为变量设置只读属性，定
义只读变量。定义为只读之后，变量不允许再被赋值：

```
$ readonly x=9
$ x=10
bash:x:readonly variable              #不能再给只读变量 x 赋值
$ declare –r   y="we are friends"
$ unset   y
bash: unset: y: cannot unset: readonly variable
```

2.5.5　Shell 数组的定义和使用方法

bash 可定义一维数组(不支持多维数组)，数组元素的下标以 0 开始编号，可以是整数或算术表
达式，其值应大于或等于 0。定义 Shell 数组的命令格式如下：

array_name=(value1 ... valuen)　 或　 array_name[i]=value1

前者给整个数组赋初值，值之间用"空格"隔开；后者给一个数组元素赋值。引用Shell数组元
素时，必须用花括号括起数组元素名，格式为：

${array_name[index]}

下面的 array.sh 是使用数组的 Shell 脚本示例：

```
1   #!/bin/sh
2   NAME[0]="Zara"
3   NAME[1]="Qadir"
4   NAME[2]="Mahnaz"
5   echo "First Index: ${NAME[0]}"
6   echo "Second Index: ${NAME[1]}"
```

该脚本的运行结果如下：

```
$ ./array.sh
First Index: Zara
Second Index: Qadir
```

2.6 Linux 文件 I/O、I/O 重定向和管道

2.6.1 标准文件描述符

Linux 系统以文件处理功能见长，它将普通文件、I/O 设备、网络连接都看成文件，从而便于将输入/输出设备、网络通信连接统一看成文件 I/O，以简化 I/O 概念和 I/O 编程。Linux 使用文件描述符(file descriptor)标识每个文件对象，文件描述符是一个非负整数，每个进程中有多达 1024 个文件描述符(实际限额可通过命令 ulimit 查看和设置)。

前三个文件描述符 0、1、2 具有特殊用途，分别称为标准输入、标准输出、标准错误输出，如表 2-8 所示，可在脚本或 C 语言程序中直接用于文件读写操作。

表 2-8　Linux 标准文件描述符

文件描述符	缩写	描述
0	STDIN	标准输入
1	STDOUT	标准输出
2	STDERR	标准错误输出

标准输入是指脚本程序执行 read 命令或 C 程序执行 scanf 操作时，输入数据的来源地，一般是指键盘，文件描述符是 0；标准输出是 Shell 中 echo 语句或 Linux 程序执行 printf 等语句时产生的输出流向的目的地，一般是指终端或监视器，文件描述符是 1。标准错误输出是命令执行过程中产生的出错信息送往的地方，一般也是指终端或监视器，但文件描述符是 2。

出错信息是命令执行过程中因找不到命令、命令拼写错误、文件无执行权限、待访问文件不存在等导致命令无法正常执行而输出的错误，显示格式一般为"命令名：出错描述"，如"1s: cannot access bad file: No such file or directory""a.exe: command not found"。虽然命令的正常输出信息和错误输出信息都在命令窗口或终端中输出，但它们对应完全不同的文件描述符，需要时可将它们分离开来。

2.6.2 I/O 重定向

有时想将命令输出存入文件，而不是在命令窗口或终端中显示；有时希望从文件获得输入，而不是从键盘。由于 Linux 将 I/O 设备统一看成文件，因此通过将文件描述符 0、1、2 改为指向相应的文件就可实现。Linux 通过输入/输出(I/O)重定向机制来提供这种功能。

1. 输出重定向

输出重定向是将本来送往命令窗口的输出信息，改为送往指定文件。要将输出重定向到文件，只需要在命令名后加大于符号(>)和文件名：

```
command > outfile
```

这样，任何命令中应该显示到命令窗口的内容都被写到指定的输出文件。比如 date 命令本来是显示当前系统的日期与时间，进行输出重定向后，输出被改为送往文件 outfile。

```
$ date > outfile
$ ls  -l  outfile
-rw-r--r-- 1 rich rich 29 Sep 24 17:56 outfile
$ cat  outfile
Tue May 24 17 : 56:58 EDT 2016
```

date 命令的输出被重定向到文件 outfile。如果输出文件已存在，就会用命令输出数据覆盖文件原有的内容。

如果要将命令输出附加到现有文件内容之后，而不是重写文件内容，可以用两个大于号(>>)进行重定向。例如，以下脚本将命令 who 的输出附加到文件 outfile 之后：

```
$ who >> outfile
$ cat  outfile
Tue May 24 17 : 56:58 EDT 2016
xuqg  :0  2016-06-22 01:22 (:0)
```

2. 输入重定向

输入重定向与输出重定向类似，它使原先需要从终端命令窗口读取的输入信息改从指定文件读取。输入重定向符号是小于符号(<)，格式为：

```
command < infile
```

比如命令 wc 的功能是对用户从命令窗口输入的文本进行计数，统计输入行数、单词数、字符数信息，利用输入重定向可对文本文件进行统计：

```
$ wc < infile
3   13   64
```

结果显示：infile 文件有 3 行、13 个单词和 64 个字符。

3. 标准输出重定向

当某个文件 badfile 不存在时，使用标准输出重定向，可能会看到如下输出信息：

```
$ ls  -al  badfile > outfile
ls: cannot access badfile : No such file or directory
$ cat  outfile
```

原因是，上述命令仅将送往文件描述符 STDOUT 的正常输出重定向到 outfile，而"ls: : cannot access badfile : No such file or directory"是出错信息，原本送往标准错误输出 STDERR，因此不会重定向到文件 outfile。如果需要重定向，可使用重定向符号"2>"，将原本送往 STDERR(即文件描述符 2)的出错信息送到指定文件。

```
$ ls  -al badfile   2> errfile
$ cat  errfile
1s: cannot access badfile: No such file or directory
```

如果要将正常输出和出错信息重定向到不同文件保存，可使用两个重定向符号来实现，如下所示：

```
$ ls -al  test  test2  test3  badtest  2> test6  1> test7
$ cat test6
1s : cannot access test: No such file or directory
```

```
1s: cannot access badtest: No such file or directory
$ cat   test7
-rw-rw-r-- 1 rich rich 158 2007-10- 26 11 :32 test2
-rw-rw-r-- 1 rich rich 0 2007- 10-26 11:33 test3
```

正常输出被送到符号"1>"后的文件，出错信息则被送到"2>"后的文件。可以使用这种办法将脚本或命令中发生的任何错误消息与正常的脚本输出分离开来。

📌 **思考与练习题 2.7** 找出用户当前主目录下所有的 C 程序文件的路径，并将其存入文件 cfile.lst。

2.6.3 管道

Linux 系统中经常需要将一个命令(或脚本)的输出送往另一个命令(或脚本)，这样可以给操作管理带来极大的便利。Linux 提供的管道机制用来满足这种需求。管道的符号是竖条操作符(|)，用管道连接命令的格式如下：

```
command1 | command2
```

上述语法将 command1 的输出直接送往 command2 作为输入，也就是说，command1 原本要送到命令窗口的输出现在改为送往命令 command2，而 command2 原本要从键盘读入的信息，现在改为从 command1 的输出读取。

由管道连接并同时运行的两个命令，被系统连接到一起。第一个命令生成输出时，立即发送给第二个命令，没有使用中间文件来传递数据。在下面的示例中，cat 命令读取 Linux 系统用户数据库文件/etc/passwd 的内容，并将输出直接传送给 grep 命令进行过滤，grep 命令将包含字符串 bash 的文本行挑选出来，即找出所有能正常登录的用户，产生的结果如下所示：

```
$ cat   /etc/passwd | grep   /bin/bash
root:x:0:0:root:/root:/bin/bash
couchdb:x:105:113:CouchDB Administrator,,,:/var/lib/couchdb:/bin/bash
linux:x:1000:1000:Farsight,,,:/home/linux:/bin/bash
can:x:1002:1002::/home/can:/bin/bash
```

由于管道工作具有实时性，因此 cat 命令一产生数据，grep 命令就立刻取来进行筛选。当 cat 命令完成数据输出时，grep 命令也完成了数据过滤和结果显示。命令中可以使用的管道数一般不受限制，但一行最多 255 个字符。因此，可以在命令中使用多个管道，将两个以上的命令或脚本首尾连接，实现更强大的功能。下面给前面的管道命令增加了一级处理，用命令 wc -l 计算 grep 命令输出的行数：

```
$ cat   /etc/passwd | grep   /bin/bash | wc  -l
4
```

结果表明，用户数据库中有 4 个用户账号信息包含字符串"bash"。

I/O 重定向和管道是 Linux 系统中的重要特性，能为管理 Linux 系统提供方便，已经为微软所认同，Windows 10 中已融入了输入重定向、输出重定向、管道的完整功能。

2.6.4 从文件获取输入

尽管 Linux 的很多命令都能对文件进行读写和处理，但要让 Shell 脚本从文件中逐行读取数据，供后面的代码进行处理，可不是一件容易的事情。但有了管道机制的支持，这就变得容易多了。

bash 从标准输入读取数据的命令是 read，每次读一行。有了管道机制，我们可以将 cat 命令的输出通过管道传送给 read 命令。若输入文件有多行数据要读取，则将 cat 输出送往 while read 命令。下面的 piperead.sh 是一个脚本示例：

```
1   #!/bin/bash
2   count=1
3   cat test | while read line
4   do
5      ho "Line $count : $line"
6      unt=$[ $count + 1]
7   done
8   echo   "对文本文件信息完成加行号处理!"
```

以下是数据文件和该脚本的运行结果：

```
$ cat   test
Software Department
Computer School
Dongguan University of Technology
$ ./piperead.sh
Line 1: Software Department
Line 2: Computer School
Line 3: Dongguan University of Technology
对文本文件信息完成加行号处理!
```

在上述示例中，while 命令使用 read 命令不断循环处理文件中的每一行，直到 read 命令读完所有文本行后以非 0 的终止状态码退出。

2.7　命令行参数

向 Shell 脚本传递数据的另一种常见方式是使用命令行参数(command line parameter)。使用命令行参数可以在执行脚本时向命令行中添加数据：

```
$ ./addem   10   30
```

这个例子向脚本 addem 传递了两个命令行参数(10 和 30)。

Bash Shell 将在命令行中输入的所有参数赋值给一些称为位置参数(positional parameter)的特殊变量。bash 位置参数的命名就是一个十进制数字，赋值操作在脚本启动时由 bash 完成，脚本代码可以引用它们的值。bash 位置参数的含义固定，引用它们的值时，$0 表示脚本的完整路径，$1 表示第一个命令行参数，$2 表示第二个命令行参数，以此类推。下面的脚本 pospar1.sh 是一个简单示例：

```
1   #!/bin/bash
2   # testing two command line parameters
3   echo  程序完整路径是：$0.
4   echo  第一个参数  $1.
5   echo  第二个参数：$2.
6   echo  第三个参数：$3.
```

下面是该脚本的运行结果:

```
$ ./pospar1.sh  One  "Param 2"  Three
程序完整路径是: ./pospar1.sh.
第一个参数 One.
第二个参数: Param 2.
第三个参数: Three.
```

需要注意的是，当某个命令行参数是一个中间包含空格的字符串时，该参数必须用引号括起，否则会被 bash 拆分成多个命令行参数。

👉 思考与练习题 2.8 阅读下列 Shell 脚本 pospar2.sh:

```
#!/bin/bash
echo $2
echo $1
echo $0
```

写出以下命令的输出结果:

```
$ chmod  +x  pospar2.sh
$ ./pospar2.sh  Rich  "glad to meet you"
```

*2.8 Shell 函数

编写比较复杂的 Shell 脚本时，可能需要重用一些公共代码，以提高编程效率。Bash Shell 通过函数来满足这种要求。函数是被赋予名称的脚本代码块，可以在代码的任意位置重用。

*2.8.1 函数的基本用法

在 Bash Shell 脚本中创建函数可以使用两种格式。一种格式是使用关键字 function，后跟代码块的函数名:

```
function name {
    commands
}
```

name 属性定义了函数的唯一名称。脚本中自定义的每个函数都必须赋予唯一的名称。commands 是组成函数的一个或多个 Bash Shell 命令。脚本中调用函数的方法与执行 Linux 命令的方法相同，下面的 fun1.sh 是一个示例脚本:

```
1    #!/bin/bash
2    function func1 {
3        echo "This is an example of a function"
4    }
5    count=1
6    while [ $count -le 3 ]
7    do
8      func1
9      count=$[ $ count + 1 ]
10     done
```

```
11    echo "This is the end of the loop"
```

以下是运行结果：

```
$ ./fun1.sh
This is an example of a function
This is an example of a function
This is an example of a function
This is the end of the loop
```

*2.8.2　向函数传递参数

可以使用标准环境变量给函数传递参数。例如，函数名在变量$0 中定义，函数命令行的其他参数使用变量$1 和$2 等定义，专用变量$#可以用来确定传递给函数的参数数目。下面的 fun2.sh 是一个示例脚本：

```
1     #!/bin/bash
2     #passing parameters to a function
3     function addem {
4       if [ $# -eq 0 ] || [ $# -gt 2 ]
5       then
6          echo -1
7       fi
8       echo $[ $1 + $2 ]
9     }
10    echo -n "Adding 10 and 15 : "
11    value=`addem 10 15 `
12    echo $value
```

以下是运行结果：

```
$ ./fun2.sh
Adding 10 and 15: 25
```

2.9　本章小结

本章主要讲述 Shell 基本编程方法，涉及 Shell 环境变量、Shell 控制结构、Shell 函数、Shell 输入/输出的基本概念、语法结构等内容，其中介绍的示例都浅显易懂，有助于读者掌握 Shell 基本编程方法。本章的重点是 Shell 变量、输入/输出重定向、管道、环境变量、标准文件描述符的概念和基本用法。

Linux Shell 具有一般编程语言的特性和基本语言结构：Shell 中能定义变量，支持全局变量和局部变量；Shell 具有条件(if-then-else)、选择(case)和循环(for、while、until)三大控制结构。Shell 是解释型语言，Shell 程序在对变量赋值前不需要进行声明和定义。Shell 程序的基本语句包括所有系统命令、用户程序和已存在的 Shell 程序。Shell 程序访问环境变量和文件列表极为方便。这些都给 Shell 编程带来极大的便利，Shell 非常适合创建用于系统管理的脚本。

通常，作为计算机技术人员，有必要理解 Shell 循环结构、if 控制结构、Shell 函数的基本语法结构，掌握 Shell 环境变量、管道、用户输入、数据输出，尤其是要掌握标准文件描述符、命令行参数的概念。另外，还要掌握命令行参数的读取方法。

■ 课后作业

🖝 **思考与练习题2.9** 编写一个Shell脚本，完成如下功能:

(1) 显示文字"Waiting for a while...."。

(2) 以长格式显示当前目录下的文件和目录，并将输出重定向到/home/file.txt文件。

(3) 定义一个变量，名为s，初始值为"Hello"。

(4) 将该变量的输出重定向到/home/string.txt文件。

🖝 **思考与练习题2.10** 编写一个Shell脚本，利用for循环将当前目录下的.c文件移到指定的目录，并按文件大小显示文件移动后该指定目录的内容。

🖝 **思考与练习题2.11** 输入10个整数，要求输出最大值、最小值、平均值以及求和结果。

🖝 **思考与练习题2.12** 编写脚本，求n的阶乘，n=100。

🖝 **思考与练习题2.13** 编写脚本，给出每天18:00归档至/etc目录的所有文件，归档文件名的形式如下: etc-YYYY-MM-DD。归档文件保存在/home/*user*/backup目录下，其中*user*为当前登录用户名。

🖝 **思考与练习题2.14** 编写脚本，创建目录和文件。

目录名为: dir1, dir2, ..., dir10。

在每个目录下分别新建10个文本文件，文件名为: 目录名+file1~ file10

按如下方式设置每个文件的权限。

● 文件所有者: 读+写+执行

● 同组用户: 读+执行

● 其他用户: 读+执行

🖝 **思考与练习题2.15** 假设test1.sh文件的内容如下:

```
#!/bin/bash
echo  $#
echo  $2
echo  $myvar1
echo  $myvar2
```

写出以下命令序列中最后两个命令的输出:

```
$ export  myvar1="global  var"
$ myvar2="local var"
$ chmod  +x  test1.sh
$ ./test1.sh  rich  "barbara  Katie"
$ source  ./test1.sh  one  two  three
```

🖝 **思考与练习题2.16** 分析下面的程序，简要说明其整体功能，并解释每条语句。

```
#!/bin/sh
val=1
while (test $val -lt 6)
do touch file$val
    date>>file$val
    val=`expr $val + 1`
done
```

第 3 章

Linux C 编程环境

通常，在 Linux 系统下使用 C 语言来编写系统程序以及对性能有较高要求的程序。Linux 环境通常使用 gcc 套件编译程序，运用 gdb/ddd 调试工具进行程序的调试和排错。Windows 系统的开发环境(如 Visual Studio 2018)一般可将这两种功能集成在一起，Linux 虽然也有一些这样的集成开发环境，如 Eclipse，但很多熟练的程序员喜欢直接用 gcc 命令行工具进行开发，这样编程效率更高。本章介绍在 Linux 环境中使用 gcc 开发套件对程序进行编译、调试、排错和项目管理的基本方法，这是 Linux 环境下使用 C/C++进行系统编程和应用编程开发的基础，其中涉及的方法和原理也适用于 Windows 等非 Linux 环境。

本章学习目标:

- 理解 Linux C 程序的编译、执行过程，gcc 命令选项，自定义函数库的创建
- 熟悉 Linux C 程序中编程错误的诊断与处理方法
- 熟悉使用 Linux 自带的字符串运算、排序算法、二叉树算法库编写应用程序
- 熟悉使用 gdb/ddd 调试 Linux C 程序
- 掌握利用命令行参数和环境变量给程序提供数据
- 能够使用 make 工具管理大型 C/C++编程项目

3.1 Linux C 程序的编译与执行

3.1.1 Linux 环境下 C 程序的编译与执行过程

首先创建并进入目录~/work/chap3，用 vi 或 gedit 创建 hello.c 程序:

```
#include <stdio.h>
void main ()
{
  printf("hello World\n") ;
}
```

然后输入下列命令，对 hello.c 程序进行编译:

```
$ gcc   hello.c
```

使用命令"*ls -l*"列出当前目录下所有的文件，会发现生成了一个名为 ***a.out*** 的程序，这就是执

行 gcc 命令后生成的可执行文件。最后输入如下命令执行该程序：

```
$ ./a.out
Hello world
```

你已经看到程序的执行结果。这里使用的 gcc 命令就是 Linux 环境下的 C 语言编译器。本例中使用一个命令就将 C 程序编译成了可执行文件，但在开发比较复杂的应用时，需要以不同方式使用 gcc 命令，以实现多文件链接、程序调试、程序优化等功能。为此，需要了解 gcc 编译器的使用方法和 C 程序的编译链接过程。

gcc 命令的用法如下：

gcc **[选项]** 文件名称

gcc 的命令选项多达 100 个，这里只介绍最常用、最基本的选项，更多的选项可通过命令 man gcc 查看 gcc 命令的参考手册。

gcc 将源程序转换为可执行文件需要经历预处理、编译、汇编及链接 4 个过程。gcc 命令的处理过程如图 3-1 所示。

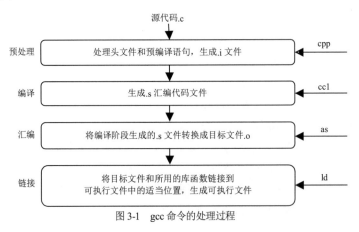

图 3-1　gcc 命令的处理过程

1. 预处理

第一步为预处理，gcc 调用预处理程序 cpp，扫描源代码，检查其中的宏定义与预处理指令，执行宏替换，展开包含文件，删除程序中的注释及多余的空白字符。例如，#include<stdio.h>是一条预处理指令，这一步将在该位置展开被包含的文件。将-E 选项传给 gcc 命令，表示仅对输入文件进行预处理，将预处理的输出送到标准输出。

假定有以下文件 test.c：

```
1    #include <stdio.h>
2    #define    sum(a,b)    a+b
3    void main()
4    {
5        int    num=sum(1,2);
6        printf("num=%d\n",num);
7    }
```

带命令选项-E 的 gcc 命令调用预处理程序 cpp，对源程序 test.c 进行预处理，删除所有以字符"#"

开头的注释语句，展开头文件，执行宏替换，按条件编译和过滤源代码，生成预处理后的源代码。gcc 用-o 选项(o 是单词 output 的首字母)指定预处理后生成的源代码文件名，-o 和输出文件名间需要加空格，预处理的输出文件一般以.i 为后缀：

```
$ gcc  test. c  -E  -o  test.i
```

现在查看 test.i 文件的内容，可以看到：

```
$ cat  test.i
typedef unsigned char  __u_char;
typedef unsigned short int  __u_short;
typedef unsigned int  __u_int;
typedef unsigned long int  __u_long;
……
# 918 "/usr/include/stdio.h" 3 4       源代码行#include <stdio.h>
# 2 "test.c" 2                          被替换成 stdio.h 的内容
void main ()
{
    int num=1+2 ;                      宏 sum(1,2)被替换成宏定义
    printf (" num=%d\n " , num) ;      表达式"1+2"
}
```

文件中最上面一部分是 stdio.h 文件展开后的内容，而代码"int num=1+2"是宏替换结果，用"1+2"替换了"sum(1,2)"。

2. 编译

带命令选项-S 的 gcc 命令调用编译程序 ccl，对.c 或.i 源程序进行编译，生成汇编语言代码，用-o 指定汇编代码文件名，缺少-o 选项时则生成与源程序同名的.s 汇编代码文件。例如，用下面的 gcc 命令编译 test.c，生成汇编语言程序 test.s：

```
$ gcc  -S  -o  test.s  test.c      # 编译未经预处理的源程序 test.c
或$ gcc  test.i  -S  -o  test.s    # 也可编译预处理后的代码 test.i
                                   # 文件名 test.i 也可置于-o 选项前
或$ gcc  -S  test.c                # 若无-o 选项，默认的输出文件名与
                                   # 输出文件名相同，仅后缀为.s
```

可用 cat 命令查看 test.s 文件的内容：

```
$ cat  -n  test.s    #显示编译生成的汇编代码
1     .file   "he1.c"
2     .section .rodata
3  .LC0:
4     .string"num=%d\n"
5     .text
6     .globle main
7     .type  main, @function
8  main:
9  .LFB0:
10    andl   $-16, %esp
11    subl   $32, %esp
12    movl   $3, 28(%esp)
```

```
13    movl  28(%esp), %eax
14    movl  %eax, 4(%esp)
15    mov   $.LC0, (%esp)
16    call   printf
17    leave
18    .cfi_restore 5
19    .cfi_def_cfa 4, 4
20    ret
        ......
```

gcc 命令采用 AT&T 汇编语言的语法格式，而不采用教科书常用的 Intel 汇编语言风格。下面对生成的汇编代码做简单解析，从而让读者对常量、变量地址分配和函数调用方法有个基本了解。test.s:4 定义了 test.c:6 中 printf 调用的字符串参数；test.s:18 是 test.c:5 的汇编代码，它将常量 3 写入变量 num 所在堆栈的位置 28(%esp)，表明给局部变量分配的逻辑地址在堆栈中；test.s:19 将变量 num 的值读到通用寄存器 eax 中；test.s:20 将该值压入堆栈，作为 printf 函数调用的参数；test.s:21 将字符串"num=%d\n"的地址压入堆栈，作为 printf 函数调用的第二个参数；test.s:22 用指令 call 调用 printf 函数。

3. 汇编

命令选项-c 指示 gcc 调用汇编程序 as，将上一步生成的汇编代码汇编成目标机机器指令，它生成与源程序同名的.o 目标代码文件。用-c 选项表示让 gcc 仅完成前三步，即可实现对源代码的预处理、编译和汇编。下面的 gcc 命令可对 test.c、test.i 或 test.s 进行编译、汇编，生成目标代码文件 test.o:

```
$ gcc  test.c  -c  -o  test.o
```

或

```
$ gcc  test.s  -c  -o  test.o
```

或

```
$ gcc  test.i  -c  -o  test.o
```

test.o 虽然是 test.c 的二进制代码，但并不可直接执行，因为其中存在未定义的函数 printf。可使用 nm 命令查看 test.o 文件中的符号，核实这个事实：

```
$ nm   test.o
....
00000000 T main
U printf
```

test.o 目标文件中有两个符号，分别为 main 和 printf。注意，main 前面的 T 表示符号在 test.o 目标文件的代码段中已有定义；printf 前的 U 表示该符号未定义，意味着在当前文件中没有找到 printf 函数的实现代码，需要从外部库链接进来。

4. 链接

使用不带-S、-c、-E 选项的 gcc 命令将根据需要，执行预处理、编译、汇编，并调用链接程序 collect2，将一个或多个目标代码文件与相关库文件链接起来，生成可执行文件。下面的 gcc 命令可对 test.c、test.i、test.s 或 test.o 进行编译链接，生成可执行文件 test。

```
$ gcc  test.o  -o  test
```

或

```
$ gcc  test.s  -o  test
```

或

```
$ gcc  test.i  -o  test
```

或

```
$ gcc  test.c  -o  test
```

再次使用 nm 命令查看 test 文件中的符号：

```
$ nm   test | grep printf
……
080483c4   T   main
           U   printf@GLIBC_2.0
```

可以看出，test 文件中已有函数符号 printf 所在库文件的信息了。最后执行 test 文件，得到 num=3 的结果。

```
$ ./test
num=3
```

👉 **思考与练习题 3.1**　创建如下 C 程序 hello.c：

```
#include<stdio.h>
int main() { printf("hello world\n"); }
```

写出生成预处理输出文件 hello.i、汇编文件 hello.s、目标文件 hello.o 和可执行文件 hello 的命令，写出查看 hello.o 和 hello 文件中符号的命令，并练习执行这些命令。

👉 **思考与练习题 3.2**　通过构造合适的 C 程序，利用 gcc 编译命令，找出下列语句的汇编代码：

(1) i 是全局变量

```
i=i+1;
```

(2) i 是局部变量

```
i=i*10
```

(3) i 是全局变量

```
for(i=0; i<10; i++){};
```

(4) i 是局部变量，j 是全局变量

```
for(i=0; i<10; i++){ j=j+i};
```

研究这些汇编代码，解释全局变量、局部变量是如何实现存储的，分析 for 循环的汇编代码结构。

3.1.2　编译多个源文件

假定某项目由四个源文件构成，第一个源文件是自定义函数原型说明文件 calc.h：

```
double aver(double,double);
double sum(double,double);
```

第二个和第三个源文件分别是两个自定义函数的实现，aver.c 文件实现第一个自定义函数：

```
#include "calc.h"
double aver(double num1,double num2)
{
    return (num1+num2)/2;
}
```

由于.h 文件与.c 文件处在同一个目录，因此在 include 行，在文件名的两边加引号。sum.c 文件

实现第二个自定义函数:

```
#include "calc.h"
double asum(double num1,double num2)
{
    return (num1+num2);
}
```

应用程序为 libtest.c:

```
#include <stdio.h>
#include "calc.h"
int main(int argc, char* argv[])
{
    double v1, v2, m,sum2;
    v1 = 3.2;
    v2 = 8.9;
    m = aver(v1, v2);
    sum2=asum(v1,v2);
    printf ("The mean of %3.2f and %3.2f is %3.2f\n", v1, v2, m);
    printf("The sum of % 3.2f and %3.2f i5 %3.2f\n",v1, v2, sum2);
    return 0;
}
```

这四个源文件构成一个项目,其中只有三个在编译时有代码输出,gcc 只需要编译这三个源文件。编译方法有两种。

第一种方法是分别编译三个源程序,生成目标代码文件,然后链接生成可执行文件 libtest,最后执行即可:

```
$ gcc  -c  sum.c
$ gcc  -c  aver.c
$ gcc  -c  libtest.c
$ gcc  -o  libtest  sum.o  aver.o  libtest.o
$ ./libtest
The mean of 3.20 and 8.90 is 6.05
The sum of 3.20 and 8.90 is12.10
```

第二种方法是在一条命令中完成对三个源程序的编译和链接,生成可执行文件 libtest:

```
$ gcc sum.c  aver.c  libtest.c  -o  libtest
```

📖 **思考与练习题 3.3** 如果将 calc.h 中的代码行"double sum(double,double);"误写成"double asum(double, double);",测试时会得到怎样的执行结果,请解释原因。

3.1.3 使用头文件和库文件

在软件开发过程中,经常会使用外部或其他模块提供的功能,这些功能一般以库文件的形式提供,比如输入/输出要调用 I/O 库函数,开发图形用户界面需要使用图形库,开发动画程序需要使用 OpenGL 库,从摄像头采集视频需要调用视频库。未来开发应用时,几乎都需要使用某种库文件(又称函数库),这些库文件提供的函数又称 API 函数。

函数库是由一些提供公共功能的函数、代码、变量定义的二进制代码文件,可被各种应用程序调用,链接到它们的可执行程序中。函数库中有 Linux 系统自带的库函数、第三方库函数和用户自定义库函数。为了让调用库函数的程序能正确链接和执行，需要做如下三件事。

(1) 第一件事是用 "#include" 语句将这些库函数的原型、相关类型定义的头文件添加到源程序的前面。

通常 stdio.h 包含常用标准 I/O 库函数的原型声明，所以 C 语言程序的第一行都是 "#include <stdio.h>"。但如果想要调用其他库函数，源文件需要将声明其原型的头文件包含进来。如果不知道系统中库函数的头文件名称，可使用 Linux 命令 man 查询函数使用说明，如查询 atoi 帮助信息的命令是 "man atoi" 或 "man 3 atoi"。本章后面列出了常用的 Linux 系统自带库函数的功能、使用方法及相关头文件。如果需要调用第三方 API 库函数，可从相关厂商获取相应头文件。即便是用户自定义库函数，程序员也应创建相关头文件。

(2) 第二件事是在 gcc 链接命令中用-l 选项(l 是英文单词 link 的首字母)指明包含 API 或库函数代码实现的库文件。

库文件一般是由多个.o 文件打包而成的文件。按照库文件加载时机的不同，有静态库及动态库(或共享库)两种形式。当用选项-Bstatic 指明采用静态链接时，gcc 将静态库代码复制到每个可执行文件中，随着程序启动而加载到内存中。Linux 静态库以.a 为文件名后缀，对于名为 name 的静态库，文件命名规范一般为 libname.a。当采用动态链接时，gcc 仅将动态库的链接信息写入可执行文件中，不复制库函数代码，生成的可执行文件比较小。动态库仅当程序运行过程中实际调用库中的函数时才加载到内存中。动态库又称共享库，仅在内存中保存一个副本，为多个应用程序共用，可节省内存用量。当动态库修正错误或更新升级时，只要调用接口不变，使用它的源程序就不需要重新编译。动态库的文件名后缀为.so，对于名为 name 的动态库，文件命名规范一般为 libname.so。

系统库函数、第三方库函数和用户自定义库函数都有相应的库文件。Linux 自带的库文件有数十个之多，一般用到哪个就加载哪个，为此需要在 gcc 命令中用-l 选项指明函数库名称。比如，如果要链接库文件 libname.so 或 libname.a，则 gcc 命令要增加选项-lname。gcc 默认使用动态库文件，如果要使用静态库，则应增加-Bstatic 选项。

由于大多数程序都要调用 scanf、printf、fread、fwrite 等库函数，而 gcc 在默认情况下会自动将系统 I/O 库 libc.so 链接到可执行文件，因此不需要用链接选项 "-lc" 来指明使用 I/O 库文件名 libc.a 或 libc.so。所以，在前面的 "gcc hello.c" 命令中就没有使用-l 选项。

但如果调用了其他类型的库函数，如数学运算、线程管理函数，就必须用-l 选项指定库文件名。例如，下面的程序 mathl.c 使用了数学运算函数 sin，其代码实现在系统库文件 libm.so 中：

```
#include <stdio.h>
#include <math.h>
int main ()
{
   double pi=3.1415926;
   printf("sin(pi/4)=%f\n",sin (pi/4));
   return 0;
}
```

源代码中包含 sin 函数的头文件 math.h，程序能够正确编译：

```
$ gcc  -c  math1.c
$
```

但链接会报错:

```
$ gcc -o mathl mathl.o 或$ gcc -o mathl mathl.c
/tmp/ccxgYYLV.o: In function `main':
he.c:(.text+0x2f): undefined reference to `sin'
collect2: error: ld returned 1 exit status
```

该错误提示找不到函数 sin 的定义,这是因为没有将函数 sin 的实现代码所在的库文件 libm.so 链接到可执行文件。现在,在编译命令中添加-lm 选项以指明要链接库文件 libm.so:

```
$ gcc mathl.c -o mathl -lm
```

上面的命令可成功生成可执行文件 mathl。函数实现所在的库文件名一般在教科书、参考书或第三方软件包说明中会有介绍。

(3) 第三件事是需要用-I 选项和-L 选项分别指定第三方库函数的头文件和库文件所在目录。

- -Idir 选项(I 是英文单词 Include 的首字母): gcc 命令搜索.h 头文件的默认目录,一般是 /usr/include。如果被搜索的头文件位于其他目录下,则使用-I 选项将该目录添加到搜索头文件的路径中。注意: -I 后面紧跟包含文件的目录路径,中间无空格。若代码行 #include<wrapper.h>涉及的文件在当前目录下,则 gcc 命令应有选项"-I."。由于用引号指明的头文件规定仅在当前目录下搜索,因此写成代码行#include "wrapper.h"时就不需要"-I."选项。

- -Ldir 选项(L 是单词 Link 的首字母):通常 gcc 生成可执行文件所需的系统库文件位于默认目录/usr/lib 下。如果所需的库文件位于其他目录下,则使用-L 将该目录添加到库文件的搜索路径中。-L 与库文件目录间也没有空格。若所需库文件在当前目录下,则编译命令中应加入选项"-L."。

图 3-2 及图 3-3 分别是静态库模型及动态库模型。图 3-4 与图 3-5 则分别是静态库代码与动态库代码的应用过程。

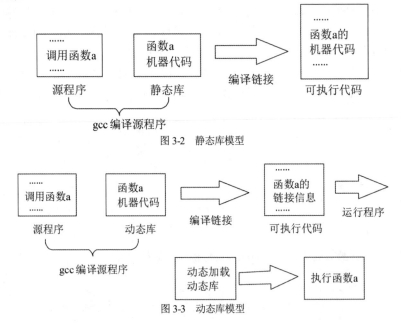

图 3-2 静态库模型

图 3-3 动态库模型

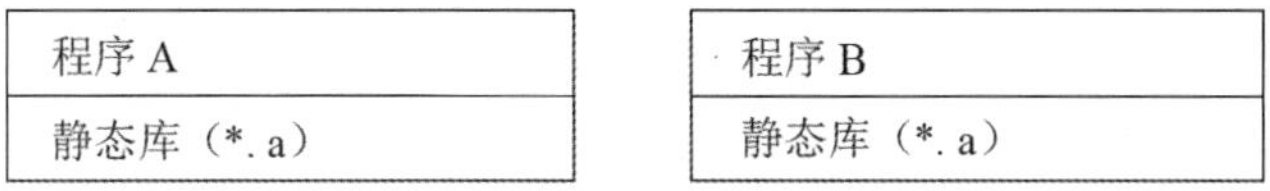

图 3-4   静态库代码被复制到程序中

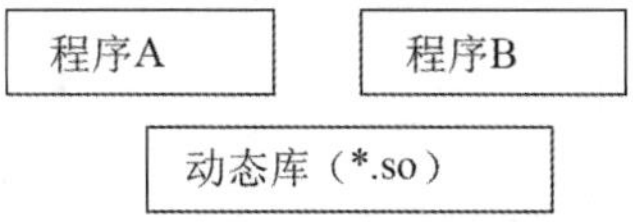

图 3-5   动态库代码由多个应用程序在运行时共享

*3.1.4   使用 gcc 创建自定义库文件

尽管很多情况下只需要调用已有的库函数，但有时也会编写一些函数模块供他人使用，或作为 API 库发布给开发者，这时可以创建自己的库文件。

本节以 3.1.2 节的多源文件项目为例来演示静态库和动态库的创建及使用。我们假定 aver 和 sum 这两个函数属于公共功能，要被很多程序调用，因此需要将它们作为库函数处理，将源文件 aver.c 和 sum.c 的代码实现创建成库文件。

1. 静态库文件的创建和使用

要用 aver.c 和 sum.c 创建静态库，首先应使用带-c 选项的 gcc 命令将其编译为目标文件，但不要进行链接，所生成的目标文件分别为 aver.o、sum.o。

```
$ gcc  -c  -o  aver.o  aver.c
$ gcc  -c  -o  sum.o  sum.c
```

然后使用命令 ar 生成静态库文件 libmycalc.a：

```
$ ar  rc  libmycalc.a  aver.o  sum.o
```

其中，libmycalc.a 是静态库文件的名称，必须以 lib 开头，后缀必须为.a。在这里，参数 r 表示将目标文件加入静态库，参数 c 表示创建新的静态库文件。下面检查静态库文件是否存在，并查看其属性：

```
$ ls  -l  libmycalc.a
-rw-rw-r--,l cmosos cosmos 1826 11-16 06:33 libmycalc.a
```

源程序 libtest.c 调用了该静态库中的 aver 及 sum 函数，将库文件 libmycalc.a 与其链接的方法如下：

```
$ gcc  libtest.c  -Bstatic  -L.  -lmycalc  -o  libtesta
```

其中，-Bstatic 选项强制 gcc 使用静态库链接，将 libmycalc.a 中的代码复制到可执行文件 libtesta 中。由于库文件 libmycalc.a 在当前目录而非系统默认的库文件搜索路径中，因此必须用 "-L." 选项将当前目录 "." 添加到库文件搜索路径中；选项-lmycalc 表示寻找名为 libmycalc.a 的库文件；-o 指定可执行程序的名称。

最后执行该程序，得到如下结果：

```
$ ./libtesta
The mean of 3.20 and 8.90 is 6.05
The sum of 3.20 and 8.90 is 12.10
```

2. 动态库文件的创建和使用

首先利用如下命令生成源程序的目标文件，其中参数-fPIC 表示生成与位置无关的代码：

```
$ gcc  -c  -fPIC  aver.c  -o  aver.o
$ gcc  -c  -fPIC  sum.c  -o  sum.o
```

再通过以下命令用生成的上述目标文件 aver.o 及 sum.o 创建动态库：

```
$ gcc  -shared  -o  libmycalc.so  aver.o  sum.o
```

其中，-shared 参数告诉 gcc 生成动态库，libmycalc.so 是生成的动态库文件名。使用该动态库链接 libtest.c 程序的命令是：

```
$ gcc  libtest.c  -L.  -o  libtestso  -lmycalc
```

选项"-L."将当前目录添加到库搜索路径中，-lmycalc 表示要链接库文件 libmycalc.so。可查看 libtest.so 属性以检查动态库是否生成：

```
$ ls  -l
-rwxrwxr-x. 1 can can   5417 11-16 20:06 libtestso
```

由于链接的是动态库，libmycalc.so 中函数 aver 和 sum 的实现代码并没有被复制到可执行文件中，需要在 libtestso 程序的执行过程中加载动态库 libmycalc.so，因此必须以某种方式将动态库所在目录路径告知加载程序。Linux 系统通过两种方式来告知动态库的位置：第一种方式是将动态库路径添加到环境变量 LD_LIBRARY_PATH 中，比如将当前目录"."添加到该环境变量中。告知库文件 libmycalc.so 路径的命令如下：

```
$ export   LD_LIBRARY_PATH=$LD_LIBRARY_PATH:.
```

第二种方式是将自定义动态库添加到/etc/ld.so.conf 文件中。这是学习树莓派和嵌入式应用开发时需要掌握的基本知识。

设置好动态库路径后执行程序，得到如下结果：

```
$ ./libtestso
The mean of 3.20 and 8.90 is 6.05
The sum of 3.20 and 8.90 is 12.10
```

可以试验一下，若用命令"rm libmycalc.so"将动态库 libmycalc.so 删除，再次执行./libtestso 命令，将得到如下错误信息：

```
$ rm   libmycalc.so
$ ./libtestso
. /libtestso: error while loading shared libraries: libmycalc.so: cannot open shared object file: No such file or directory
```

这是因为动态库在被删除后，应用程序在执行时无法找到所使用动态库中的函数。

思考与练习题 3.4 创建以下程序 Atoi.c：

```
int Atoi(char *s)
{ int i;
  int res=0;
  while (s[i]!='\0' && res<1000000)
  {
    if(s[i] >='0' && s[i] <='9')
```

```
        res=res*10+s[i]-'0';
    else
        return 0;
    }
    return res;
}
```

请完成以下练习题:

① Atoi 函数的功能是什么?

② 写出将 Atoi.c 创建成静态库 libAtoi.a 的命令序列。

③ 写出将 Atoi.c 创建成动态库 libAtoi.so 的命令序列。

④ 编写程序 main.c,测试 Atoi 函数的正确性。给出 main.c 代码,并分别写出采用静态链接和动态链接方法生成可执行程序 main 的命令,分别执行命令,记录测试结果。

3.1.5　gcc 常用命令选项及用法

本节对 gcc 常用命令选项的功能做一下总结。gcc 还有很多命令选项,用于实现编译控制功能,涉及编译、链接、调试、程序优化、C 语言标准等多个方面,具体如表 3-1 和表 3-2 所示。

表 3-1　编译、链接、C 语言标准版本选项

选项	描述
-E	gcc 仅调用 cpp,对源程序做预处理,不做编译,生成.i 文件
-S	gcc 仅执行预处理和编译两个操作,生成.s 汇编语言程序
-c	gcc 执行预处理、编译、汇编三个操作,生成.o 目标文件
-o filename	指定输出文件的名称
-Idir	将 dir 目录添加到头文件搜索路径中
-Ldir	将 dir 添加到库文件搜索路径中
-lname	将库文件 libname.so 或 libname.a 链接到可执行文件中
-static	通知 gcc 进行静态链接
-shared	指示 gcc 生成动态库(共享库)
-fPIC	指示 gcc 生成与位置无关的代码,是创建动态库的必要选项
-std=c99	指示编译器按照 ISO C99 标准编译代码,如允许在语句块、for 语句中定义变量,默认根据 ANSI 或 ISO C89 编译程序
-std=c11	按照 ISO C11 标准编译程序

表 3-2　调试和编译优化选项

选项	描述
-g	指示 gcc 在可执行文件中包含调试工具 GDB 所需的信息
-O	进行编译优化处理,提高程序执行效率,减少可执行程序的大小
-O1	一级优化,编译时需要更多时间,也需要更多内存

选项	描述
-O2	二级优化，相比-O1 选项优化性能更高，当感觉程序性能不够高时，可启用该选项
-O3	最高等级优化，可能需要更多编译时间
-O0	gcc 的默认选项，不进行优化，编译速度快
-Os	该选项对代码的大小进行优化，使生成的代码长度最短

思考与练习题 3.5 指出以下编译命令存在的错误:

① gcc -C test.c -otets.o

② gcc-o test.s -s test.c

③ gcc -e test.c

④ gcc libtest.c -L. -lmycalc -o libtesta

⑤ gcc -g-c test.c

⑥ gcc -c -S test.c

⑦ gcc c - g test.c

⑧ ./ libtesta

⑨ . /libtesta

3.2 Linux 自带的常用系统库

  Linux 自带很多系统库文件，其中包括输入/输出、数学运算、字符串处理、时间日期、环境控制、内存分配、多进程并发、数据结构算法在内的很多系统函数。与自行编写代码相比，调用 Linux 系统自带的库函数，开发效率、性能和可靠性更高，适用性更强。Linux 库函数符合 POSIX 规范(可移植操作系统接口，Portable Operating System Interface)中的 API 接口标准 IEEE 1003，调用这些库函数开发的应用程序可在支持 POSIX 规范的系统中编译并运行，包括 Windows 系统。

  下面列出 Linux 常用的库函数，并给出部分应用示例供读者在应用开发中查阅。

3.2.1 数学函数

  Linux 系统自带的数学函数包括指数、对数、绝对值、平方根、三角函数等常用数学运算，其原型说明在头文件 math.h 中。表 3-3 列出了常用的数学运算函数。

表 3-3 常用的数学运算函数

函数名	含义	函数原型
pow(x, y)	x^y 或 x^y	double pow(double x, double y); float powf(float x, float y); long double powl(long double x, long double y);
sqrt(x)	$\sqrt{x}$ 或 $x^{0.5}$	double sqrt(double x);
exp(x)	e^x	double exp(double x);

（续表）

函数名	含义	函数原型

log(x)	$\log x$	double log(double x);
		float logf(float x);
		long double logl(long double x);

log10(x)	$\lg x$	double log10(double x);
ceil(x)	$\lceil x \rceil$	long double ceil(long double x); double ceil(double x);

floor(x)	$\lfloor x \rfloor$	double floor(double x);
		float floor(float x);
		long double floor(long double x);

fabs(x)	|x|	double fabs(double x);
		float fabs(float x);
		long double fabs(long double x);

sin、cos、tan、ctan、cosh、tanh、cosh	三角函数	double sin(double x);
		float sin(float x);
		long double sin(long double x);
		……

这些函数的原型及所需头文件均可通过 man 命令查询，如 log 函数，只需要在 Linux 终端输入 man log，就可看到 log 函数的说明和描述，其他库函数的原型和说明也可通过这种方式查看。但有时直接用 man 命令查到的是一条 Linux 命令的手册，这时可尝试使用"man 2 命令"或"man 3 命令"来查找。

3.2.2　环境控制函数

Linux C 程序可从运行环境读取环境变量的值，甚至改变环境变量的值，头文件为 stdlib.h，这些函数如表 3-4 所示。

表 3-4　环境控制函数

函数名	含义	函数原型
getenv	获取环境变量的值	char *getenv(const char *name);
setenv	更改环境变量的值	int setenv(const char *name, const char *value, int overwrite);
unsetenv	取消某个环境变量	int unsetenv(const char *name);

3.2.3　字符串处理函数

字符串操作在应用开发中的使用非常广泛，Linux 系统提供了较为丰富的字符串处理函数，以方便我们实现字符串操作，头文件为 string.h，这些函数如表 3-5 所示。

表 3-5　常见的字符和字符串运算函数

函数名	含义	函数原型

isdigit
isalpha
 	
toupper
	检查其参数是否为十进制数字字符
	判断字符 ch 是否为英文字母。若为英文字母，返回非 0(小写字母为2，大写字母为1)；若不是字母，返回 0
	将字符 c 转换为大写英文字母
		int isdigit(int c);
		int isalpha(int c);
		
		int toupper(int c);

strcpy strncpy	复制字符串 复制字符串的前 n 个字符	char *strcpy(char *dest, const char *src); char *strncpy(char *dest, const char *src, size_t n);
bcopy	复制 n 字节(已过时)	void bcopy(const void *src, void *dest, size_t n);
memcpy	复制 n 字节(存储器区域不交叠)	void *memcpy(void *dest, const void *src, size_t n);
strcat	字符串拼接	char *strcat(char *dest, char *src);
strcmp strncmp	比较两个字符串是否相同 比较两个字符串的前 n 个字符是否相同	int strcmp(const char *s1, const char *s2); int strncmp(const char *s1, const char *s2, size_t n);

strcasecmp
 	
strncasecmp
	将一个字符串与另一个字符串进行比较，不区分大小写
	将一个字符串中的一部分与另一个字符串进行比较，不区分大小写
		int strcasecmp(char *str1, char *str2);
		
		int strncasecmp(char *str1, char *str2, size_t n);

bzero	存储器块各字节初始化为 0	void bzero(void *s, size_t n);
memset	存储器块各字节初始化为字符 c	void *memset(void *s, int c, size_t n);

index、strchr
rindex、strrchr
	在字符串中查找指定字符第一次出现(index)及最后一次出现(rindex)的位置	char *index(char *str, char c);
		char *rindex(char *str, char c);
		char *strchr(const char *s, int c);
		char *strrchr(const char *s, int c);

memchr memrchr	在内存块中扫描指定字符，返回第一次或最后一次出现时的指针	void *memchr(const void *s, int c, size_t n); void *memrchr(const void *s, int c, size_t n);

strstr
 	
strcasestr
	在字符串中查找指定字符串第一次出现的位置，成功时返回子串指针，否则返回 NULL
	在字符串中查找指定字符串第一次出现的位置，忽略大小写
		char *strstr(char *str1, char *str2);
		
		char *strcasestr(const char *s1, const char *s2);

strtok	分解一个字符串为一组字符串，s 为要分解的字符串，delim 为分隔符，s 中包含的分隔符会被替换为'\0'字符。第一次调用时，strtok 函数必须提供参数 s，之后的调用将参数 s 设置为 NULL。每次调用成功时，返回指向下一个被分隔出的子串的指针	char *strtok(char s[], char delim);
strupr	将字符串中的小写字母转换为大写字母	char *strupr(char *str);
atoi	将字符串转换为整型	atoi (char *str);
strtol	将字符串转换为长整数	long strtol(char *str, char **endptr, int base);
strtod	将字符串转换为 double 型	double strtod(char *str, char **endptr);

3.2.4　时间函数

在应用开发中，有时需要执行时间测量、系统时间获取等操作。Linux 提供了较为丰富的时间函数以供使用，头文件是 sys/time.h，表 3-6 列出了几个常用的时间函数。

表 3-6　常用的时间函数

函数名	含义	函数原型	算法说明
time	获取整数类型的系统时间	time_t time(time_t *t);	返回值：从 1970 年 1 月 1 日 0 时 0 分 0 秒到目前经过的秒数，若参数 t 非空，将返回值同时存入 t 指向的内存单元
ctime	获取字符串类型的当前时间	char *ctime(const time_t *timep);	将 time 函数获得的时间转换成形如"Wed Jun 30 21:49:08 1993\n"的字符串 返回值：日期时间字符串

gettimeofday	获取当前时间，精确到微秒	int gettimeofday(
		struct timeval*tv,
		struct timezone *tz);
			参数 tz 为时区，一般可设为 NULL。tv 为当前时间，结构为：
			struct timeval{
			long int tv_sec; // 秒数
			long int tv_usec; // 微秒数
			}

在代码前后分别调用 time 或 gettimeofday 函数，将两次调用得到的时间相减，就可算出某段代码的执行时间。

下面的脚本 mtime.c 是应用 time 函数测量代码执行时间的一个示例：

```
#include <stdio.h>
#include <time.h>
int main(void)
{
  time_t t1, t2;
  t1 = time(&t1);
  printf("t1=%lld\n", (long long)t1);      /* t1 实际上是一个 64 位整数，输出显示 */
                                           /* 需要强制转换为 long long 类型，同时格式串应为 lld */
  t2 = time(&t2);
  sleep(1);
  printf("t2-t1=%d\n",(int)(t2-t1));        /* 输出两次调用 time 函数之间代码的执行时间 */
  printf("current time is %s",ctime(&t1));  /* 打印当前时间 */
}
```

现在编译和执行程序，结果如下：

```
$ gcc  mtime1.c  -o  mtime
$ ./mtime
t1=1469939008
t2-t1=0
current time is Sat Jul 30 21:23:28 2016
```

🖋 **思考与练习题 3.6**　写一个程序，调用 gettimeofday 来测量 pow、sqrt、sin、log 等函数的执行时间，用同一输入数据进行测试，并用相关数学知识对运行时间的差异进行解释。

3.2.5　数据结构算法函数

Linux 系统也把搜索、排序、哈希表、二叉树等常见算法以系统库函数的形式提供给开发人员，以便开发人员直接调用，从而提高开发效率，头文件为 stdlib.h 或 search.h。这些系统函数处理的序列或二叉树，其元素类型不限于整型，可以是任何能进行大小比较的对象，大小判别标准由调用者以函数指针的方式给出。表 3-7 列出了针对序列或数组进行排序和搜索的库函数。

表 3-7 用于排序与搜索的库函数

函数名	含义	函数原型	算法说明
bsearch	对已排序序列执行二分搜索	void *bsearch(const void *key, const void *base, size_t nmemb, size_t size, int(*compar)(const void *, const void *));	参数 • nmemb：已排序序列成员的个数 • base：序列首地址指针 • size：每个序列成员占据的字节数 • compar：序列成员比较函数指针，若第 1 个参数小于(等于、大于)第 2 个参数，则返回值小于 0(等于 0、大于 0) • 返回值：成功则返回与关键字 key 匹配的成员指针，否则返回 NULL
lfind	线性搜索	void *lfind(const void *key, const void *base, size_t *nmemb, size_t size, int(*compar)(const void *, const void *));	参数 • base：序列首地址指针 • nmemb：序列长度指针 • size：每个序列成员的字节长度 • compar：序列成员比较函数指针 • 返回值：成功则返回与 key 匹配的成员指针，否则返回 NULL
lsearch	线性搜索	void *lsearch(const void *key, void *base, size_t *nmemb, size_t size, int(*compar)(const void *, const void *));	参数 • nmemb：已排序序列成员的个数 • base：序列首地址指针 • size：每个序列成员占据的字节数 • compar：序列成员比较函数指针 • 返回值：成功则返回与 key 匹配的成员指针，否则将 key 作为新成员附加到序列末尾，*nmemb 递增 1，返回新成员指针
qsort	快速排序	void qsort(void *base, size_t nmemb, size_t size, int(*compar)(const void *, const void *));	参数 • nmemb：已排序序列成员的个数 • base：序列首地址指针 • size：每个序列成员占据的字节数 • compar：序列成员比较函数指针 • 返回值：非零值

下面的程序 qsorttest.c 调用 qsort 函数，对整型数组 int num[10]= {90,51,32,83,94,45,36,47,28,19} 进行排序。

```
#include <stdio.h>
#include <stdlib.h>
int compare(const void *n1, const void *n2)
{
    return (*(int *)n1 - *(int *)n2);
}
int main()
{
    int num[10]={90,51,32,83,94,45, 36,47,28,19};
    qsort((void *)num, 10, sizeof(num[0]), compare);
    for(i=0;i<10;i++)
      printf("%d ",num[i]);
    printf("\n");
}
```

现在编译并执行该程序，结果如下：

```
$ gcc  -o  qsorttest  qsorttest.c
```

```
$ ./qsorttest
19,28,32,36,45,47,51,83,90,94
```

思考与练习题 3.7　写一个程序，调用 qsort 函数，对浮点型数组 int num[10]={90.9, 51.8, 32.7, 83.6, 94.5, 45.4, 36.3, 47.2,28.1,19.0}进行排序，运行程序以验证其正确性。

考虑到二叉树在应用开发中用得较多，Linux 系统将二叉树的创建、搜索、遍历、删除等操作以库函数的形式提供，以方便我们开发应用。表 3-8 列出了常见的二叉树操作函数。

表 3-8　常见的二叉树操作函数

函数名	含义	函数原型	算法说明
tsearch	二叉树搜索和创建	void *tsearch(const void *key, void**rootp, int(*compar)(const void *, const void *));	参数 • rootp：指向二叉树树根指针的指针，若二叉树为空，则 rootp 应该是空指针 • key：关键字 • compar：二叉树节点大小比较函数 • 返回值：若找到匹配节点，则返回匹配节点指针，否则将 key 插入二叉树，返回新插入成员指针
tfind	二叉树搜索	void *tfind(const void *key, void **rootp, int(*compar)(const void *, const void *));	参数 • rootp：指向二叉树根指针的指针 • key：关键字 • compar：二叉树节点大小比较函数 • 返回值：若找到匹配节点，则返回匹配节点指针，否则返回 NULL
twalk	二叉树遍历	void twalk(const void *root, void(*action)(const void *nodep, const VISIT which, const int depth));	参数 • root：指向某个树节点的指针，如果 root 不是树根，则指向以 root 为树根的子树 • action：遍历到每个节点时的处理函数 • nodep：被遍历节点的指针 • which：遍历节点的时机，有四个值：reorder 为遍历子节点前(前序)，postorder 为遍历第一个子节点后和第二个子节点前(中序)，endorder 为遍历两个子节点后(后序)，leaf 以当前遍历节点为叶节点 • depth：当前遍历的深度
tdelete	删除二叉树节点	void *tdelete(const void *key, void **rootp, int(*compar)(const void *, const void *));	参数 • key：待删除节点的关键字 • compar：节点大小比较函数 • rootp：指向树根节点指针的指针 • 返回值：删除成功则返回父节点的指针，否则返回 NULL
tdestroy	清除整个二叉树	void tdestroy(void *root, void(*free_node)(void *nodep));	参数 • root：树根节点的指针 • free_node：清除某个节点的处理函数

下面的示例程序 bintree.c 演示了二叉树库函数的使用方法，它将 12 个随机数插入二叉树，然后进行中序遍历，并按顺序输出各个数。

```
#include <search.h>
#include <stdlib.h>
#include <stdio.h>
#include <time.h>
void *root = NULL;                       /* 二叉树初始为空树 */
void * xmalloc(unsigned n)
{    void *p;
     p = malloc(n);
```

```c
        if (p) return p;
        fprintf(stderr, "insufficient memory\n");
        exit(EXIT_FAILURE);
}
int compare(const void *pa, const void *pb)        /* 节点大小比较函数 */
{
        if (*(int *) pa < *(int *) pb)
                return -1;
        if (*(int *) pa > *(int *) pb)
                return 1;
        return 0;
}
void action(const void *nodep, const VISIT which, const int depth)
{
        int *datap;
        switch (which) {
        case preorder:
                break;
        case postorder:                              /* 在两个子节点中间处理父节点，为中序遍历 */
                datap = *(int **) nodep;
                printf("%6d\n", *datap);
                break;
        case endorder:
                break;
        case leaf:                                   /* 叶节点只有一次遍历机会 */
                datap = *(int **) nodep;
                printf("%6d\n", *datap);
                break;
        }
}
int main(void)
{
        int i, *ptr;void *val;
        srand(time(NULL));
        for (i = 0; i < 12; i++) {
                ptr = xmalloc(sizeof(int));
                *ptr = rand() & 0xff;
                val = tsearch((void *) ptr, &root, compare);
                if (val == NULL)
                        exit(EXIT_FAILURE);
                else if ((*(int **) val) != ptr)
                        free(ptr);
        }
        twalk(root, action);
        tdestroy(root, free);
        exit(EXIT_SUCCESS);
}
```

3.3　诊断和处理 Linux 编程错误

在编写程序时，很少能够一次就使得程序完美，经常会出现各种错误，一般有两种类型的错误。

- 一类是编译错误。编译错误是编译和链接过程中报出的错误，存在语法错误或未定义函数的程序在编译或链接时会失败，gcc 会报出"error"等级的错误。这类错误不会生成目标代码程序和可执行程序，应根据错误描述来诊断和排除所有编译错误。
- 另一类是运行错误。运行错误包括程序运行结果不正确和程序运行崩溃两种情况，诊断和排错这类问题往往困难重重，有时可通过阅读源代码、配合调试信息来排错，但由程序算法逻辑问题引起的错误往往需要借助专门的调试工具 gdb 来诊断，编码时也应主动进行错误检查，尽早将出错信息报告出来。

3.3.1　诊断和处理编译错误

如果在编译过程中 Linux C/C++程序没有错误，gcc 编译命令在执行结束后就不会有任何输出，下一行会直接显示命令提示符，就像编译如下最简单的 C 语言程序后所得到的结果：

```
$ cat    simple.c
void main() {}
$ gcc  -o  simple  simple.c
$
```

Linux 环境下常见编译错误和警告的诊断及排错方法如表 3-9 所示。

表 3-9　Linux 环境下常见编译错误和警告的诊断及排错方法

程序示例	错误提示	等级	常见的出错原因诊断及排错方法
第一类：变量无定义			

main(){
　pid_t pid;
　x=5;
}
	test.c:2: error: 'pid_t' undeclared(first use in this function)
	test.c:3: error: 'x' undeclared(first use in this function)
		error	错误诊断：类型、函数或变量无定义，可能是缺少头文件，遗漏了变量定义
			排错方法：增加相应的头文件

main(){
　void (*fn)(int a);
　fn=fun;
}
void fun(int a) { }
	test.c:3: error: 'fun' undeclared(first use in this function)	error	错误诊断：函数调用在前，定义在后
			排错方法：将 fun 函数的定义移到 main 函数的前面，或在调用前增加函数声明，再编译时就不会报错了
			
			void fun(int a) { }　　void fun(int a);
			main(){　　　　　　　　main(){
			　void (*fn)(int a);　　void (*fn)(int a);
			　fn=fun;　　　　　　　fn=fun;
			}　　　　　　　　　　}
			　　　　　　　　　　void fun(int a) { }

第二类：变量重复定义			

main(){
　int i;
　char i,j;
}
	test.c:3: error: conflicting types for 'i'	error	错误诊断：同一变量在多处定义
			排错方法：仅留一处定义即可

（续表）

程序示例	错误提示	等级	常见的出错原因诊断及排错方法
$ cat test.c main(){} main(){}	$ gcc test.c test.c:2: error: redefinition of 'main'	error	错误诊断：同一函数在多处定义 排错方法：仅留一处定义即可

main(){
  int *p,i;
  int *p=(void*)&i;
}
	test.c:3: error: redeclaration of 'p' with no linkage	error	错误诊断：同一变量在多处定义
			排错方法：仅留一处定义即可

第三类：缺少表达符号，括号、else 不匹配等			

main(){
  char str[100]; int i;
  i=5
  strcat(str,"abcd");
}
	test.c:1:4: error: expected ';' before 'strcat'	error	test.c 程序的第 4 行，strcat 前缺";"，可能漏写了某条语句后的分号

main(){
  char str[100]; int i;
  i=5;
  strcat(str,"abcd";
}
	test.c:4: error: expected ')' before ';' token	error	test.c 程序的第 4 行，";" 字符前缺少")"

main(){
  if(1){}
    else {}
  else()
}
	#else after #else; #elif without #if	error	#else 出现在#else 后，#elif 没有匹配的 #if

第四类：找不到文件			
$ cat test.c #include "my.h" main(){}	$ gcc test.c test.c:1: fatal error: my.h: No such file or directory compilation terminated.	error	test.c 程序的第 1 行，没有 my.h 这样的文件，可能是文件名写错
#include < stdio.h> main(){}	$ gcc test.c test.c:1: fatal error: stdio.h: No such file or directory compilation terminated.	error	test.c 程序的第 1 行，文件名 stdio.h 的前面多了一个空格，该行如果写成 #include< stdio.h>，也会报告同样的错误
第五类：非法中文全角字符、标点符号、括号			

main(){
  char str[100];
  int　i；
}
	test.c:2: error: stray '\357' in program
	test.c:2: error: stray '\274' in program
	test.c:2: error: stray '\233' in program
	test.c:3: error: stray '\357' in program
	test.c:3: error: stray '\275' in program
	test.c:3: error: stray '\211' in program
	test.c:4: error: stray '\343' in program
	test.c:4: error: stray '\200' in program
	test.c:4: error: stray '\200' in program
		error	①test.c 程序的第 2 行，语句后的中文分号";"，应改为英文分号，除字符串内容外，程序中所有的标点符号，包括逗号、括号、引号、分号，都必须是英文标点符号
			②test.c 程序的第 3 行，变量i写成了全角中文字符 i，应改成半角英文字符 i
			③test.c 程序的第 3 行，有一个中文全角空格字符，用鼠标选择文本后就可以发现，应删除该全角字符

（续表）

程序示例	错误提示	等级	常见的出错原因诊断及排错方法
第六类：链接阶段找不到库文件			
``` #include "wrapper.h" int main() { char c; int in , out; in = open("file.in", O_RDONLY,0); out = Open("file.out", O_WRONLY|O_CREAT,0666); while(read(in,&c,1) == 1) write(out , &c , 1) ; close(in); close(out); exit (0) ; } ```	$ gcc fcopy1.c -o fcopy1 /tmp/ccWK8DE4.o: In function `main': fcopy1.c:(.text+0x21): undefined reference to `Open' fcopy1.c:(.text+0x41): undefined reference to `Open' fcopy1.c:(.text+0x63): undefined reference to `Write' fcopy1.c:(.text+0x7f): undefined reference to `Read' fcopy1.c:(.text+0x90): undefined reference to `Close' fcopy1.c:(.text+0x9c): undefined reference to `Close' collect2: error: ld returned 1 exit status	error	错误诊断：Open、Close、Write、Read 等函数实现在库文件 libwrapper.a 中，应该用两个选项将该库链接到可执行程序 fcopy1 排错方法：将编译命令改为 $ gcc fcopy1.c -o fcopy1 **-L. -lwrapper**
``` #include "wrapper.h" void *thread(void *vargp); int main() { pthread_t tid; pthread_create(&tid, NULL, thread, NULL); exit(0); } void *thread(void *vargp) { sleep(1); printf("Hello, world!\n"); return NULL; } ```	$ gcc -o hellobug hellobug.c -L. -lwrapper happ.c:(.text+0x22): undefined reference to `pthread_create' ./libwrapper.a(thapp.o): In function `pthread_cancel': thapp.c:(.text+0x51): undefined reference to `pthread_cancel' ./libwrapper.a(thapp.o): In function `pthread_join': thapp.c:(.text+0x87): undefined reference to `pthread_join' ./libwrapper.a(thapp.o): In function `pthread_detach': thapp.c:(.text+0xb6): undefined reference to `pthread_detach' ./libwrapper.a(thapp.o): In function `pthread_once':	error	错误诊断：程序调用 pthread 线程库函数时，必须在编译命令中显式地将库函数 libpthread.so 链接到可执行程序 排错方法：将编译命令改为 $ gcc -o hellobug hellobug.c -L. -lwrapper **–lpthread**
``` $ cat test.c #include <stdio.h> void *fn(void *arg){ } main(){ int tid; fun(); pthread_create(&tid, NULL, fn, NULL); } ```	$ gcc -c test.c $ gcc -o test test.c test.c:(.text+0x1e): undefined reference to `fun' tcst.c:(.text+0x65): undefined reference to `pthread_create' $ gcc -o test test.c -lpthread	error	①第 1 条命令：用带-c 选项的 gcc 命令编译通过，可生成目标文件 test.o，表明在编译阶段允许程序调用未定义的函数 ②第 1 条和第 2 条命令，用不带-c 选项的 gcc 命令进行编译和链接，失败，因为 test.c 中调用的函数(fun,pthread_create)无定义，链接阶段需要找到这两个函数的实现代码，才能生成可执行程序。解决方法：在程序中给出函数的实现代码(如 fun)，或用-l 选项指明函数定义所在的库文件(如线程库文件 libpthread.so 需要用 -lpthread 表示) ③第 4 条命令，在编译命令中增加 -lpthread 选项，gcc 从 libpthread.so 中找到 pthread_create 函数的实现,成功地生成可执行文件

(续表)

程序示例		错误提示	等级	常见的出错原因诊断及排错方法
第七类：编译警告(warning)				
一般不影响可执行程序的生成，也不影响程序的执行，但排除警告是一种良好的编程习惯				

$ cat test.c
main(){
    fun();
}
void fun(){}
$ cat test1.c
void fun();
main(){
    fun();
}
void fun(){}
	$ cat test2.c
	void fund() {}
	main(){
	    fun();
	}
		$ gcc test.c
		test.c:4: warning: conflicting types for 'fun'
		test.c:2: note: previous implicit declaration of 'fun' was here
		
		$ gcc test1.c
		$ gcc tes2.c
		$
			warning	第 2 行：对 fun 函数未做类型声明便进行了调用，gcc 认为返回值类型为 int，发出警告
				第 4 行：fun 函数的实际返回类型为 void，与第 2 行所做的假定冲突
				
				排错方法：在函数调用前给出函数定义或声明，参见 test1.c 和 test2

$ cat test.c
main(){
    strlen("abcd");
}
$ cat test1.c
#include <string.h>
main(){
    strlen("abcd");
}
		$ gcc test.c
		test.c:2: warning: incompatible implicit declaration of built-in function 'strlen'
		
		$ gcc test1.c
		$
			warning	strlen 是一个内置库函数，应给出包含其声明的头文件，可用 man strlen 命令查找 strlen 函数是在哪个头文件中声明的，参见 test1.c

　　如果 gcc 显示出错信息，通常表明程序中存在错误。在编译和链接过程中报出的错误又分两种：一种称为错误(error)，一般是程序中存在语法问题，常见原因包括变量无定义、标识符拼写错、漏写标点符号、括号不匹配、存在全角中文字符、引用的函数无定义等，编译过程中只要出现"error"错误，编译过程将很快终止，不会生成可执行程序。另一种称为警告(warning)，表示程序可能不符合某种规范，如函数调用前未做声明、程序没有换行符、缺少必要的包含文件、缺少必要的强制类型转换等，这种错误不影响可执行程序的生成，但可能导致程序运行错误。每个错误提示行一般包括冒号(:)分隔的三个字段，分别为出错的源程序文件名、出错行号、错误描述。一般根据错误提示，打开源程序，找到出错行，就能发现出错原因，可据此修改程序，排除错误。有些错误不太容易诊断，前面的表 3-9 对初学者经常遇到但较难找到原因的常见错误给出了诊断和排错方法，供读者参考。

　　思考与练习题3.8　假设有两个源程序 p1.c 和 p2.c，其内容都为"void main(){}"，为何命令"gcc p1.c p2.c"在执行它们时会报错？

　　思考与练习题3.9　假设有四个源程序文件，内容如下：

comm.h	p1.c	p2.c	main.c

int coef1=2, coef2=2;
int scaleup(int);
int scaledown(int);
	#include "comm.h"
	int scaleup(int n)
	{
	    return (n*coef1);
	}
		#include "comm.h"
		int scaledown(int n)
		{
		    return (n/coef2);
		}
			#include "comm.h"
			void main()
			{
			    int n;
			    scanf("%d",&n);
			    n=scaleup(n);
			    n=scaledown(n);
			    printf("n=%d",n);
			}

(1) 执行命令 "gcc　p1.c　p2.c　main.c　-o main" 将报告什么错误，为什么？

(2) 如何修改程序以消除错误？

(3) 对于多个源程序文件都要引用的全局变量，如何定义和声明比较合理？

思考与练习题 3.10　参考表 3-9，给出以下源程序的编译出错原因，如何消除 error 错误和 warning 错误？

(1) p3.c 的内容如下：

```
#include <stdio.h   >
int main(){}
$ gcc  p3.c
p3.c:1: fatal error:   stdio.h : No such file or directory
compilation terminated.
```

(2) p4.c 的内容如下：

```
#include <stdio.h>
int main() {exit(0);}
$ gcc  p4.c
p4.c: In function 'main':
p4.c:2: warning: incompatible implicit declaration of built-in function 'exit'
```

(3) 库函数 pthread_create 的定义在系统库 libpthread.so 中，p5.c 的内容如下：

```
#include <pthread.h>
#include <unistd.h>
void *thread(void *vargp) {}
int main()  {
    pthread_t tid;
    pthread_create(&tid, NULL, thread, NULL);
}
$ gcc  p5.c
/tmp/cc799hQ7.o: In function `main`:
p3.c:(.text+0x2e): undefined reference to `pthread_create`
collect2: ld returned 1 exit status
```

(4) 假设函数 Fork 所在的库文件 libwrapper.a 位于当前目录下，源程序 p6.c 的内容如下：

```
#include "wrapper.h"
int main(){
    Fork();
}
$ gcc  p6.c
/tmp/ccidGV2n.o: In function `main`:
p5.c:(.text+0x7): undefined reference to `Fork`
collect2: ld returned 1 exit status
```

3.3.2　处理系统调用失败

Linux 系统环境下的很多库函数属于系统调用，如 open、close、write、read、fork，它们的功能是由操作系统内核实现的。很多时候，若参数不正确、执行权限不够都可能导致系统调用失败，但程序还能继续执行，也无任何输出，只是结果不正确。查看下面显示文件 1.txt 前 10 个字符的程序

test1.c:

```
1    #include <stdio.h>
2    #include <fcntl.h>
3    void main()
4    {
5        int fd,fd1,i;
6        char c;
7        fd=open("1.txt", O_RDONLY);
8        for(i=0;i<10;i++)
9        {
10           read(fd1, &c, 1);
11           write(1, &c ,1);
12       }
13   }
```

该程序编译和运行的结果如下:

```
$ gcc  -o  test1  test1.c
$ cat  1.txt
cat: 1.txt: No such file or directory
$ ./test1
$
```

该程序虽然没有语法错误,且编译通过,但却存在问题:第7行,open函数要打开的文件"1.txt"不存在;第10行,调用read函数读取文件,第1个参数本来是fd,但误写成fd1。这两个系统调用函数的执行都失败了,系统却没有报错。

现在创建文件1.txt,并输入内容ABCDEFGHIJK,运行该程序:

```
$ cat  1.txt
ABCDEFGHIJK
$ ./test1
$
```

仍然没有输出结果,也没有显示错误。这种情况给新手排错带来了极大困难。

其实,Linux系统一般通过函数的返回值来告知系统调用函数的执行是否成功,执行成功时返回值一般为0或大于0,失败时返回-1;如果系统调用函数失败,全局整数变量errno会给出出错原因编码,strerror(errno)或perror函数会给出出错原因描述。因此,要想知道程序执行到何处出错了,应该对所有系统调用函数的返回值进行检查,并打印出错信息。现在,将test1.c按如下方式改成test2.c:

```
1    #include <stdio.h>
2    #include <fcntl.h>
3    void main()
4    {
5        int fd,fd1,i,ret;
6        char c;
7        fd=open("2.txt",O_RDONLY,0);
8        if(fd==-1) {
9            fprintf(stderr, "file open error: %s\n", strerror(errno));
10       }
11
```

```
12          for(i=0;i<10;i++)
13          {
14              ret=read(fd1, &c, 1);
15              if(ret==-1) {
16                  fprintf(stderr, "file read error: %s\n", strerror(errno))
17              }
18              write(1, &c ,1);
19          }
20    }
```

第 9 行和第 16 行将出错信息输出到标准错误输出对应的文件流 stderr 中，现在，分别在创建 2.txt 前后运行该程序测试一下：

```
$ gcc  -o  test2  test2.c
$ cat  2.txt
cat: 2.txt: No such file or directory
$ ./test2
file open error: No such file or directory
file read error: Bad file descriptor
$ cp /etc/password  2.txt
$ ./test2
file read error: Bad file descriptor
```

结果是，每个失败的系统函数调用都显示了出错信息，我们很容易诊断出错原因。

但是这种在程序中加入大量错误判断语句的方法存在两个问题：一是增加太多错误检测语句，会影响程序的可读性，也会干扰编程思维；二是不规范，相同的错误显示的错误提示可能不同，同时出错信息应该在标准错误输出中显示。

对系统调用执行情况进行检查的一种较好的方法是：对每个这样的系统函数(如 read、write、open、close、fork、pthread_create 等)，编写一个增加了错误处理功能的包装函数(error-handling wrapper)。我们对数十个常用的系统调用函数进行错误处理包装，统一命名成与原函数名相同、参数表相同、返回值相同但首字母为大写的函数，这样既解决了错误检测问题，又方便使用。下面是 open 和 read 函数的包装函数，包装函数名与原函数名相同，仅首字母变成大写，便于记忆。包装函数将返回值赋给变量 rc，如果 rc<1，就表明函数调用执行失败，就会调用 Perror 函数报告错误，并终止进程。

```
int Open(const char *pathname, int flags, mode_t mode)
{
    int rc;
    if ((rc = open(pathname, flags, mode)) < 0)
        perror("open error");
    return rc;
}

ssize_t Read(int fd, void *buf, size_t count)
{
    ssize_t   rc;
    if ((rc = read(fd, buf, count)) < 0)
        perror("read error");
    return rc;
```

```
}

void Perror( const char * str )
{
    perror(str);
    exit(1);
}
```

Perror 函数的声明为 "void Perror(const char * str);", 用于将上一个系统调用函数执行失败的错误原因写到标准错误输出。参数 str 所指的字符串会先被打印出来, 后面加上错误原因字符串。系统调用函数执行失败时, 出错编码记录在全局变量 errno 中。

除了文件 I/O, 我们还对进程控制、线程控制、网络编程的很多 API 函数进行了包装。所有包装函数的声明保存在头文件 wrapper.h 中, 包装函数保存在两个 C 程序文件 wrapper.c 和 ptwrapper 中, 并创建成库文件 libwrapper.a。为解决用户在源代码中加入一大堆系统头文件带来的不便, 还在 wrapper.h 中包含了常用的系统头文件, 这样大多数程序只需要一条 include 语句 "#include "wrapper.h"" 即可。将 wrapper.h 和 libwrapper.a 复制到工作目录下, 就可以用包装函数编写程序了。对于有些高版本的 Linux 发现版本, 可能存在 libwrapper.a 库格式兼容问题, 导致链接过程找不到库中定义的函数。在这种情况下, 可以用以下命令重新生成库文件 libwrapper.a:

```
rm   libwrapper.a
gcc  -c  wrapper.c ptwrapper.c
ar   rc  libwrapper.a  wrapper.o ptwrapper.o
```

使用包装函数非常简单。以前面的 test1.c 为例, 只需要将其中的 open 改成 Open、将 close 改成 Close, 将头文件部分换成#include "wrapper.h"即可。修改后的程序为 test3.c:

```
#include "wrapper.h"
void main()
{
    int fd,fd1,i;
    char c;
    fd=Open("1.txt",O_RDWR,0);
    for(i=0;i<10;i++)
    {
        Read(fd1, &c, 1);
        Write(1, &c ,1);
    }
}
```

由于现在调用的包装函数定义在当前目录下的库文件 libwrapper.a 中, 因此 gcc 编译命令要用选项 "-L." 将当前目录(".")加入库搜索路径中, 还需要用选项-lwrapper 将函数库 libwrapper.a 链接到可执行程序:

```
$ gcc  -o  test3  test3.c  -L.  -lwrapper
```

现在执行程序:

```
$ rm   1.txt
$ ./test3
Open error: No such file or directory
$ cp  /etc/passwd  1.txt
```

```
$ ./test3
read error: Bad file descriptor
```

可以看到，程序准确地报告了隐藏的错误。再将第 9 行中 Read 函数的第一个参数 fd1 修改成正确的 fd，另存为 test4.c，重新编译和执行程序，结果正确：

```
$ gcc -o test4.c -L. -lwrapper
$ ./test4
root:x:0:0
```

本书的示例程序或配套实验都可使用错误处理包装函数。源代码包中的 libwrapper.a 是在 Ubuntu 8 环境下生成的，有些版本的 gcc 与现成的 libwrapper.a 不兼容，这种情况下就需要重新生成函数库，方法如下：

```
$ gcc -c   wrapper.c ptwrapper.c
$ rm libwrapper.a
$ ar rc libwrapper.a wrapper.o ptwrapper.o
```

✒ **思考与练习题 3.11**　假设可执行文件由普通用户执行，C 程序中有两段存在运行错误的代码。

(1) 代码段 1：

```
int *p;
p=NULL;
*p=123;
```

(2) 代码段 2：

```
int fd; char buf[200];
fd=open("/etc/passwd",O_RDWR,0);
read(fd,buf,100);
```

请问：这两个错误是什么？程序执行过程中会发生什么情况？对程序员来说，这两个错误有何本质区别？

3.3.3　用断言检查程序状态错误

在软件的开发过程中，通过条件编译引入 printf 调用来调试代码是一种常见的做法，但一般不应在发行版本中保留这些信息。然而经常会出现这样的情况：程序运行中出现的问题与不正确的假设有关，并非代码错误。这些不正确的假设往往是被主观认为不会发生。例如，人们在编写函数时，会认为它的输入参数应该处在一个确定的范围内，但万一传递了不正确的数据，就可能造成整个系统运行不正常。

需要确认系统的内部逻辑没有错误。针对这种情况，X/Open 提供了 assert 宏，它的作用是测试某个假设是否成立，如果不成立，就停止程序的运行。

```
#include <a.sert.h>
void assert(int expression)
```

assert 宏对表达式求值，如果结果为 false，就往标准错误写一些诊断信息，然后调用 abort 函数结束程序的运行。

头文件 assert.h 中定义的宏受 NDEBUG 的影响。如果程序在处理这个头文件时已定义了 NDEBUG，就不再定义 assert 宏。这意味着可以在编译命令中使用选项-DNDEBUG 关闭断言功能，也可以把下面这条语句加到每个源文件中以禁止断言功能，但这条语句必须放在#include<assert.h>语句之前。

```
#define NDEBUG
```

assert 宏的这种用法带来了一个问题。如果在测试阶段使用 assert 宏，但在发行版本中将其关闭，那么发行版本在安全检测方面就比测试版本要差一些，但在产品代码中保留 assert 宏又是不可行的，因为可能会在用户屏幕上显示一条不友好的 assert failed 错误提示。针对这个问题的比较好的解决方法是，自己编写错误中断陷阱例程，在该例程中进行断言，而不需要在产品代码中完全禁用该功能。

下面的程序 assert.c 定义了一个函数，它的参数必须是一个非负数，它用断言功能来保护自己不受非法参数的影响。该程序首先包括头文件 assert.h，然后定义一个平方根函数，该函数检查自己的参数是否为非负数，最后是 main 函数，如下所示：

```
#include <stdio.h>
#include <math.h>
#include <assert.h>
#include <stdlib.h>
double my_sqrt(double x)
{    assert(x >= 0.0);
     return sqrt (x) ;
}
int main()
{
     printf("sqrt +2 =%g\n" , my_sqrt(2.0)) ;
     printf ("sqrt -2 =%g\n " , my_sqrt (-2.0));
     exit (0);
}
```

现在，运行这个程序时，如果提前给 my_sqrt 函数传递一个非法值，就会看到提示发生断言冲突的错误。错误信息的格式将随系统的不同而不同。

```
$ gcc -o assert assert.c -lm
$ ./assert
sqrt +2 = 1 .41421
assert: assert .c: 7 : my_sqrt: Assertion 'x >= 0.0' failed.
Aborted
```

如果试图用一个负数来调用函数 my_sqrt，assert 宏会给出发生断言冲突的文件名和行号，还会给出失败的条件。程序的运行被一个 abort 中断陷阱终止，这就是用 assert 宏调用 abort 的结果。

如果用-DNDEBUG 选项重新编译这个程序，断言功能将被排除在编译结果之外。在 my_sqrt 函数中调用 sqrt 函数时，得到的结果是 NaN(Not a Number，不是一个数字)，它表明结果无效，如下所示：

```
$ gcc -o assert assert.c -DNDEBUG -lm
$ ./assert
sqrt +2=1.41421
sqrt -2=nan
```

*3.4 用 GDB/ddd 调试器诊断运行错误

Linux 环境提供了 GDB 调试器，以帮助诊断在程序运行阶段出现的逻辑错误。在 GDB 调试器中，程序员可随时启动程序、设置断点、暂停程序的执行、随时检查变量的值是否正确、逐步缩小出错范围、最后锁定出错行并排除错误。

　　GDB 可以对使用 C、C++、Ada、Pascal 等不同语言编写的程序进行调试，可本地调试也可远程调试，支持所有的 Linux 版本和大部分 UNIX 平台，甚至还支持 Windows 平台。

*3.4.1　用 GDB 调试程序运行错误的示例

　　下面以一个有错误的程序 gdbuse.c 为例，演示如何使用 GDB 工具来调试程序，排除运行错误。

```
#include <stdio.h>
#include <string.h>
int main()
{    char    c='t';
     char    s[100];
     int    i;
     int    count=0;
     strcpy(s,"abcdefghijklmopqrstuvstuxyz0123456789");
     for(i=0; i<strlen(s); i++)
        if(s[i]=c)
     count++;
     printf("字符 t 出现的次数=%d\n", count);
}
```

　　不难看出，该程序统计字符串 s 中字符 t 的出现次数，编译并执行该程序：

```
$ gcc  -o  gdbuse  gdbuse.c
$ ./gdbuse
字符 t 出现的次数=37
```

　　正确结果应该是 1，显然，运行结果是错误的，现用 GDB 进行调试。

1. 第一步：启动 GDB 调试器，加载程序

　　要用 GDB 调试程序，需要在编译程序时添加-g 选项，指示 gcc 将符号表写入生成的可执行文件。

```
$ gcc  -g  -o  gdbuse gdbuse.c
```

　　然后执行 gdb 命令，启动 GDB 调试器，进入 GDB 命令界面。在出现的 GDB 命令提示符"(gdb)"下输入 file gdbuse 命令，加载 gdbuse 程序，如下所示：

```
can@ubuntu:~$ gdb
GNU gdb (GDB) 7.2-ubuntu
Copyright (C) 2010 free Software Foundation, Inc.
License GPLv3+: GNU GPL version 3 or later <http://gnu.org/licenses/gpl.html>
This is free software: you are free to change and redistribute it.
There is NO WARRANTY, to the extent permitted by law.    Type "show copying"
and "show warranty" for details.
This GDB was configured as "i686-linux-gnu".
For bug reporting instructions, please see:
<http://www.gnu.org/software/gdb/bugs/>.
(gdb) file gdbuse
reading    symbols from/home/cosoos/book/chapter2/exam...done.
```

　　可以看到，GDB 工具已将 gdbuse 的符号表加载进来，接下来就可以输入 gdb 命令来执行 gdbuse

程序的启动、暂停、内部状态检查、单步调试等操作。当然，也可以将执行 gdb 启动命令和加载可执行文件 gdbuse 的两个操作通过一条命令完成，即在终端窗口中输入命令 ***gdb gdbuse***。

接下来，可在"(gdb)"命令提示符下输入各种调试命令，对程序进行排错，输入 help 可查看各个调试命令的帮助信息。程序调试完毕后，可输入 quit 或直接按 Ctrl+D 组合键，退出 GDB 调试环境，回到 Linux 命令输入状态。

2. 第二步：输入调试命令，定位出错位置

根据程序逻辑，在被调试程序的一个或多个位置设置断点，启动程序，程序将在断点处暂停，然后就可检查相关变量的值是否正确，判断错误是否已经发生。若变量值全部正确，出错位置可能在检查点之后；若变量值有错，出错位置可能在检查点之前。还可对存疑的代码段进行单步执行，观察变量值在变化过程中是否出错，从而对出错位置进行精确定位。

在第一步已经启动 GDB、加载好程序的基础上，我们的调试思路是在"count=0"这一行设置断点，然后单步执行后面的代码，每次程序暂停时检查变量 s、count、i 和 if 条件，查看是否存在异常。首先用"list"命令显示源程序，找到"count=0"这一行的行号是 7，执行"break 7"，在第 7 行设置断点；然后执行"run"命令，在 GDB 环境中启动程序，程序运行到第 7 行会自动暂停，并显示该行源代码，如下所示。

```
(gdb) list
warning: Source file is more recent than executable.
1    #include <string.h>
2    int main()
3    {
4          char    c='t';
5          char    s[100];
6      int   i;
7      int   count=0;
8      strcpy(s,"abcdefghijklmopqrstuvstuxyz0123456789");
9      for(i=0; i<strlen(s); i++)
10        if(s[i]= c)
11            count++;

(gdb) break 7
Breakpoint 1 at 0x8048495: file gdbuse.c, line 7.
(gdb) run
Starting program: /home/can/gdbuse

Breakpoint 1, main () at gdbuse.c:8
7      int   count=0;
(gdb)
```

接下来用单步执行方法对错误进行定位，输入 step 命令，执行第 7 行"count=0"，输入 print count，打印的 count 值为 0，表示程序运行正常：

```
(gdb) step
8      strcpy(s,"abcdefghijklmopqrstuvstuxyz0123456789");
(gdb) print count
$2 = 0
```

输入 step 命令，执行程序中的第 8 行 strcpy(s,"abcdefghijklmopqrstuvstuxyz0123456789")。输入 print s，会显示一行异常信息"0x001a4f10 in memcpy() from /lib/libc.so.6"，表示该函数调用不太规范，可能是常数字符串不可以作为 strcpy 函数的第 2 个参数。结果中并没有显示下一行程序，可能是第 8 行代码并未执行：

```
(gdb) step
0x001a4f10 in memcpy () from /lib/libc.so.6
(gdb) print s
No symbol "s" in current context.
```

再次输入 step，执行后输入 print s，显示字符串 s 的内容正确，并显示了第 9 行的源代码：

```
(gdb) step
Single stepping until exit from function memcpy,
which has no line number information.
main () at exam.c:9
9            for(i=0; i<strlen(s); i++)
(gdb) print s
$3 = "abcdefghijklmopqrstuvstuxyz0123456789\000(\000y~#\000\205\347\025\000H\363\377\277\345Z\024\000\000\000\000\
000\364\237\004\bX\363\377\277H\203\004\b`\353\021\000\364\237\004\b\210\363\377\277Y\205\004\b$\203(\000\364\177(\
000@\205\004\b"
(gdb)
```

继续输入 step 多次，当完成 for 循环体的第一次执行且再次显示第 9 行的源代码时，打印变量 i、c、s[i]、count 的值：

```
(gdb) step
0x001a3700 in strlen () from /lib/libc.so.6
(gdb) step
Single stepping until exit from function strlen,
which has no line number information.
main () at gdbuse.c:10
10            if(s[i]= c)
(gdb) step
11                         count++;
(gdb) step
for(i=0; i<strlen(s); i++)
(gdb) print i
$4 = 0
(gdb) print s[i]
$5 = 97 't'
(gdb) print c
$6 = 97 't'
(gdb) print count
$7 = 1
```

不难发现，s[0]应该是'a'，已被更改成't'，count 应该还是 0，但却已变成 1，初步判断是 if 语句的条件表达式计算出错，导致 count 错误加 1。检查源程序第 9 行的 if 条件，发现本来应该是一个比较运算表达式"s[i]==c"，却被误写成赋值语句"s[i]=c"，进而找到出错原因。排除错误后，再次编译并执行程序，得到正确结果 2。当然，调试过程中若发现 strcpy 函数调用不规范，也应该进行纠正。

☛ ***思考与练习题 3.12** 用 GDB 调试工具对以下程序 gdbex.c 进行排错。

```
#include <stdio.h>
#include <stdlib.h>
char buff (256);
char* string;
int main ()
{   printf ("Please input a string: ");
    gets (string);
    printf ("\nYour string is:%s\n" , string);
}
```

*3.4.2 常用的 GDB 命令

前面示例中用到的 GDB 命令比较简单，但多数情况下已经够用。GDB 还有很多命令，它们对我们调试更加复杂的程序非常有用。下面我们将常用的几个 GDB 命令的功能、用法等列入表 3-10，供读者需要时参考。

表 3-10　常用的 GDB 命令

命令	命令缩写	命令描述	使用范例
list	l	显示程序的源代码	list: 接着上次 list 命令显示结果的位置往下显示程序的源代码
break	b	设置断点	break 7: 表示在打开的源代码的第 7 行设置断点
run	r	运行程序	run p1 p2: 以命令行参数 p1、p2 运行程序
print	p	显示变量或表达式的值	print s: 显示变量 s 的值，s 可以是任何类型，甚至可以是字符串、数组、结构体变量
display	disp	跟踪某个变量，每次程序停下来都会显示该变量的值	disp s: 跟踪变量 s 的值，s 可以是任何类型，甚至可以是字符串、数组、结构体变量
continue	c	程序继续执行，直到下一个断点	continue: 该命令无参数
step	s	执行下一条语句，若该语句为函数调用，则进入其中第一条语句后停下来	step
next	n	执行下一条语句，若该语句为函数调用，则执行完该函数调用后，在当前函数的下一条语句处停下来	next
start	st	开始执行程序，在 main 函数的第一条语句处停下来	start p1 p2: 若程序的执行需要带命令行参数，则 start 也需要带命令行参数
backstrace	bt	查看函数调用信息	bt: 查看目前的函数嵌套调用层数及相关信息
frame	f	显示栈帧	frame 1: 显示嵌套调用某层函数的调用信息
watch	w	监视变量值的变化，一旦被监视变量的值发生变化，程序就暂停下来	w
delete	del	删除断点	del 2: 删除第 2 个断点

GDB 命令有的拼写较长，为提高输入效率，GDB 允许只输入命令的唯一前缀作为命令的缩写形式。

*3.4.3 用 ddd/GDB 调试程序

用 GDB 命令调试程序不太方便，效率也很低，习惯使用 VC++的同学可能不喜欢 GDB 的命令行风格。为满足这类用户的需求，人们为 GDB 开发了图形界面环境 DDD(Data Display Debugger)，其功能强大，使 Linux 环境的程序调试也变得容易和方便。下面用一个示例演示使用方法。

下面以调试示例程序 gdbuse.c 为例，用 "**ddd gdbuse**" 命令启动 DDD。该命令首先启动 GDB，再启动其图形界面 DDD，还完成对 gdbuse 程序符号的加载。DDD 调试工具的右侧为调试工具栏，其中：Run 运行程序，其后可接命令行参数；Step 单步执行光标所在语句；Next 运行完光标所在语句；Cont 继续执行到下一个断点；Until 执行到光标所在语句；Edit 在调试中调用编辑工具直接编辑源代码。Data 菜单中的常用命令 Display、Print 用于在程序暂停时，显示变量或表达式的值。给 gdbuse 设置断点后，启动程序，进行多次单步调试，用 Display 命令显示局部变量的界面如图 3-6 所示。

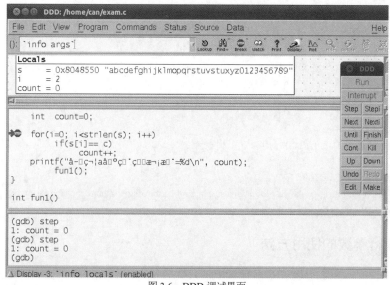

图 3-6 DDD 调试界面

3.5 命令行参数和环境变量的读取方法

将数据传递给 Linux C 程序有四种方法：①通过 scanf、getchar 等数据输入函数输入数据；②用 read、fread 等函数从磁盘文件读入数据；③通过环境变量输入数据；④通过命令行参数输入数据。前两种方法在 C 语言程序设计课程中介绍过，这里主要讲述环境变量与命令行参数的使用方法。

3.5.1 环境变量及其使用方法

环境变量是指在程序运行前，在命令终端创建的 Shell 变量。这些变量都是字符串类型，不需要声明类型，可直接赋值创建，由后面的命令或 C 语言程序读取。这提供了将环境的运行信息或输入信息传递给进程的一种手段。环境变量分为系统预定义环境变量与用户自定义环境变量两种，预定义的环境变量有当前工作目录 PWD、系统命令搜索路径 PATH 等，变量名通常为大写字母构成的字符串。自定义的环境变量是由用户自己创建的环境变量。

创建环境变量的命令格式是 *export 环境变量名=环境变量值*，如 ***export PHONE=0769-22861112***。在命令中引用环境变量的方法是在变量名前加美元符号$，如 ***echo $PHONE***。如果环境变量名与其他非空字符紧贴在一起，那么在引用环境变量时应用花括号将环境变量名括起来，如 ***echo ${PHONE}-1234***。

Linux C 程序可通过函数 char *getenv(char* env)获取环境变量的值，返回指向环境变量 env 的值的指针，还可通过函数 int setenv(const char *name,const char *value,int overwrite)设置环境变量的值。下面的程序 **envtest.c** 演示了环境变量的读取方法。

```
#include <stdio.h>
#include <stdlib.h>
int main()
{
    char    *s1, *s2, *s3;
    s1=getenv("PWD");           //读取系统环境变量 PWD
    s2=getenv("PATH");          //读取系统环境变量 PATH
    s3=getenv("PHONE");         //读取自定义环境变量 PHONE
    printf("当前工作目录为: %s \n",s1);
    printf("当前命令搜索路径为: %s \n",s2);
    printf("单位电话为: %s \n",s3);
}
$ gcc  envtest.c  -o  envtest
$ export PHONE=0769-22861112        #创建自定义环境变量
$ ./envtest
当前工作目录为: /home/can/exp
当前命令搜索路径为: /usr/local/sbin:/usr/local/bin:/usr/sbin:/usr/bin:/sbin:/bin:/usr/games:/usr/local/games
单位电话为: 0769-22861112
```

3.5.2 命令行参数的使用方法

写在命令行中的参数也可以被 C 程序读取，只要把 main()函数的原型更改成 int main(int argc, char *argv[])即可。argc 为命令行参数的个数，argv[]为执行各参数字符串的指针。下面的程序 cmdpar.c 演示了读取命令行参数的方法：

```
#include <stdio.h>
#include <stdlib.h>
int main(int argc, char *argv[])
{
    int i;
    printf("以空格分隔的参数个数(包括程序名本身): %d \n",argc);
    for (i=0; i<argc; i++)
        printf("命令行参数 argv[%d]= %s \n",i,argv[i]);
}
```

现在编译和运行该程序，结果如下：

```
$ gcc  cmdpar.c  -o  cmdpar
$ ./cmdpar param1  参数2  "complex param"
以空格分隔的参数个数(包括程序名本身): 4
```

```
命令行参数 argv[0]= ./cmdpar
命令行参数 argv[1]= param1
命令行参数 argv[2]= 参数 2
命令行参数 argv[3]= complex param
```

思考与练习题 3.13　如果一个 C 程序的入口表示 为 main(int argc, char *argv[ ]),该程序编译后的可执行程序为 a.out;那么在命令行输入 "./a.out –f foo" 后,main 函数中的参数 argv[1] 指向的字符串是＿＿＿＿＿＿＿。

思考与练习题 3.14　请编写一个 C 语言程序,编译成可执行程序 a.out,要求:如果用户输入的命令行为 a.out,则输出 "no args";如果命令行为 a.out -a,则输出 "I will deal with -a";如果命令行为 a.out -a -l,则输出 "I will deal with -a -l"。

*3.6　make 工具

在编写大型程序时,会有很多源程序,这些源程序如果都由人工维护,会十分烦琐。make 工具可以帮助我们管理和维护所开发项目的源代码,使这些例行工作自动化。make 是 Linux 提供的一个工具,可以控制从程序源文件中生成的可执行代码的过程。make 工具根据 makefile 文件的内容构建程序,makefile 文件列出了每个非源程序文件以及如何从其他文件构造这些文件的命令。当编写程序时,应当为其编写一个 makefile 文件,利用 make 工具来构建及安装程序,以便为程序的安装及维护提供便利。现在,make 已成为软件项目中不可或缺的工具,在编写 Java 程序时使用的 ant 工具与 make 工具的作用相似。

*3.6.1　引入 make 工具的原因

考虑由以下四个文件(pro1.c、pro2.c、lib.h、prog.c)组成的一个项目:

```
lib.h
void pro1(int);
void pro2(char *);

pro1.c
#include <stdio.h>
void pro1(int arg)
{
    printf(" hello: %d\n",arg) ;
}
```

```
pro2.c
#include <stdio.h>
void pro2(char *arg)
{
printf("您好：%s\n", arg) ;
}
prog.c
#include "lib.h"
int main()
{
    pro1(12345);
    pro2("Linux world");
    exit(0);
}
```

开发项目的一般方法是:首先创建一个单独的目录,在其中用 gedit 录入这四个程序的源文件:

```
$ mkdir  dir1
$ cd  dir1
$ gedit pro1.c  pro2.c  lib.h  prog.c
```

然后编译执行这些程序。编译方法有两种,一种方法是用多条 gcc 命令单独编译每个程序,最

后链接起来并执行:

```
$ gcc -c pro1.c -o pro1.o
$ gcc -c pro2.c -o pro2.o
$ gcc -c prog.c -o prog.o
$ gcc pro1.o pro2.o prog.o -o prog
$ ./prog
```

另一种方法是用一条命令同时完成四个程序源文件的编译以及整个程序的链接,然后执行:

```
$ gcc pro1.c pro2.c prog.c -o prog
$ ./prog
```

虽然可通过一条编译命令"gcc -o prog prog.c pro1.c pro2.c"将上述项目编译成可执行程序,但对于由数十、数百、数千个程序构成的软件系统项目,若每次对某个程序的源文件做细微修改后,都要将所有程序的源文件重新编译一次,命令输入将非常烦琐,编译过程也非常耗时。Linux的 make 工具可以管理多个文件模块,它提供了一种灵活机制来实施大型软件项目的管理,可以高效地管理程序的编译过程。make 机制依赖于 make 命令和 makefile 文件对项目的编译过程进行管理,makefile 文件描述程序源文件之间的相互依赖关系,make 命令根据 makefile 文件给出的规则,执行编译操作。当系统中的部分文件改变时,make 工具根据这些关系仅执行必要的编译操作。如果软件包括几十个程序的源文件和多个可执行文件,make 工具将特别有用。

makefile 主要由一系列规则构成,每条规则由"make 目标"和目标后的命令序列构成。makefile 规则有显式规则与隐式规则两种,makefile 文件还包括变量的定义、注释等。

*3.6.2 用 makefile 描述源文件间的依赖关系

考虑前面由 program.c、pro1.c、pro2.c、lib.h 四个源文件构成的项目,各源文件间的依赖关系可用图 3-7 所示的有向无环图(这里为更简单的树状结构)表示。

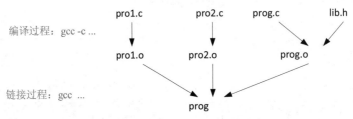

图 3-7 C 语言项目源文件间的依赖关系

从上述依赖关系图可知,如果只有 pro1.c 修改过,只需要重新编译 pro1.c,更新 pro1.o,再将所有.o 文件链接成可执行程序 program 即可,pro2.c 与 program.c 都不需要重新编译,因此编译效率会很高,尤其当一个项目包括成百上千个文件时,这种优势更明显;如果只有 pro2.c、program.c 或 lib.h 修改过,也只需要更新相应的.o 文件。实际上,修改图 3-7 中的某个文件后,只需要重新生成从该文件到最终目标(prog)路径的各个文件对象即可。

可用类似于邻接表的方法来表示项目的依赖关系:每个目标文件节点与其依赖关系节点间的关系用一条规则表示,由依赖关系行和命令行构成,依赖关系行的格式为"目标文件列表:依赖文件列表",其下是从依赖文件列表生成目标文件的命令序列。由于所有规则保存在 makefile 文件中,因此为了区分依赖关系行与命令行,规定依赖关系行从第一列开始写,命令行的第一个字符必须是

<TAB>键。这样每条规则的结构如下：

```
目标文件列表:依赖文件列表
<TAB>命令 1
<TAB>命令 2
```

描述这个四文件依赖关系的规则的 makefile 文件如下：

```
prog: pro1.o  pro2.o  prog.o
    gcc -o  prog  pro1.o  pro2.o  prog.o
pro1.o: pro1.c
    gcc -c  pro1.c  -o  pro1.o
pro2.o: pro2.c
    gcc -c  pro2.c  -o  pro2.o
prog.o: prog.c  lib.h
    gcc -c  prog.c  -o  prog.o
```

用 gedit 创建该 makefile 文件并放到当前目录下，输入命令 make target 以更新目标 target，它指示 make 工具根据 makefile 文件中的描述，对所有最近修改过的源文件到 target 路径的所有规则依次执行一次，重新生成目标，从而保证从源文件的叶节点到根节点的 target 路径上的所有规则中，目标文件的生成时间都比相应依赖文件的生成时间更新。省略了 target 的 make 命令，表示其 target 为第一条规则的目标。本例中的 make 等价于 make prog，由于此时 pro1.o、pro2.o、prog.o 都不存在，它驱动 make 工具执行这些目标文件的规则，生成这些目标文件，再执行 prog 规则，生成可执行文件 prog，然后再执行该文件：

```
$ make
gcc  -c  pro1.c  -o  pro1.o
gcc  -c  pro2.c  -o  pro2.o
gcc  -c  prog.c  -o  prog.o
gcc  -o  prog  pro1.o  pro2.o  prog.o
$ ./prog
```

这种处理顺序保证了与 prog 目标直接相关的规则(prog 规则)或间接相关的规则(pro1.o 规则、pro2.o 规则、prog.o 规则)，在依赖关系中目标文件的时间都比依赖文件的更新。接下来，仅对 prog.c 进行微小修改(或用 touch 命令更新 prog.c 的时间)，再次执行 make 以更新 prog，由于此时 prog1.o 规则、pro2.o 规则的目标文件都是更新的，因此不必执行这两条规则，make 工具只需要处理 prog.o 规则和 prog 规则。make 命令的执行结果如下：

```
$ touch prog.c
$ make
gcc  -c  prog.c  -o  prog.o
gcc  -o  prog  pro1.o  pro2.o  prog.o
```

第一次执行 make 或在执行 make clean 后执行 make，都会使依赖链上的所有规则依次执行，以生成目标文件。

*思考与练习题 3.15

(1) 若删除所有目标文件和可执行文件，命令 make prog.o 会导致哪些命令被执行？

(2) 对于图 3-7 中的 makefile 文件，若已生成 prog 可执行文件，但对 pro1.c 进行了细微修改，请写出输入 make prog 会导致命令按何种顺序执行。

*3.6.3　引入伪目标以增强 makefile 功能

在大型软件开发项目管理中，有时需要清除所有可执行文件和目标文件，以便对所有源文件重新完整编译一次。这时可通过增加一条 clean 规则来实现，比如上面示例中的 clean 规则可写成：

```
clean:
        rm  -f  *.o  prog
```

由于 clean 目标并不存在，因此每次执行 make clean 命令时，make 工具都会执行 clean 规则，执行 rm 命令，清除中间目标文件和可执行文件。但是，如果当前工作目录中碰巧存在文件 clean，情况就不一样了。同样输入 make clean，由于这条规则没有任何依赖文件，make 认为目标 clean 已经更新，而不去执行规则中定义的命令，因此命令 rm 将不会执行。make 工具通过引入伪目标.PHONY解决了该问题。基本方法是将 clean 规则改为如下形式：

```
.PHONY: clean
clean:
    rm  *.o  prog
```

这样，上述项目的 makefile 文件将被改为如下所示：

```
gcc  -c  pro1.c  -o  pro1.o
gcc  -c  pro2.c  -o  pro2.o
gcc  -c  prog.c  -o  prog.o
gcc  -o  prog  pro1.o  pro2.o  prog.o
.PHONY: clean
clean:
    rm  *.o  prog
```

下面测试 clean 规则的正确性：

```
$ make
 ……
$ make   clean
 rm  *.o  prog
```

*3.6.4　用变量优化 makefile 文件

makefile 文件中会有很多目标文件、源程序文件的名称，以及编译程序 gcc 的名称在多个地方重复出现，若有一处写错，都将导致出错，同时给文件更名带来不便。为此，可采用 makefile 变量解决这个问题。makefile 中的变量定义语法为：VARNAME=string。用户自定义变量名一般大写，变量值都是字符串，不需要指定类型，变量定义行顶格写，中间无分隔符 "："，以便与规则的依赖关系行区分。引用 VARNAME 变量值的方法是${VARNAME}，当 make 解释规则时，VARNAME会在等式右端展开为定义它的字符串。

前面的 makefile 文件可用变量方法重写为如下形式：

```
OBJS=pro1.o  pro2.o  prog.o
CC=gcc
prog: ${OBJS}
     ${CC}  -o  prog  ${OBJS}
pro1.o: pro1.c
```

```
        ${CC}  -c  pro1.c  -o  pro1.o
pro2.o: pro2.c
        ${CC}  -c  pro2.c  -o  pro2.o
prog.o: prog.c   lib.h
${CC}  -c  prog.c  -o  prog.o
.PHONY: clean
clean:
    rm  *.o  prog
```

在该 makefile 文件中，将目标文件名组成的字符串赋给变量 OBJS，将编译工具名称 gcc 赋给变量 CC。这样做的第一个好处是，第一条规则中，依赖关系行的右边部分与命令行部分的目标文件列表都改为较短的变量引用$(OBJS)，这样不容易写错。

第二个好处是，可方便更换不同的编译工具进行项目编译。比如，如果希望用 arm-linux-gcc 编译程序，以生成可在基于 ARM 处理器的嵌入式系统设备上运行的可执行程序 prog，只需要将变量定义行"CC=gcc"改为"CC=arm-linux-gcc"。甚至还可以不修改 makefile 文件，在 make 命令行中重定义变量 CC 即可，即像下面这样写 make 命令：

```
$ make   CC=arm-linux-gcc
arm-linux-gcc -c  pro1.c  -o  pro1.o
…
```

这样，make 工具就会优先用 make 命令中的变量赋值来处理 makefile 文件，生成用编译工具 arm-linux-gcc 生成的可执行程序。

◆ *思考与练习题 3.16

假设当前目录下有文件 a1.c、a2.c、a3.c，其中 a1.c 中包括 main 函数，其他文件中包括一些用户自定义函数，供 main 函数调用。创建符合要求的源代码文件，编写 makefile 文件以完成对这几个文件的编译工作，生成可执行文件 a。

3.6.5 用预定义变量和隐式规则简化 makefile 文件

make 工具还定义了很多预定义变量来表示一条规则的依赖关系行中已经出现过的名称，在规则的命令行部分只需要引用这些预定义变量，目标文件名仅出现一次，就可避免拼写错误。在 makefile 文件中可使用的预定义变量如表 3-11 所示。

表 3-11　预定义变量

变量名	变量含义
$@	表示规则中目标文件的名称
$<	依赖列表中的第一个文件名
$?	比目标文件更新的以空格分隔的依赖文件
$^	以空格分隔的所有依赖文件，重复的依赖文件会被合并
$*	在显式规则下，表示文件名称的主要部分(即不包括文件的扩展名)

利用预定义变量将上述示例中的 makefile 文件简化为如下形式:

```
OBJS=pro1.o  pro2.o  prog.o
CC=gcc
prog: ${OBJS}
       ${CC}  -o  $@  $^
pro1.o:  pro1.c
     ${CC}  -c  $<  -o  $@
pro2.o:  pro2.c
     ${CC}  -c  $<  -o  $@
prog.o: prog.c  lib.h
       ${CC}  -c  $<  -o  $@
.PHONY: clean
clean:
    rm  *.o  prog
```

下面进行测试:

```
$ make   clean
$ make
$ ./prog
```

使用 make 生成目标文件 xxx.o 时,它知道程序的源文件一般为 xxx.c、xxx.C 或 xxx.s,所以它知道首先查找以.c、.C 或.s 为后缀的文件,然后调用 gcc -c xxx.c -o xxx.o 以生成目标文件 xxx.o。它还知道目标文件名通常和源文件名相同,只是后缀不一样,这种功能称为标准依赖性。所以, prog.o: prog.c lib.h 这样的语句可以简写成 prog.o: lib.h,同时还可把生成 prog.o 的命令从规则中删除。pro1.o: pro1.c 的规则与命令可以简单地删去或省略,称为隐式规则;不能省略的其他规则称为显式规则。make 将自动查找与它相关的隐式规则,产生适当的命令以生成目标文件。因此,上述 makefile 文件的内容可根据后缀规则简写成:

```
OBJS=pro1.o  pro2.o  prog.o
CC=gcc
prog: ${OBJS}
    ${CC}  -o  $@  $^
prog.o:  lib.h
.PHONY: clean
clean:
    rm  *.o  prog
```

现在用以下命令进行测试:

```
$ make   clean
......
$ make
......
$ ./prog
```

3.7 本章小结

本章首先介绍和演示了 gcc 开发套件和 gcc 命令的基本使用方法,将应用程序的编译过程分解成预处理、编译、汇编、链接四个阶段,从而帮助学生理解可执行程序的生成过程,以及在每个阶段对用户程序做了哪些转换。

　　与 Visual C++等图形化集成开发环境(IDE)相比，用 gcc 开发应用程序时，错误的诊断和排除更加困难，但这是 C/C++程序员或计算机专业人员必备的能力。我们通过对本课程实验中遇到的主要问题进行汇总，给出了常见编译错误的诊断对照表格，引入了检查程序状态正确性的断言方法，并推荐有助于及时发现和报告系统调用函数执行失败的包装方法，还描述了采用 gdb 诊断运行错误的过程。

　　本章重点介绍了 Linux 系统自带的常用函数库，如字符串处理函数、数学函数、数据结构函数，并给出了若干示例，为我们编写应用程序提供了极大便利。还介绍了用于大型软件项目管理的 make 工具，实际上 Visual C++、Eclipse、Android 开发环境都借鉴了使用 make 工具管理项目文件的方法。了解 make 工具的工作原理和编写方法对一般的计算机专业人员来说有两方面的意义：一是当项目组开发较大软件项目时，可能需要自己编写 makefile 文件以进行项目管理；二是学习、使用和移植很多开源软件时，有时要求理解它们的 makefile 文件。

■ 课后作业

思考与练习题 3.17　阅读以下 C 程序，写出输出结果。

```
#include <stdio.h>
#include <stdlib.h>
int main(int argc, char *argv[])
{
    int i;
printf("argc=%d \n",argc);
for(i=argc-1; i>=1; i--)
printf("argv[%d]= %s \n",i,argv[i]);
    printf("PHONE =%s", getenv("PHONE"));
}
$ gcc  test2.c  -o  test2
$ export   PHONE=10086
$ ./test2  param1  praram2  "complex param"
```

*思考与练习题 3.18　阐述静态链接库和动态链接库之间的异同点。

*思考与练习题 3.19　假设 DynamicShareLibTest.c 调用了 StringCat.c、StringPrint.c 中的函数。请写出相应的指令：

　　(1) 把文件 StringCat.c 和 StringPrint.c 编译为动态库 libDynamicShared.so，放在当前目录下。

　　(2) 使用 libDynamicShared.so 编译 DynamicShareLibTest.c。

思考与练习题 3.20　编写一个名为 myecho 的程序，打印出它的命令行参数和环境变量。例如：

```
$ ./myecho arg1   arg2
Command line arguments:
argv[0]: myecho
argv[1]: arg1
argv[2]: arg2
envp[0]: PWD=/usr/bin:/usr/sbin:...
envp[1]: TERM=/emacs
.....
```

✍ *思考与练习题 3.21　阐述 make 命令工具如何确定哪些文件需要重新生成，而哪些不需要重新生成。

✍ *思考与练习题 3.22　假设有一个项目的文件依赖关系如图 3-8 所示，现在要生成 menu 主模块，请为该项目编写相应的 makefile 文件，要求：

(1) 输入命令 make 可生成可执行程序 menu，并复制到/usr/bin 目录下；

(2) 输入命令"make <模块名>"可对各个目标模块独立编译；

(3) 输入命令 make clean 可删除后缀为.o 的目标文件。

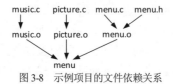

图 3-8　示例项目的文件依赖关系

✍ *思考与练习题 3.23　采用隐式规则重写上述 makefile 文件。

✍ 思考与练习题 3.24　程序调试：有 n(小于 10 个)个互不相同的整数，删除其中指定的整数。要求定义查找函数 find(int *x, int n, int a)、删除函数 delete(int *x, int n, int m)和输出函数 print(int *x, int n)。函数 find 的功能是查找指定整数的位置。函数 delete 的功能是删除指定位置的整数。函数 print 的功能是输出删除后的结果。错误的源程序如下：

```c
#include <stdio.h>
void main()
{
    int i, x, n, a[n], *p;
    printf("输入数组元素的个数 n (0<n<10): ");
    scanf("%d", &n);
    printf("输入数组%d 个元素: ", n);
    for(p=a, i=0; i<n; i++)scanf("%d", &p++);
    printf("输入待删除的整数 x: ");
    scanf("%d", &x);
    i=find(a,n,x);/* 调试时设置断点 */
    if(i==n)printf("没有找到需要删除的整数!");
    else{
        printf("找到要删除的整数%d，删除后的结果为: \n",x);
        n=del(a,n,i); /* 调试时设置断点 */
        print(a,n);
    }
    printf("\n");
}
int find(int *x,int n,int a) /* 查找函数 */
{
    int i;
    for(i = 0; i < n; i++)
    if(*x++!=a)break;
    return i; /* 调试时设置断点 */
}
int del(int *x, int n, int m) /* 删除函数 */
{
    int i;
```

```
    for(i=m;i<n;i++)x[i]=x[i+1];
    return n-1; /* 调试时设置断点 */
}
void print(int *x, int n) /* 输出函数 */
{
    int i;
    for(i=0;i<n;i++)printf("%5d",*x++);
    printf("\n");
}
```

改正后，程序的运行结果为：

(1)

输入数组元素的个数 n　(0<n<10)：6
输入数组%d 个元素：1 2 3 4 5 6
输入待删除的整数 x：4
找到要删除的整数 4，删除后的结果为：
1　2　3　5　6

(2)

输入数组元素的个数 n　(0<n<10)：6
输入数组%d 个元素：1 2 3 4 5 6
输入待删除的整数 x：8
　　没有找到需要删除的整数!

要求用 GDB 或 DDD 对程序进行调试排错，给出正确的程序清单、运行界面与运行结果截图。

思考与练习题 3.25　调用字符串处理库函数，编写程序 parser.c，从一个 Linux 命令字符串中，提取各个命令行参数，以每行一个参数的形式显示出来，命令行参数之间可用一个或多个空格分隔。例如，若输入的命令字符串是"ls -l -a   abc*"，则程序输出应该是：

```
ls
-l
-a
abc*
```

*思考与练习题 3.26　调用字符串处理库函数，修改上一题中的 parser.c，支持命令行中用引号给出且其中包括空格的参数，如 echo "hello world"，输出应为：

```
echo
hello world
```

思考与练习题 3.27　编程练习题：假设有一个字符数组 char num[10][]= {"hello", "world", "we","dgut", "university","abc","china","Dongguan","Guangdong","Songshanhu","computer"}。

(1) 编写一个程序，调用 Linux 系统的 qsort 库函数，对数组 num 进行排序后，按顺序输出各字符串元素的值。

(2) 编写一个程序，调用 Linux 二叉树操作函数，用数组 num 按字典顺序建立二叉树，按中序遍历顺序输出各字符串元素的值，运行程序以验证其正确性。

第 4 章

输入/输出与文件系统

文件系统是操作系统中负责存储和管理信息的模块，它以一致的方式管理用户和系统信息的存储、检索、更新、共享和保护，并为用户提供一整套方便有效的文件使用和操作方法。对计算机类专业的学生来说，学习文件系统的基本工作原理，掌握文件和 I/O 编程，对未来开发出效率高、可靠性强的软件能带来帮助，同时也是理解计算机系统工作原理，未来从事相关研究与应用优化的基础。本章主要介绍文件系统层次结构、系统 I/O、内核文件 I/O 数据结构、文件组织、文件物理结构等内容。

本章学习目标：

- 了解文件系统层次结构和文件 I/O 库之间的关系、应用场景、性能比较
- 掌握使用系统级 I/O 函数进行文件 I/O、文件元数据读取的基本编程方法，能根据应用场景选择 I/O 库
- 掌握内核文件 I/O 数据结构的用途与文件打开过程，理解文件描述符的含义、文件共享的原理以及 I/O 重定向的原理
- 了解文件组织和文件物理结构，能进行优劣对比分析，掌握提高文件搜索效率的基本方法

4.1 文件系统层次结构

4.1.1 文件系统层次结构简介

一般来说，我们要处理的数据信息都存在于文件中，处理结果也保存于文件中，而文件数据保存在外存中。磁盘是最常见的外存，它属于存储设备，用户不能像操作内存数据结构一样读写磁盘。磁盘有两个特点：一是磁盘属于外部设备，外设编程难度极大；二是内存与磁盘之间只能以数据块而非字节为单位来传递数据，数据块大小通常为磁盘块大小，通常为 512 B~4 KB。实际上，文件的读写过程非常复杂。

为实现对磁盘的高效便捷操作，操作系统通过文件系统模块来存储、定位、提取数据。为应对系统复杂性，通常将文件系统设计成多层结构，如图 4-1 所示。每层都利用较低层的功能创建新的功能来为更高层服务。

I/O 控制(I/O control)为最底层，由设备驱动程序和中断处理程序组成，实现内存与磁盘之间的信息传输。设备驱动程序作为翻译器，将上层给出的命令，翻译成底层硬件能执行的动作或指令，

实现数据的读写，如"retrieve block 123"表示上层需要读取 123 号磁盘块的内容。

基本文件系统(basic file system)向合适的设备驱动程序发送对磁盘上的物理块进行读写的命令。磁盘块的地址可用一个四元组表示，如(驱动器 1，柱面(cylinder)73，磁道(track)3，扇区(sector)10)。

文件组织模块(file-organization module)涉及文件系统结构、文件格式和文件位置，将逻辑地址或逻辑块号转换成基本文件系统所用的物理地址(磁盘块号或称盘块号)。每个文件的逻辑块按从 0 或 1 到 N 的顺序编号，一般逻辑块号与物理块号是不同的，因此需要通过翻译来定位盘块号。文件组织模块也包括空闲空间管理器，用来跟踪未分配的盘块并分配给文件使用。

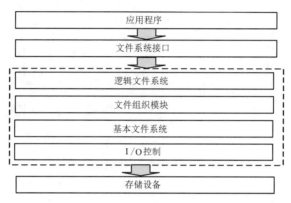

图 4-1 Linux 文件管理系统的结构

最后，逻辑文件系统(logic file system)管理元数据。元数据包括文件系统的结构数据，而不包括实际数据(或文件内容)。逻辑文件系统根据给定的文件名来管理目录结构，使用文件控制块(File Control Block，FCB)来维护文件结构。文件控制块包含文件的信息，如所有者、权限、文件内容的位置。逻辑文件系统也负责信息的保护和安全。

文件系统接口是用户或应用程序操作文件的方法和手段，通常有两种类型的接口：一类是命令接口，使用户可通过终端命令来操作文件，如 mkdir、cp、mv、cat；另一类是程序接口，支持应用程序操作文件，如创建文件的系统调用 create、打开文件的系统调用 open。Linux 环境下的文件系统编程接口又称文件系统调用或 UNIX I/O，主要包括 open、close、lseek、read、write 等系统调用函数，本章稍后将重点介绍。

4.1.2 文件 I/O 库函数

由于 UNIX I/O 提供的 API 函数不够丰富，在某些场景下直接用 UNIX I/O 库函数编程，显得不够方便、灵活。因此，人们基于 UNIX I/O 设计了多套可方便编程、使 I/O 操作高效执行的 I/O 库。本节介绍两个这样的 I/O 库：标准 I/O 库和 RIO 库。

标准 I/O 库是 C 语言规范 ANSI C 支持的文件操作函数 I/O 库。它将一个打开的文件模型化为一个流，流是一个指向 FILE 类型的结构的指针。每个程序开始时都有三个打开流：stdin、stdout 和 stderr，分别对应标准输入、标准输出和标准错误输出：

```
#include <stdio.h>
extern FILE *stdin;      /* 标准输入，对应描述符 0 */
extern FILE *stdout;     /* 标准输出，对应描述符 1 */
extern FILE *stderr;     /* 标准错误输出，对应描述符 2 */
```

标准 I/O 库包括打开和关闭文件的函数(fopen 和 fclose)、读写数据块的函数(fread 和 fwrite)、读写字符串的函数(fgets 和 fputs),以及格式化 I/O 函数(scanf 和 printf),使用用户级缓冲区,读写效率会更高。一般支持 C 语言的环境都支持标准 I/O 库,包括 Linux C 和 Windows C 环境。

RIO 库由 Randy Bryant 设计,旨在弥补系统 I/O 在读取文本行和处理不足值时存在的缺陷。RIO 库在用户态设置缓冲区,自动处理 read/write 函数的不足值,支持以文本行为单位读取数据,这给网络应用编程开发带来了极大的便利。

图 4-2 给出了三类函数库之间的关系。

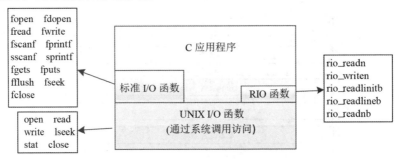

图 4-2　UNIX I/O、标准 I/O 和 RIO 之间的关系

4.2　系统 I/O 概念与文件操作编程

4.2.1　UNIX I/O

一个 UNIX 文件就是一个包含 m 字节的序列:

$$B_0, B_1, …, B_k,…, B_{m-1}$$

所有的 I/O 设备,如网络、磁盘和终端,都被模型化为文件,而所有的输入和输出都被当作对相应文件的读写来执行。这种将设备优雅地映射为文件的方式,允许 UNIX 内核引出一个简单、低级的 I/O 操作应用接口,称为 UNIX I/O,又称系统 I/O。它以一致的方式来执行所有的输入和输出,UNIX I/O 包括以下几个系统调用函数。

- 文件打开函数(open)。应用程序通过调用 open 函数要求内核打开相应的文件,宣告想要访问 I/O 设备或文件。内核返回一个称为文件描述符的非负整数,用于在后续读写操作中标识这个文件。内核记录有关这个打开文件的所有信息,应用程序只需要记住这个文件描述符。每个进程开始时都有三个打开的文件:标准输入(文件描述符为 0)、标准输出(文件描述符为 1)和标准错误输出(文件描述符为 2)。头文件<unistd.h>定义了三个宏:STDIN_FILENO、STDOUT_FILENO 和 STDERR_FILENO,分别用来代替文件描述符的值 0、1、2。

- 改变当前的文件位置函数(lseek)。每个打开文件都保持着一个读写位置,其值 k 是距离文件起始位置的字节偏移量,新打开文件的读写位置为 0,随读写操作移动,也可通过调用函数 lseek 移到任何位置。

- 文件读写函数(read/write)。读操作就是从文件当前读写位置 k 传递 n(n>0)字节到内存,文件读写指针向前移动 n 字节,增加到 k+n。给定一个大小为 m 字节的文件,当 k≥m 时,执行读操作会触发一个称为 EOF(End Of File)的条件，应用程序可通过检测这个条件来判断是否到达文件末尾，但在文件结尾并没有明确的 "EOF" 符号。

- 文件关闭函数(close)。当应用程序完成对文件的访问后，它就通知内核关闭这个文件。作为响应，内核会释放文件打开时创建的数据结构，并将这个文件描述符恢复到可用的描述符池中。无论一个进程因为何种原因终止，内核都会关闭所有打开的文件并释放它们的存储器资源。

UNIX I/O 对文本文件和二进制文件的读写没有任何区别，因为它在实际读写数据时，不考虑数据内容，每次在内存和文件之间仅传送指定数量的字节。

4.2.2　文件打开和关闭函数

1. 文件打开函数

进程通过调用 open 函数打开一个已存在的文件或者创建一个新的文件，如下所示：

```
#include <sys/types.h>
#include<sys/stat.h>
#include <fcntl.h>
int fd=open(char* filename, int flags, mode_t mode);
```

open 函数将 filename 转换为一个文件描述符，并且返回具体的值。返回的文件描述符总是进程中当前可用的最小空闲描述符。C 程序在执行任何读写操作前都需要先执行 open 函数以打开文件，后面的义件读写操作都用返回的文件描述符来指明要操作的文件。

对主要参数的说明如下。

1) flags

flags 参数指明进程打算如何访问这个文件，它必须包括以下标志之一。

- O_RDONLY：只读。
- O_WRONLY：只写，如果文件非空，写入内容以替换要写入位置的数据。
- O_RDWR：可读可写，如果文件非空，写入内容以替换要写入位置的数据。

例如，下面的代码说明了如何以只读方式打开一个已存在的文件：

```
fd=open("foo.txt", O_RDDNLY, 0);
```

如果打开方式包括写操作，flags 参数还可以通过 "按位或" 操作增加以下标志中的一个或多个，为写操作提供一些额外指示。

- O_CREAT：如果文件不存在，就创建一个新的文件。
- O_TRUNC：如果文件已存在，就截断它。
- O_APPEND：以添加方式打开文件，在每次写操作前，将文件读写指针设置在文件的结尾处。

例如，下面的代码以添加方式打开一个已存在的文件 foo.txt，写入内容以添加到已有数据之后：

```
fd = open("foo.txt" , O_WRONLY|O_APPEND , 0);
```

而下面的代码则以截断方式打开文件 foo.txt，若文件中存在内容，则覆盖之：

```
fd = open("foo.txt" , O_WRONLY|O_TRUNC , 0);
```

2) mode

调用 open 函数打开已存在的文件时，参数 mode 一般设置为 0。若打开一个不存在的文件，open 函数就会创建一个新的文件，这时需要通过 mode 参数指定新文件的访问权限位，否则文件访问权限为全 0。mode 参数的值可以是一个 3 位的八进制数值，也可由表 4-1 所示的符号按位或而成。

表 4-1 访问权限位，在 linux/stat.h 中定义

权限	rwx 表示	八进制表示	描述
S_IRUSR	r-- --- ---	0400	表示文件所有者拥有读权限
S_IWUSR	-w- --- ---	0200	表示文件所有者拥有写权限
S_IXUSR	--x --- ---	0100	表示文件所有者拥有执行权限
S_IRGRP	--- r-- ---	0040	表示同组用户拥有读权限
S_IWGRP	--- -w- ---	0020	表示同组用户拥有写权限
S_IXGRP	--- --x ---	0010	表示同组用户拥有执行权限
S_IROTH	--- --- r--	0004	表示其他用户拥有读权限
S_IWOTH	--- --- -w-	0002	表示其他用户拥有写权限
S_IXOTH	--- --- --x	0001	表示其他用户拥有执行权限

而新建文件的权限，还受新建文件权限掩码 umask 的影响。

umask 变量中为 1 的位是不允许新建文件拥有的权限位，因此使用带 mode 参数的 open 函数调用创建新文件时，应从 mode 参数指定的权限位中去除 umask 中的权限位，文件的实际访问权限位被设置为 mode & ~umask。很多 Linux 系统中，将 umask 的默认值设置为八进制数 0022(以 0 开始的数为八进制数)，表示同组用户和其他用户都没有写操作，这样可以保护用户创建的文件免遭他人有意或无意修改、删除。

假设 umask=S_IWGRP|S_IWOTH，mode=S_IRUSR|S_IWUSR|S_IRGRP|S_IWGRP|S_IROTH|S_IWOTH，计算新建文件的访问权限 perm。

解答：根据表 4-1，umask=S_IWGRP|S_IWOTH 就是 umask=0022，二进制表示为 000 010 010b；
mode= S_IRUSR|S_IWUSR| S_IRGRP|S_IWGRP|S_IROTH |S_IWOTH，就是 mode=0666，二进制表示为 110 110 110b。
新文件的实际访问权限为 mode 与 umask 的反码 111 101 101 做"按位与"运算的结果：

$$
\begin{array}{r}
110\ 110\ 110 \\
\&\ 111\ 101\ 101 \\
\hline
perm\ =\ 110\ 100\ 100
\end{array}
$$

运算结果相当于从 mode 中去除掩码 umask 指定的权限位，也就是新文件权限位 rw-r--r--，即 perm= S_IRUSR|S_IWUSR|S_IRGRP|S_IROTH，这是从 mode 的权限标志 rw-rw-rw-中减去 umask 对应标志--- -w- -w-后得到的结果。

掩码 umask 可通过命令 umask 查看，用带-p 选项的 umask 命令进行修改：

```
$ umask
0022
```

```
$umask  -p  0066
$ umask
   0066
```

也可在程序中用下面的系统函数进行修改：

```
#include <sys/types.h>
#include <sys/stat.h>
mode_t umask(mode_t mask);
```

其中，参数 mask 是新的掩码，返回值是修改前的掩码。

📖 **思考与练习题 4.1**　已知 mode 和 umask 的值，在表 4-2 中填写 open 函数执行后新文件的实际权限。

表 4-2　权限表

mode	umask	实际权限
0777	0022	
0666	0077	
S_IRUSR|S_IWUSR|S_IRGRP|S_IWGRP| S_IROTH	S_IWGRP|S_IWOTH	

下面是一个带 mode 参数的文件创建示例：

```
#define DEF_MDDE S_IRUSR|S_IWUSR| S_IRGRP|S_IWGRP|S_IROTHI S_IWOTH
fd = open("foo.txt" , O_CREAT|O_TRUNC|O_WRONLY, DEF_MDDE);
```

注意：

(1) 在 Linux 系统中，mode 参数为 0 时，open 函数调用可省略该参数，而简写成"int fd=open(char* filename, int flags); "。

(2) 带 mode 参数的 open 函数调用也可写成 creat 函数，语义更加直观，如"int fd=creat(char *filename,mode_t mode); "。

📖 **思考与练习题 4.2**　根据应用场景，写出正确的 open 函数调用(填写表 4-3)。若创建新文件，则新文件的权限为 rw-r--r--(umask=0002)。

表 4-3　写出对应的 open 函数调用

应用场景	open 函数调用
(1) 某程序需要将操作日志写入日志文件"1.log"。若 1.log 不存在，则创建之；若存在，将日志信息追加到已有信息之后	
(2) 某程序需要将运行结果写入文件"file.out"。若 file.out 原来就有数据，则覆盖之；若原来不存在，则创建之	
(3) 某个编辑程序要打开一个 C 语言程序 p1.c 进行编辑，若 p1.c 不存在，则创建之	

2. 文件关闭函数

文件操作完毕后，应调用 close 函数关闭它，close 函数要求传入打开文件的文件描述符。

```
#include <unistd.h>
int close(int fd);
```

返回值：若成功，则为 0；若出错，为-1。

4.2.3 文件读写编程与读写性能改进方法

应用程序分别调用 read 和 write 函数来执行输入和输出。

```
#include <unistd.h>
ssize_t read(int fd , void *buf , size_t n);
```

返回值：若成功，则为读出的字节数；若遇到 EOF，则为 0；若出错，为﹣1。

```
ssize_t write(int fd , const void *buf, size_t n);
```

返回值：若成功，则为写入的字节数；若出错，为﹣1。

read 函数从文件 fd 的当前读写位置复制最多 n 字节的数据到存储器位置 buf，返回值﹣1 表示出错，而返回值 0 表示 EOF，否则，返回值表示的是实际传送的字节数量。read 函数有一个输入参数类型 size_t 和一个返回值类型 ssize_t。二者有些区别，size_t 实际定义为 unsigned int，而 ssize_t 实际定义为 int，因为 read 函数的返回值可能是﹣1，是有符号整数类型，而写入数据或读出数据的指定长度必须是非零整数。

write 函数从缓冲区 buf 复制最多 n 字节的数据到文件 fd 的当前读写位置，并移动文件指针到写入内容之后，如果读写指针在文件中间，写入内容将覆盖原有内容。

如果我们把 write/read 函数的缓冲区指针 buf 看成内存地址，read、write 函数调用的执行效果可用图 4-3 表示。write 函数就是把内存块 buf 的数据传送到文件的某个位置 pos，read 函数把文件读写位置 pos 处的数据传送到内存块 buf 中，二者都需要将文件读写指针向前移动 n 字节。

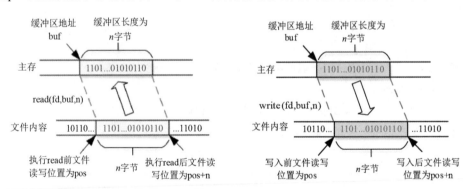

图 4-3 read/write 函数调用结果

示例程序 testrdwr.c 展示了如何将信息写入非空文件，其中输入文件 infile 的内容是 "abcdefghijklmnopqrstuvwxyz"。testrdwr.c 文件的源代码如下：

```
/* testrdwr.c 代码  */
1    #include "wrapper.h"
2    int main()
3    {    int fd;
4         char buf[100];
5         fd=open("infile",O_RDWR,0);
6         write(fd,"1234",4);
7         read(fd,buf,4);
```

```
8        buf[4]=0;              /* 给从文件读回的文本数据添加串结束符 */
9        printf("%s\n",buf);
10       close(fd);
11   }
```

```
$ gcc  -o  testrdwr  testrdwr.c  -L.  -lwrapper
$ ./testrdwr
efgh
$ cat  infile
1234efghijklmnopqrstuvwxyz
```

该程序的第 5 行用 O_RDWR 标志调用 open 函数，以读写方式打开已有文件 infile，读写指针位于文件起始位置，其值为 0，第 6 行调用 write 函数写入数据，写入内容"1234"覆盖了文件 infile 的前 4 个字符，文件读写指针也向前移动 4 字节，第 7 行调用 read 函数读入接下来的 4 个字符"efgh"，图 4-4 展示了执行情况。

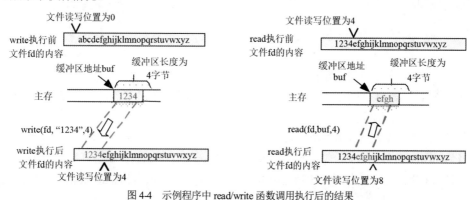

图 4-4　示例程序中 read/write 函数调用执行后的结果

虽然在此 infile 是一个文本文件，但若它是一个二进制文件，读写方法也一样。不过，为了使显示结果可读，一般会显示每字节的十六进制数值。

思考与练习题 4.3 阅读下列程序代码：

```
#include <stdio.h>
#include <sys/stat.h>
#include <fcntl.h>
int main()
{
    int fd;
    char buf[100];
    fd=open("data",O_RDWR);
    read(fd,buf,4);
    buf[4]='\0';           /* 给从文件读回的文本数据添加串结束符 */
    write(fd,"1234",4);
    printf("%s\n",buf);
    close(fd);
}
```

假定文件 data 的内容为"abcdefghijklmnopqrstuvwxyz"，请回答：

(1) 该程序的输出结果是什么？

(2) 执行该程序后，文件 data 的内容是什么？

　　若要写入信息的文件不存在,则调用 open 函数打开文件时,应添加 O_CREAT、O_TRUNC 等标志,指示 open 函数创建该文件。下面的 fcopy1.c 是一个二进制文件复制程序,演示了如何创建并将信息写入新文件,源代码如下:

```
/*   fcopy1.c 程序的源代码  */
1      #include "wrapper.h"
2      int main()
3      {
4          char   c;
5          int in , out;
6          in = open("file.in" , O_RDONLY, 0);
7          out = open("file.out", O_WRONLY|O_CREAT|O_TRUNC,0666 );
8          while(read(in,&c , 1) == 1)
9              write(out , &c , 1 ) ;
10         close(in);
11         close(out);
12         exit (0) ;
13     }
```

　　该程序的第 7 行在打开文件 file.out 时使用了三个标志 O_WRONLY、O_CREAT、O_TRUNC,其中 O_WRONLY 表示以只写方式打开文件,O_CREAT 表示文件不存在时就创建它,O_TRUNC 表示文件原来存在时就清除其内容。

　　第 8 行在循环条件表达式中调用 read 函数,从文件 file.in 读入 1 字节,如果还有未读数据,返回值应为 1,while 条件为 true,第 9 行将读入字节 c 写入文件 file.out。如果第 8 行的 read 函数调用已到达文件末尾,返回值为 EOF(即数值 0),while 条件为 false,表明 file.in 的全部数据已写入 file.out。

　　需要注意的是,该程序将变量 c 用作数据读写缓冲区,因此取其地址&c 作为第 8 行 read 调用和第 9 行 write 调用的第二个参数。又由于变量 c 只能存放 1 字节的数据,因此 read/write 函数调用的第三个参数都是 1,表示每次最多读写 1 字节的数据。

　　接下来先用 gcc 命令编译 fcopy1.c,生成可执行程序 fcopy1;用 dd 命令以块复制方式从设备文件/dev/zero 读入数据,创建所有字节都初始化为 0 的二进制数据文件 file.in,每次复制一块,块大小为 bs=1024 B,块数为 count=2048,输入数据文件大小为 2 MB;然后执行 fcopy1。

```
$ gcc  -o  fcopy1  fcopy1.c  -L.  -lwrapper
$ dd  if=/dev/zero of=file.in   bs=1024   count=2048
$ ls  -l  file.in
-rw-rw-r-- 1 can can 2097152 Mar 28 02:58 file.in
$ ./fcopy1
```

　　二进制文件的内容无法用 more、cat 等命令查看,用 od 命令显示其字节值又不方便,所以我们用 diff(difference)命令检查源文件 file.in、目的文件 file.out 的内容是否完全相同,进而检验 fcopy1 是否正确执行。

```
$ diff  file.in  file.out
```

　　该命令无任何输出,表明程序执行正确,file.out 就是 file.in 的副本。

最后，还需要检查新文件 file.out 的权限是否设置正确。先查看 umask 值：

```
$ umask
0022
```

由于 open 函数调用的参数为 mode=0666，因此新建文件 file.out 的权限应该是 perm=mode & ~umask=0666 & ~0022=0644。可使用 ls -l 命令查看 file.out 的权限：

```
$ ls  -l  file.out
-rw-r--r-- 1 can can 2097152 Mar 28 02:59 file.out
```

可以看到，权限确实是 0644。

用 fcopy1 程序复制一个 2 MB 的文件按理说应该很快，可以瞬间完成，但在此明显感觉实际执行速度偏慢。现在用 time 命令执行 "./fcopy1"，以测量程序的执行时间：

```
$ time ./fcopy1
real   0m9.27s
user   0m0.98s
sys    0m7.77s
```

在测量结果中，user 表示在用户态运行花了 0.98s，sys 表示在核心态运行花了 7.77s，real 表示实际耗时 9.27s。

下面分析程序 fcopy1 执行速度慢的原因。虽然计算机读写 1 字节的速度非常快，但 I/O 函数调用需要将程序控制从用户程序切换到系统内核，再切换回来，每次 read/write 调用需要执行成百上千条指令。在 fcopy1.c 中，每复制一个字符都需要调用一次 read 函数和一次 write 函数，共需要执行 1024×2048 次 read 和 write 函数调用，数据复制效率低应该是程序耗时的原因。要提高程序执行效率，应大幅减少 read/write 调用次数。

现在通过每次复制一个数据块来进行优化，改进后的程序为 fcopy2.c，它每次复制长度为 1 KB 的数据块，源代码如下：

```
/* fcopy2.c 的源代码 */
1    #include "wrapper.h"
2    int main()
3    {
4      char block[1024];
5      int in , out;
6      int nread;
7      in = open("file.in" , O_RDONLY,0);
8      out = open( "file.out", O_WRONLY|O_CREAT|O_TRUNC,0666 );
9      while((nread =read(in, block, sizeof(block))) >0)
10     write(out , block , nread) ;
11     close(in);
12     close(out);
13     exit (0) ;
14   }
```

首先删除旧的输出文件，然后以测时方式运行这个程序，用 FORMAT 参数以不同格式显示执行时间：

```
$ rm  file.out
```

```
$ FORMAT="" time ./fcopy2
0.00user 0.01system 0:00.01elapsed 80%CPU (0avgtext+0avgdata 956maxresident)k
0inputs+4096outputs (0major+54minor)pagefaults 0swaps
$ ls file.*
-rw-rw-r-- 1 can can 2097152 Mar 28 03:08 file.in
-rw-rw-r-- 1 can can 2097152 Mar 28 03:11 file.out
```

可以看到，改进后的程序只花了 0.01s 时间就完成了 2 MB 文件的复制，因为这一次只需要大约 2048 次 read 和 write 函数调用，而优化前需要执行 1024×2048 次函数调用。测试结果表明：与基本的运算操作相比，I/O 函数开销很大，减少 I/O 函数的调用次数有时会使运行速度加倍甚至呈数量级增长。

把输入文件 file.in 加大十倍，变成 20 MB，再次执行复制程序：

```
$ dd if=/dev/zero of=file.in bs=1024 count=20480
$ TIMEFORMAT="" time ./fcopy2
0.00user 0.11system 0:00.12elapsed 90%CPU (0avgtext+0avgdata 912maxresident)k
0inputs+40960outputs (0major+55minor)pagefaults 0swaps
```

运行用时仅 0.12s。

因此，一次 write 或 read 函数调用传输的字节数不宜太少，否则会严重影响文件读写速度，一般安排每次读写几 KB 就可使文件读写获得高性能。但每次读写的字节数也不要太大，否则会带来较大的内存开销。

4.2.4 文件定位与文件内容随机读取

lseek 系统调用函数用于调整文件读写指针的位置，设置文件的下一个读写位置，读写指针既可设置为文件中的某个绝对位置，也可设置为相对于当前位置或文件末尾的某个位置。

```
#include <unistd.h>
#include <sys/types.h>
off_set  lseek(int fd, off_t offset , int whence);
```
返回值：成功时，返回调整后的读写位置；失败时，返回 -1。

其中，offset 参数用来指定位置，whence 参数用来定义偏移量的设置方式，whence 可取下列值之一。

- SEEK_SET：从文件起始位置移动，结果读写指针位置为 offset。
- SEEK_CUR：从当前位置移动，结果为当前读写指针值+offset。
- SEEK_END：从文件末尾移动，结果为文件长度+offset。

若位置计算结果小于 0，则 lseek 执行失败，读写指针不移动，函数返回值为 -1；若位置计算结果超过文件长度，则对文件大小按指针值进行扩展。

正确执行时，lseek 返回从文件头到文件指针被设置处的字节偏移值，失败时返回 -1。参数 offset 的类型是一种与具体实现有关的整数类型，定义在头文件 sys/types.h 中。

比如，假设当前读写指针位置为 50，文件长度为 100 字节，执行 "lseek(fd,20, SEEK_CUR)" 后，指针位置为 70。

思考与练习题 4.4 假定当前读写指针位置为第 50 字节，文件长度为 100，计算执行表 4-4 中操作后的指针值。

表 4-4　计算指针位置

定位前指针位置	定位操作	定位后的指针位置
50	lseek(fd,20,SEEK_SET);	
50	lseek(fd,-20,SEEK_SET);	
50	lseek(fd,-20,SEEK_CUR);	
50	lseek(fd,20,SEEK_END);	
50	lseek(fd,120,SEEK_END);	
50	lseek(fd,-120,SEEK_CUR);	

通过调用 lseek 函数，一个 C 程序可随时从文件指定位置读写数据。testseek.c 是一个编程实例，它从文件 infile 中读出字节 10~字节 14 的五个字符，并显示出来，同时将这五个字符替换成字符串 "12345"。

```
/*  testseek.c 程序的源代码  */
1    #include "wrapper.h"
2    int main()
3    {
4       chars1[6], s2[6];
5       int    fd;
6       fd = open("infile" , O_RDWR, 0);
7       lseek(fd,10, SEEK_SET);
8       read(fd, s1 , 5);
9       s1[5]='\0';
10      printf("读出的内容是：%s\n",s1);
11
12      strcpy(s2, "12345");
13      lseek(fd,-5, SEEK_CUR);
14      write(fd , s2 , 5 );
15      Close(fd);
16      exit(0) ;
17   }
```

第 7 行的 lseek 调用将文件指针设置为 10，第 8 行的 read 函数从当前位置读取 5 字节，第 13 行将文件指针往回移动 5 字节，回到位置 10，再从缓冲区 s2 写 5 字节到文件。

阅读该程序需要注意两点：①在该程序中，s1 和 s2 都是字符数组，数组名就是指向数组第一个元素所在内存单元的指针，所以 read 和 write 函数分别直接用字符数组名 s1、s2 作为内存缓冲区；②虽然字符数组 s1 仅从文件 infile 接收 5 字节，但第 4 行将该数组定义为 6 个元素长，因为第 9 行需要给读入的数据增加一个串结束符'\0'，以便第 10 行能正确显示读入的字符。

编译并执行程序：

```
$ cat  infile
ABCDEFGHIJKLMNOPQRST
$ gcc  -o  testseek  testseek.c  -L.  -lwrapper
$ ./testlseek
读出的内容是：KLMNO
```

👉 **思考与练习题 4.5** 分析程序 testseek.c 执行后，infile 文件的内容是什么并进行验证。

👉 **思考与练习题 4.6** 创建测试文件 infile，内容为"abcdefghijklmnopqrstuvwxyz"；写一个程序，在文件末尾追加一个指定字符'#'，在开始位置写入字符'^'，在指定位置(20)写入字符'&'；请问程序执行后 infile 文件的内容是什么？

👉 **思考与练习题 4.7** 编写程序，创建一个大小为 100 MB 的大文件。

👉 **思考与练习题 4.8** 以下程序执行后，文件 data 的大小是多少？

```
int main()
{
    int fd, loc1, loc2;
    char ch;
    fd=open("data",O_WRONLY|O_CREAT|O_TRUNC,0777);
    lseek(fd,12345678,SEEK_SET);
    write(fd,&ch,1);
    close(fd);
}
```

4.2.5 任意类型数据的文件读写

由前面的图 4-3 可知，read、write 函数在内存和文件之间传输一个数据块，这个数据块在内存中的地址为 buf，在文件中的位置为 pos。这个数据块位于内存中时，其内容可以是任何类型，如整型、浮点型、字符串、数组、结构体、联合体。因此，UNIX I/O 可以实现任意类型数据的文件读写功能。

假设我们用 T var 定义了一个类型为 T 的变量 var，则该变量所在内存块的地址为&var，可将其转换成 void *类型，该内存块的长度为 sizeof(T)，所以将变量 var 的值写入文件 fd 当前位置的 write 函数调用为 write(fd,(void*)&var,sizeof(T))。同样，将保存在文件当前位置的变量 var 的值读回内存的 read 函数调用应为 read(fd,(void*)&v, sizeof(T))。该过程如图 4-5 所示。

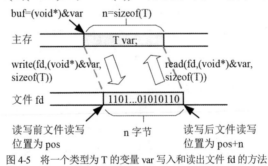

图 4-5 将一个类型为 T 的变量 var 写入和读出文件 fd 的方法

例如，要将一个浮点数变量(float f=123.45677)的值写入文件 fd，则 write 函数调用可以是 write(fd, (void*)&f, sizeof(float))；要从文件 fd 的当前读写位置读出一个整型值赋给整型变量(int k)，则 read 函数调用可写成 read(fd, (void) &k, sizeof(k))。

很多时候，我们需要将一个元素类型为 T 的数组 var(假定定义为 T var[N])写入文件，这可通过每次写入一个元素的循环来实现。下面的 structw.c 和 structr.c 两个程序展示了如何将结构体数组变量的值写入文件，以及如何从文件中读出保存好的结构体变量。

/* 结构体 structw.c 程序的源代码 */

```
1    #include"wrapper.h"
2    #include<fcntl.h>
3    typedef struct _Employee { // 员工记录
4        char name[20];
5        unsigned int age;
6        float wage;
7        char dept[20];
8    } Employee;
9    int main()
10   {
11       Employee emps[2]={{ "张三",20,2000, "人事部"}, { "李四",25,3000, "开发部"}};
12       int fd,i;
13       fd=open("data",O_WRONLY|O_CREAT|O_TRUNC,0777);
14       for(i=0;i<2;i++)
15           write(fd,(void *) &emps[i],sizeof(Employee));
16       close(fd);
17   }
```

```
/* 结构体 structr.c 程序的源代码 */
1    #include"wrapper.h"
2    #include<fcntl.h>
3    typedef struct _Employee {
4        char name[20];
5        unsigned int age;
6        float wage;
7        char dept[20];
8    } Employee;
9    int main()
10   {
11       Employee emp;
12       int fd,i;
13       fd=open("data",O_RDONLY, 0);
14       for(i=0;i<2;i++) {
15           read(fd,(void *) &emp,sizeof(Employee));
16           printf("%s  %d   %f  %s\n", emp.name,emp.age,emp.wage,emp.dept);17        }
18       close(fd);
19   }
```

structw.c 将两条员工记录写入文件 data。其中，第 15 行的 write(fd,(void *) &emps[i], sizeof(Employee)) 将员工记录 emps[i]的内容写入文件 fd，第二个参数是记录 emps[i]的地址，第三个参数是记录的长度。其实，在该程序中，也可以不使用循环，用一个 write 调用将全部两条员工记录写入文件，方法是将结构体数组作为第二个参数传给 write 函数，将两条记录所在内存区域的长度 2*sizeof(Employee)作为第三个参数传给 write 函数，即按如下方式调用 write 函数：write(fd,(void *)emps, 2*sizeof(Employee))。

structr.c 从文件 data 中读出员工信息并显示出来。第 15 行接收结构体变量 emp 并作为读入数据的缓冲区，每次调用 read 函数从文件读一条记录到变量 emp 中，然后输出显示。该程序执行成功的前提是：事先已知道文件 data 的哪个位置写入了员工记录。如果只需要读出第二条记录，则应该先调用 lseek 函数调整文件指针，由于第二条记录距离文件首部的偏移量为一条记录长度，因此调用方法为 lseek(fd,sizeof(Employee),SEEK_SET)。需要注意的是，必须在写入某个变量的内容前，记录文件指针位置。这样在读回变量值前，才能调用 lseek 函数正确设置文件指针。

在这里，存入文件 data 的数据是多个结构体而不是字符串，因此文件 data 不是文本文件。用 cat、more 等命令查看其内容时，显示结果可能是乱码。

有时，我们要读写文件的数组规模很大(如 100 MB)，而数组元素却很小，仅数字节。若每个 read/write 函数调用传输一个元素，文件读写效率就会很低，这时可以考虑每次传输一个数 KB 大小的数据块。

☞ **思考与练习题4.9**　如果用 gedit 打开程序 structw.c 创建的文件 data,是否会包含乱码,为什么?请实际验证。

☞ **思考与练习题4.10**　structrw.c 的写文件方法是将变量所在存储区的内容直接写入文件，另一种写入方法是先将每个字段转换成字符串，再写入文件。两种方法产生的文件大小有何差异?

☞ **思考与练习题4.11**　阅读下面的程序代码:

```
int main() {
    int fd1,fd2;
    char *s12="50000";   short   i12=50000;
    fd1=open("f1",O_WRONLY, 0777);
    fd2=open("f2",O_WRONLY, 0777);
    write(fd1,s12,5);   write(fd2, &i12, 2);
    close(fd1); close(fd2);
}
```

请回答，f1 和 f2 中的哪个文件在显示时可能会出现乱码,为什么?

☞ **思考与练习题4.12**　编写程序，把下列变量的值写入文件 data1，然后读回显示。

```
unsigned char a=128; unsigned short c=32700;
unsigned char ar[5]={129,254,131,112,178};
```

计算这些变量占用的内存容量，要求文件大小不大于变量占用的内存容量。

4.2.6　用文件读写函数操作设备

Linux 系统将设备视为文件，可以用 UNIX I/O 函数打开设备以获得文件描述符，然后通过文件描述符从设备读数据或向设备写数据。一个典型的例子就是读写每个进程专用的标准输入设备(键盘输入)、标准输出设备(终端窗口)、标准错误输出设备(终端窗口)，这三个设备文件已经在程序启动时由系统打开，文件描述符分别为 0、1、2，相应的宏为 STDIN_FILENO、STDOUT_FILENO、STDERR_FILENO。以下程序 fcopy3.c 是一个用 UNIX I/O 读写标准输入、标准输出的示例。

```
/* fcopy3.c 的源代码  */
1    #include "wrapper.h"
2    int main(void)
3    {
4        char c;
5        while((read(STDIN_FILENO, &c , 1)) ==1)
6            write(STDOUT_FILENO , &c , 1);
7        exit(0);
8    }
```

下面编译和执行该程序：

```
$ gcc -o fcopy3 fcopy3.c -L. -lwrapper
$ ./fcopy3
Hello
Hello
Copy string from STDIN to STDOUT
Copy string from STDIN to STDOUT
^D
```

该程序将从标准输入(文件描述符为 0)输入的字符串复制到标准输出(文件描述符为 1)，用户输入一行完整信息并按回车键后，把输入文本行提交给系统，程序开始读取操作，每次复制一个字符，结果就是输入一行，输出一行。

其实，Linux 系统的每个命令终端窗口都有设备文件名，打开两个命令终端窗口，可用 tty 命令查看各自的设备名，假定分别为/dev/pts/0 和/dev/pts/1，并用 ls 命令核实/dev/目录下确实存在这两个设备文件(当然，可能还包含其他终端设备文件)，如图 4-6 所示。

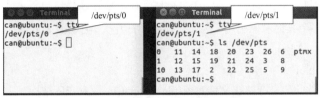

图 4-6　Linux 终端设备名查看方法

这样，我们也可以通过 UNIX I/O 从其他终端窗口读入文本或向其写入文本。程序 fcopyex.c 在一个终端窗口中运行，从标准输入读入信息，并将其写入另一个终端窗口。

```
/*  fcopyex.c 程序的源代码  */
1    #include <stdio.h>
2    #include <unistd.h>
3    #include <fcntl.h>
4    #include <stdlib.h>
5    int main(void)
6    {
7        char c;
8        int fd;
9        fd=open("/dev/pts/1",O_WRONLY,0);
10       while((read(STDIN_FILENO, &c , 1)) ==1)
11         write(fd , &c , 1);
12       exit(0);
13   }
```

该程序在/dev/pts/0 下执行，输入信息已被写入终端窗口/dev/pts/1，图 4-7 是运行结果的截图。

图 4-7　用 write 函数将数据写入终端设备的结果截图

思考与练习题 4.13 写一个程序，从一个终端窗口读入文本，并将其写入另一个终端窗口，输入终端窗口和输出终端窗口都不是运行程序的终端窗口。

4.3 内核文件 I/O 数据结构及应用

Linux 系统的文件共享、重定向、管道都是通过对打开文件内核数据结构的操作来实现的。如果不清楚内核是如何表示打开文件的，这些概念和原理会很难理解，也就很难进行相关的应用编程。内核用三个相关的数据结构来表示打开的文件。

1) v-node 表(v-node table)

Linux 将打开文件的属性信息保存在索引节点对象(inode object)中，索引节点对象又称 v-node。文件属性信息包括文件名、文件大小、访问权限、修改时间、文件数据盘块地址等，保存在磁盘的文件控制块(FCB, File Control Block)中。Linux 系统的文件控制块称为索引节点，stat 结构体类型详细列出了所有文件属性，其中的 st_mode 成员包括文件类型和访问权限，st_size 成员为文件大小。由于 v-node 可能被多个其他对象引用，因此需要添加打开次数字段(i_count)。系统的所有 v-node 构成一个 v-node 表。

2) 文件表(file table)

Linux 将打开文件的信息存储在文件对象(file object)中，又称 file 结构，主要成员包括打开方式(f_mode)、读写指针(f_pos)、引用计数(f_count)三个字段，其中引用计数记录指向结构体的指针数。对一个文件执行一次打开操作，就会创建一个文件对象，系统的所有文件对象组成一个文件表。

3) 描述符表(descriptor table)

每个进程都有一个独立的文件描述符表(descriptor table)，数据类型定义是 struct file *fd_array[NR_OPEN_DEFAULT]，是指向文件对象的指针数组。UNIX I/O 用描述表项的索引号作为 open 系统调用函数的返回值，称为文件描述符(descriptor)。其后的文件操作都使用文件描述符来定位文件对象，进而定位 v-node 对象来获取文件属性。

4.3.1 文件描述符和标准输入/输出

图 4-8 展示了内核文件 I/O 数据结构的一个示例。描述符表最多包含 255 个表项，每个表项保存一个指向文件对象的指针，而文件对象又有一个指向 v-node 对象的指针。

程序开始时，文件描述符 0、1、2 分别被标准输入(stdin)、标准输出(stdout)和标准错误输出(stderr)占用，在进程启动前由系统设置好，它们指向的文件对象分别指向键盘设备和监视器设备(或终端窗口)的 v-node 对象。UNIX 系统的 scanf、getchar、gets 等系统函数实际上是一种特殊的读文件操作，它们从文件描述符 0 读入数据，由于描述符 0(stdin)关联了键盘设备 v-node，因此这些函数就从键盘读入数据。同样，printf、putchar、puts 函数是一种特殊的写文件操作，它们将输出写入描述符 1(stdout)。不过，程序产生的错误输出会被系统送往描述符 2(stderr)。由于描述符 1、2 最终都关联到监视器设备的 v-node，因此程序产生的正常输出和出错信息都在监视器(终端窗口)中显示。程序刚启动时，从 3 开始的文件描述符全部空闲，函数调用 open 的返回值从 3 开始往后递增。

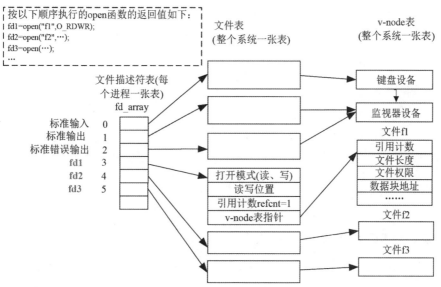

图 4-8　执行 open()函数调用后的内核文件 I/O 数据结构，open 函数调用的返回值从 3 开始递增

4.3.2　文件打开过程

在程序中执行 open 函数打开文件时，系统首先会检查文件的 v_node 是否存在，若不存在，则为其创建 v_node，将文件的属性从外存读入 v-node；然后，创建其文件对象，设置读写方式、读写位置、v-node 指针，将访问计数器设置为 1；最后，在进程的描述符表中找到索引号最小的空闲表项，在其中填入文件对象的指针，返回描述符表项的索引号。

下面的程序 fdtest.c 在启动时，文件描述符 0、1、2 已分别分配给 stdin、stdout、stderr 三台设备，从 3 以后的文件描述符为空闲，三个 open 函数以读写方式打开文件。假设用户对当前目录具有写权限，则 open 函数调用都能成功，open 函数依次选取下一个空闲的文件描述符，分配给文件 f1、f2、f3，因此输出为"fd1=3 fd2=4 fd3=5"。

```
/*   fdtest.c 的源代码  */
1    #include "wrapper.h"
2    int main()
3    {
4         int fd1,fd2,fd3;
5         fd1=open("f1",O_RDWR|O_CREAT,0777);
6         fd2=open("f2",O_RDWR|O_CREAT,0777);
7         fd3=open("f3",O_RDWR|O_CREAT,0777);
8         printf("fd1=%d fd2=%d   fd3=%d\n",fd1,fd2,fd3);
9         close(fd1);
10        close(fd2);
11        close(fd3);
12   }
```

下面进行测试验证：

```
$ gcc -o  fdtest  fdtest.c  -L.  -lwrapper
$ ./fdtest
fd1=3   fd2=4   fd3=5
```

思考与练习题 4.14　假设文件 foo.txt 和 bar.txt 都存在，以下程序的输出是什么？

```
#include "wrapper.h"
int main()
{
    int fdl, fd2, fd3;
    fdl = open("foo.txt", O_RDONLY, 0);
    fd2 = open("bar.txt", O_RDONLY, 0);
    close(fd2);
    fd3 = open("foo.txt", O_RDONLY, 0);
    printf ("fd3 = %d\n", fd3);
    exit(0);
}
```

4.3.3　内核文件 I/O 数据结构共享原理

Linux 系统中，由于每次调用 open 函数都会创建一个新的文件对象和一个新的描述符，但同一文件仅有一个 v-node。因此，一个进程对一个文件执行多次 open 函数，比如执行两次 fd=open("f1",…)，就会创建两个文件对象、两个描述符和一个 v-node，如图 4-9 所示。由于两个文件对象指向同一 v-node，因此 v-node 引用计数变成 2。这样，当调用 open 函数打开一个已有 v-node 节点的文件时，不会创建新的 v-node，仅将文件的 v-node 引用计数 i_count 加 1。不难获知，当我们调用 close 函数关闭某个文件时，如果 v-node 引用计数大于 1，只需要将计数值减 1，仅当关闭 v-node 的 i_count 成员为 1 的文件时，才销毁其 v-node 对象。

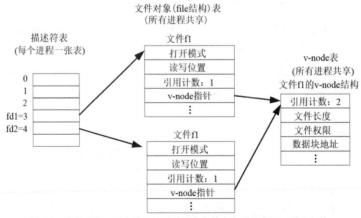

图 4-9　文件共享，两个描述符通过两个文件表表项共享同一磁盘文件

Linux 系统中，子进程可以继承父进程所有已打开的文件。假设父进程有如图 4-10 所示的打开文件。如果父进程创建一个子进程，子进程会获得父进程描述符表的一个副本。由于父子进程共享相同的打开文件表，在文件表中，原来由父进程打开的每个文件，都会有两个文件描述符指向它，一个来自父进程，另一个来自子进程，所以文件表中的引用计数变成 2，如图 4-11 所示。不难获知，当我们调用 close 函数关闭某个文件时，如果其文件对象的引用计数大于 1，只需要将计数值减 1，仅当关闭文件对象引用计数为 1 的文件时，才销毁该文件。

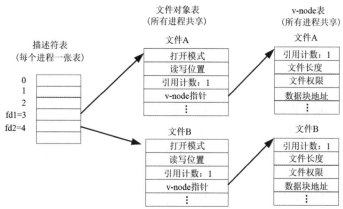

图 4-10 典型的内核文件 I/O 数据结构，两个描述符引用不同的文件，没有共享

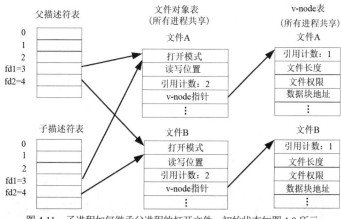

图 4-11 子进程如何继承父进程的打开文件，初始状态如图 4-9 所示

4.3.4 dup 和 I/O 重定向

回顾一下 I/O 重定向和管道的概念以及命令输入方法，可发现这两个特性给我们带来了极大的灵活性，其实质是将标准输入、标准输出描述符映射到不同的文件对象。UNIX I/O 系统调用函数 dup 可以更改文件描述符到文件对象的映射关系。实际上，Linux 系统提供 dup 函数具有非常重大的意义：其一，通过 I/O 重定向，可使一个应用程序独立于命令窗口(或命令终端)运行，即使用户关闭命令窗口或退出登录，也不用退出程序，实现系统服务或守护进程；其二，由于网络连接本质上也是文件对象，因此 dup 函数可将程序的标准输入、标准输出重定向到网络连接，将传统的应用程序变成网络服务程序，如 Web 服务器的 CGI 程序就是这样实现的，第 8 章将介绍的 weblet 也是这样实现的。下面介绍 dup 函数的使用方法与 I/O 重定向的实现，如何用 dup 函数实现管道的相关内容可查看第 7 章内容。

1. dup 函数的使用方法

dup 函数与 open 函数有些类似，也是打开一个新的文件描述符。不同的是，dup 函数是将一个旧文件描述符复制到一个新文件描述符中，使这两个文件描述符指向同一文件对象。dup 函数的声明如下：

```
#include <unistd.h>
int dup(int oldfd);
int dup2(int oldfd , int newfd);
```

返回值：若成功，返回非负的描述符，否则返回－1。

  dup 函数有两种形式：dup 函数总是取文件描述符的最小可用值作为新的文件描述符，若成功，返回新的文件描述符，否则返回－1；dup2 函数将描述符 oldfd 中的文件对象指针复制到描述符 newfd 中，若 newfd 现在已打开，则先关闭它，再执行复制操作，若成功，返回新的文件描述符 newfd，否则返回－1。如果 oldfd 等于 newfd，则 dup2 函数直接返回 newfd，而不用先关闭 newfd，再执行复制操作。

  下面这个例子(testdup.c)演示了 dup 和 dup2 函数的用法，可结合图 4-12 来理解程序的执行过程。在该图中，我们将文件对象和 v-node 对象合并，并写成文件名。

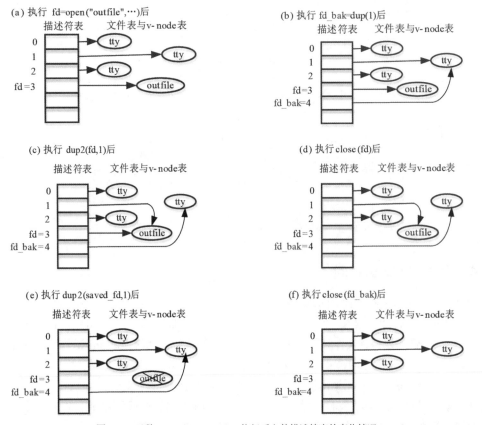

图 4-12　函数 open/close/dup/dup2 执行后文件描述符表的变化情况

```
/*   testdup.c 源代码  */
1    #include "wrapper.h"
2    int main(void)
3    {
4        int fd, fd_bak;
5        char info[] = "how test dup and dup2 work\n";
6        fd=open("outfile", O_RDWR|O_CREAT, 0600);
7        fd_bak = dup(1);
```

```
8        dup2(fd, 1);
9        close(fd);
10       write(1, "This is a test", strlen(info));
11       dup2(fd_bak, 1);
12       write(1, info, strlen(info));
13       close(fd_bak);
14       return 0;
15   }
```

图 4-12(a)：由于 0、1、2 分别是标准输入、标准输出、标准错误输出的文件描述符，其指针指向相应的 tty 设备，因此调用 open 函数，打开文件"outfile"，返回描述符 fd=3。

图 4-12(b)：调用 dup(1)，将文件描述符 1 中的监视器(或终端窗口)tty 文件对象指针复制到最小的可用描述符 4 的指针域，使 1 和 4 两个文件描述符都指向终端窗口 tty，将终端窗口的文件对象指针备份到 fd_bak。

图 4-12(c)：调用 dup2(fd,1)，将 fd=3 中保存的"outfile"文件对象指针复制到文件描述符 1，接下来的 write 语句输出到标准输出的信息被写入文件"outfile"，程序执行后，该文件的内容为"how test dup and dup2 work"。

图 4-12(d)：执行 close(fd)，关闭文件描述符 3，文件描述符 3 变为空。

图 4-12(e)：执行 dup2(saved_fd,1)，从 fd_bak 恢复终端窗口文件对象指针到文件描述符 1，这样，其后执行的 write 函数，会将信息正常写入终端窗口设备，因此程序执行后，在终端窗口中会显示"how test dup and dup2 work"。

图 4-12(f)：执行 close(saved_fd)，关闭文件描述符 5。

下面编译并执行程序：

```
$ gcc   testdup.c   -o testdup -L.  -lwrapper
$ ./testdup
how test dup and dup2 work
$ cat outfile
This is a test
```

思考与练习题 4.15   假设文件 a.txt 和 b.txt 都存在，有以下一段代码：

```
int fd1,fd2,fd3,fd4;
fd1=open("a.txt",O_RDONLY,0);
fd2=open("b.txt",O_WRONLY,0);
fd3=dup(fd1);
fd4=dup2(fd2,0);
```

请给出这段代码执行后 fd1、fd2、fd3、fd4 的值。

2. 用 dup 实现 I/O 重定向

UNIX Shell 的输入重定向就是将原来从键盘设备输入数据，改为从指定文件读取数据；而输出重定向是指把本来要输出到监视器(或终端窗口)的信息写入指定文件。从图 4-8 可知，通过将文件描述符 0 指向指定文件的 file 结构可实现输入重定向，将文件描述符 1 指向某文件的 file 结构可实现输出重定向。这些特性很容易使用 dup 函数来实现。以下是一个实例。

下面的程序 dup1.c 按照一次一个字符的方式将来自键盘的输入显示在屏幕上，请在指定位置①

插入适当的代码，将其输出重定向到文件 dup2.out。

```
#include "wrapper.h"
int main()
{
    char c;
    ①
    while ((c=getchar())!=EOF)
        putchar(c);
}
```

修改后的程序 dup2.c 如下：

```
1    #include "wrapper.h"
2    int main()
3    {
4        char c;
5        int fd;
6        fd=open("dup2.out", O_WRONLY|O_CREAT|O_TRUNC,0777);
7        close(1);
8        dup(fd);
9        while ((c=getchar())!=EOF)
10           putchar(c);
11   }
```

总共插入了 4 行代码，第 5 行定义新的文件描述符 fd；第 6 行以只写方式打开文件"dup2.out"用于保存程序输出，标志 O_CREAT 表示若文件不存在，则创建该文件；第 7 行关闭文件描述符 1，使之变为可用；第 8 行将文件描述符 fd 中的文件指针复制到最小的可用文件描述符 1 中。现在，标准输出 stdout 就关联到文件 dup2.out 了。第 10 行的 putchar(c)会将输出写入文件 dup2.out。

现在编译并执行程序：

```
$ gcc -o dup2 dup2.c -L. -lwrapper
$ ./dup2
  Hello world
  <CTRL-D>
$ more dup2.out
  Hello World
```

注意 Ctrl+D 键用于结束输入，它使 getchar()产生返回值 EOF。

思考与练习题4.16　以下程序将来自键盘的输入显示在屏幕上，在位置②处加入适当的代码，将标准输入重定向到程序源文件 dup2.c。

```
#include <stdio.h>
#include <unistd.h>
#include <fcntl.h>
int main()
{
    char c;
    ②
    while ((c=getchar())!=EOF)
        putchar(c);
}
```

*4.4 用 RIO 包增强 UNIX I/O 功能

使用 UNIX I/O 进行 I/O 编程在实际应用中存在两个问题：一是在某些情况下，read 和 write 函数实际传送的字节数少于实际要求的字节数，这种情况下返回的值叫作不足值，不足值有时会给编程控制带来麻烦；二是 UNIX I/O 系统调用函数中不提供从某个文件描述逐行读出数据的函数，而实际应用中经常需要这样做。W. Richard Stevens 设计的 RIO(Robust I/O，健壮 I/O)包较好地解决了这两个问题，为开发网络通信应用程序提供了方便、健壮和高效的 I/O 函数库。RIO 提供了如下两类函数。

- 无缓冲的输入/输出函数。这些函数直接在存储器和文件之间传送数据，没有应用级缓冲。调用这类函数可方便地将二进制数据读写到网络和从网络读出二进制数据。
- 带缓冲的输入函数。这类函数可高效地读取文本行和二进制数据，读出的内容缓存在应用级缓冲区，类似于为 printf 这样的标准 I/O 函数提供的缓冲区。带缓冲的 RIO 输入函数是线程安全的，可被多个线程并发调用。

*4.4.1 RIO 无缓冲的输入/输出函数

通过调用 rio_readn 和 rio_writen 函数，应用程序可以在存储器和文件之间直接传送数据。

```
#include "wrapper.h"
ssize_t rio_readn(int fd , void *usrbuf, size_t n);
```
                                返回值：若成功，返回读出的字节数；若遇到 EOF，返回 0；若出错，返回-1。
```
ssize_t rio_writen(int fd , void *usrbuf, size_t n);
```
                                    返回：若成功，返回传送的字节数；若出错，返回-1。

rio_readn 函数从描述符 fd 的当前文件位置最多传送 n 字节到缓冲区 usrbuf。rio_writen 函数从缓冲区 usrbuf 传送 n 字节到描述符 fd。rio_readn 函数在遇到 EOF 时只能返回一个不足值。rio_writen 函数决不会返回不足值。对同一个描述符，可以任意交错地调用 rio_readn 和 rio_writen 函数。

下面给出 rio_readn 和 rio_writen 函数的代码实现。rio_readn 函数反复调用 read 函数，直到获得指定数量的字节，或 read 函数出错，或遇到文件结束标志。rio_writen 函数反复调用 write 函数，直到指定数量的字节被写入，或 write 函数出错。这两个函数还有一个好处：如果 rio_readn 和 rio_writen 函数被信号处理中断而返回(参考第 5 章)，就会手动重启 read 或 write 函数，因而具有较好的鲁棒性。

```
/* 函数 rio_readn 和 rio_writen 的源代码，位于文件 wrapper.c 中 */
1    ssize_t rio_readn(int fd, void *usrbuf, size_t n)
2    {
3        size_t nleft = n;
4        ssize_t nread;
5        char *bufp = usrbuf;
6
7        while (nleft > 0) {
8          if ((nread = read(fd, bufp, nleft)) < 0) {
9              if (errno == EINTR)    /* 被信号处理中断  */
10                 nread = 0;         /* 重新调用 read()   */
11             else
```

```
12              return -1;             /*  errno 中为其他错误标志 */
13          }
14          else if (nread == 0)
15              break;                 /* EOF */
16          nleft = nread;
17          bufp += nread;
18      }
19      return (n - nleft);            /* return >= 0 */
20  }
21  ssize_t rio_writen(int fd, void *usrbuf, size_t n)
22  {
23      size_t nleft = n;
24      ssize_t nwritten;
25      char *bufp = usrbuf;
26
27      while (nleft > 0) {
28          if ((nwritten = write(fd, bufp, nleft)) <= 0) {
29              if (errno == EINTR)    /* 被信号处理中断 */
30                  nwritten = 0;      /* 重新调用 write() */
31              else
32                  return -1;         /*  errno 中为其他错误标志 */
33          }
34          nleft -= nwritten;
35          bufp += nwritten;
36      }
37      return n;
38  }
```

*4.4.2　RIO 带缓冲的输入函数

一个文本行就是一个以换行符结尾的 ASCII 码字符序列。在 UNIX 系统中，换行符('\n')与 ASCII 码换行符(LF)相同，值为 0x0a。使用 read 函数计算文本行数量，或逐行读出文本行时，都必须自己编程实现。一种统计文本行数量的方法是用 read 函数一次一字节地从文件传送到用户存储器，通过检查每一字节来查找换行符。该方法运行效率低，因为每读取文件中的一字节，都要执行一次 read 函数调用。RIO 包的包装函数 rio_readlineb 较好地解决了这个问题，它每次从一个内部读缓冲区复制一个文本行，当缓冲区变空时，会自动调用 read 函数以重新填满缓冲区。

对于既包含文本行又包含二进制数据的文件，RIO 包还提供了 rio_readn 的带缓冲区版本，名为 rio_readnb，它也直接从 RIO 包的内部读缓冲区中传送原始字节。

RIO 带缓冲的输入函数主要有 rio_readinitb、rio_readlineb、rio_readnb 三个。

```
#include "wrapper.h"
void rio_readinitb(rio_t *rp , int fd);
                                                                返回值：无

ssize_t rio_readlineb(rio_t *rp , void *usrbuf, size_t maxlen);
ssize_t rio_readnb(rio_t *rp , void *usrbuf; size_t n);
                        返回值：若成功，返回读出的字节数；若到达 EOF，返回 0；若出错，返回-1。
```

rio_readinitb 函数用于初始化读缓冲区和 rio_t 文件，它将描述符 fd 和地址 rp 处的一个类型为 rio_t

的读缓冲区联系起来。

rio_readinitb 函数从文件 rp 读出一个文本行(包括结尾的换行符),将它复制到存储器位置 usrbuf,并且用空字符'\0'结束行。ro_readlineb 函数最多读 maxlen－1字节,余下的一个字符留给结尾的空字符。超过 maxlen－1字节的文本行被截断,并用一个空字符结束。

rio_readnb 函数从文件 rp 最多读 n 字节到存储器位置 usrbuf。对同一描述符,对 rio_readlineb 和 rio_readnb 的调用可以交叉执行。当然,带缓冲和无缓冲的 rio_readn 函数是不能交叉执行的。

下面给出一个 RIO 函数的使用示例。cpfile.c 展示了如何使用 RIO 函数一次一行地从标准输入复制一个文本文件到标准输出。

```
/*   cpfile.c 程序的源代码  */
1    #include "wrapper.h"
2
3    int main(int argc, char **argv)
4    {
5        int n;
6        rio_t rio;
7        char buf[MAXLINE];
8
9        rio_readinitb(&rio, STDIN_FILENO);
10       while((n = rio_readlineb(&rio, buf, MAXLINE)) != 0)
11           rio_writen(STDOUT_FILENO, buf, n);
12   }
```

现在分析 RIO 包中几个重要函数的源代码。先看 rio 读缓冲区的格式和初始化函数 rio_readinitb 的源代码,后者将一个打开的文件描述符和缓冲区关联起来。

```
/*   rio 读缓冲区的格式定义,位于文件 wrapper.h 中  */
1    typedef struct {
2        int rio_fd;                  /* 从 rio_fd 读取数据到内部缓冲区 buf  */
3        int rio_cnt;                 /* 内部缓冲区中未读的字节数 */
4        char *rio_bufptr;            /* 内部缓冲区中下一个未读字节 */
5        char rio_buf[RIO_BUFSIZE]; /* 内部缓冲区 */
6    } rio_t;
/*   rio 缓冲区中初始化函数 rio_readinitb 的源代码,位于文件 wrapper.c 中  */
1    void rio_readinitb(rio_t *rp, int fd)
2    {
3        rp->rio_fd = fd;
4        rp->rio_cnt = 0;
5        rp->rio_bufptr = rp->rio_buf;
6    }
```

RIO 包的核心是 rio_read 函数,可看成 UNIX read 函数的一个带缓冲版本。当调用函数 rio_read 要求读 n 字节时,如果缓冲区为空,就会通过调用一次 read 函数填满读缓冲区;如果读缓冲区内还有 rp->rio_cnt 个未读字节,就直接将缓冲区中的数据复制给用户缓冲区。rio_read 函数的实现代码如下:

```
/*   rio_read 函数的实现代码,位于文件 wrapper.c 中   */
1    static ssize_t   rio_read(rio_t *rp, char *usrbuf, size_t n)
2    {
3        int cnt;
```

```
4
5          while (rp->rio_cnt <= 0) {        /* 如果缓冲区为空，就重新填满 */
6              rp->rio_cnt = read(rp->rio_fd, rp->rio_buf,
7                  sizeof(rp->rio_buf));
8              if (rp->rio_cnt < 0) {
9                  if (errno != EINTR)    /* 被信号处理中断 */
10                     return -1;
11             }
12         else if (rp->rio_cnt == 0)     /* EOF */
13             return 0;
14         else
15             rp->rio_bufptr = rp->rio_buf;      /* 重置 buffer 指针 */
16         }
17
18         /* 从内部缓冲区将 min(n, rp->rio_cnt) 字节复制到用户缓冲区 */
19         cnt = n;
20         if (rp->rio_cnt < n)
21             cnt = rp->rio_cnt;
22         memcpy(usrbuf, rp->rio_bufptr, cnt);
23         rp->rio_bufptr += cnt;
24         rp->rio_cnt -= cnt;
25         return cnt;
26     }
```

对于应用程序，rio_read 函数和 UNIX 的 read 函数其语义是相同的。read 函数在出错时返回值为-1，设置错误标记 errno，而遇到 EOF 时返回值为 0。如果要求的字节数超出读缓冲区内未读字节的数量，它会返回一个不足值。不同之处是，rio_read 函数解决了信号唤醒问题，在很多场景下，用 rio_read 替代 read 函数，可使程序具有更好的鲁棒性。

以下是 rio_readlineb 和 rio_readnb 函数的源代码，rio_readlineb 反复调用 rio_read，每次调用仅从读缓冲区返回一字节，检查该字节是否是行尾换行符。由于 rio_read 不必陷入内核，其执行效率比 read 函数高得多，因此调用 rio_readlineb 函数可以高效地读取文本行。rio_readnb 函数和前面的 rio_readn 也有相似的结构，不同的是，rio_readnb 每次调用 rio_read 来读缓冲区获取数据，而 rio_readn 调用 read 从文件获取数据。

```
/*  rio_readlineb 函数的源代码，位于文件 wrapper.c 中  */
1      ssize_t rio_readlineb(rio_t *rp, void *usrbuf, size_t maxlen)
2      {
3          int n, rc;
4          char c, *bufp = usrbuf;
5
6          for (n = 1; n < maxlen; n++) {
7              if ((rc = rio_read(rp, &c, 1)) == 1) {
8                  *bufp++ = c;
9                  if (c == '\n')
10                     break;
11             } else if (rc == 0) {
12                 if (n == 1)
13                     return 0;  /*  EOF, 未读到数据  */
14                 else
```

```
15                    break;      /* EOF，读到一些数据 */
16                } else
17                    return -1;  /* 出错 */
18            }
19        *bufp = 0;
20        return n;
21    }
```

```
/*  rio_readnb 函数的源代码，位于文件 wrapper.c 中 */
1    ssize_t rio_readnb(rio_t *rp, void *usrbuf, size_t n)
2    {
3        size_t nleft = n;
4        ssize_t nread;
5        char *bufp = usrbuf;
6
7        while (nleft > 0) {
8            if ((nread = rio_read(rp, bufp, nleft)) < 0) {
9                if (errno == EINTR) /* 被信号处理中断 */
10                   nread = 0;        /* 重新调用 read 函数 */
11               else
12                 return  -1;       /* 其他错误标志 */
13           }
14           else if (nread == 0)
15               break;              /*  EOF */
16           nleft -= nread;
17           bufp += nread;
18       }
19       return (n - nleft);           /* return >= 0 */
20   }
```

*思考与练习题 4.17　编写程序，用 RIO 包中的函数实现文件复制功能。

4.5　文件组织

前面介绍了操作系统的文件系统模块从外存获得文件属性信息后，如何执行 open、close、read、write、lseek 等文件操作。本节我们讨论如何在存储设备上管理文件属性和文件内容。

4.5.1　文件属性、目录项与目录

对用户来说，文件已成为计算机系统、数码设备管理数据信息的标准方法，系统中所有可存取的资料，都以文件的形式存放在各目录下。文件为用户提供了操作数据资料的统一方法、统一界面，用户不必了解存储设备种类、特性及文件保存格式，使操作变得简单。计算机系统的工作与功能是通过多进程并发实现的，文件内容是进程的"原材料"与"输出品"。文件系统使用目录对大量文件资料进行分类和分层管理，方便用户检索、搜寻、操作所需的文档。

1. 文件属性和文件目录的概念

文件建立时，文件系统会自动记录创建时间、创建者、文件大小等属性，这些属性不仅可供文件使用者使用，也是文件系统管理和维护文件的依据。常见的文件属性可达十多种，可分为如下三类。

- 文件一般属性：包括文件名、创建者、所有者、文件大小、创建时间、最后修改时间、上次存取时间等。
- 数据位置属性：存储文件内容的磁盘块号。
- 文件安全属性：包括文件存取权限(用户、用户组是否可读、可写、可执行、可删除)，文件保护密码等。

文件属性保存在称为目录项(又称文件控制块，File Control Block，FCB)的结构中，具有相同路径文件的目录项构成文件目录(Linux 系统下称为目录文件)。用户和应用程序利用文件目录获得文件属性，实现对文件内容的存取，一般通过文件名来读写文件。

图 4-13 显示了文件属性、目录和数据内容间的关系。假设在一个多级目录环境下有一个文件/etc/passwd。首先，根目录/是目录文件，其内容是图 4-13 中上方的目录表，其中每个文件或子目录的目录项在目录表中占一行，至少包含文件名、文件大小、盘块号三个属性，其中盘块号是文件或子目录数据内容所在的盘块号。在图 4-13 中，子目录 etc 的大小为 384 字节，所在盘块号为 7。所以磁盘块 7 中的数据内容是/etc 的目录表(如图 4-13 中间表格所示)，其中包含 passwd 文件的目录项，passwd 文件的大小为 440 字节，其数据所在的盘块号为 192。因此，磁盘块 192 中就是 passwd 文件内容，即系统用户数据库。

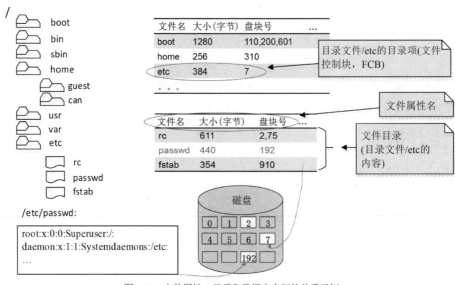

图 4-13　文件属性、目录和数据内容间的关系示例

👉 **思考与练习题4.18**　若已知根目录所在的盘块号为 1，简述如何读入文件/etc/passwd 的第 1 行。

4.5.2　逻辑地址与物理地址

通常，文件内容在磁盘中是以磁盘块为单位存放的，一个磁盘块只能分配给一个文件使用。磁盘空间分配的基本单位是磁盘块，一个磁盘块就是一个扇区，大小通常为 512 B~4 KB。磁盘是块设备，磁盘输入/输出以磁盘块为单位，磁盘以盘块为单位进行编址，数据在磁盘上的实际地址是指盘块号。

当我们讨论数据在文件中的位置时，通常以文件起始位置为参照，所以称为文件逻辑位置或逻辑地址，一般指文件中的某一字节、记录、数据块在文件中的编号。一个数据块存放在一个磁盘块中，数据块在文件中的编号又称相对块号(或逻辑块号)，或称逻辑地址。所在的盘块号通常称为物理地址，也称实际地址。

图 4-14 解释了文件逻辑地址与物理地址的概念。假设某文件由 $8n$ 个文本行构成，行号分别为 0、1、2、…、$8n-1$。假设每行长度为 64 个字符，则文件大小为 $512n$ 字节。每字节都有字节号，是每字节到文件起始位置的字节距离，第一行(行号为 0)的倒数第二字节的字节号为 62，它是调用 read/write 函数读写该字节时的文件指针值。假设磁盘块大小为 512 字节，可将文件内容按 512 字节划分为 n 个数据块，数据块编号 0、1、…、$n-1$ 就是逻辑地址(或相对块号、逻辑块号)。每个数据块的内容存放在一个单独的磁盘块中，盘块号称为物理地址(或磁盘块号)，分配给一个文件的磁盘块的地址可以不连续。进行文件读写时，需要根据相对块号(逻辑地址)计算磁盘块号(物理地址)，至于如何从逻辑地址映射物理地址，相关内容稍后进行讨论。

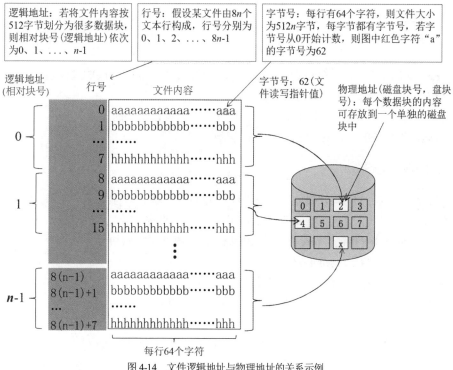

图 4-14　文件逻辑地址与物理地址的关系示例

思考与练习题 4.19　假设磁盘块的大小为 512 字节，已知某字节的读写指针值为 pos，计算其所在数据块的逻辑块号。

4.5.3　创建和读写文件

分析文件结构后，就可以讨论创建文件和读写文件的方法了。

1. 创建文件

每个文件都有目录项和数据内容，创建一个文件后，就应在其父目录下增加一个目录项，在其中填入文件属性，同时根据文件大小为其分配磁盘块，同时将盘块号填入文件目录项。图 4-15 给出了创建文件 f3 前后文件目录结构和目录表的变化。

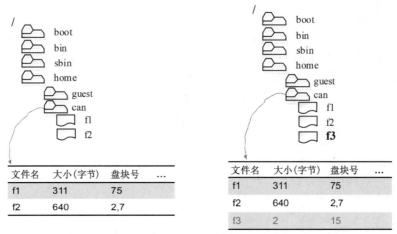

图 4-15　创建文件 f3 前后文件目录结构与目录表的变化情况示例

用户程序调用文件创建系统函数(create 或 open)创建文件/home/can/f3 的过程如下：

① 根据 f3 文件的大小为其分配磁盘块，如 15。

② 在/home/can 目录下为文件 f3 增加一个目录项，填入 f3 文件的属性，包括盘块号。

思考与练习题 4.20　请给出删除文件 f2 的过程。

2. 文件读写操作

由于磁盘文件内容的读写以磁盘为单位进行，因此即使我们只需要读写一字节，每次也至少要读写一个盘块。这样我们在执行 read(fd, buf, len)调用以读文件内容时，过程应该如下：

① 首先，根据读写指针值 pos 和读写长度 len，计算相关的逻辑块号。

② 将所有相关的数据块读到内存。

③ 从数据块中选择需要的数据复制到缓冲区 buf 中。

而执行 write(fd, buf, len)调用以写文件的过程则复杂一些：

① 首先，根据读写指针值 pos 和读写长度 len，计算相关数据块的逻辑块号。

② 若第一个或最后一个数据块的内容并非全部写入，要先将其读入内存。

③ 用 buf 中的数据更新首末数据块的相关字节，其他数据块的内容直接取自 buf。

④ 将各数据块写入磁盘。

思考与练习题 4.21　假设磁盘块大小为 512 B，/home/can 目录的内容如图 4-16 所示。应用程序执行 fd=open("/home/can/f2", O_RDWR, 0)，打开文件 f2，文件 f2 各数据块所在的盘块号已经读入内存，请问：

(1) 执行两个操作："lseek(fd,1000,SEEK_SET);" 和 "read(fd,buf,500);"，请问需要读盘几次，将哪些磁盘块读到了内存中？

(2) 再执行两个操作："lseek(fd,2000,SEEK_SET);" 和 "write(fd,buf,500);"，请问需要执行

几次读盘和写盘操作，将哪些磁盘块读到了内存中？哪些磁盘块的内容被更新了？

/home/can 目录

文件名	大小(字节)	盘块号	...
f1	311	75	
f2	3000	2,7,11,25,87,6	
f3	2	15	

图 4-16　/home/can 目录的内容

4.5.4　一体化文件目录和分解目录

1. 文件目录项的获取方法

由于文件目录、文件数据都存储在磁盘上，为了从文件中读写一些数据，必须先将文件目录读入内存，从中找到指定文件的目录项，获取文件数据所在的盘块号(或物理地址)。无论读写的是文件目录还是文件内容，都以磁盘块为单位进行数据传输。

一些系统采用一体化文件目录，也就是所有文件属性都保存在一个目录项中。图 4-17 是一个讨论一体化文件目录读入性能的示例。在这里，假设磁盘块大小为 512 字节，每个目录项占 48 字节，已知/home/can 目录文件所在的盘块号，其中包含 1000 个文件属性行。计算该目录文件占用的盘块数，并检索 f4 文件数据所在的盘块号，这总共需要耗用多长时间。

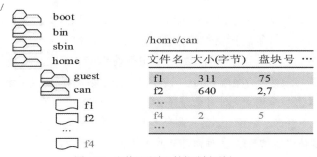

图 4-17　文件目录读入性能分析示例

计算/home/can 目录占用的盘块数比较简单，为(1000×48)/512=93.7 个磁盘块。由于文件目录并未按文件名排序，因此查找 f4 目录项需要采用顺序搜索方法。若 f4 目录项在第 1 个盘块(前 512 字节内)，为最少读盘次数，即 1 次；若 f4 目录项在第 94 个盘块，为最多读盘次数，即 94 次，平均读盘(1+94)/2=47.5 次。

我们来分析文件目录项的读入性能：磁盘涉及磁盘转动，所需读写时间往往较长，达 ms 级。假定每次读盘时间(包括磁盘启动)需要 5 ms，读取 47 个盘块需要耗时 235 ms，这个时间不可小觑；目录越大，所需时间越长，文件目录获取时间会给系统性能带来较大影响，应采取措施优化文件目录获取时间。

2. 文件目录管理改进方法：目录分解方案

文件目录获取时间长的重要原因之一是目录项内容太多，减少获取时间的一种思想是减少目录中的数据量，方法是将目录项分解为符号目录项与基本目录项，称为分解式目录。其中：

● 符号目录项仅包含文件名与用于定位基本目录项的内部文件号(索引号)。
● 一个磁盘分区的所有基本目录项作为一个列表统一存放在磁盘固定区域。

图 4-18 是将文件划分为符号目录项和基本目录项的示意图。现在我们来分析目录管理改进后的目录项读入性能。采用目录分解方案后，假设文件内部号占 2 字节，文件名长度为 6 字节，分解前大小为 48 字节的目录项，分解后符号目录项长度为 8 字节，基本目录项长度为 42 字节。

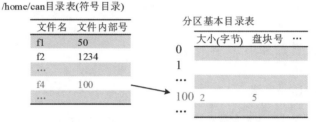

图 4-18　文件目录读入性能分析示例

现在我们来分析分解式目录的访问性能。首先计算文件 f4 的基本目录项所在的盘块号。假设文件 f4 的内部文件号为 100，分区基本目录表的起始位置盘块号为 10000，则文件 f4 的基本目录项离分区基本目录表中起始位置的字节距离为 $d=42 \times 100=4200$，其所在盘块与第一个盘块的距离(以盘块为单位)为 4200/512=8.2，所在盘块号为 10000+8=10008。

再来计算目录大小和读写性能。采用目录分解方案后，符号目录项的大小为$(1000 \times 8)/512=15.6$个盘块。读取文件 f4 的属性时，先获取符号目录，再读取基本目录。获取文件 f4 的符号目录项的最少、最多、平均读盘次数分别为 1、16、8.5，获取基本目录项需要读盘 1 次。合起来，获取文件 f4 的目录项所需的最少、最多、平均读盘次数分别为 2、17、9.5。

与一体化目录方案对比，平均读盘次数 9.5 与分解前的 47.5 相比，仅为原来的 20%，性能大大提高。因此，分解式目录管理方案被 Linux、UNIX 等现代操作系统广泛采纳。

思考与练习题 4.22　采用"文件目录分解法"，每个盘块为 512 字节，分解前每个目录占 64 字节，其中文件名占 8 字节。分解后，第一部分占 10 字节(包括文件名和文件内部号)，第二部分占 56 字节(包括文件其他描述信息)，文件内部号占 2 字节。

(1) 假设某一目录文件共有 254 个文件控制块，试分别给出采用分解法前后，查找该目录中某个文件控制块的平均读盘次数。

(2) 一般情况下，若目录文件分解前占用 n 个盘块，分解后改用 m 个盘块存放文件名和文件内部号，请给出减少读盘次数的条件。

4.5.5　Linux 分解式目录管理

Linux 系统采用分解式目录管理方法：文件名保存在文件目录中，文件的其他属性(文件大小、访问权限等)保存在索引节点(i-node)中。文件目录实际上是符号目录，i-node 是基本目录，将所有 i-node 放到磁盘分区的特定区域，称为索引节点表(i-node 表)。

图 4-19 显示了 Linux 文件目录与索引节点的关系。当需要访问某个文件(如 motd)时，Linux 系统先在文件目录中找到该文件的索引节点号(如 338)，再以索引节点号为索引，到 i-node 表中找到文件的其他信息，包括文件内容在外存中的位置。

在 Linux 系统中，索引节点与文件一一对应。若两个文件的索引节点号相同，它们就是同一文件。在图 4-19 中，newpassword 与 password 的索引节点号都是 340，它们是同一文件的两个名称，文件链接计数为 2，因此链接计数代表了文件有多少个名称。同样，motd 和 motd.bak 文件也是同一个文件。指向索引节点的多个文件名都是其他文件名的硬链接，可用"*ln   f1   f2*"或"*cp   -l   f1   f2*"命令为文件 f1 创建硬链接 f2。

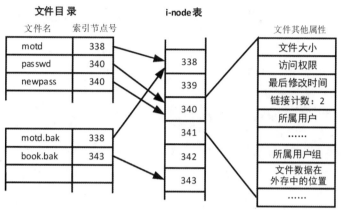

图 4-19   Linux 文件目录与索引节点关系示意图

为方便使用，Linux 系统除了有硬链接概念，还有符号链接(软链接)概念。符号链接是文件的一种快捷方式，它实际上仅保存某个文件的路径，用命令或文件读写函数读写符号链接文件时，就会读写对应的实际文件。硬链接和符号链接可使不同目录的文件名对应于同一个文件，这是一种被广泛接受的文件共享方式。

以下代码为文件 bashrc 建立了硬链接和快捷方式：

```
$ cd
$ cp  .bashrc  bashrc
$ ls  -l  bashrc
-rw-r--r--  1 root root 395 Jul 18 22:08 bashrc
$ cp  -s bashrc bashrc_slink 或 ln -s bashrc bashrc_slink        # 建立符号链接
$ cp  -l  bashrc bashrc_hlink 或 ln  bashrc bashrc_hlink         # 建立硬链接
$ ls  -l  bashrc*                                                # 显示目录列表，以验证是否创建成功
-rw-r--r--  2   root root 395 Jul 18 22:08 bashrc               # 这是原来的文件
-rw-r--r--  2   root root 395 Jul 18 22:08 bashrc_hlink         # 这是新建的硬链接
                                                                # 两个文件的链接计数都变为 2
lrwxrwxrwx  1 root root    6 Jul 18 22:31 bashrc_slink -> bashrc # 新建的符号链接
```

🐟 **思考与练习题 4.23**   请看以下命令输出：

```
$ ls  -li
total 12
1048914 drwxr-xr-x   29   can    root   4096   2014-04-05 09:27 can
1053108 drwxr-xr-x   38   linux  users  4096   2012-11-30 14:31 linux
1071284 -rwxr-xr-x   1    can    can    7219   2014-03-28 22:02 program
1234567 brw-r--r--   1    root   root   3, 1   2015-02-01 12:11 hda1
```

请回答：文件 linux、program 的文件类型、访问权限、链接计数、所属用户、所属用户组、大小、更新时间与索引节点号分别是什么？

思考与练习题4.24 给出/、/etc/passwd、/bin/df、~等文件或目录的索引节点号、类型、访问权限、链接计数、所属用户、所属用户组、大小等信息。

4.5.6 读取文件元数据

大多数文件操作主要是读写文件内容，但有时也需要读取时间、类型、访问权限等文件属性。Linux 提供了 stat 和 fstat 等函数，用于从文件的索引节点读取文件属性信息(又称元数据，metadata)，填写 stat 结构体。

```
#include <unistd.h>
#include <sys/stat.h>
int stat(const char *filename , struct stat *buf);
int fstat(int fd , struct stat *buf);
```
返回值：若成功，则为 0；若出错，则为-1。

这两个函数的功能相同，区别在于：stat 函数以文件名作为输入，fstat 函数以文件描述符(而不是文件名)作为参数。stat 结构体的定义如下：

```
struct stat {
        mode_t      st_mode;      /* 文件类型、权限等 */
        ino_t       st_ino;       /* inode 节点号 */
        dev_t       st_dev;       /* 设备号码 */
        dev_t       st_rdev;      /* 特殊设备号码 */
        nlink_t     st_nlink;     /* 文件的链接计数 */
        uid_t       st_uid;       /* 文件所有者 */
        gid_t       st_gid;       /* 文件所有者对应的组 */
        off_t       st_size;      /* 普通文件，对应的文件字节数 */
        time_t      st_atime;     /* 文件最后被访问的时间 */
        time_t      st_mtime;     /* 文件内容最后被修改的时间 */
        time_t      st_ctime;     /* 文件状态改变的时间 */
        blksize_t   st_blksize;   /* 文件内容对应的块大小 */
        blkcnt_t    st_blocks;    /* 文件内容对应的块数量 */
    };
```

st_size 成员包含文件的字节数。st_mode 成员则编码文件访问权限位和文件类型，文件类型有普通文件、目录文件、套接字、管道、块设备、字符设备、符号链接七种类型。UNIX 提供的宏指令根据 st_mode 成员来确定文件的类型，S_ISREG、S_ISDIR、S_ISSOCK 宏分别根据 st_mode 成员来判断是否为普通文件、目录文件和网络套接字。

下面的程序 getmeta1.c 演示了如何使用这些宏和 stat 函数来读取和解释一个文件的 st_mode 位。

```
/*  getmetal.c 程序的源代码 */
1    #include <stdio.h>
2    #include <sys/stat.h>
3    #include <fcntl.h>
4    #include <stdio.h>
5    #include <stdlib.h>
6    int main (int argc , char **argv)
7    {
8        struct stat buf;
9        char *type, *readok;
```

```
10        stat(argv[1] , &buf);
11        if (S_ISREG(buf.st_mode))        /* 判断文件类型 */
12            type = "regular";
13        else if (S_ISDIR(buf.st_mode))
14    type = "directory";
15        else
16            type = "other";
17        if ((buf.st_mode & S_IRUSR))    /* 检查访问权限 */
18    readok = "yes";
19        else
20    readok = "no";
21
22        printf ("type: %s , read: %s \n", type , readok);
23        exit(0);
24    }
```

下面编译和测试该程序：

```
$ gcc -o getmetal getmetal.c
$ ./getmetal getmetal
type: regular, read: yes
$ ./getmetal .
type: directory , read: yes
```

✏️ **思考与练习题 4.25** 编写程序 LS.c，显示当前目录下的文件列表，每行显示一个文件的信息，每个文件要显示文件名、文件大小和索引节点号。

4.5.7 文件搜索和当前目录

安装磁盘分区或文件系统后，系统会自动将其根目录读入内存。要读写文件，需要从根目录开始，顺着文件路径，先获取文件目录项，再执行打开和读写操作。例如，获取 C:\WINDOWS\system32\drivers\etc\hosts 目录项的过程如下。

① 从内存的 C:\目录表中读取目录 C:\WINDOWS 的数据区的盘块号，将 WINDOWS 目录内容读至内存，其内容是 C:\WINDOWS 目录表。

② 从 C:\WINDOWS 目录表中获取 system32 数据区盘块号，将 system32 的内容读至内存，其内容是 system32 目录。

③ 从 system32 目录中获取 drivers 数据区盘块号，将 drivers 的内容读至内存，其内容是 drivers 目录。

④ 从 drivers 目录中获取 etc 数据区盘块号，将 etc 内容读至内存，其内容是 etc 目录。

⑤ 最后从 etc 目录中获取 hosts 文件目录项，然后访问该文件。

显然，由根目录 C:\开始获取文件目录项的开销受路径长度影响很大。为了提高文件搜索效率，多数操作系统会为进程设置当前目录，并将当前目录的内容读入内存。上述问题中，若设置当前目录为 C:\WINDOWS\system32，文件搜索时间大约可节省一半。

Linux 系统采用分解式目录，符号目录为文件目录，基本目录项称为 i 节点，以图 4-20 演示的搜索文件/usr/ast/mbox 为例，从根目录开始搜索该文件的 i 节点需要经过以下 6 步。

① 从分区的根目录/目录表中查找 usr，得到其 i 节点号 7。

② 读取 i 节点区第 7 项的内容，从中得到/usr 内容盘块号 128。

③ 读取 128 号磁盘块到内存，得到/usr 目录表，搜索/usr 目录，获取 ast 的 i 节点号 62。

④ 读取 i 节点区第 62 项的内容，得到/usr/ast 目录表所在的盘块号为 496。

⑤ 读取 496 号磁盘块到内存，得到/usr/ast 目录表，从中获取 mbox 的 i 节点号为 80。

⑥ 最后，读取 i 节点区第 80 项的内容，得到/usr/ast/mbox 的文件属性。

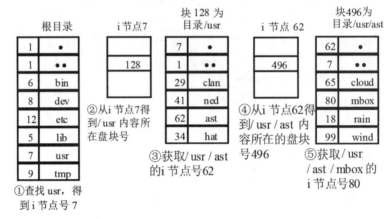

图 4-20　Linux 系统中的文件搜索示例

不难理解，如果设置当前目录为/usr 或/usr/ast，并将当前目录的目录表提前读入内存，则文件搜索开销也会大大减少。

📖 思考与练习题 4.26　为何多数操作系统要为进程设置当前目录？

4.6　文件物理结构

前面介绍了文件逻辑地址与物理地址的概念，讲述了文件属性的管理与文件目录项的组织。本节讨论文件存储空间管理，包括磁盘分配、空闲块管理与分区结构等。

4.6.1　外存组织方式

外存组织方式又称文件物理结构，指文件系统采取何种策略将磁盘空间分配给文件使用，以及文件如何登记分配自己的磁盘块，实际上是指分区的文件系统格式。外存组织方式一般有连续组织方式、链接组织方式和索引组织方式三种。

1. 连续组织方式

连续组织方式是指为每个文件分配一片盘块号连续的磁盘空间，由此形成的文件物理结构称为顺序式的文件结构，简称顺序文件。采用连续组织方式，文件目录项中只登记首个数据块的盘块号，外加盘块数或字节数表示的文件长度，如图 4-21 所示。

连续组织方式的优点是顺序访问速度快，不足在于多次创建和删除文件后，如果要创建比较大的文件，想要找到足够数量的号连续的磁盘块会比较难，致使磁盘空间利用率不高，这种组织方式比较适合文件一旦创建就不再修改的场合，如银行交易记录备份。

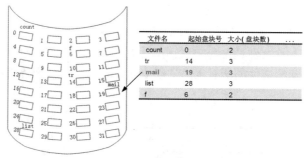

图 4-21　文件连续组织方式

💬 **思考与练习题 4.27**　考虑图 4-21 所示的文件结构。

(1) 给出文件 mail 的逻辑地址与磁盘块号的对应关系。

(2) 若盘块大小为 512B，请计算文件 mail 中字节编号(或偏移量)为 1000 的字节在哪个盘块中？

2. 链接组织方式

链接组织方式是指为每个文件分配盘块号不连续的磁盘空间，通过链接指针将一个文件的所有盘块按顺序链接在一起，由此形成链接式文件结构，简称链接文件。有两种实现方案：隐式链接和显式链接。

1) 隐式链接

在隐式链接中，每条逻辑记录都保存下一条逻辑记录的磁盘号，使各逻辑记录通过形成类似链表的结构，在文件目录项中包含指向起始和末尾逻辑记录的盘块号，图 4-22 是一个示例。其好处是磁盘空间利用率高；缺点是随机访问速度慢，因为要读写逻辑记录 n 中的数据，必须按顺序读出逻辑记录 0、逻辑记录 1、…、逻辑记录 $n-1$，需要读磁盘 n 次；同时链接指针一旦被破坏，文件内容即丢失，可靠性差。目前这种文件组织方式很少见。

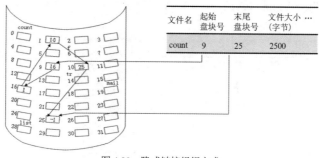

图 4-22　隐式链接组织方式

💬 **思考与练习题 4.28**　考虑图 4-22 所示的文件结构。

(1) 给出文件 count 的逻辑块号与磁盘块号的对应关系。

(2) 若盘块大小为 512B，请计算文件 count 中字节编号(或偏移量)为 1000 的字节在哪个盘块中？

(3) 写出将 1 字节内容 c 写入文件 count 中偏移量为 d 位置的程序代码。假设库函数 readdisk(char *buf, int block)将盘块 block 的内容读到缓冲区 buf, writedisk(char *buf, int block)将缓冲区 buf 的内容写到盘块 block。

2) 显式链接

显式链接组织方式是指为整个磁盘或磁盘分区设置一个表，每个表项的序号与磁盘块号对应，其中保存文件下一个数据块(或逻辑记录)所在的盘块号，将记录的盘块号看成指针值，就在整个磁盘或分区形成多条链。每个文件对应其中一条链，最后一个盘块对应的表项填 0，将链首盘块号写入文件目录。由于分配给文件的所有盘块号都放在该表中，因此把该表称为文件分配表(File Allocation Table，FAT)，如图 4-23 所示。

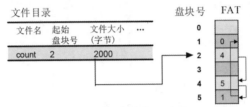

图 4-23　显式链接组织方式

显式链接组织方式将整个文件分配表置于一片连续的磁盘块中，所占空间不大，可预先将整个 FAT 读入内存。若随机读写某条逻辑记录的内容，可在内存中遍历链表，找到其磁盘块号，读写一次磁盘块即可。Windows 环境下的 FAT、FAT 16、FAT 32 文件系统采用的就是显式链接组织方式。

由于文件分配表(FAT)对整个文件系统至关重要，因此为防止磁盘块遭受破坏或篡改，提高文件组织的可靠性，一般会在磁盘分区的不同位置保存多个 FAT 副本。

3) Windows 文件系统格式

Windows 是采用链接组织方式的典型系统，早期的 DOS 采用 FAT 12 和 FAT 16 格式，Windows 95、Windows 98 采用 FAT 32 格式，Windows NT、Windows 2000 和 Windows XP 引入了 NTFS 格式。

FAT 12 以盘块为磁盘空间分配的基本分配单位，用每项宽度为 12 位的 FAT 管理属于各文件的数据块间的先后顺序，实现逻辑块号到磁盘块号的映射关系，如图 4-24 所示。在每个分区中都配有两张相同的文件分配表 FAT1 和 FAT2。

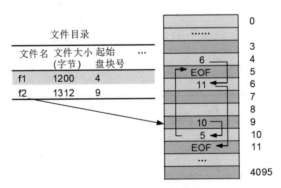

图 4-24　Windows 文件系统格式

FAT 12 存在的问题是每个 FAT 表项仅为 12 位，在 FAT 表中最多允许有 4096 个表项。若每个盘块的大小为 512 字节，则仅支持容量不超过 2 MB(4096×512 B)的分区；若一个物理磁盘最多可划分为 4 个分区，则该磁盘的最大容量仅为 8 MB。

一种改进方法是以簇(一组相邻的扇区)为单位分配磁盘空间，簇的大小通常为 1 个扇区(512 B)、

2 个扇区(1 KB)、4 个扇区(2 KB)、8 个扇区(4 KB)等。这样磁盘分区大小最大可达 64 MB，远不能支持现代的大容量硬盘。另一种方法是把 FAT 位数增加到 16 位，称为 FAT 16 文件系统格式，将 FAT 长度增至 65 536，同时每个簇可以拥有的盘块数可设置为 4、8、…、64，可管理的最大磁盘分区达 216×64×512= 2 GB，但仍然无法满足大容量分区要求。

为支持大容量硬盘，微软将 FAT 文件系统升级到 FAT 32，将 FAT 宽度增加到 32 位，将每簇大小降低到 4 KB(8 个盘块)，可管理的硬盘大小达 2 TB，从而有效缓解了 FAT 文件系统对大容量磁盘的支持问题。

随着技术和应用的发展，FAT 文件系统的若干缺陷也不断凸显：一是不支持即将普遍使用的 2 TB 以上的大容量硬盘；二是不能设置访问权限。自 Windows NT 以来，微软公司推出了 NTFS 文件系统格式来解决这些问题，其特性有：①使用 64 位磁盘地址，完全解决了对大容量硬盘的支持问题；②支持长文件名，单个文件名可达 255 个字符，全路径名可达 32 767 个字符，文件命名灵活；③具有系统容错功能，可靠性强；④可按用户、用户组设置访问权限，安全性高。

*思考与练习题 4.29

(1) 已知磁盘容量为 256 MB，簇大小为 4 KB，对 FAT 16 格式的文件系统来说，文件分配表应该占用多大磁盘空间？

(2) 有一个大小为 500 MB 的硬盘，簇大小为 1 KB，若采用 FAT 16 文件系统格式，试计算 FAT 的大小。

3. 索引组织方式

将分配给文件的盘块号登记在一个专门的索引块中，由此形成的文件物理结构，称为索引式的文件结构，简称索引文件。索引组织方式可解决顺序文件扩展不灵活和链接文件 FAT 开销大的问题。

最直观的做法是将磁盘块号放到单个索引表中，称为单级索引。为了支持容量较大的文件，索引表不能太小，但对于中小型文件，存在索引表利用率低而浪费空间的问题。因此 UNIX、Linux 都采用多级组织方式，又称增量式组织方式，其基本思想是在文件索引节点中设置 13 个索引项，其中 iaddr(0)~iaddr(9)为直接索引项，iaddr(10)提供一次间接地址，iaddr(11)提供二次间接地址，iaddr(12)提供三次间接地址，如图 4-25 所示。

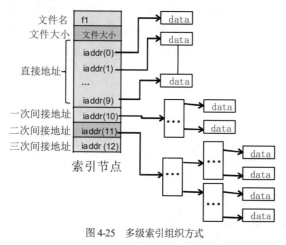

图 4-25　多级索引组织方式

采用多级索引组织方式,文件前 10 条逻辑记录 0、1、2、…、9 的盘块号依次保存在 iaddr(0)~iaddr(9)中;iaddr(10)中登记一个直接索引块的盘块号,索引块也是一个磁盘块,假设一个索引块中可登记 1024 个盘块号,则该索引块登记逻辑块号 10~1033 对应的盘块号;iaddr(11)登记一个间接索引块的盘块号,该索引块中又登记 1024 个直接索引块的盘块号,每个直接索引块登记 1024 条逻辑记录的盘块号,因此在 iaddr(11)下登记的数据块有 1024^2 个;以此类推,iaddr(12)登记一个三次间接地址,在其下登记的数据块数有 1024^3 个。

☞ **思考与练习题 4.30** 某文件系统采用增量式多级索引组织,其索引节点中共有 13 个地址项,第 0~9 个地址项为直接地址,第 10 个地址项为一次间接地址,第 11 个地址项为二次间接地址,第 12 个地址项为三次间接地址。如果每个盘块的大小为 4 KB,盘块号需要用 4 字节来表示,计算该系统中允许的最大文件长度。

☞ **思考与练习题 4.31** 某文件系统采用图 4-25 所示的增量式索引组织方式,若每个盘块为 4 KB,可放 1024 个盘块号,计算偏移地址为下列数值的字节所在数据块的逻辑块号,从该处读出 1 字节数据需要读盘几次?

① 9000 ② 18 0000 ③ 420 0000

4.6.2 管理磁盘空闲盘块

设计一个物理文件系统,除了文件组织方式,还涉及磁盘空闲空间的管理。一般有空闲表法、空闲链表法、位示图法、成组链接法等管理方法。

1. 空闲表法和空闲链表法

这是两种比较直观的空闲盘块管理方法。空闲表法为外存中的所有空闲区建立一张空闲表,每个空闲区对应一个空闲表项,其中包括表项序号、该空闲区的第一个盘块号、该空闲区的空闲盘块数等信息。系统也将所有空闲区按起始盘块号递增的次序排列,形成空闲盘块表。这种方法为每个文件分配一块连续的存储空间,仅适合文件连续组织方式。

空闲链表法将所有空闲盘区拉成一条空闲链,根据构成空闲链所用基本元素的不同,可把链表分成两种形式。一种是,空闲盘块链将磁盘上的所有空闲空间,以盘块为单位拉成一条链,其中的每个盘块都有指向后继盘块的指针。盘块分配简单方便,分配和回收效率较低,相应的空闲盘块链会很长。另一种是,空闲盘块链将磁盘上的所有空闲盘区(每个盘区可包含若干个盘块)拉成一条链。空闲链表法还存在可靠性差的问题,一旦断链,系统空闲盘块即丢失,因此一般很少使用。

2. 位示图法

位示图利用一个比特来表示磁盘中一个盘块的使用情况。当值为"0"时,表示对应的盘块空闲;值为"1"时,表示已分配。磁盘上的所有盘块都有一个比特与之对应,这样,由所有盘块对应的比特构成一个集合,称为位示图。通常把位示图看成 m 个位宽为 n 的字,表示成一个 m 行 n 列的表格,图 4-26 显示了每行为 16 位的位示图。

采用这种方法,可方便地计算点位图的位置与盘块号的对应关系。已知位示图某位的位置为(i, j),盘块号 $k=i*n+j$;若已知盘块号 k,则 $i = \lfloor k/n \rfloor$,$j=k \bmod n$。

	0	1	2	3	4	5	6	7	8	9	10	11	12	13	14	15
0	1	1	1	1	1	1	1	1	1	1	1	1	1	1	1	1
1	1	1	1	1	1	1	1	1	1	1	1	1	1	1	1	1
2	1	1	0	1	1	1	1	1	1	1	1	1	1	1	1	1
3	1	1	1	1	1	1	0	1	1	1	1	0	1	1	1	1
4	0	0	0	0	0	0	0	0	0	0	0	0	0	0	0	0
5																
6																

图 4-26　空闲盘块管理的位示图法

思考与练习题4.32　某计算机系统采用图 4-26 所示的位示图(行号、列号都从 0 开始编号)来管理空闲盘块。假设盘块从 0 开始编号，每个盘块的大小为 1 KB。

(1) 现在要为文件分配两个盘块，试具体说明分配过程。

(2) 若要释放磁盘的第 300 块，应如何处理？

3. 成组链接法

成组链接法利用空闲块本身的空间来管理空闲块资源，可以说完全消除了管理空闲块的存储开销，图 4-27 展示了其基本思想。

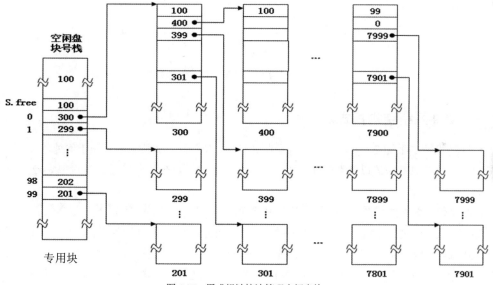

图 4-27　用成组链接法管理空闲盘块

① 将所有空闲盘块分成若干组，例如，将每 100 个盘块作为一组，设置一个空闲盘块号栈，其容量与盘块大小一致，用于存放第一组空闲块的盘块号和栈中尚有的空闲盘块数。图 4-27 的左部展示了空闲盘块号栈的结构。假设栈中最多登记 100 个盘块号，S.free(0)是栈底，栈满时的栈顶为 S.free(99)。

② 其他各组空闲块的盘块号和盘块总数登记到前一组空闲块中的第一个盘块中，对应 S.free(0)，如图 4-27 的右部所示。

③ 由各组的第一个盘块链成一条链,将第一组的盘块总数和所有的盘块号,记入空闲盘块号栈,作为当前可供分配的空闲盘块号。

④ 最末一组只有99个盘块，其盘块号分别记入其前一组的S.free(1)~S.free(99)，而在S.free(0)中则存放"0"，作为空闲盘块链的结束标志。

当需要为新建文件分配空闲盘块时，总是先把空闲盘块号栈最下面的盘块分配出去，如果选择分配的盘块号是S.free(0)，在图4-27中是300号盘块，由于该盘块登记了其他的空闲盘块号，应先把该盘块中的盘块号复制到专用块中。删除一个文件时，会将归还的盘块号登记到专用块中。如果盘块栈已经填满，就将盘块栈中的盘块号填入刚归还的盘块中，而把刚归还的盘块号填入S.free(0)，盘块栈中的盘块数置1。

*思考与练习题4.33　UNIX系统采用把空闲块成组链接的方法来管理磁盘空闲空间，图4-28是空闲块成组链接示意图，此时若文件A需要5个盘块，系统会将哪些盘块分配给它？若之后文件B被删除，它占用的盘块号为333、334、404、405、782，则回收这些盘块后专用块的内容如何？

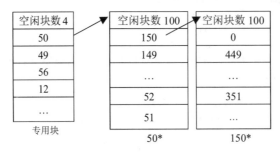

图4-28　空闲块成组链接示意图

4.6.3　文件系统结构格式

分区格式是文件系统类型，涉及根目录在哪里，点位图区、索引节点区位于何处，大小是多少等信息，这些信息都应该以某种约定的方式告知操作系统，以便进行装载。这里以ext2文件系统格式为例予以介绍。

ext2文件系统格式如图4-29所示，分区最前面的扇区是引导记录，存放NT Loader、Lilo、GRUB等引导程序代码，之后才属于ext2文件系统。ext2文件系统将分区划分为多个块组，每个块组由很多区块(block)构成，每个区块的大小有1 KB、2 KB及4 KB三种，内存与磁盘间以区块为单位传递数据。每个块组依次包括超级块(superblock)、文件系统描述、块位图(block bitmap)、索引节点位图(inode bitmap)、索引节点表(inode table)、数据块区(data block)。

superblock用于管理文件系统的基本信息，包括：块(block)与索引节点(inode)总量；未使用与已使用的inode、block数量；block与inode的大小；block bitmap、inode bitmap、inode table的位置等。文件系统描述说明每个block group的开始与结束盘块号，以及每个区段分别介于哪一个block块号之间。block bitmap描述哪些block是空闲的，哪些已分配给文件使用。inode bitmap描述哪些inode是空闲的，哪些已分配给文件使用。当执行mount命令挂载某个分区时，系统从superblock获得文件系统格式信息，通过它可找到所有文件属性、数据信息和空闲块信息。

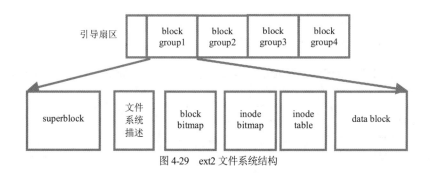

图 4-29 ext2 文件系统结构

4.7 本章小结

Linux 仅提供了 open、close、read、write、lseek、dup 等少量的 UNIX I/O 系统调用函数，允许应用程序打开、关闭、读写文件，移动文件指针，读取文件元数据，实现 I/O 重定向等。但 UNIX I/O 函数的功能不够丰富灵活，给应用编程带来不便，而且每次调用都要陷入内核，函数调用开销较大。

基于 UNIX I/O 实现的标准 I/O 库提供了一组强大的高级 I/O 例程，如 fopen、fclose、fread、fwrite、fseek、fgetc、fgets、fprintf、fscanf，方便按数据块、文本行读写文件，支持数据格式化处理，通过设置用户态缓冲区来减少内核陷入次数，可大大提高文件读写效率。对于大多数文件读写应用程序而言，标准 I/O 更简单方便，是优于 UNIX I/O 的选择。但由于标准 I/O 和网络通信存在不兼容问题，在网络应用编程中仍需要直接使用 UNIX I/O 函数进行网络编程。

然而，直接使用 UNIX I/O 系统函数读写数据时，存在不足值问题，也不方便按行读入。基于 UNIX I/O 实现的 RIO 包，通过反复执行读写操作，直到传送完所有的请求数据，可以自动处理不足值，支持按行读取数据，适合在网络编程中使用。

不过，UNIX I/O 是操作系统文件管理的组成部分，学习它对于理解操作系统的文件系统原理有很大帮助。Linux 内核使用三个相关的数据结构来表示打开的文件。描述符表中的表项指向文件对象(打开文件的 file 结构)，而文件对象又指向 v-node 对象。每个进程都有独立的描述符表，而所有进程共享同一个文件对象表和 v-node 表。学习 UNIX I/O 内核数据结构是理解管道、I/O 重定向和守护进程工作原理的基础，也有助于编写方便易用的网络通信应用。

要理解 Linux 等操作系统的工作原理，还有必要学习文件系统结构。它包括两方面：一是文件组织，包括文件目录的组织方式、逻辑地址和物理地址的概念，这些有助于理解文件搜索的原理与当前目录的意义，以便更高效地操作文件，编写更高效的文件操作代码；二是文件物理结构，包括顺序、链接和索引三种外存组织方式与应用场合，文件空闲空间管理方法以及物理文件系统格式。

课后作业

👉 思考与练习题 4.34 编写程序 Cat.c，实现命令 cat 的功能以显示文本文件内容，例如，当执行 "./Cat/etc/passwd" 命令时，在终端显示文件/etc/passwd 的内容。

👉 思考与练习题 4.35 编写程序 Hex.c，以十六进制形式显示文件内容，每字节用两个十六进制数字表示，每行显示 40 字节的内容。例如，字符'a'的 ASCII 码是 0x61，如果某个文件的内容是"aaaa"，则显示结果应该是"61 61 61 61"。

思考与练习题 4.36 假设文件 infile 的内容是"abcdefghijklmnopqrstuvwxyz\n"，请写出以下程序的输出结果：

```
#include <stdio.h>
#include <sys/stat.h>
#include <fcntl.h>
int main()
{
    int fd, loc1, loc2;
    char ch;
    fd=open("infile",O_RDONLY,0);
    loc1=lseek(fd, 10, SEEK_CUR);
    read(fd, &ch, 1);
    loc2=lseek(fd, 0, SEEK_END);
    printf("loc1=%d ch=%c, loc2=%d\n",loc1, ch, loc2);
    close(fd);
}
```

思考与练习题 4.37 有一个元素类型为 T 的数组 a，定义为 "T a[N];"，其中 N 为常量。已将数组 a 写入新文件 fa，描述符为 fd。

(1) 计算元素 a[k]距数组 a 起始位置的字节偏移量。

(2) 计算元素 a[k]在文件 fa 中的位置 (即相对于文件起始处的偏移量)。

(3) 定义变量 "T e"，写一段代码，从文件 fd 将元素 a[k]的内容读入变量 e。

思考与练习题 4.38 编写程序，输入 5 个学生的成绩信息，包括学号、姓名、语文、数学、英语，成绩允许有一位小数，存入一个结构体数组，该结构体的定义如下：

```
typedef struct _subject {
    char sno[20];      // 学号
    char name[20];     // 姓名
    float chinese;     // 语文成绩
    float math;        // 数学成绩
    float english;     // 英语成绩
    } subject;
```

将学生信息逐条写入数据文件 data，最后读回第 1、3、4 条学生的成绩记录并显示出来，检查读出结果是否正确。

*思考与练习题 4.39 假设数组 var 的元素类型为 T、大小为 N，其定义为 T var[N]。请编写程序，将其内容写入文件 data，要求除最后的 write 函数调用外，每次写操作传输的字节数为 B。

思考与练习题 4.40 结合文件 I/O 内核数据结构，说明 open 和 close 函数的执行过程，为何读写文件前要打开文件？

思考与练习题 4.41 假设文件 a.txt 的内容是"abcdefghijklmnopqrstuvwxyz"，文件 b.txt 的内容是"0123456789"，当前进程对两个文件都有读写权限，请写出下列程序的输出结果。

```
void main()
{
    int newfd,oldfd1,oldfd2,newfd2,nchar;
    char buf[30];
    oldfd1=open("a.txt",O_RDWR);
    oldfd2=open("b.txt",O_RDWR);

    printf("The oldfd1 file descriptor =%d\n",oldfd1);
    printf("The oldfd2 file descriptor =%d\n",oldfd2);
    newfd=dup(oldfd1);
    printf("The newfd file descriptor =%d\n",newfd);

    newfd2=dup2(oldfd1,0);
    printf("The newfd2 file descriptor =%d\n",newfd2);
    nchar=read(0, buf, 8);
    buf[nchar]='\0';
    printf("I have read from a.txt:%s\n",buf);
}
```

思考与练习题 4.42　阅读下面的程序，并按要求回答问题。

```
int main() {
    int fd;
    fd=open("f2.txt",O_RDWR|O_CREAT,0621);
    close(fd);
}
```

程序编译完之后执行如下指令，请写出文件 f2.txt 的权限。

```
$ umask  -p  0022
$ ./f2
$ ls  -l  f2.txt
```

思考与练习题 4.43　文件 f31.txt 的内容为空，文件 f3.txt 的内容为"123456789abcdefg\n"，请写出下面的程序 p3.c 运行后，f31.txt 文件的内容。

```
int main() {
    int rbytes,wbytes,fd1,fd2;
    char buf[10];
    fd=open("f3.txt", O_RDONLY, 0)
    lseek(fd,-10,SEEK_END);
    rbytes=read(fd1,buf,5);
    buf[5]='\0';
    fd2=open("f31.txt",O_WRONLY, 0777);
    close(1);
    dup(fd2);
    close(fd2);
    printf("%s\n", buf);
    close(fd1);
    }
```

🖋 **思考与练习题 4.44**   分析和验证下列程序的输出。

```
#include <fcntl.h>
#include <stdio.h>
main()
{
    int fd1,fd2,fd3;
    fd1 = open("f1",O_RDWR);
    fd2 = open("f2",O_RDWR);
    printf("fd1=%d\nfd2=%d\n",fd1,fd2);
    close(fd1);
    fd3 = open("f3",O_RDWR);
    printf("fd3=%d\n",fd3);
    close(fd2);
    close(fd3);
}
```

🖋 **思考与练习题 4.45**   假定用户对当前目录下存在的 f1.txt 和 f2.txt 两个文件都有读权限，下面程序的输出是什么？

```
int main()
{
    int fd1, fd2;
    fd1 = open("f1.txt", O_RDDNLY , 0);
    dup(fd1);
    dup2(fd1,6);
    fd2 = open("f2.txt" , O_RDDNLY , 0);
    printf("fd2 = %d\n" , fd2);
    exit(0);
}
```

🖋 **思考与练习题 4.46**   假设磁盘文件 f.txt 由 6 个 ASCII 码字符"silent" 组成。写出下列程序的输出结果。

```
int main( )
{
    int fd1, fd2;
    char c;
    fd1 = open("f.txt", O_RDONLY , 0);
    fd2 = open("f.txt", O_RDONLY , 0);
    read(fd1 , &c , 1);
    printf("c1 = %c\n" , c);
    read(fd2 , &c , 1);
    printf("c2 = %c\n" , c);
    exit(0);
}
```

🖋 **思考与练习题 4.47**   假设文件 test.txt 存在，当前用户具有读写权限，请写出下列程序的输出结果。

```
int main(){
    int fd1,fd2,fd3;
```

```
    fd1=open("test.txt",O_RDWR | O_TRUNC );
    fd2=dup(fd1);
    printf("fd2=%d\n",fd2);
    close(0);
    fd3=dup(fd1);
    printf( "fd3=%d\n" ,fd3);
}
```

思考与练习题 4.48 下面是一段关于系统 I/O 的程序，请认真阅读并按要求回答问题。

```
int main() {
    int rbytes,wbytes,fd1,fd2;
    char buf;
    fd1=open("f1a.txt",O_RDONLY,0);
    fd2=open("f1b.txt",O_WRONLY|O_CREAT,0600);
    while((rbytes=read(fd1,&buf,1))>0) {
      if(buf>='a' && buf<='z')
        buf=toupper(buf);
      wbytes=write(fd2,&buf,rbytes);
    }
    close(fd1);
    close(fd2);
}
```

成功执行上面的程序后，执行下面两条命令：

```
$ cat  f1a.txt
2016 linux exam GOOD!GOOD!
$ cat  f1b.txt
```

请给出命令"cat f1b.txt"的输出结果。

*思考与练习题 4.49 为测量函数 func 的执行时间，通常可调用函数 gettimeofday，获取代码段执行前后的系统时间 M_1、M_2，代码如下所示：

```
M1=gettimeofday();
    for (i=0; i<N; i++) func();
M2=gettimeofday();
```

将二者相减，得到代码段 "for (i=0; i<N; i++) func()" 的测量时间为 M_2-M_1。

(1) 请给出 func()函数的测量时间 M 的表达式。

(2) 假设时间测量误差是 Δ_1，代码段 "for (i=0; i<N; i++);" 的执行时间为 Δ_2，不考虑多任务切换带来的影响，请给出 func()函数的真实执行时间 T，讨论如何减少测量误差。

*思考与练习题 4.50 在 Linux 环境下，调用库函数 gettimeofday，测量一个代码段的执行时间。请写一个程序，测量一次 read 和一次 fread 函数调用所需的执行时间，并对测量结果给出解释。提示：调用 gettimeofday 函数可获得微秒级计时。

思考与练习题 4.51 假设盘块大小为 512 字节，计算文件第 10 000 字节(从 0 开始计数)所在数据块的逻辑块号。

思考与练习题 4.52 写出 Linux 环境下，获取/home/can/hello 文件的基本目录的过程。

思考与练习题 4.53 对于操作系统的文件管理模块，有哪几种提高文件搜索效率的措施?

*思考与练习题 4.54 考虑读文件系统调用"read(fd, buf, len);"的实现。假设当前文件读写指针的位置为 pos，逻辑数据块和磁盘块大小都是 BSIZE。

(1) 计算要读入的首字节和末字节距文件起始位置的字节距离。

(2) 计算需要读几个数据块，给出其逻辑块号的范围。

(3) 假设已有将文件 fd 中逻辑块号为 n 的数据块读入内存缓冲区 rec 的库函数"int ReadLBlock(int fd,int n, void *rec);"，其中返回值是实际读出的字节数。请写出函数"int read(fd,void *buf,size_t len);"的实现程序。

*思考与练习题 4.55 考虑写文件系统调用"write(fd, buf, len);"的实现，假设当前文件读写指针的位置为 pos，磁盘块大小为 BSIZE。

(1) 计算要写入的首字节和末字节距文件起始位置的字节距离。

(2) 计算要写几个数据块，给出其逻辑块号的范围。

(3) 假设将文件 fd 中块号为 n 的某个数据块读入内存缓冲区 rec 的库函数为"int ReadLBlock(int fd,int n, char rec[BSIZE]);"，其中返回值是实际读出的字节数; 将内存缓冲区 rec 的内容写入文件 fd 的数据块 n 的库函数为"WriteLBlock(int fd,int n, char rec[BSIZE]);"。请写出函数"int write(fd,void *buf,size_t len);"的实现程序。

思考与练习题 4.56 某磁盘文件空间共有 500 个磁盘块，若用字长为 32 位的位示图管理磁盘空间，试问:

(1) 位示图需要多少字节?

(2) 第 i 字节的第 j 位对应的块号是多少?

思考与练习题 4.57 若盘块大小为 4 KB，块地址用 4 字节表示，文件系统采用索引组织方式，索引项 0 至索引项 9 为直接索引，索引项 10 为一级间接索引，索引项 11 为二级间接索引，索引项 12 为三级间接索引。若文件索引节点已在内存中，请计算读出文件以下位置处 1500 字节的数据，需要读写多少个磁盘块?

① 9000　②180 000　③4 200 000

思考与练习题 4.58 某计算机系统采用图 4-26 所示的位示图(行号、列号都从 0 开始编号)来管理空闲盘块。如果盘块从 0 开始编号，每个盘块的大小为 1 KB。

(1) 现在要为文件分配两个盘块，试具体说明分配过程。

(2) 若要释放磁盘的第 1000 盘块，应如何处理?

(3) 假设全局数组变量 short bm[N]表示的位示图已读入内存，写出返回一个空闲盘块号的分配函数 int alloc()，以及归还一个盘块 b 的回收函数 int release(int b)的描述代码。

思考与练习题 4.59 假设磁盘上某系统的逻辑块和物理块的大小都为 4 KB，盘块号用 4 字节存储。假设每个文件的属性信息已在内存中。针对三种分配方法(连续分配、链接分配和索引分配)，假设当前处在逻辑块 10(最后访问的是逻辑块 10)，现在想访问逻辑块 4，那么必须从磁盘上读多少个物理块? 给出原因。

思考与练习题 4.60 某文件系统的目录结构如图 4-30 所示，采用一体化目录，每个目录项占 256 B，磁盘块大小为 512 B。假设当前目录为根目录。

(1) 文件 Wang 的路径是什么?

(2) 系统需要读取哪几个目录文件后才能查到文件 Wang?

(3) 系统找到文件 Wang, 至少需要读几个磁盘块?

(4) 给出一种加快文件查找速度的目录结构。

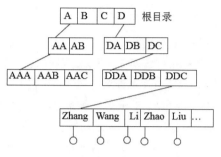

图 4-30 某文件系统的目录结构

思考与练习题 4.61 考虑一个含有 100 个数据块的文件。假如文件控制块和索引块(当用索引分配时)已在内存中，逻辑块与物理块大小相同。当使用连续、链接、单级索引分配策略时，下列操作各需要多少次磁盘 I/O 操作? 假设在连续分配时，在开始部分没有扩展空间，但在结尾部分有扩展空间，并且待添加块的信息已在内存中。

(1) 在开头增加一块。　(2) 在中间增加一块。　(3) 在末端增加一块。

(4) 在开头删除一块。　(5) 在中间删除一块。　(6) 在末端删除一块。

第 5 章

进程管理与控制

支持多进程(或多任务)并发是计算机系统实现强大处理功能的基础。正是基于操作系统的多进程(多任务)管理能力，才使我们能够很好地驾驭并发活动的复杂管理，开发出各种功能强大的信息管理系统、网络应用、购物平台，并充分发挥计算机硬件系统强大的处理能力，满足各种应用对性能的需求，如实时信息查询、网络购物等。Linux 是优秀的多任务操作系统，允许系统中同时运行多个进程、线程，通过多任务并发，实现强大的系统功能，使其在科学计算、数据处理、网络通信、办公娱乐等很多方面得到广泛的应用。本章讲述进程的概念、多进程并发和进程管理机制，学习多进程并发程序设计，为未来解决实际应用中的并发问题，以及学习分布式编程、大数据处理、云计算、嵌入式应用开发等技术打下基础。

本章学习目标：
- 理解逻辑控制流和并发流的基本概念，理解进程的概念、结构与描述
- 理解进程的基本状态及状态转换关系图，了解进程 PCB 组织，分辨进程与程序的区别与联系
- 掌握利用进程创建、程序加载、进程终止、进程撤销进行多进程并发编程的基本方法
- 理解多进程并发执行的特征，掌握程序并发运行的基本分析方法
- 理解信号机制与应用，掌握利用信号机制进行编程的基本框架
- 理解守护进程的概念，了解应用编程方法

5.1 逻辑控制流和并发流

在多进程运行环境下，系统通过进程技术给每个程序造成一种假象：好像它在以独占方式使用处理器。如果用 gdb 单步执行程序，我们会看到一系列的程序计数器(PC)值，这些值对应程序的各条二进制指令，或对应动态库中共享对象中的指令，按照程序执行流程运行或跳转。这个 PC 值的序列叫作逻辑控制流，或者简称逻辑流。

考虑一个运行三个进程的系统，如图 5-1 所示。处理器的一个物理控制流分成三个逻辑流，每个进程一个逻辑流。每条竖线表示一个进程逻辑流的一部分。在这个例子中，三个逻辑流的执行是交错的。进程 A 运行了一会儿，然后进程 B 开始运行，直到完成。随后，进程 C 运行了一会儿，进程 A 接着运行，直到完成。最后，进程 C 可以运行到结束。这表明多个进程在轮流使用处理器，每个进程执行其逻辑流的一部分，然后被抢占(preempted)并暂时挂起，轮到其他进程执行。但对于一个运行在进程上下文中的程序来说，看上去好像在以独占方式使用处理器。

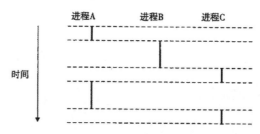

图 5-1　逻辑控制流。进程为每个程序提供了一种假象，好像程序在以独占方式使用处理器。
每条竖线表示一个进程的逻辑控制流的一部分

　　CPU 在不同进程间转移的原因可归为两类：一类是进程主动放弃 CPU，例如，进程在执行耗时的 I/O 操作时(如执行 C 语言的 scanf 语句)，CPU 无事可做，进程会主动放弃 CPU；另一类是进程被动放弃 CPU，例如，本次分配给进程的时间配额已经用完，或有紧迫程度更高的任务需要执行，这时操作系统会强行夺走 CPU，并分派给其他进程。CPU 控制发生转移的时机一般都在中断响应之时，因为只有在这个节骨眼操作系统能介入控制。一旦有中断发生，CPU 执行完手头指令就会去响应中断，而中断，尤其是时钟中断可在任何时候发生。因此，在每条指令执行后都可能发生 CPU 控制易主。

　　计算机系统中的逻辑流有许多不同的形式。进程、中断(异常)处理程序、信号处理程序、线程和 Java 进程都是逻辑流的例子。

　　执行过程中在时间上有重叠的逻辑流，称为并发流(concurrent flow)，并发流是并发运行的。也就是说，流 X 和 Y 互相并发，当且仅当 X 在 Y 开始之后和 Y 结束之前开始，或者 Y 在 X 开始之后和 X 结束之前开始。例如，在图 5-1 中，进程 A 和 B 并发地运行，进程 A 和 C 也一样。但进程 B 和 C 没有并发地运行，因为进程 B 在 C 开始前已经结束。

　　由于中断频度、负载大小的影响，两个逻辑流在两次不同的执行过程中可能有不同的重叠模式，甚至还存在时间不重叠的情况。这时我们的判断准则是，只要某种可能的执行模式在时间上存在重叠，它们就是并发流。

　　多个流并发执行的现象常称为并发(concurrency)。一个进程和其他进程轮流运行的概念称为多任务(multitasking)。每次分配给一个进程的执行时间称为时间片(time slice)。进程也因此划分为多个时间分片(time slicing)。例如，在图 5-1 中，进程 A 的逻辑流由两个时间分片组成。

　　并发的思想与流运行的处理器核数或 CPU 数无关。如果两个流在时间上重叠，那么它们就是并发的，即使它们运行在同一个处理器上。如果两个流同一时刻运行在不同的处理器核或计算机上，那么称它们为并行流(parallel flow)。并行流在某段时间内同时执行，是并发流的一个真子集。

　　刚才讲到的并发流、并行流等概念，是在逻辑流已完成执行的条件下，对其并发、并行特性做出的判定。但在实际应用中，我们要求程序还未执行，就要对其并发、并行特性做出分析。一般来说，两个逻辑流的操作指令有很多种不同的交叉或非交叉执行顺序，只要有一种可能顺序是并发的，就称这两个流是并发的，只要有一种顺序在多处理器环境下是并行的，就称这两个流是并行的。虽然并行流是并发流的子集，且很多场景下并发程序也是可并行的，但在实际应用中，我们一般只需要知道一个程序是否是并发的。

思考与练习题 5.1　考虑三个具有下述起始和结束时间的进程：

进程	起始时间	结束时间
A	0	2
B	1	4
C	3	5

对于每对进程，指出它们是否是并发运行的。

(1) AB   (2) AC   (3) BC

5.2 进程的基本概念

不严格地说，进程是正在执行的程序；严格一点说，进程是程序在一个独立数据集上执行的过程。我们打开一个 Linux 终端窗口，实际上就是创建一个 bash 进程；当在 Linux 终端输入一条 Linux 命令时，Linux 也创建一个进程来执行该程序；而输入一个 Shell 脚本时，则创建一个 bash 进程来执行该脚本。Linux 命令、程序、脚本执行完毕后，这个进程就被终止了。

作为多用户系统，Linux 允许多个用户同时登录系统。每个用户可以同时运行多个程序，或者同时运行同一个程序的多个运行实例，每个程序运行实例都是一个进程，系统本身也运行着一些管理系统资源和控制用户访问的程序。

5.2.1 进程概念、结构与描述

作为程序执行过程的进程，至少要包含三项内容：程序代码、数据集和进程控制块(Process Control Block，PCB)，如图 5-2 所示。进程是程序的执行过程，首先必须有程序代码，一般是包括 main 函数的可执行程序，将程序加载到内存中，进程才能启动；数据集是进程的处理对象，可认为是变量内容，保存初始化信息、环境变量、命令行参数和文件数据；为了对进程实施管理，Linux 系统需要找到进程的程序代码、数据变量所在的存储器地址，有时还需要查阅进程的其他属性。因此，Linux 系统为每个进程创建了一个称为进程控制块(PCB)的结构体，用于管理各种进程属性。有进程就有 PCB，找到 PCB 就能找到进程的各种信息，PCB 是进程存在的唯一标志，操作系统通过 PCB 对进程实施管理和控制。

图 5-2　进程的结构

进程有很多属性，为便于理解，此处将其划分为四类。

1) 进程描述信息

通过进程描述信息，Linux 系统可以唯一地确定某个进程的基本情况，了解该进程所属的用户及用户组等信息，同时还能确定这个进程与所有其他进程之间的关系。这些描述信息包括：进程号、用户和组标识，以及进程族亲信息。

(1) 进程号(PID, process identifier)：Linux 系统为每个进程都分配唯一的标识号，通过这个标识号搜索、控制、调度该进程，其他进程也通过这个标识号来识别这个进程并与之通信，用户也通过标识号来使用操作命令或系统调用控制该进程。一个程序运行两次，会产生两个运行实例，每个程序运行实例是一个不同的进程。

(2) 用户和组标识(user and group identifier)：Linux 系统中有四类不同的用户和组标识，主要用来控制进程对系统文件的访问权限，实现对系统资源的安全访问。

(3) 进程族亲信息：Linux 系统中的进程之间形成树状的家族关系，进程族亲信息包括某个进程的父进程、兄弟进程(具有相同父进程的进程)及子进程，描述一个进程在整个家族中的具体位置。

2) 进程控制信息

进程控制信息记录进程的当前状态、调度信息、计时信息及进程间的通信信息，是系统掌握进程状态、了解进程间关系、实施进程调度的主要依据。

(1) 进程状态：进程在其生命周期中，总是不停地在各种状态之间转换，有关进程状态及转换规则，在下一小节讨论。

(2) 调度信息：系统的调度程序利用这部分信息决定应该运行哪个进程，包括优先级、剩余时间片和调度策略等。

(3) 计时信息：包括时间片和定时器，给出进程占有和利用 CPU 的情况，是处理器调度的依据，也是进行统计、分析及计费的依据。

(4) 通信信息：多个进程之间通信的各种信息也记录在 PCB 中。Linux 支持典型的 UNIX 进程间通信机制——信号、管道，也支持 System VIPC 通信机制——共享内存、信号量和消息队列。

3) 进程资源信息

Linux 的 PCB 中包含大量的系统资源信息，这些信息记录与该进程有关的存储器的地址和资料、文件系统及打开文件的信息等。通过这些资源，进程就可以得到所需的相关程序代码和数据。

4) CPU 现场信息

进程的静态描述必须保证一个进程在获得处理机并重新进入运行状态时，能够精确地接着上次运行的位置继续运行。相关程序段和数据集及处理机现场(或处理机状态)都必须保存。处理机(CPU)现场信息一般包括 CPU 内部寄存器和堆栈等基本数据。

task-struct(任务结构体)是 Linux 系统的进程控制块(PCB)，通过对 PCB 进行操作，系统为进程分配资源并进行调度，最终完成进程的创建和撤销。系统利用 PCB 中的描述信息来标识一个进程，根据 PCB 中的调度信息决定该进程是否应该运行。如果这个进程要进入运行状态，应首先根据其中的 CPU 现场信息来恢复运行现场，然后根据资源信息获取对应的程序段和数据集，接着上次的位置继续执行，并通过 PCB 中的通信信息和其他进程协同工作。下面给出了 task_struct 结构体的部分重要属性：

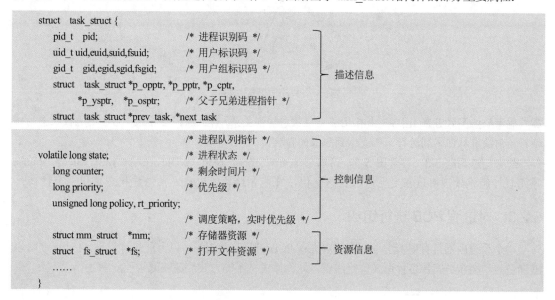

```
struct   task_struct {
    pid_t   pid;                          /* 进程识别码 */
    uid_t uid,euid,suid,fsuid;            /* 用户标识码 */
    gid_t   gid,egid,sgid,fsgid;          /* 用户组标识码 */                描述信息
    struct   task_struct *p_opptr, *p_pptr, *p_cptr,
         *p_ysptr,  *p_osptr;             /* 父子兄弟进程指针 */
    struct   task_struct *prev_task, *next_task
                                          /* 进程队列指针 */
    volatile long state;                  /* 进程状态 */
    long counter;                         /* 剩余时间片 */                  控制信息
    long priority;                        /* 优先级 */
    unsigned long policy, rt_priority;
                                          /* 调度策略，实时优先级 */
    struct mm_struct   *mm;               /* 存储器资源 */                 资源信息
    struct   fs_struct *fs;               /* 打开文件资源 */
    ......
}
```

在以上结构体中，p_opptr、p_pptr、p_cptr、p_ysptr、p_osptr 分别是指向祖先进程、父进程、子进程、弟进程、兄进程的指针，用于创建进程间族亲关系树。prev_task、*next_task 则用于创建双向进程队列，Linux 系统一般要创建两种进程队列，分别是就绪队列和阻塞队列。

5.2.2　进程的基本状态及状态转换

为了对进程实施管理控制，一般根据 CPU 对资源的拥有情况，为处于生命周期中的进程定义三种基本状态。

(1) 就绪状态(ready)：指进程已分配到除 CPU 外的所有必要资源，只要获得 CPU，便可立即执行。处于就绪状态的进程，一般已获得所需的存储器、I/O 设备、文件和其他资源，不等待事件发生，只要获得 CPU，就可投入运行。通常，新创建的进程处于就绪状态。

(2) 运行状态(running，也称执行状态)：指进程已获得 CPU，程序正在执行。处于运行状态的进程，已获得所需内存、I/O 设备、文件和其他资源，并且也获得 CPU。当就绪状态的进程被进程调度器选中，将 CPU 分配给它使用时，它将从就绪状态转换到运行状态。

(3) 阻塞状态(waiting)：正在执行的进程因请求资源、等待事件发生、等待 I/O 等原因，而暂时无法继续执行时，便进入阻塞状态。进入阻塞状态的进程会主动放弃 CPU，供其他进程使用。

在实际操作系统设计中，为了更好地描述进程从诞生到消亡过程的状态变化，往往还需要增加两种状态：

(4) 创建状态(new)：正在创建且尚未完成创建过程的进程所处的状态称为创建状态。创建一个进程一般要通过多个步骤才能完成，在创建过程中，虽然进程已存在，但还不能调度运行，引入创建状态，可防止系统调度"尚未足月"的进程运行。

(5) 终止状态(terminated)：进程终止后并不会立即被清理，而是让其进入终止状态。进程终止的原因一般有正常结束、出错终结、被杀死等。处于终止状态的进程永远不会再执行。设置终止状态允许操作系统获取其终止原因和统计数据，最后将其清理。

图 5-3 展示了进程的五种状态及状态转换关系。

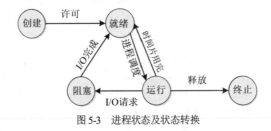

图 5-3　进程状态及状态转换

思考与练习题 5.2　图 5-3 中有几种进程状态转换关系，什么原因会导致图 5-3 中进程状态的转换？为何没有从阻塞到运行、从就绪到阻塞的转换？

思考与练习题 5.3　参看图 5-3，请回答 scanf、fork、read、write、exit、wait、sleep、pause 等函数可能导致调用进程发生何种状态变化，可能导致其他进程发生何种状态变化，为什么？

5.2.3　对进程 PCB 进行组织

一个系统内通常有很多进程，需要对进程 PCB 进行有效组织，以方便进程管理。Linux 系统以双向链表、树状链表等多种形式进行组织，允许系统按不同方式快速获取进程的 PCB。

1) 双向链表队列

Linux 系统一般根据进程状态将进程 PCB 组织成多个双向链表，每个双向链表都是一个进程队列，这样组织便于快速获得队列中的第一个进程。Linux 用 prev_task 和 next_task 两个指针来构建进程队列。可设置一个就绪队列和多个阻塞队列。处于就绪状态的进程都插入就绪队列，为每种等待事件设置一个阻塞队列，将处于阻塞状态的进程插入等待事件相关的阻塞队列中，如图 5-4 所示。

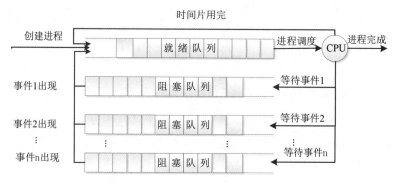

图 5-4　根据进程状态，利用双向链表将进程 PCB 组织成多个队列

2) 双向链表+树状结构

按进程间的族亲关系组成双向链表+树状结构，树状结构展示父子关系，父节点为父进程，链表结构表达兄弟关系。父子进程间通过 p_pptr、p_cptr 两个指针关联，兄弟进程间通过 p_osptr 和 p_ysptr 两个指针关联，父进程的 p_cptr 指向第一个子进程。这种组织方式便于根据 PID 迅速找到父进程、子进程、兄弟进程 PCB，如图 5-5 所示。

☞ *思考与练习题 5.4　假设ready是Linux系统就绪队列的指针，就绪队列中的进程通过指针prev_task和next_task构成双向队列，假设某个进程task_struct结构的指针是p，请给出将其插入就绪队列末尾的代码。

☞ *思考与练习题 5.5　假设某个进程 task_struct 结构的指针是 pp，其新建子进程 task_struct 结构的指针是 p，请写出将进程 p 插入图 5-5 所示进程族亲关系树的代码。

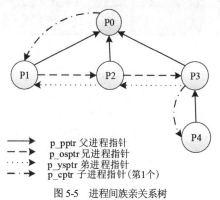

p_pptr 父进程指针
p_osptr 兄进程指针
p_ysptr 弟进程指针
p_cptr 子进程指针(第1个)

图 5-5　进程间族亲关系树

5.2.4　进程实例

下面通过多次运行整数排序程序 pro1.c 来说明多进程的概念，以下是源程序代码：

```
#include <stdio.h>
int sort(int a[],int n);
int main()
{
    int a[10];
    int i;
    printf("请输入 10 个整数：");
    for (i=0; i<10; i++)   scanf("%d",&a[i]);
    sort(a,10);
    for (i=0; i<10; i++)   printf("%d   ",a[i]);
    printf("\n");
}
```

```
int sort(int a[], int n)
{
    int i,j,t;
    for (i=0; i<9; i++)
        for(j=i+1; j<10; j++)
        {
            if(a[i]>a[j])
            {
                t=a[i];a[i]=a[j];a[j]=t;
            }
        }
}
```

先编译该程序，再在两个不同的终端窗口中执行该程序，在另一个终端窗口中显示进程信息。

$ *gcc -o proc1 proc1.c*

两个程序启动后，都在等待用户输入数据，在下方打开第三个终端窗口，输入以下命令，查看有几个名为 proc1 的进程：

$ *ps -ef|grep proc1*

结果有三行，前两行就是上面在两个终端窗口中运行程序./proc1 产生的进程，第三行过滤 grep 命令产生的进程，表明系统确实产生了两个进程，如图 5-6 所示。

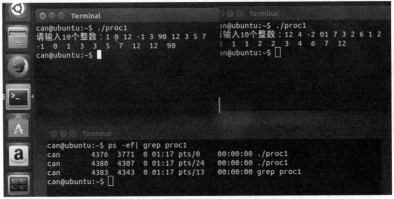

图 5-6   一个程序运行多次后产生多个进程的场景

在两个名为./proc1 的进程中，它们的程序代码都是可执行程序./proc1，数据集就是从键盘输入的待排序数据，两个进程的数据集是不同的，ps 命令给出的结果就是保存在 PCB 中的进程属性信息。在该例中，显示的信息可解释为：can 是启动进程的用户名；4376、4380 分别是两个./proc1 进程的 PID；3771 和 4307 分别是各自父进程的 PID，在这里是对应终端窗口 Shell 进程的 PID；pts/0、pts/24 分别是两个进程所在终端窗口的设备名；最后两个字段是进程的运行时间和进程名称，进程名称一般是可执行文件路径。

在上面两个终端窗口中输入完数据并按回车键后，两个程序执行完毕，重新显示命令提示符$，再查看名为./proc1 的进程的信息，发现两个进程不见了，表明程序运行结束，进程消亡了。

📖 **思考与练习题5.6**   在以下启动 Windows 环境的浏览器中打开两个网页，同时启动 winword 编辑一个文件，如图 5-7 所示。请问这里有几个进程，这些进程各自的程序和数据是什么。

图 5-7　打开两个网页

5.2.5　操作进程的工具

Linux 进程列表把当前加载到内存中的所有进程的有关信息保存在一个表中,其中包括进程的 PID、进程状态、命令字符串和其他各类进程信息。进程表中的每一行实际上是一个进程的 PCB 中的信息,操作系统通过进程的 PID 对它们进行管理,这些 PID 是进程表的索引。

Linux 环境下的进程管理工具有很多,一般用 ps 命令显示进程列表,用 kill 命令终止指定 PID 的进程。此外,还可用 top 命令按活跃度顺序显示进程列表,用 pstree 命令根据进程族亲关系以树状结构显示系统中所有进程的名称。在 Windows 环境下一般可用任务管理器查看进程信息。

本节仅介绍最常用的 ps、kill 两个命令和后台执行命令的基本用法。

1. 用 ps 命令查看进程信息

Linux 系统下用 ps 命令查看进程列表。ps 命令的选项有很多,不同选项显示的进程信息不同,进程类别也不同。

ps -ef 格式应用广泛,用于查看系统中所有的进程信息,包括系统进程和用户进程,下面是示例:

```
$ ps -ef
UID        PID     PPID   C STIME TTY        TIME      CMD
root        1       0     0 Dec11 ?          00:00:01 /sbin/init
root        2       0     0 Dec11 ?          00:00:00 [kthreadd]
root        3       2     0 Dec11 ?          00:00:01 [ksoftirqd/0]
root        4       2     0 Dec11 ?          00:00:00 [migration/0]
can         2039    1     0 Dec11 ?          00:00:20 gedit test.c
......
```

前三列的含义依次为用户名 UID、进程 PID、父进程 PPID,后两列分别为运行时间 TIME 和进程启动命令 CMD。

由于 ps 命令的输出行太多,一般利用管道机制,将输出发送给 grep 命令以进行过滤,从而找到所需的进程信息。例如,要查看系统中所有 bash 进程(每个 bash 进程就是一个命令窗口)的信息,可将命令 ***ps -ef*** 的输出通过用符号|表示的管道传送给 grep 命令进行过滤,仅输出包含字符串 bash 的输出行:

```
$ ps  -ef | grep  bash
can         2016  2012  0 Dec11 pts/0         00:00:00 bash
```

can	2854	2012	0 Dec13 pts/1	00:00:00 bash
can	2875	2012	0 Dec13 pts/2	00:00:00 bash
can	3131	2875	0 08:57 pts/2	00:00:00 grep --color=auto bash

输出表明：当前用户打开了三个终端窗口时，对应的设备名分别为 pts/0、pts/1、pts/2，进程 PID 分别为 2016、2854、2875，父进程都是 2012。

思考与练习题 5.7 写出查看 init 进程信息的命令，根据显示结果写出其 UID、PID、PPID。

由于进程数太多，可用命令选项限定仅显示当前用户所属的进程。使用 *ps l* 命令可显示当前用户所拥有进程的进程信息，图 5-8 显示了命令格式及输出中各信息列的含义。

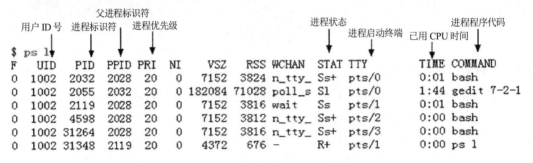

图 5-8 *ps l* 命令的输出及对各列的解释

用 *ps -u* 命令可显示当前用户所拥有进程的资源消耗信息，如图 5-9 所示。

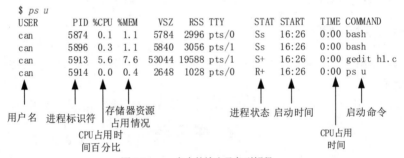

图 5-9 *ps u* 命令的输出及各列解释

对输出中各列的含义解释如下。

- UID：启动该进程的用户 ID，进程对文件等资源是否有某种访问权限，通常取决于具有该 UID 的用户是否有某种权限。
- PID：进程的唯一 ID 号。
- PPID：Parent PID，父进程的 ID 号。
- PRI：进程优先级，进程优先级越高，竞争 CPU 的能力越强。
- STAT：进程状态，指当前进程是否正在执行，或处于等待 CPU 就绪状态，或处于竞争资源访问状态。
- TTY：进程是在哪个终端窗口中启动的。
- COMMAND：进程是通过启动哪个命令产生的。

2. 用 kill 终止进程

ps 命令经常与 kill 命令组合使用，用于终止卡住或经历很长时间尚未完成的进程。基本过程是，先用 ps 查得进程号，再用 kill 命令终止进程。例如在下面的实例中，终端窗口 1 启动了一个文件查找命令 *find / -name XXXX*，查找本机上名为 XXXX 的所有文件。由于该命令的执行时间太长，因此用户希望终止它。打开另一个终端窗口 2，先用 ps 查得 find 进程的 PID 为 2201，然后输入命令 *kill -9 2201* 终止该进程。find 进程终止后，终端窗口 1 立即显示 Terminated，并显示命令提示符$，如图 5-10 所示。其中，kill 命令带命令选项-9 表示强行终止后面 PID 为 2201 的进程。

图 5-10　kill 命令的典型用法

3. 后台执行进程

通常情况下，在终端输入一个命令后，要等待该命令执行完才能输入下一个命令，这种模式称为前台执行，但有时会带来不便。例如，我们在一个终端窗口中用命令 gedit 打开一个输入源代码的编辑窗口，由于 gedit 命令没有结束，在命令窗口中也不输入新的命令，却占据着桌面空间，因此会影响工作效率。Linux 允许在命令串的后面增加一个字符&，通过让命令在后台执行来解决这个问题。例如，我们用命令 *gedit &* 打开编辑窗口，gedit 进程就在后台运行，虽然 gedit 进程尚未结束，但命令窗口中的命令提示符$却立即显示，可以在该窗口中输入新的命令，如图 5-11 所示。

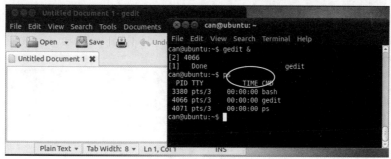

图 5-11　让命令在后台执行

5.2.6　编程读取进程属性

进程的属性信息保存在操作系统内核的 PCB 中，包括进程标识 ID、代码数据位置、用户、打开文件信息，等等。应用程序常常需要读取进程标识 PID、父进程标识 PPID、用户标识 UID、组标识 GID 等信息。进程控制和进程间通信需要先获取进程 PID，Linux 系统提供了 getpid 与 getppid 系统调用函数，用于进程获取自身与父进程的 PID：

```
#include <sys/types.h>
```

```
#include <unistd.h>
pid_t    getpid(void);      // 返回当前进程 PID
pid_t    getppid(void);     // 返回父进程 PPID
```

每个进程还有两个非常重要的用户 UID 属性,其中实际用户 ID(UID)是创建进程的用户 ID,有效用户 ID(Effective UID,EUID)是用于决定是否授权资源访问的用户 ID,可能是启动进程的实际用户 ID,也可能是命令文件所属用户的用户 ID。同样,每个进程也有两个用户组属性:用户组 ID(GID)是创建进程用户的 ID,有效用户组 ID(Effective GID,EGID)是用于决定是否授权资源访问的用户组 ID。获得用户标识与用户组标识的系统调用函数声明如下:

```
#include <sys/types.h>
#include <unistd.h>
uid_t    getuid(void);      /* 返回当前进程实际用户 ID */
uid_t    geteuid(void);     /* 返回实际有效用户 ID */
gid_t    getgid(void);      /* 返回当前进程实际用户组 ID */
uid_t    getegid(void);     /* 返回实际有效用户组 ID */
```

getids.c 演示了编程验证进程标识信息获取函数的用法,源代码如下:

```
int main(int argc,char * argv[])
{
    printf("pid=%d ",getpid());         /* 输出进程 PID */
    printf("ppid=%d    ",getppid());    /* 输出父进程 PPID */
    printf("uid=%d   ",getuid());       /* 输出实际用户 ID */
    printf("euid=%d   ",geteuid());     /* 输出有效用户 ID */
    printf("gid=%d   ",getgid());       /* 输出实际用户组 ID */
    printf("egid=%d\n",getegid());      /* 输出有效用户组 ID */
    return 0;
}
```

下面是执行结果:

```
$ su                                # 切换为 root 用户身份
Password:                           # 输入 root 用户的密码,输入时不显示任何内容
# gcc  -o  getids  getids.c         # 编译 getids
# ls  -l
-rwxr-xr-x 1 rootroot 7566 Mar 20 03:37 getids
# ./getids                          # 以管理用户身份执行,显示进程信息
pid=13879   ppid=13780   uid=0   euid=0    gid=0   egid=0
# exit                              # 退出 root 用户身份
$ whoami                            # 查看当前用户是谁
can
$ ./getids                          # 以普通用户身份执行,显示进程信息
pid=13877   ppid=13778   uid=1000   euid=1000   gid=1000   egid=1000
```

从上述运行结果可以看出,getids 程序以 root 身份运行时,UID 和 GID 都是 0,而以 can 身份运行时,这些 ID 都是 1000。因此,进程的 UID、GID 属性分别是创建进程的用户 ID 和组 ID。

*5.2.7 进程权限和文件特殊权限位

在 Linux 系统中,每个文件的访问权限有 12 位,位编号为 0~11,其中 0~8 为所属用户、所属

用户组和其他用户对文件的访问权限。还有三个特殊权限位 9~11，用于提供特殊文件保护功能，以满足一些应用场景的需要。

1. set 位权限(suid、sgid)

set 位权限有两个：suid 和 sgid，分别对应可执行文件属主和属组的身份。suid 位权限对应 12 位权限的位 11，如果某文件设置了 suid 权限，则该文件属主的可执行权限位显示为 s。sgid 位权限对应位 10，如果某文件设置了 sgid 权限，则该文件属组的可执行权限位显示为 s。suid 权限位和 sgid 位分别用命令 *chmodu+s 文件名*、*chmod　g+s 文件名*设置。

设置完 set 权限位后，进程 EUID、EGID 将为文件属主 UID、属组 GID 以文件属主、属组身份操作文件，否则只能以进程创建者身份操作系统资源。Linux 使用 set 权限位顺利地解决了普通用户无权访问密码文件 shadow，但可通过命令 passwd 更改个人密码的问题。为了保护用户密码不被暴力破解，Linux 系统不允许普通用户读写密码文件/etc/shadow，读和写都不允许，但允许用户通过执行 passwd 来修改/etc/shadow 文件中属于自己的密码。给密码修改命令/usr/bin/passwd 添加 s 权限后，就解决了这个难题。用命令 *ls /usr/bin/passwd -l* 可查看 passwd 文件的访问权限如下：

```
-rwsr-xr-x 1 root root 45420 Jul 15    2015 /usr/bin/passwd
```

由于所有者有 s 权限，当普通用户执行该命令时，进程的 EUID 会更换为 passwd 文件主 root 的 UID 0，因此有权限将新的密码写入/etc/shadow。

给程序 getids 增加"s"权限以进行验证：

```
3
$ su                        # 切换成 root 用户身份
Password:                   # 输入 root 用户的密码，为保密起见，无任何显示
# chmod   u+s, g+s   getids  # 给前面产生的文件 getids 增加 s 权限
# ls   -l   getids           # 检查文件 getids 是否有 s 权限标志
-rwsr-sr-x 1 root root 7566 Mar 20 03:37 getids
# exit                       # 退出 root 用户身份
$ ./getids                   # 执行 getids，显示进程
pid=13877   ppid=13778   uid=1000    euid=0    gid=1000   egid=0
```

结果表明：获得 set 权限后，getids 以普通用户 can 身份运行，实际用户 ID 为 can 的 UID 1000，而有效用户 ID 却变成 getids 所属用户 root 的 UID 0。这样，getids 就具有 root 用户权限了。

2. 粘滞(sticky)位权限

在 Linux 系统中，用户对某目录有写权限，表示可在该目录下创建、删除文件。但如果仅凭是否有 w 权限来进行文件访问授权，很多情况下可能会导致冲突、错误甚至故障。例如，Linux 系统有一个临时目录/tmp，其权限设置为 rwxrwxrwx，允许任何用户在其中创建、删除文件。设想某用户运行应用程序时，在/tmp 中创建了一个临时文件 tmpfile，并将一些重要数据暂存到其中，如果另一用户恰好有意或无意把文件 tmpfile 删掉了，就会导致前一用户的应用程序出错。

为了避免这种情况发生，Linux 文件目录还有粘滞位权限，对应 12 位权限的位 9，文件目录设置了粘滞位权限后，其他用户的可执行权限位显示为 t，用命令 *chmod +t 文件名* 进行设置。若文件目录设置了粘滞位权限，则某用户在其中创建的文件只能由该用户修改、删除，其他普通用户无权

更改文件内容。Linux 的/tmp 目录就通过设置粘滞位权限来防止用户删除他人的文件。下面是一个验证实例：

```
$ ls -l  / | grep   tmp
drwxrwxrwt    8 root root    4096 Mar 31 06:09 tmp
$ cd /tmp
$ whoami                    # 显示当前用户名
can
$ touch   file1             # 用户 can 创建一个文件
$ su  guest                 # 用户身份临时更换成 guest
Passwd:                     # 输入用户 guest 的密码，因保密起见，无任何显示
$ whoami                    # 显示当前用户名，验证切换是否成功
guest
$ rm   -f  file1            # 用户 guest 试图删除用户 can 创建的文件时报错
rm: cannot remove 'a': Operation not permitted
```

5.3 进程控制

Linux 系统启动时，会生成一个名为 init 的进程，该进程是系统运行的第一个进程，进程 PID 为 1，是操作系统的进程管理器，也是其他所有进程的祖先进程。虽然可通过执行一条命令、启动一个程序、打开一个终端窗口等方式来创建一个新的进程，但创建新进程归根结底是通过父进程执行 fork 系统调用函数来实现的。一般父进程先调用 fork 函数复制出子进程，再让子进程调用 exec 系统来加载不同的程序代码，此后父进程可继续创建子进程，子进程也创建自己的子进程，最终创建出丰富多彩的进程世界，形成一棵以 init 进程为祖先的进程树。

5.3.1 创建进程

1. 分析使用 fork 系统调用创建进程的过程

在 Linux 操作系统中，通过 fork 系统调用创建子进程的方法如下：

```
#include <sys/types.h>
#include <unistd.h>
pid_t    fork(void);
                              返回值：子进程返回 0，父进程返回子进程的 PID；如果出错，返回-1。
```

父进程执行 fork 系统调用后，子进程就诞生了，新建的子进程几乎但不完全与父进程相同：程序代码与父进程相同，变量值从父进程复制而来，接下来也从 fork 函数调用返回，再往下执行；不同的是，fork 系统调用的返回值不同，程序代码可根据返回值判断是父进程还是子进程，并据此执行不同的处理工作。fork1.c 是一个使用 fork 系统调用创建子进程的示例，源代码如下：

```
/*   fork1.c 的源代码  */
1     int main()
2     {
3         pid_t pid;
```

```
4          int x = 1;

5

6          pid = fork();
7          if (pid == 0) {              /* 子进程执行这段代码 */
8              x=x+1;
9              printf("child: x=%d\n", x);
10         }

11

12         if (pid>0) {                 /* 父进程执行这段代码 */
13             x=x-1;
14             printf ("parent: x=%d\n",x);
15         }
16         sleep(10);                   /* 父子进程都执行的代码 */
17     }
```

现在打开两个终端窗口，分别用于编译执行 fork1.c 和显示 fork1 进程信息，结果如下。

终端窗口 1：　　　　　　　　终端窗口 2：

```
$ gcc -o fork1 fork1.c
$ ./fork1
child: x=2
parent: x=0
```

```
$ ps -ef | grep fork1
can  3400  2854  0 18:30 pts/1   00:00:00 ./fork1
can  3401  3400  0 18:30 pts/1   00:00:00 ./fork1
can  3403  3380  0 18:30 pts/3   00:00:00 grep --color=auto fork1
$ ps -ef | grep fork1
can  3405  3380  0 18:31 pts/3   00:00:00 grep --color=auto fork1
```

终端窗口 1 执行./fork1 的输出语句后，父子进程都会执行 sleep(10)，睡眠 10 s。在此期间，在终端窗口 2 中输入 *ps -ef | grep fork1*，显示确实有两个./fork1 进程存在，PID 分别为 3400 和 3401，而进程 3401 的父进程 PID 为 3400。10 s 后，再次用命令 *ps -ef* 查询 fork1 进程信息时，fork1 进程已不复存在。

下面分析使用 fork 系统调用创建进程的过程，说明打印两个不同 x 变量值的原因。

(1) 程序启动时：如图 5-12 左半部分所示，系统加载程序，为变量分配内存，为父进程创建 PCB，并在其中填写分配给该进程的 PID(假设为 2015)、代码地址、数据集地址和其他属性，在进程数据集中，变量 x 和 pid 的内容不定。

(2) 父进程执行赋值语句 "x=1"：如图 5-12 右半部分所示，程序将整数 1 写入变量 x 所在的存储单元。

(3) 父进程执行 fork 系统调用(见图 5-13)。

① 系统首先创建子进程 PCB，内容从父进程 PCB 复制而来，但 PID 是新分配的唯一整数(这里假设为 2016)。

② 创建父进程数据集的一个副本，保存于新分配的存储器中，作为子进程数据集，其中变量 x 的值也是 1，以后子进程仅对属于自己的数据集进行操作。

③ 子进程 PCB 中的数据集地址指向子进程自己的数据集，有了程序代码、数据集和 PCB，一个完整的子进程就已创建。这样子进程除 PID 与父进程不同外，程序代码和数据都与父进程一模一样，fork 函数完成了对父进程的复制工作。

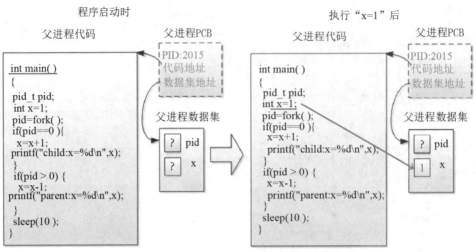

图 5-12　与进程对应的 PCB 和数据集示意图

④ 由于子进程从父进程复制而来，因此程序计数器(PC)中具有相同的地址。当获得 CPU 后，下一条指令或语句也与父进程一致，父进程接下来从 fork 系统调用返回，子进程也一样，因此，父子进程的 fork 系统调用都需要一个返回值。这样在父子进程的数据集中都有一个"fork 函数返回值"项，Linux 系统规定，父进程 fork 系统调用的返回值为子进程的 PID(在这里假定为 2016)，子进程的 fork 返回值为 0，并由系统填入父子进程的数据集中，如图 5-13 所示。

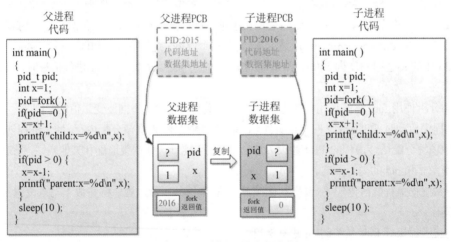

图 5-13　fork 系统调用如何创建进程

此后，子进程作为一个独立的进程开启了自己的生命周期，往下执行。

(4) fork 系统调用返回后父子进程的执行路径(见图 5-14)。

① fork 系统调用完成子进程的创建后，父子进程都有相同的程序代码，从函数调用返回开始往下运行，从数据集中读取 fork 返回值，赋值给 pid 变量，因此父进程的 pid 变量被写入 2016，子进程的 pid 变量被写入 0。

② 接下来父子进程都往下执行，判断 if 条件，决定是否执行 if 分支。由于父进程 pid>0，子进程 pid==0，因此父进程将进入 if(pid>0)分支，子进程将进入 if(pid==0)分支。

③ 父进程执行if(pid>0)分支时,遇到语句 x=x－1,变量 x 的初值是 1,执行减 1 后写回,变量 x 的值变成 0;子进程执行if(pid==0)分支时,变量 x 的初值也是 1,执行加 1 后写回,子进程中变量 x 的值变成 2。因此,最后程序的输出结果是:父进程 x=0,而子进程 x=2。

④ 完成if语句块后,两个进程都要执行最后的 sleep 语句,睡眠 10 s,让用户有时间查看进程信息。

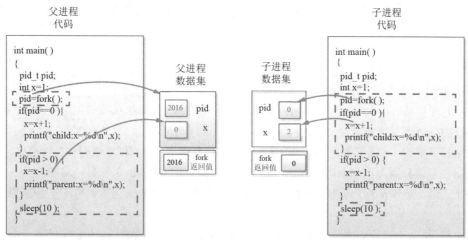

图 5-14 fork 系统调用返回后父子进程的执行路径

fork 函数返回后,父子进程是两个独立的进程实体,互不相关,并发执行。也就是说,两个进程接下来的代码段(虚线框内的代码)可能同时执行、交错执行或按先后顺序执行,两个进程的 printf 语句谁先谁后,是不确定的。因此,输出结果中子进程输出在前是正常的,但即便父进程输出在前,也是正常的。

思考与练习题 5.8 程序 fork1.c 的第 13 行代码是"if(pid>0) {",将其改为"else {",程序的语义不变。请解释为什么?

思考与练习题 5.9 阅读下面的程序,请回答子进程和父进程的输出各是什么?

```
int main( )
{    int x = 1;
     if (fork() == 0)
     printf("printf1: x=%d\n",   ++x);
     printf("printf2: x=%d\n" , --x);
}
```

2. 进程族亲关系图和程序分析

绘制进程族亲关系图对多进程应用程序分析通常会有帮助,其中,每个进程用一个方框表示,父进程绘制在上边,子进程绘制在下边,父进程用箭头指向子进程,一个箭头可看作执行一次 fork 函数调用。图 5-15 是执行一次 fork 函数调用的进程族亲关系图。

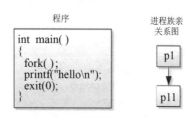

图 5-15 进程族亲关系示意图

以下面的 fork2.c 程序为例,分析进程间的族亲关系和程序输出。

/*   fork2.c 程序的源代码 */

```
1    #include <unistd.h>
2    int  main()
3    {
4       int pid;
5       pid=fork();
6       pid=fork();
7       if (pid>0)fork();
8       printf("hello \n");
9       exit(0);
10   }
```

程序执行和进程产生的过程如图 5-16 所示。

(1) 程序启动时，系统创建进程 p1；p1 执行程序中的第一个 fork 函数调用，创建子进程 p11，两个进程的 pid 变量值分别为 p11 的 PID 和 0，即 p1.pid=PID(p11)，p11.pid=0。

(2) 接下来 p1、p11 都执行程序中的第 2 个 fork 函数调用，分别创建进程 p12 与 p111，四个进程的 pid 变量值分别为 p1.pid=PID(p12)、p11.pid=PID(p111)、p12.pid=0、p111.pid=0。

(3) 之后，条件 pid>0 为真的两个进程 p1 和 p11 执行第三个 fork 函数调用，分别创建进程 p13 和 p112。

(4) 最后，6 个进程均往下执行 printf，产生 6 行输出，并分别执行 exit(0)语句而终止。

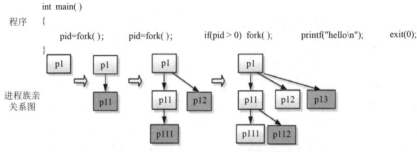

图 5-16　进程族亲关系分析和进程图绘制法

为了能看到 6 个同时存在的进程，在最后的 fork 函数调用语句后增加了语句 sleep(10)，使最后一个进程创建完毕后暂停 10 s，在另一个终端窗口中输入 ps 命令以查看产生的进程信息。新程序保存为 fork2s.c。

```
/*  fork2s.c 程序的源代码  */
1    #include <unistd.h>
2    int  main()
3    { int pid;
4       pid =fork();
5       pid=fork();
6       if (pid>0) fork();
7         printf("hello \n");
8       sleep(10);
9       exit(0);
10   }
```

现在，在终端窗口 1 中编译并执行程序：

$ gcc -o fork2s fork2s.c

```
$ ./fork2s
hello
…
```

可以看到共有 6 行输出。现在打开终端窗口 2，用 ps 命令查看进程信息，用 grep fork2s 显示包含 fork2s 的所有输出行：

```
$ ps   -ef | grep   fork2s
can        4458   3771   0 01:27 pts/0     00:00:00 ./fork2s
can        4459   4458   0 01:27 pts/0     00:00:00 ./fork2s
can        4460   4458   0 01:27 pts/0     00:00:00 ./fork2s
can        4461   4458   0 01:27 pts/0     00:00:00 ./fork2s
can        4463   4459   0 01:27 pts/0     00:00:00 ./fork2s
can        4464   4459   0 01:27 pts/0     00:00:00 ./fork2s
can        4468   4343   0 01:27 pts/13    00:00:00 grep fork2s
```

可见，程序执行时产生了 6 个进程，通过 PPID 和 PID 字段检查各进程间的族亲关系，发现与图 5-16 一致。

思考与练习题 5.10　分析以下程序的执行，最终会产生几个进程？各进程中变量 flag 的最终取值是多少？

```
#include <unistd.h>
int flag=1;
int main(){
    pid_t   pid;                                        // 位置①
    pid=fork();     if(pid>0) flag=flag+1; if (pid==0) flag=flag+2;     // 位置②
    pid=fork();     if(pid>0) flag=flag+10; if (pid==0) flag=flag+20;   // 位置③
    pid= fork();    if(pid>0) flag=flag+100; if (pid==0) flag=flag+200; // 位置④
    pid=fork();     if(pid>0) flag=flag+1000; if (pid==0) flag=flag+2000; // 位置⑤
    printf("flag=%d\n",flag);
}
```

位置①　父进程 pid1：flag=1

位置②　父进程 pid1：flag= 1+1=2；pid1 的第 1 个子进程 pid11：flag=1+2=3

位置③　父进程 pid1：flag= 2+10=12；进程 pid11：flag=3+10=13

　　　　pid1 的第 2 个子进程 pid12：flag=2+20=22

　　　　子进程 pid11 的第 1 个子进程 pid111：flag=3+20=23

位置④　pid1：flag=12+100=112　　　　pid11：flag=13+100=113

　　　　pid12：flag=22+100=122　　　pid111：flag=23+100=123

　　　　新的子进程 pid13：flag=12+200=212　　　pid112：flag=13+200=213

　　　　pid121：flag=22+200=222　　pid1111：flag=23+200=223

位置⑤　请读者自己分析。

思考与练习题 5.11　在图 5-16 中，下面哪些进程对一定是并发的？

(1) p1 和 p11　　　(2) p1 和 p112　　　(3) p112 和 p13

思考与练习题 5.12　分析下面 4 个程序各产生几行输出？

exfork1.c:	exfork2.c:	exfork3.c:
int main()	int main()	int main()

```
{  int  i;                    {  int  i;                    {
   fork();                       i=fork();                        int  i;
   fork();                       i=fork();                        for (; ;)
   fork();                       i=fork();                        fork();
   fork();                       if(i>0)                          printf("hello")
   printf("hello\n");               printf("hello\n");        }
}                             }
```

3. 编写多进程并发程序

要编写多进程并发程序，首先要确定创建几个进程，根据
进程间关系绘制出进程间的族亲关系,确定每个进程要做什么,
然后根据进程的族亲关系，绘制出程序框架，最后填入每个进
程要执行的代码。

下面通过示例程序 fork3.c 说明多进程程序的编写方法。假
设要编写一个多进程应用程序,各进程之间的关系如图 5-17 所
示，要求各个进程打印各自的 PID。

第一步：绘制程序框架。

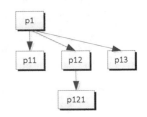

图 5-17 多进程并发程序编程示例

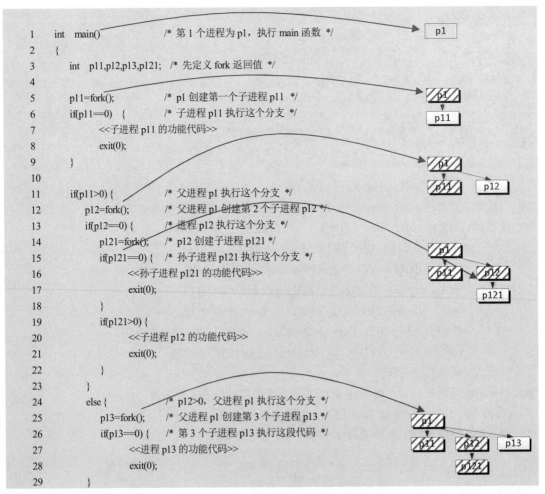

```
30          if(p13>0)) {        /* 父进程 p1 执行这个分支 */
31              <<父进程 p1 的功能代码>>
32              exit(0);
33          }
34      }               /*  if(p11>0)分支在这里结束 */
35  }
```

第二步：将各进程的功能代码填入程序。在本例中，各进程的功能代码是输出各自的 PID，由于进程获得 PID 的函数调用都是 getpid，因此所有进程的功能代码都是 printf("My PID=%d\n", getpid())。用这行代码替换第 7、16、20、27、31 行的注释即可。

在实际应用开发中，在每个进程的代码后面添加一行进程终止代码 exit(0)是一种很好的编程习惯，可避免很多差错。

☞　**思考与练习题 5.13**　如何判断程序 fork3.c 产生的进程符合图 5-17 所示的族亲关系？

5.3.2　多进程并发特征与执行流程分析

我们先看一个两进程并发示例程序 fork4.c。在该程序中，父进程打印"this is the parent" 3 次，子进程打印"this is the child" 6 次，各进程前后两次输出之间睡眠 1 s。

```
/*  fork4.c 程序的源代码 */
1   #include "wrapper.h"
2   int main()
3   {
4   pid_t pid;   int n;
5       pid=fork(); // 创建进程
6
7       if(pid==0) {// 子进程将执行这个分支
8           for(n = 6; n > 0; n--) {
9               printf("This is the child\n");
10              sleep(1);
11          }
12          exit(0);
13      }
14
15      if(pid>0)     // 父进程将执行这个分支
16      {
17          for(n = 3; n > 0; n--) {
18              printf("This is the parent\n");
19              sleep(1);
20          }
21          exit(0);
22      }
23      return;
24  }
```

现在编译和执行程序：

```
$ gcc  -o  fork4  fork4.c
$ ./fork4
This is the child              第①行
```

This is the parent	第②行
This is the child	第③行
This is the parent	第④行
This is the child	第⑤行
This is the parent	第⑥行
This is the child	第⑦行
can@ubuntu$	
This is the child	第⑧行
This is the child	第⑨行

下面分析产生上述输出结果的原因。程序启动后，父进程执行 fork 函数调用，创建一个子进程。接下来父子进程分别打印 3 次"This is the parent"和 6 次"This is the child"，每执行一次 printf 函数调用，睡眠 1s。由于父子进程并发执行，子进程抢到了先机，打印一行"This is the child"(第①行)，执行 sleep(1)，睡眠 1s，放弃 CPU；接下来父进程获得 CPU，执行 printf 函数调用，打印"This is the parent"(第②行)，执行 sleep(1)，CPU 切换回子进程；如此反复，导致"This is the child"与"This the parent"交错显示。父进程完成最后一次 printf 输出(第⑤行)后，CPU 切换到子进程打印其第 4 次输出(第⑥行)，接下来父进程再次获得 CPU，执行 exit(0)以终止程序，系统显示命令提示符$，表示用户可以输入下一条命令了。由于此时子进程尚未结束，因此其输出显示在提示串(本例中为 can@ubuntu$)之后，为第⑧和第⑨行。

使用 fork 函数创建的子进程是一个独立的进程实体，父子进程的多个并发活动(或代码段)可以交错执行、同时执行或错开执行。在这里将每种并发执行顺序看成一种交错模式。交错模式的数量与并发操作(或活动、指令)的数量呈指数关系。有些交错模式会产生正确的结果，有些则不会。为确保程序得到正确的执行结果，可以运用排列组合理论，列出所有交错顺序，找出所有可能导致不正确结果的交错模式，为改进程序提供依据。

下面用多进程并发实例程序 fork5.c 说明这个特征。

```
/*  fork5.c 程序的源代码  */
1    #include<stdlib.h>
2    #include<unistd.h>
3    #include<stdio.h>
4    int   main()
5    {
6        pid_t pid;
7    pid=fork();
8        if(pid>0) {
9            A: printf("a");
10           B: printf("b");
11               exit(0);
12       }
13       else {
14           C: printf("c");
15           D: printf("d");
16               exit(0);
17       }
18   }
```

我们先识别和绘制出程序的并发关系图，如图 5-18 所示。程序刚启动时，仅有父进程存在，父进程执行 fork 函数调用创子进程后，父子进程并发执行，该程序有两个并发的逻辑控制流。父进程按顺序执行两个输出操作 A 和 B，子进程按顺序执行操作 C 和 D。由于两个进程的活动为并发关系，因此可以按任何顺序交错执行，甚至并行执行。因此，本例中父进程的输出结果 ab 会与子进程的输出结果 cd 交错显示，可能的输出顺序有 6 种：abcd、acbd、acdb、cdab、cadb、cabd。

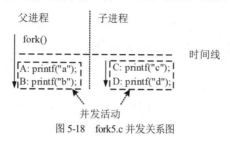

图 5-18 fork5.c 并发关系图

观察程序的实际输出，这里需要考虑两种情况：

(1) 如果父进程可能先于子进程结束，进程的部分输出可能在命令提示串后，例如，本例的一种可能输出结果是 <u>abcan@ubuntu:~$cd</u>，实际输出串 <u>abcd</u> 被命令提示串 can@ubuntu:~$隔开。

(2) 在同一系统环境下，由于处理器调度策略固定，也许只能看到一种输出顺序，但如果在 printf 前添加一条 usleep 语句，使执行时间稍作延迟，则可能看到各种不同的执行顺序。

在前面的两个示例中，虽然不同进程的输出交织在一起，但各进程的输出结果并未相互影响，后面我们会看到因进程活动并发执行而导致运行结果不确定甚至错误的示例。

📝 **思考与练习题 5.14** 绘制以下程序的并发关系图，分析有哪些可能的输出序列。

```
int main()
{
    if(fork() == 0) {
        printf("a");
        exit(0);
    }
    else {
        if(fork()==0) {
            printf("b");
            exit(0);
        }
        else {
            printf("c");
            exit(0);
        }
    }
}
```

下面考虑一般情况。假设两个并发进程 P1、P2 分别有操作序列 S1、S2、…、Sn 和 T1、T2、…、Tm，每个操作可能是一行代码、一个函数调用或一个语句块。由于进程优先级、中断和调度策略等因素的影响，S1 可以在 T1 前执行，也可以在 Tm 后执行，因此两个进程的操作序列可按任何顺序交错执行(但如果一些操作还能分解成若干个子操作的话，两个并发操作的子操作间还可以交错执行，在此暂不考虑这种情况)。根据排列组合理论，若在单处理器系统上执行 $m+n$ 个操作，则它们并发执行的顺序有 C_{m+n}^{m} 种，较小的 m、n 值也可有很多执行顺序模式。有些模式会得到正确的运行结果，有些模式可能会导致错误结果。为此，用户程序有必要借助操作系统提供的机制，对并发进程的活动进行协调，在避免导致错误结果的顺序模式条件下，使程序并发度尽可能大。

5.3.3 进程的终止与回收

1. 终止进程

一个进程完成其处理任务或非正常结束时，会归还分配给其程序代码与数据变量的存储器资源及所有其他资源。进程有正常终止和异常终止两种方式。

- **正常终止**：包括完成 main 函数执行、在 main 函数中执行 return 而返回、执行 exit 函数调用而结束三种情况。正常终止的进程会自动关闭所有打开的文件，防止数据丢失。
- **异常终止**：指因执行 abort 函数调用、用户按 Ctrl+C 键、程序执行出错或收到信号而导致进程终止。异常终止方式将在"信号机制"部分深入讨论。

这里先介绍进程终止系统调用函数：

```
#include <stdlib.h>
void exit(int status);
void abort(void);
```
返回值：无

其中，exit 是最常用的终止函数，参数 status 是终止状态，值为 0 表示进程正常终止，值为非 0 表示进程非正常终止或出错。abort 函数用于在程序检查出错误后主动终止进程，属于进程异常终止。调用 exit 函数和 abort 函数都会正常关闭所有打开的文件，归还其他系统资源，是十分优雅的终止方式。

不管进程以何种方式终止，系统都会在 PCB 中记录终止状态，供父进程、系统或用户查阅，进程终止状态 status 由进程最后调用的 exit(status)、return status 或其他函数调用的返回值给出。一般情况下，终止状态为 0 表示子进程正常终止，终止状态为非 0 表示进程非正常终止。abort 与信号在导致进程终止时都会设置特定的终止状态。进程常见的终止状态及原因描述如表 5-1 所示。

表 5-1 Linux 进程的常见终止状态

代码	描述	代码	描述
0	命令成功完成	128	无效的退出参数
126	命令无法执行	128+x	使用 Linux 信号的致命错误
127	没有找到命令	130	按 Ctrl+C 键终止进程

进程终止状态可在命令结束后，立即用命令 echo $?来显示，因为环境变量$?中保存了当前终端窗口中刚结束命令的退出状态。要在程序中读取进程终止状态，可由父进程调用函数 waitpid 来完成。

假设 exitstatus1.c 的内容为"int main(){ exit(100);}"。

```
$ gcc  -o  exitstatus  exitstatus.c
$ ./exitstatus
$ echo $?
100
```

为保证系统中的所有进程都有唯一正常的父进程，当父进程已终止而子进程仍然健在时，系统会将其子进程的父进程改为 1 号进程，getppid 函数调用的返回值为 1。

2. 进程僵尸问题

Linux 系统中的父进程通过调用函数 waitpid 读取已终止子进程的退出状态，该函数的另外一项重要工作是对子进程进行最后的清理。因为进程终止后尽管已将大部分资源归还给系统，但仍占用进程 PID，保留其 PCB，其中包含退出状态和一些对父进程有用的其他信息。我们称已执行结束但PCB 仍存在的进程为僵尸进程，僵尸进程虽然有 PCB，但已不可能再次运行。父进程执行 waitpid 函数，在读出子进程退出状态和其他信息后，就将其 PCB 清理掉，让子进程彻底消失，完成对已结束子进程的善后处理工作。

下面的示例程序中，子进程结束后，由于父进程尚未对其做清理工作，因此可通过 ps 命令看到处于僵尸进程的子进程，进程状态显示为 Z 或<defunct>。

下面的程序 zombie.c 是一个产生僵尸进程的示例：父进程执行 while(1)死循环，子进程很快终止，父进程尚未结束，子进程成为僵尸进程。

```
/*  zombie.c 程序的源代码  */
1   #include <stdio.h>
2   #include <stdlib.h>
3   #include <unistd.h>
4   #include <sys/types.h>
5   #include <sys/wait.h>
6   int main()
7   {
8       pid_t pid;
9       pid = fork();
10
11      if(pid == 0){
12          printf("child...\n");
13      }else {
14          printf("parent...\n");
15          while(1);
16      }
17      return 0;
18  }
```

现在，在第一个终端窗口中编译并执行该程序：

```
$ gcc   -o  zombie  zombie.c
$ ./zombie
```

同时打开第二个终端窗口，查看当前用户进程列表：

```
$ ps  -u
Warning: bad ps syntax, perhaps a bogus '-'? See http://procps.sf.net/faq.html
```

USER	PID	%CPU	%MEM	VSZ	RSS TTY	STAT	START	TIME COMMAND
can	5895	0.0	1.1	5848	2976 pts/0	Ss	23:19	0:00 bash
can	5914	0.1	8.4	78880	21696 pts/0	S	23:19	0:02 gedit exectest1
can	15134	98.5	0.1	1568	332 pts/0	R+	23:42	0:11 ./zombie
can	15135	0.0	0.0	0	0 pts/0	Z+	23:42	0:00 [zombie] <defunct>
can	15142	1.0	1.1	5784	2992 pts/1	Ss	23:42	0:00 bash
can	15160	0.0	0.4	2648	1028 pts/1	R+	23:42	0:00 ps -u

名为"[zombie] <defunct>"的进程就是僵尸进程，<defunct>是僵尸状态(即终止状态)的标志。

3. 回收进程

父进程调用函数 waitpid 等待子进程结束、读出其终止状态，并对僵尸子进程进行最后的清理：

```
#include <sys/types.h>
#include <sys/wait.h>
pid_t waitpid(pid_t pid, int *status , int options);
```
返回值：如果成功，则返回子进程的 PID；如果出错，则返回-1。
```
pid_t wait(int *status);
```
返回值：如果成功，则返回子进程的 PID；如果出错，则返回-1。

当 options 的默认值是 0 时，表示 waitpid 挂起调用进程的执行，直到其等待集合中的一个子进程终止。如果等待集合中的一个进程在刚调用时就已终止，那么 waitpid 就立即返回。这两种情况下，waitpid 返回已终止子进程的 PID，并且将这个已终止的子进程从系统中清除。

1) 判定等待集合的成员

等待集合的成员由参数 pid 确定：

● 如果 pid>0，那么等待集合就是一个单独的子进程，pid 是进程 PID。
● 如果 pid=-1，那么等待集合就是父进程的所有子进程。

2) 检查已回收子进程的退出状态

如果 status 参数非空，waitpid 就会在 status 参数中放上终止子进程的状态信息。下面是与该参数相关的几个常用宏。

● WIFEXITED(status)：如果子进程通过调用 exit 或一条返回语句(return)正常终止，就返回真。
● WEXITSTATUS(status)：返回正常终止的子进程的终止状态。只有在 WIFEXITED 返回真时，才会定义这个状态。
● WIFSIGNALED(status)：如果子进程是因为一个信号而终止的，就返回真(本章后面介绍信号的概念)。
● WTERMSIG(status)：返回导致子进程终止的信号编号。只有在 WIFSIGNALED(status)返回真时，才会定义这个状态。

3) 错误条件

如果调用进程没有子进程终止，则 waitpid 返回-1，并且设置 errno 为 ECHILD。如果 waitpid 被信号中断，那么它返回-1，并设置 errno 为 EINTR。

wait 函数是 waitpid 函数的简化版本，调用 wait(&status)等价于调用 waitpid(-1, &status, 0)，表示等待任何子进程终止，返回进程的 PID 号，并将进程终止状态保存到变量 status 中。

waitpid.c 是使用 waitpid 函数回收僵尸子进程的一个示例。父进程在第 11 行创建 N 个子进程，将子进程 PID 保存在父进程数组 pid[]中；在第 12 行，每个子进程调用 exit()函数，以唯一的退出状态终止(请确保已理解为什么每个子进程会执行第 12 行，而父进程不会)。父进程在第 16 行以 waitpid 返回值作为 while 循环的测试条件，等待其子进程终止。第一个参数为-1，表示 waitpid 调用阻塞，等待任意子进程终止。一旦有子进程终止，waitpid 调用立即返回，返回值为该进程 PID。父进程在第 17 行检查子进程的退出状态。如果子进程是正常终止的(本例是通过调用 exit 函数终止的)，那么父进程就在第 19 行提取终止状态，输出到终端窗口。当回收完所有子进程后，再调用 waitpid 就会返回-1，并且设置 errno 为 ECHILD。第 25 行核实 waitpid 函数是正常终止的，否则就输出一条错误消息。

```
/*   waitpid.c 程序的源代码  */
1    #include "wrapper.h"
2    #define N 2
3
4    int main()
5    {
6        int status, i;
7        pid_t pid[N], retpid;
8
9        /* 父进程创建 N 个子进程  */
10       for (i = 0; i < N; i++)
11           if ((pid[i] = fork()) == 0)   /* 子进程 */
12               exit(100+i);
13
14   /* 父进程按序回收子进程，在所有子进程处理完毕后 waitpid 返回－1 */
15
16       while ((retpid = waitpid(-1, &status, 0)) > 0) {
17           if (WIFEXITED(status))
18               printf("child %d terminated normally with exit status=%d\n",
19                   retpid, WEXITSTATUS(status));
20           else
21               printf("child %d terminated abnormally\n", retpid);
22       }
23
24   /* 所有子进程处理完毕，waitpid 从循环中正常退出，errno 应该为 ECHILD */
25       if (errno != ECHILD)
26           perror("waitpid error");
27
28       exit(0);
29   }
```

在 Linux 系统上运行这个程序时，会产生如下输出：

```
\$ ./waitpid
child 22966 terminated normally with exit status=100
child 22967 terminated normally with exit status=101
......
```

输出结果中，进程 PID 为第 16 行 waitpid 的返回值，status 状态值是子进程在第 12 行通过 exit 函数调用指定的，父进程在第 16 行通过 watipid 将其读取到 status 变量中。由于 status 还包含除终止状态外的其他信息，因此父进程需要在第 19 行通过宏 WEXITSTATUS 提取出来。

思考与练习题 5.15　考虑下面的程序 waitprob.c。

```
int main()
{
    int status;
    pid_t pid;


    printf("Hello\n");
```

```
    pid = fork();
    printf("%d\n", !pid);
    if (pid != 0) {
        if (waitpid(-1, &status, 0) > 0) {
            if (WIFEXITED(status) != 0)
                printf("%d\n", WEXITSTATUS(status));
        }
    }
    printf("Bye\n");
    exit(2);
}
```

这个程序会产生多少输出行?有几种不同的输出顺序，并给出所有可能的输出结果。

5.3.4 让进程休眠

sleep 函数用于将一个进程挂起一段指定的时间:

```
#include <unistd.h>
unsigned int sleep(unsigned int secs);
```
返回值: 还要休眠的秒数。

如果请求的时间到了，sleep 函数返回 0，否则返回剩余休眠的秒数。后一种情况是可能的，因为 sleep 函数可被一个信号中断而提前返回，信号的概念将在 5.4 节详细讨论。如果仅希望挂起时间更加精确，可使用 usleep 函数，该函数可让进程睡眠若干微秒。

```
#include <unistd.h>
void usleep(unsigned int usecs);
```
返回值: 无。

另一个很有用的函数是 pause，该函数可以让调用函数休眠，直到该进程收到一个信号。

```
#include <unistd.h>
int pause(void);
```
返回值: 总是返回-1。

思考与练习题 5.16　编写 sleep 的包装函数，命名为 snooze，它带有如下接口。

```
unsigned int snooze(unsigned int secs);
```

snooze 函数除会打印出一条信息来描述进程实际休眠了多长时间外，它的行为和 sleep 函数的行为完全一样:

```
Slept for 4 of 5 secs.
```

5.3.5 加载并运行程序

execve 函数在当前进程的上下文中加载并运行一个新的程序。

```
#include <unistd.h>
int execve(const char *filename, const char *argv[] , const char *envp[] ) ;
int execvp(const char *filename, const char *argv[]) ;
int execlp(const char * file,const char * arg,....);
```
如果成功，则不返回; 如果错误，则返回-1。

execvp 函数加载并运行可执行文件 filename，该函数带有命令行参数列表 argv，继承父进程环境变量。execve 函数还带有参数 envp，它用 envp 设定环境运行程序。仅当出现找不到 filename 等错误时，execve/execvp 函数才会返回到调用者，否则将当前进程的代码和数据更换成加载程序及其数据，永不返回。execlp 函数本身包含命令行参数列表。

参数列表结构如图 5-19 所示，argv 变量指向一个以 NULL 结尾的指针数组，其中每个指针都指向一个参数串，按照惯例，argv[0]是可执行目标文件的名称。环境变量的列表也具有类似的数据结构，如图 5-20 所示。envp 变量指向一个以 NULL 结尾的指针数组，其中每个指针指向一个环境变量串，其中每个串是形如"NAME=VALUE"的名称/值对，允许改变子进程的运行环境。

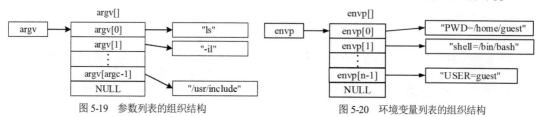

图 5-19　参数列表的组织结构　　　　　　　　图 5-20　环境变量列表的组织结构

在 execve/execvp 函数加载了 filename 后，就调用启动代码设置堆栈，然后将控制传递给新程序的 main 函数，main 函数的原型为：

```
int main(int argc, char **argv, char **envp);
```

或

```
int main(int argc, char *argv[] , char *envp[]);
```

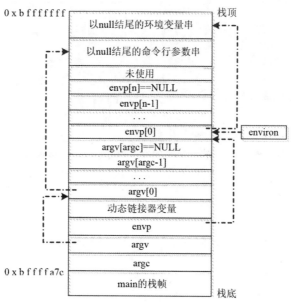

图 5-21　当一个新程序启动时，用户栈的典型组织结构

当 main 函数开始在一个 32 位的 Linux 进程中执行时，用户栈有图 5-21 所示的组织结构。如果我们从栈顶(低地址)往栈底(高地址)观察，依次为：

● 首先是 main 的栈帧，它是 main 函数调用的局部变量。

● 接下来是命令行参数格式 argc、命令行参数列表指针 argv 和环境变量参数列表指针 envp。

- 再接下来是命令行参数列表 argv[]和环境变量列表 envp[]。
- 最后，栈顶是命令行参数串和环境变量串。
- 全局变量 environ 指向这些指针中的第一个 envp[0]。

UNIX/Linux 提供了一些用于操作环境变量的函数，如下所示：

```
#include <stdlib.h>
char *getenv(const char *name);
```
                            返回值：若存在，则返回指向 name 的指针；若无匹配的，则返回 null。

getenv 函数在环境变量数组中搜索字符串 "narne=value"。如果找到了，就返回一个指向 value 的指针，否则返回 null。

```
#include <stdlib.h>
int setenv(const char *name, const char *newvalue, int overwrite);
```
                                    返回值：若成功，则返回 0；若失败，则返回-1。

```
void unsetenv(const char *name);
```
                                                            返回值：无。

如果环境变量数组包含一个形如 "name=oldvalue" 的字符串，那么 unsetenv 会删除它，而 setenv 会用 newvalue 代替 oldvalue，但只有在 overwirte 非零时才会这样。如果环境变量 name 不存在，setenv 就把 "name=newvalue" 添加到数组中。

📖 **思考与练习题 5.17** 编写一个名为 myecho 的程序，让该程序打印出自己的命令行参数和环境变量。例如：

```
$ ./myecho "first arg" arg2
command line arguments:
argv[0]: myecho
argv[1]: first arg
argv[2]: arg2
Environment variables:
envp[ 0]: PWD=/home/can/chap5
envp[2]: USER=can
……
```

以下程序 exec1.c 用 execvp 函数加载并运行命令 "/bin/ps -o "pid, ppid, pgrp, session, tpgid, comm""：

```
/*   exec1.c 程序的源代码  */
1    int main(void)
2    {
3        int ret,pid;
4         char *arg[] = {"ps", "-o", "pid,ppid,pgrp,session,tpgid,comm", NULL};
5        execvp("ps", arg);
6            perror("exec ps");
7        exit(1);
8    }
```

现在编译并执行该程序：

```
$ gcc   -o   exec1   exec1.c
$ ./exec1
 PID    PPID   PGRP    SESS    TPGID COMMAND
 2844   2832   2844    2844    4479 bash
```

2902	2844	2902	2844	4479 gedit
4479	2844	4479	2844	4479 ps

由于 exec1.c 在当前进程上下文中加载和运行 ps，因此当前进程的程序和数据被 ps 命令的程序与数据替换。execvp 函数调用一旦执行成功，将永不返回；若返回，则 ps 命令加载必然失败，因而不必检测返回值，调用 perror 函数直接输出错误提示即可。如果改用 execlp 函数加载程序，那么需要将参数表展开到实际参数中，调用格式为 execlp(("ps", "ps", "-o", "pid,ppid,pgrp, session, tpgid, comm", NULL)。

exec 函数族的执行过程：先归还系统分配给调用进程的程序代码与数据集(也包括其他资源)的内存，仅留下进程控制块，再为指定的程序分配内存，将代码与数据加载到内存中，让新程序开始执行。这样，新程序及数据集就会替换调用进程中的原有程序和数据，但进程 PID 保持不变。

👉 **思考与练习题 5.18**　编写一个程序，该程序在当前进程上下文中调用通过 execvp 函数加载运行命令的程序 myecho。

5.3.6　fork 和 exec 函数的应用实例

1. 实现一个简单的 Shell

Shell 和网络服务器一般都需要使用 fork 和 execve 函数。Shell 是一个交互式的应用程序，它解释执行用户输入的命令。常见的 Shell 有 csh、tcsh、ksh 和 bash。Shell 每次读入一条命令，就创建进程并加载执行，这个过程反复进行。通常 Shell 还会实现一些内置命令，如 quit 等。shellex.c 展示了一个简单 Shell 的 main 例程。该 Shell 打印一个命令行提示符%，等待用户在 stdin 上输入命令，然后解析并执行该命令，该 Shell 实现一条内置命令 quit，用于终止该 Shell 进程。下面是 shellex.c 的 main 函数的源代码。

```
/*  shellex.c 的 main 函数的源代码 */
1     int main()
2     {
3         char cmdline[MAXLINE];                  /* 命令行缓冲区 */
4         while (1) {
5           printf("%% ");
6
7           fgets(cmdline, MAXLINE, stdin);        /* 读取命令行 */
8           if (feof(stdin))
9                 exit(0);
10
11          execute(cmdline);                      /* 执行命令 */
12        }
13    }
```

然后给出 shellex.c 的命令执行函数 execute 和命令分析函数 parseline()的源代码。

```
/*  shellex.c 的命令执行函数 execute 的源代码 */
1     void execute(char *cmdline)
2     {
3         char *argv[MAXARGS];            /* execve 函数的参数表 */
4         char buf[MAXLINE];              /* 保存修改后的命令行 */
```

```
5        int bg;                              /* 是否在后台执行 */
6        pid_t pid;                           /* 子进程 PID */
7
8        strcpy(buf, cmdline);
9        bg = parseline(buf, argv);           /* 解析命令行 */
10       if (argv[0] == NULL)
11          return;                           /* 如果第 1 个参数为空，则忽略命令 */
12
13       if (!builtin_command(argv)) {
14          if ((pid = fork()) == 0) {        /* 创建子进程 */
15              if (execvp(argv[0], argv) < 0) {
16                  printf("%s: Command not found.\n", argv[0]);
17                  exit(0);
18              }
19          }
20
21          if (!bg) {                        /* 前台执行 */
22              int status;
23              if (waitpid(pid, &status, 0) < 0)
24                  perror("waitpid error");
25          }
26          else
27              printf("%d %s", pid, cmdline);
28          }
29          return;
30       }
31
32       /* 判断和执行内置命令 */
33       int builtin_command(char **argv)
34       {
35          if (!strcmp(argv[0], "exit"))      /* 内置命令 exit */
36              exit(0);
37          if (!strcmp(argv[0], "&"))         /* 忽略由&开始的命令串 */
38              return 1;
39          return 0;                          /* 非内置命令 */
40       }
```

```
/*  shellex.c 的命令分析函数 parseline 的源代码 */
1        int parseline(char *buf, char **argv)
2        {
3            char *delim;                      /* 指向第 1 个分隔符 */
4            int argc;                         /* 字符串数组 args 中命令行参数的个数 */
5            int bg;                           /* 后台作业 */
6
7            buf[strlen(buf)-1] = ' ';         /* 用空格替换行末换行符 */
8            while (*buf && (*buf == ' '))     /* 删除行首空格 */
9                buf++;
10
11           /* 创建 argv 数组 */
12           argc = 0;
13           while ((delim = strchr(buf, ' '))) {
```

```
14              argv[argc++] = buf;
15              *delim = '\0';
16              buf = delim + 1;
17              while (*buf && (*buf == ' '))        /* 忽略空格，查找下一个参数的起始位置 */
18                  buf++;
19          }
20          argv[argc] = NULL;
21
22          if (argc == 0)                          /* 忽略空行 */
23              return 1;
24
25          /* 命令是否应在后台执行 */
26          if ((bg = (*argv[argc-1] == '&')) != 0)
27              argv[--argc] = NULL;
28          return bg;
29      }
```

execute 首先调用 parseline 函数，解析以空格分隔的命令行参数，构造命令行参数数组 argv，再传给 execve 函数。第一个参数是命令名，如果是内置命令，就由 Shell 本身执行；如果是可执行文件命令，Shell 就在一个新的子进程上下文中加载并执行这个命令。

如果最后一个参数是&字符，那么 parseline 函数返回 1，表示应该在后台执行该程序(Shell 不等待其完成)；否则返回 0，表示应该在前台执行这个程序(Shell 会等待其完成)。

execute 函数调用 builtin_command 函数解析命令行，builtin_command 函数根据第一个命令行参数检查是否是内置命令。如果是，就立即解释执行该命令并返回 1，否则返回 0。简单 Shell 只有一个内置命令 exit，用于终止 Shell。实际使用的 Shell 一般会有很多内置命令，如 jobs 和 fg。

如果 builtin_command 函数返回 0，那么 shellex 创建一个子进程，并在该子进程中执行所请求的程序。如果用户要求在后台运行该程序，那么 shellex 立即返回到循环的开始处，等待下一个命令行。否则，shellex 使用 waitpid 函数等待子进程终止。当子进程终止时，shellex 就开始下一轮迭代。现在测试该程序：

```
$ gcc -o shellex shellex.c
$ ./shellex
% pwd
/home/guest/work/chap5
% exit
$
```

注意，这个简单的 Shell 还是存在缺陷，因为它并不回收后台子进程。修改这个缺陷需要用到稍后介绍的信号机制。

2. 实现 I/O 重定向

组合使用 fork、exec、dup 函数，可以实现非常灵活的功能，UNIX Shell 的 I/O 重定向和管道机制都是这样实现的。这里讨论 I/O 重定向的实现原理，有助于我们在程序中实现相似的功能。

exec2.c 是一个输入重定向示例程序，父进程显示命令提示符%，从标准输入读入重定向命令串"sort < /etc/passwd"；创建子进程，将其标准输入重定向到文件/etc/passwd，子进程加载和执行 sort 命令，实现对文件的排序功能。

```
/*   exec2.c 程序的源代码 */
1     int main(void)
2     {
3         int ret,pid,fd;
4         char  arg0[20], arg1[20], arg2[20];        /* 用于接收命令参数的数组变量 */
5         /* 假定读入数据为: arg0[]="sort", arg1[]="<", arg2[]="/etc/passwd" */
6         printf("%%");        /* 先打印提示符, 在 printf 函数中, 输出一个%要写两个% */
7         scanf("%s%s%s",arg0,arg1,arg2);        /* 从标准输入读入重定向命令 */
8
9         pid=fork();
10        if(pid==0) {
11            fd=open(arg2,O_RDONLY,0);
12            close(0);                          /* 关闭标准输入 */
13            dup(fd);                           /* 将 fd 中的文件指针复制到描述符 0 */
14                                               /* 子进程的标准输入被重定向到文件/etc/passwd */
15            execlp(arg0, arg0, NULL);
16        }
17        else {
18            wait(NULL);
19        }
20    }
```

程序的编译和执行过程如下:

```
$ gcc -o exec2 exec2.c
$ ./exec2
% sort  <  /etc/passwd
avahi-autoipd:x:105:113:Avahi autoip daemon,,,:/var/lib/avahi-autoipd:/bin/false
avahi:x:111:117:Avahi mDNS daemon,,,:/var/run/avahi-daemon:/bin/false
……
```

思考与练习题 5.19 编写一个程序, 该程序创建子进程以执行用户输入的输出重定向命令 "ls > ls.out" 的功能。

*5.3.7 非本地跳转

C 语言提供了一种用户级异常控制流形式, 称为非本地跳转。它将控制直接从一个函数转移到另一个当前正在执行的函数, 而不需要经过正常的调用/返回序列。非本地跳转是通过 setjmp 和 longjmp 函数提供的。

```
#include <setjmp.h>
int setjmp(jmp_buf  env);
int sigsetjmp(sigjmp_buf  env,  int savesigs);
                                    返回值: setjmp 返回 0, longjmp 返回非零值。
```

setjmp 函数在 env 缓冲区中保存当前调用环境, 以供 longjmp 函数使用, 并返回 0。调用环境包括程序计数器、栈指针和通用目的寄存器。

```
#include <setjmp.h>
void longjmp(jmp_buf  env,  int retval);
void siglongjmp(sigjmp_buf env,  int retval);
                                    返回值: 从不返回。
```

longjmp 函数从 env 缓冲区中恢复调用环境，然后从最近一次初始化 env 的 setjmp 调用返回。然后 setjmp 函数返回，并返回非零值 retval。

setjmp 函数仅被调用一次，但返回多次，而 longjmp 函数被调用一次，但从不返回。非本地跳转的一个重要应用就是允许从一个深层嵌套的函数调用中立即返回，通常是由检测到某个错误情况引起的。如果在一个深层嵌套的函数调用中发现了一个错误，我们可以使用非本地跳转直接返回到一个普通的本地化错误处理程序，而不必费力地解开调用栈。

在示例程序 setjmp.c 中，main 函数首先调用 setjmp 以保存当前的调用环境，然后调用函数 fun1，fun1 依次调用函数 fun2。如果 fun1 或 fun2 遇到错误，它们立即通过一次 longjmp 调用从 setjmp 返回。setjmp 的非零返回值指明了错误类型，可据此进行解码，再在代码的某个位置进行处理。

```
/*  setjmp.c 程序的源代码  */
1    jmp_buf buf;
2    int error1 = 0, error2 = 1;
3    void fun1(void), fun2(void);
4    int main()
5    {
6        int rc;
7        rc = setjmp(buf);
8        if (rc == 0)
9            fun1();
10       else if (rc == 1)
11           printf("Detected an error1 condition in foo\n");
12       else if (rc == 2)
13           printf("Detected an error2 condition in foo\n");
14       else
15           printf("Unknown error condition in foo\n");
16       exit(0);
17   }
18
19   void fun1(void)
20   {
21       if (error1)
22           longjmp(buf, 1);
23       fun2();
24   }
25
26   void fun2(void)
27   {
28       if (error2)
29           longjmp(buf, 2);
30   }
```

非本地跳转还可使信号处理程序跳转到特殊的代码位置，而非返回到被信号中断的指令位置。restart.c 示例程序用信号和非本地跳转实现了一种功能，允许用户在按 Ctrl+C 键时实现软重启。sigsetjmp 和 siglongjmp 函数分别是 setjmp 和 longjmp 的可在信号处理程序中使用的版本。

```
/* restart.c 程序的源代码  */
1    sigjmp_buf buf;
2    void handler(int sig) {siglongjmp(buf, 1);}
3
```

```
4    int main()
5    {
6        signal(SIGINT, handler);
7        if (!sigsetjmp(buf, 1))
8            printf("starting\n");
9        else
10           printf("restarting\n");
11
12       while(1) {
13           sleep(1);
14           printf("processing...\n");
15       }
16       exit(0);
17   }
```

程序第一次启动时，对 sigsetjmp 函数的初始调用可保存调用环境和信号的上下文(包括待处理的和被阻塞的信号向量)。随后，main 函数进入一个无限处理循环。当用户键入 Ctrl+C 时，Shell 会发送一个 SIGINT 信号给这个进程。进程捕获这个信号，信号处理程序执行非本地跳转，使控制回到 main 函数的开始处。程序的输出如下：

```
$ ./restart
starting
processing
processing
restarting              # 用户键入 Ctrl+C
processing
restarting              # 用户键入 Ctrl+C
processing
```

5.3.8 进程与程序的区别

了解进程的概念后，现在停下来，确认一下你是否理解了程序和进程间的区别。

(1) 程序是永存的，作为源代码或目标模块存在于外存中；进程是暂时的，是程序在数据集上的一次执行，可以创建进程，也可以撤销进程，进程的存在是暂时的。

(2) 程序是静态的，关机后仍然存在，进程是动态的，有从产生到消亡的生命周期。

(3) 进程具有并发性，而程序没有。

(4) 进程和程序不是一一对应的：一个程序可对应多个进程，即多个进程可执行同一程序；一个进程可以执行一个或多个程序。

5.4 信号机制

在进程的运行过程中有很多突发事件需要做应急处理，如子进程终止、程序暂停命令、进程终止命令，这些事件都要求进程被及时处理，保证进程以可控的期望方式正常运行。UNIX 系统提供了信号机制，让进程在正常工作过程中，能时刻监听和及时处理与其相关的各种应急事件。

5.4.1　信号的概念

回顾"计算机组成原理"课程中讲过的知识，可以发现几乎所有 CPU 都有中断机制，在不影响当前程序运行的情况下，能够及时处理 CPU 层面上的外部应急事件，如用户击键、网络分组到达、电源故障。当发生外部事件时，相关部件(键盘、网卡、串口、A/D 模块等)会发出一个信号。CPU 接收到中断信号后，会立即暂停当前正在执行的程序代码，保存上下文，转去执行中断处理程序，处理事件(如查询与记录按键、取走网络分组、保存当前工作)，再返回到原来断点处执行。

信号机制是在进程层面上对 CPU 中断机制的一种模拟，信号就是一条小消息，它通知进程系统中发生了与该进程相关的某种事件。这些事件可能来自用户操作、内核、本进程或其他进程。每种信号用 1~31 或 1~63 的一个整数表示，未处理的信号用一个 32 位或 64 位的整型变量记录，每种信号对应其中一个二进制位。进程收到某个信号后，都要执行某种操作(或某个程序)以对其进行处理，默认处理方式一般有忽略和终止两种，用户可设置信号处理函数，以按要求处理信号。

表 5-2 展示了 Linux 系统上支持的 30 种不同类型的信号。在终端窗口中输入"man7 signal"就会显示这个列表。

表 5-2　UNIX/Linux 信号的种类

序号	信号名	信号的意义	默认处理方式
第一类：按键控制信号			
01	SIGHUP	进程的控制终端和控制进程已结束	终止进程
02	SIGINT	用户键入 Ctrl+C	终止进程
03	SIGQUIT	从键盘发出的终止(Quit)信号	终止进程、Core 转储(1)
20	SIGTSTP	用户键入 Ctrl+Z	暂停进程
第二类：命令控制信号			
09	SIGKILL	强制进程终止(此信号不能被屏蔽)	终止进程(2)
15	SIGTERM	进程结束信号，由 kill 命令产生	终止进程
18	SIGCONT	让暂停的进程继续执行	进程暂停时继续运行
19	SIGSTOP	暂停(Stop)进程的执行	暂停进程(2)
第三类：运行出错信号			
04	SIGILL	进程执行了非法指令并试图执行数据段	终止进程、Core 转储(1)
05	SIGTRAP	跟踪陷阱(trace trap)，执行跟踪代码	终止进程、Core 转储(1)
06	SIGIOT	进程发生错误并调用 abort	终止进程、Core 转储(1)
07	SIGEMT	进程访问非法地址、地址对齐出错等	终止进程、Core 转储(1)
08	SIGFPE	浮点运算错误、溢出、除数为 0 等	终止进程、Core 转储(1)
11	SIGSEGV	进程访问内存越界，无权限访问	终止进程、Core 转储(1)
13	SIGPIPE	进程向无读进程的管道进行写操作	终止进程
16	SIGSTKFLT	进程发现堆栈溢出错误	终止进程、Core 转储(1)

（续表）

序号	信号名	信号的意义	默认处理方式
第四类：用户自定义信号			
10	SIGUSR1	保留给用户自行定义	终止进程
12	SIGUSR2	保留给用户自行定义	终止进程
第五类：其他信号			
14	SIGALRM	时钟定时信号。当某进程希望在某时间接收信号时发出此信号	终止进程
17	SIGCHLD	子进程终止信号	忽视
23	SIGURG	套接字(socket)有"紧急"数据到达	忽视
30	SIGPWR	系统电源失效	终止进程

表注：(1) 多年前，主存储器是用一种称为磁芯存储器的技术实现的。"转储存储器"(dumping core)是一个历史术语，意指把代码和数据存储器段的映像写到磁盘上。

(2) 这个信号既不能被捕获，又不能被忽略。

每种信号类型都对应某种系统事件。低层的硬件异常是由内核异常处理程序处理的，正常情况下，对用户进程而言是不可见的。一些信号提供了一种机制，通知用户进程发生了这些异常。例如，如果一个进程试图除以 0，那么内核就给它发送一个 SIGFPE 信号(序号 08)；如果进程执行一条非法指令，内核就给它发送一个 SIGILL 信号(序号04)；如果进程发生内存访问越界、非法或越权，内核就给它发送一个 SIGSEGV 信号(序号11)。其他信号一般为来自内核或其他进程的较高层软件事件。例如，如果当前进程在前台运行，在终端窗口中键入 Ctrl+C(即同时按 Ctrl 键和 C 键)，内核就会给这个前台进程发送一个 SIGINT 信号(序号 02)；一个进程可通过向另一个进程发送一个 SIGKILL 信号(序号 09)将它强制终止；当一个子进程终止时，内核会发送一个 SIGCHLD 信号(序号 17)给父进程。

*思考与练习题 5.20 分别写出一个可能发生内存访问越界和被 0 除的程序，编译并运行该程序，观察对错误输出的描述。

5.4.2 有关信号的术语

传送一个信号到目的进程由以下两个步骤组成。

- 发送信号。内核通过更新目的进程上下文中的某个状态，发送(递送)一个信号给目的进程。发送信号可以有如下两个原因：①内核检测到一个系统事件，例如，被 0 除错误或者子进程终止；②一个进程调用了 kill 函数(下一节讨论)，显式地要求内核发送一个信号给目的进程。一个进程可以发送信号给自己。
- 接收信号。当目的进程被内核强迫以某种方式对信号的发送做出反应时，目的进程就接收了信号。进程可以忽略这个信号，终止或者通过执行一个称为信号处理程序(signal handler)的用户态函数来捕获这个信号。图 5-22 给出了信号处理程序捕获信号的基本思想。

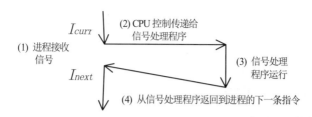

图 5-22　信号处理过程：接收信号后会触发控制转移到信号处理程序，在信号处理程序完成处理后，
将控制返回给被中断的程序

已经发出但尚未被接收的信号叫作待处理信号(pending signal)。一种信号类型只能有一个待处理信号。如果进程已有一个类型为 k 的待处理信号，其后发送到该进程的类型为 k 的信号不会排队等待，而是被简单丢弃。一个进程可以有选择地阻塞接收某种信号，当某种信号被阻塞时，它仍可以被发送，但暂时不会被目的进程接收，直到该信号被解除阻塞。

一个待处理信号最多被接收一次。内核为每个进程设置了一个 pending 位向量，用于记录待处理信号的集合，还设置了一个 blocked 位向量，用于记录被阻塞信号的集合，这两个字段都定义在 task_struct 结构体中。pending 和 block 向量一般与机器字长相同。当发送一个类型为 k 的信号时，内核就将 pending 的第 k 位设置为 1；而接收到一个类型为 k 的信号后，内核就将 pending 的第 k 位清 0，并调用信号处理程序，称为捕获信号。将执行信号处理程序称为处理信号。

5.4.3　发送信号的过程

UNIX 系统提供了多种向进程发送信号的机制。所有这些机制都基于进程组(process group)这个概念。

1. 进程组的概念

每个进程都只属于一个进程组，进程组有一个正整数进程组 ID。进程组是一个或多个进程的集合，通常它们与一组作业相关联，可以接收来自同一终端的各种信号。getpgrp 函数返回当前进程的进程组 ID：

```
#include <unistd.h>
pid_t getpgrp(void);
```

返回值：调用进程的进程组 ID。

默认情况下，一个子进程及其父进程属于同一个进程组。一个进程可通过 setpgid 函数来改变自己或其他进程的进程组：

```
#include <unistd.h>
int setpgid(pid_t pid,   pid_t pgid);
```

返回值：若成功，则返回 0；若失败，则返回-1。

setpgid 函数将进程 pid 的进程组改为 pgid。如果 pid 是 0，就使用当前进程的 PID，即设置当前进程的 pgid。如果 pgid 是 0，就使用 pid 指定的进程 PID 作为进程组 ID。例如，如果进程 15213 是调用进程，那么 setpgid(0,0)会创建一个新的进程组，其进程组 ID 是 15213，并且把进程 15213 加入这个新的进程组中。

一般使用作业(job)来表示对命令行求值而创建的进程。在任何时刻，最多只有 1 个前台作业和

0 个或多个后台作业。比如，输入如下命令：

`$ ls | sort`

这会创建一个由两个进程组成的前台作业，这两个进程通过 UNIX 管道连接起来：一个进程运行 ls 程序，另一个进程运行 sort 程序。

2. 用/bin/kill 程序发送信号

/bin/kill 程序可以向其他进程发送任意信号。例如，如下命令发送信号9(SIGKILLL)给进程15213。

`$ kill -9 15213`

负的 PID 会导致信号被发送到进程组 PID 中的每个进程。例如，如下命令发送一个 SIGKILL 信号给进程组 15213 中的每个进程。

`$ kill -9 -15213`

3. 从键盘发送信号

键入 Ctrl+C 会导致一个 SIGINT 信号被发送到这个前台进程组中的每个进程。默认处理行为是终止前台作业。与此类似，键入 Ctrl+Z 会发送一个 SIGTSTP 信号到 Shell，Shell 捕获这个信号，并发送 SIGTSTP 信号给前台进程组中的每个进程，默认处理行为是停止(挂起)前台作业。

4. 用 kill 和 raise 函数发送信号

一个进程调用 kill 函数发送信号给其他进程时，会调用 raise 函数向自己发送信号：

```
#include <sys/types.h>
#include <signal.h>
int kill(pid_t pid, int sig);
int raise(int sig);
```

返回值：若成功，则返回 0；若失败，则返回-1。

如果 pid 大于 0，那么 kill 函数发送信号 sig 给进程 pid。如果 pid 小于 0，那么 kill 函数发送信号 sig 给进程组 abs(pid)中的每个进程。在 killer.c 示例程序中，父进程调用 kill 函数将 SIGKILL 信号发送给它的子进程。

```
/*    killer.c 程序的源代码  */
1     int main()
2     {
3         pid_t pid;
4
5         /* 子进程睡眠，直到接收 SIGKILL 信号，然后死掉 */
6         if ((pid = fork()) == 0) {
7             pause();  /* 等待信号到来 */
8             printf("control should never reach here!\n");
9             exit(0);
10        }
11
12        /* 父进程给子进程发送 SIGKILL 信号 */
13        kill(pid, SIGKILL);
```

```
14      exit(0);
15  }
```

*思考与练习题 5.21   讨论如何修改 killer.c 程序，让子进程向父进程发送 SIGKILL 信号。

5. 用 alarm 函数发送信号

进程可调用 alarm 函数向自己发送 SIGALRM 信号。alarm 函数安排内核在 secs 指定的秒数内发送一个 SIGALRM 信号给调用进程，相当于给进程设置一个闹钟。如果秒数是 0，那么不会调度新的闹钟(alarm)。alarm 函数调用将取消任何待处理闹钟，返回待处理的闹钟在被发送前还剩下的秒数。如果没有任何待处理的闹钟，就返回 0。

下面的示例程序 alarm.c 安排自己在前 5s 内被 SIGALRM 信号每秒中断一次，当收到第 6 个 SIGALRM 信号时，它就终止。

```
/*  alarm.c 程序的源代码  */
1   void handler(int sig)
2   {
3       static int dings = 0;
4       printf("Ding\n");
5       if (++dings < 5)
6           alarm(1);      /* 下一个 ALARM 信号在 1 s 内发送 */
7       else {
8           printf("Dang!\n");
9           exit(0);
10      }
11  }
12
13  int main()
14  {
15      signal(SIGALRM, handler);
16      alarm(1);          /* 下一个 ALARM 信号在 1 s 内发送 */
17
18      while (1) { ; }    /* 每次信号处理结束后返回此处 */
19      exit(0);
20  }
```

当运行 alarm.c 程序时，在 6s 内每秒输出一个 Ding，最后输出 Dang 并终止进程:

```
$ ./alarm
Ding
Ding
Ding
Ding
Ding
Dang!
```

注意，程序 alarm.c 使用 signal 函数设置了一个信号处理函数，只要进程收到一个 SIGALRM 信号，就异步调用该函数，中断 main 函数中的无限 while 循环。当信号处理函数返回时，控制传递回 main 函数，它从当初被信号到达时中断的地方继续执行。设置和使用信号处理函数的方法将在下面几节中讨论。

5.4.4 接收信号的过程

当内核从一个中断或异常处理程序返回，准备将控制传递给进程 p 时，它会检查进程 p 的未被阻塞待处理信号的集合(pending&~blocked)。如果这个集合为空(通常情况下)，那么内核将控制传递给进程 p 的逻辑控制流中的下一条指令(Inext)。

但如果这个集合非空，那么内核选择集合中的某个信号 k(通常是编号最小的信号 k)，并且强制进程 p 接收信号 k。收到这个信号会触发进程的某种行为。一旦进程完成这个行为，控制就传递回进程 p 的逻辑控制流中的下一条指令(Inext)。每种信号类型都有预定义的默认行为，默认行为一般有如下 4 种。

- 进程终止。
- 进程终止并转储存储器。
- 进程停止，直到被 SIGCONT 信号重启。
- 进程忽略该信号。

前面的表 5-2 展示了与每种信号类型相关联的默认行为。例如，接收 SIGKILL 信号的默认行为就是终止接收进程。另外，接收 SIGCHLD 信号的默认行为就是忽略这个信号。进程可使用 signal 函数修改与信号关联的默认行为。唯一的例外是 SIGSTOP 和 SIGKILL 信号，它们的默认行为不能被修改。

```
#include <signal.h>
typedef   void (*sighandler_t)(int);
sighandler_t signal(int signum,  sighandler_t handler);
                     返回值：若成功，则返回指向前次处理程序的指针；若失败，则返回 SIG_ERR(不设置 ermo)。
```

signal 函数可通过下列 3 种方法改变与信号 signum 相关联的行为。

- 如果 handler 是 SIG_IGN，那么忽略类型为 signum 的信号。
- 如果 handler 是 SIG_DFL，那么将类型为 signum 的信号恢复为默认行为。
- 否则，handler 就是用户定义的函数的地址，这个函数称为信号处理程序(signal handler)。只要进程接收一个类型为 signum 的信号，就会调用这个程序。通过把信号处理程序的地址传递给 signal 函数，可以改变默认行为，这叫作设置信号处理程序。

当一个进程捕获了一个类型为 k 的信号时，为信号 k 设置的处理程序将被调用，函数指针的整数参数被设置为 k。这个参数允许同一个处理函数捕获不同类型的信号。当处理程序执行其 return 语句时，控制传回进程代码被信号中断的位置。

示例程序 sigint1.c 捕获用户在键盘上键入 Ctrl+C 时 Shell 发送的 SIGINT 信号。SIGINT 信号的默认行为是立即终止进程。本例将默认行为修改为捕获信号，输出一条信息后终止该进程。

```
/*  sigint1.c 程序的源代码 */
1      void handler(int sig)                    /*  SIGINT 信号处理函数 */
2      {
3          printf("You entered Ctr-C\n");
4          exit(0);
5      }
6
7      int main()
8      {
```

```
9        /* 设置 SIGINT 信号处理程序 */
10       if (signal(SIGINT, handler) == SIG_ERR)
11           perror("signal error");
12
13       pause(); /* 等待接收信号 */
14       exit(0);
15   }
```

下面编译并执行该程序：

```
$ gcc -o sigint1 sigint1.c -L. -lwrapper
$ ./sigint1
<键入 Ctrl+C>
You entered Ctrl+C
$
```

第 1~5 行为信号处理函数的定义。main 函数在第 10 行和第 11 行设置信号处理程序，然后进入休眠状态，直到接收一个信号(第 13 行)。当接收 SIGINT 信号时，运行信号处理程序，输出一条信息(第 3 行)，然后终止这个进程(第 4 行)。

信号处理程序是计算机系统中并发的又一种情形。信号处理程序中断 main()函数的执行，类似于低层异常处理程序中断当前应用程序的控制流的方式。因为信号处理程序的逻辑控制流与 main 函数的逻辑控制流重叠，所以信号处理程序和 main 函数并发运行。

🖎 思考与练习题 5.22　编写程序，该程序在 main 函数执行死循环 while(1){}期间，利用 ALARM 信号，每隔一定时间打印当前时间。

🖎 思考与练习题 5.23　编写程序，该程序的 main 函数执行 while 死循环，捕获 SIGINT 信号，允许用户误键入一次 Ctrl+C，用户第 1 次键入 Ctrl+C 时，进程仅显示 "CTRL-C pressed the first time"，当第 2 次键入 Ctrl+C 时，显示 "CTRL-C pressed the second time"，然后结束进程。

🖎 思考与练习题 5.24　编写程序，该程序的 main 函数执行 while 死循环，使用户在 1 s 内连续键入两次 Ctrl+C 才终止进程。

🖎 思考与练习题 5.25 下面这个程序的输出是什么？

```
pid_t   pid;
int counter = 2;
void   handler1(int sig){
        counter = counter - 1;
        printf("%d\n", counter);
        fflush(stdout);
        exit(0);
    }

int main() {
        signal(SIGUSR1, handler1);
        printf("%d\n",counter);
        fflush(stdout);

        if((pid=fork())==0)   {
            while(1) { }
        }
        kill(pid, SIGUSR1);
        waitpid(-1, NULL, 0);
```

```
            counter = count -1;
            printf("%d\n",counter);
            exit(0);
        }
```

说明：fflush 函数用于强制将缓冲区内容输出到屏幕。

*5.4.5　信号处理问题

对于只捕获一个信号并终止的程序来说，信号处理简单直接。然而，当一个程序要捕获多个信号时，会产生一些问题。

- 待处理信号被阻塞。UNIX 信号处理程序通常会阻塞同类型的待处理信号。例如，假设一个进程捕获了一个 SIGINT 信号后，在执行 SIGINT 处理程序时，如果把另一个 SIGINT 信号传递给进程，这个 SIGINT 信号将变成待处理信号，而且不会被接收，直到处理程序返回。
- 待处理信号不会排队等待。每种类型至多有一个待处理信号。因此，如果有两个类型为 k 的信号被传递给某个进程，而该进程正在执行信号 k 的处理程序，则信号 k 被阻塞，后续的信号 k 会被简单丢弃，而不会排队等待。
- 系统调用可以被中断。像 read、wait 和 accept 这样的系统调用会阻塞进程一段较长的时间，称为慢速系统调用。在某些系统中，当处理程序捕获到一个信号时，被中断的慢速系统调用在信号处理程序返回时不再继续，而是立即给用户返回一个错误条件，并将 errno 设置为 EINTR。

现在用一个示例程序来探讨信号处理存在的问题。在该例中，父进程创建了一些子进程，子进程运行一段时间后终止。为避免在系统中留下僵尸进程，父进程必须回收所有子进程。为了让父进程在子进程运行时做一些其他工作，利用 SIGCHLD 处理程序来回收子进程，而非直接等待子进程终止。

示例程序 signal1.c 采用直观方式回收子进程，每次信号处理回收一个子进程。父进程设置 SIGCHLD 处理程序后，创建 3 个子进程，每个子进程运行 1s 后终止。同时，父进程等待来自终端的输入行，随后处理它。每个子进程终止时，内核通过发送一个 SIGCHLD 信号通知父进程。父进程捕获这个 SIGCHLD 信号，回收一个子进程，并做一些其他的清除工作(用 sleep(2)语句模拟)，然后返回。

```
    /*  signal1.c 程序的源代码  */
    /*  该程序利用 SIGCHLD 信号回收子进程，但该程序有缺陷，它无法处理信号阻塞、信号不排队等待和系统调用被中断
这些情况  */

1       #include "wrapper.h"
2       void handler1(int sig)
3       {
4         pid_t pid;
5           if ((pid = waitpid(-1, NULL, 0)) < 0)
6             perror("waitpid error");
7           printf("Handler cleaned child %d\n", (int)pid);
8           sleep(2);
9           return;
10      }
11
```

```
12    int main()
13    {
14      int i, n;
15        char buf[MAXBUF];
16
17        if (signal(SIGCHLD, handler1) == SIG_ERR)
18          perror("signal error");
19
20        for (i = 0; i < 3; i++) {
21          if (fork() == 0) {
22              printf("Hello from child %d\n", (int) getpid());
23              sleep(1);
24              exit(0);
25          }
26        }
27
28        /* 父进程等待来自标准输入的信息并进行处理 */
29        if ((n = read(STDIN_FILENO, buf, sizeof(buf))) < 0)
30          perror("read");
31
32        printf("Parent processing input\n");
33        while (1) {};
34        exit(0);
35    }
```

signal1.c 程序虽然直观简单，但在 Linux 系统上运行时，其输出为：

```
$ ./signal1
Hello from child 10330
Hello from child 10331
Hello from child 10332
Handler cleaned child 10330
Handler cleaned child 10332
<CR>
Parent processing input
```

从结果可以发现，内核发送了 3 个 SIGCHLD 信号给父进程，但是其中只有两个信号被接收，父进程仅回收两个子进程。如果挂起父进程，可看到子进程 10321 实际没有被回收，而是成为一个僵尸进程(在 ps 命令的输出中由字符串"defunct"表示)：

```
<CTRL_Z>
  Suspend
$ ps
PID   TTY  STAT  TIME  COMMAND
10319  p5   T   0:03  signal1
10321  p5   Z   0:00   signal1 <defunct>
10323  p5 R  0:00 ps
```

问题出在哪里呢?问题就在于我们的代码没有考虑信号可以阻塞和不会排队等待这样的情况。父进程接收并捕获第一个信号，当 handler1 还在处理第一个信号时，第二个信号就被传送并添加到待处理信号集合中。但由于 SIGCHLD 信号被 SIGCHLD 处理程序阻塞，因此第二个信号不会被接收。

此后不久,当 handler1 还在处理第一个信号时,第三个信号到达。因为已经有一个待处理的 SIGCHLD 信号,所以第三个 SIGCHLD 信号会被丢弃。一段时间后,处理程序返回,内核注意到有一个待处理的 SIGCHLD 信号,就迫使父进程接收这个信号。父进程捕获这个信号,并第二次执行 handler1。在处理程序完成对第二个 SIGCHLD 信号的处理后,已经没有待处理的 SIGCHLD 信号了,因为第三个 SIGCHLD 信号的所有信息都已丢失。由此,在编程中要注意:信号不可用于对进程中发生的事件计数。

为修正这个问题,我们应有一个认识,存在一个待处理的信号仅表示自进程最后一次接收某种信号以来,至少有一个该类型的信号被发送。所以应修改 SIGCHLD 处理程序,使每次调用 SIGCHLD 处理程序时,回收尽可能多的僵尸子进程。signal2.c 为修改后的 SIGCHLD 处理程序。当我们在 Linux 系统上运行 signal2 时,它可以正确地回收所有的僵尸子进程:

```
/*   signal2.c 程序的源代码  */
/* 该程序是 signal1.c 的改进版本,它虽然能够解决信号阻塞和不会排队等待的情况,但没有考虑系统调用被中断的情况  */
1    #include "wrapper.h"
2    void handler2(int sig)
3    {
4        pid_t pid;
5        while ((pid = waitpid(-1, NULL, 0)) > 0)
6            printf("Handler cleaned child %d\n", (int)pid);
7        if (errno != ECHILD)
8            perror("waitpid error");
9        sleep(2);
10       return;
11   }
12
13   int main()
14   {
15       int i, n;
16       char buf[MAXBUF];
17
18       if (signal(SIGCHLD, handler2) == SIG_ERR)
19           perror("signal error");
20
21       for (i = 0; i < 3; i++) {
22           if (fork() == 0) {
23               printf("Hello from child %d\n", (int)getpid());
24               sleep(1);
25               exit(0);
26           }
27       }
28
29       /* 父进程等待来自标准输入的信息并进行处理  */
30       if ((n = read(STDIN_FILENO, buf, sizeof(buf))) < 0)
31           perror("read error");
32       printf("Parent processing input\n");
33       while (1) {};
34       exit(0);
35   }
```

该程序的执行结果如下：

```
$ ./signal2
Hello from child 10420
Hello from child 10421
Hello from child 10422
Handler cleaned child 10420
Handler cleaned child 10421
Handler cleaned child 10422
<CR>
Parent processing input
```

然而，问题并未完全解决。如果在早期版本的 Solaris 操作系统上运行 signal2 程序，它会正确地回收所有的僵尸子进程。但在从键盘上输入信息之前，被阻塞的 read 系统调用会提前返回一个错误。

```
Solaris $ ./signal2
Hello from child 11520
Hello from child 11521
Hello from child 11522
Handler cleaned child 11520
Handler cleaned child 11521
Handler cleaned child 11522
read: interrupted system call
```

这又出了什么问题?原因是在特定的 Solaris 系统上，诸如 read 这样的慢速系统调用在信号被中断后，是不会自动重启的，在这里 read 系统调用被 SIGCHLD 中断了。而与 Linux 系统自动重启被中断的系统调用不同，它们会提前给调用程序返回错误条件。对于这个问题的一种处理方法是手动重启系统调用，例如，将 signal2.c 的第 30 行和第 31 行代码修改为：

```
while ((n = read(STDIN_FILENO, buf, sizeof(buf))) < 0)
    if (errno != EINTR)
        perror("read error");
```

修改后的程序名为 signal3.c，运行结果表明修复了这个问题。

*5.4.6　可移植信号处理

尽管可通过编程手动重启 signal2.c 中的系统调用，解决系统调用被中断的问题，但会给编程带来极大负担：到底哪些地方需要手动启动系统调用呢? 这个问题是由 UNIX 信号处理存在的一个缺陷导致的：不同系统之间，信号处理语义有差异，有的系统对被中断的慢速系统调用进行重启，有的予以丢弃。为了处理这个问题，Posix 标准定义了 sigaction 函数，允许向 Posix 兼容的系统用户，明确指明期望的信号处理语义。

```
#include <signal.h>
int sigaction(int signum, struct sigaction *act, struct sigaction *oldact);
```
返回值：若成功，则返回 0；若失败，则返回-1。

sigaction 函数由于需要设置的内容较多，很多程序员不太习惯使用它，因而应用不太广泛。一种编程人员非常容易接受的方式是为 sigaction 函数设计一个包装函数，命名为 Signal，其调用方式与 signal 函数的调用方式完全相同。我们定义的 Signal 包装函数具有以下语义。

(1) 只有当前正被处理的信号类型被阻塞。

(2) 信号不会排队等待。

(3) 只要可能，就自动重启被中断的系统调用。

Signal 包装函数的代码实现如下：

```
/*   sigaction 函数的包装函数 Signal.c 的源代码，位于源程序 wrapper.c 中，
提供 Posix 兼容系统中的可移植信号处理功能  */

1    handler_t *Signal(int signum, handler_t *handler)
2    {
3         struct sigaction action, old_action;
4
5         action.sa_handler = handler;
6         sigemptyset(&action.sa_mask);    /* 阻塞信号的处理  */
7         action.sa_flags = SA_RESTART; /* 若有可能，重启系统调用  */
8
9         if (sigaction(signum, &action, &old_action) < 0)
10        perror("Signal error");
11        return (old_action.sa_handler);
12   }
```

采用 Signal 包装函数对 signal2.c 程序进行改进，得到程序 signal4.c，可在不同的计算机系统上获得可预测的信号处理语义。现在，程序在 Solaris 和 Linux 系统上都可正常运行了，不再需要手动重启被中断的 read 系统调用。

```
/*   signal4.c 程序的源代码，它使用 Signal 包装函数对 signal2.c 进行改进，得到可移植的信号处理语义  */

1    #include "wrapper.h"
2    void handler2(int sig)
3    {
4      pid_t pid;
5      while ((pid = waitpid(-1, NULL, 0)) > 0)
6         printf("Handler reaped child %d\n", (int)pid);
7      if (errno != ECHILD)
8         perror("waitpid error");
9      sleep(2);
10     return;
11   }
12
13   int main()
14   {  int i, n;
15      char buf[MAXBUF];
16      pid_t pid;
17
18      signal(SIGCHLD, handler2);        /*   sigaction 错误处理包装函数  */
19
20      for (i = 0; i < 3; i++) {
21        pid = fork();
22        if (pid == 0) {
23           printf("Hello from child %d\n", (int)getpid());
24           sleep(1);
```

```
25              exit(0);
26          }
27     }
28
29      /* 父进程等待来自标准输入的信息并进行处理 */
30      if ((n = read(STDIN_FILENO, buf, sizeof(buf))) < 0)
31          perror("read error");
32
33      printf("Parent processing input\n");
34      while (1)   {};
35      exit(0);
36  }
```

*5.4.7　信号处理引起的竞争

一般所说的进程间同步是指分属不同进程的操作在发生时间上必须满足的某种约束关系，这部分内容将在第 6 章和第 7 章讲述。还有一种同步是进程流与信号处理程序间的同步，这类同步问题比较少见，我们称为非常规同步。sigrace.c 是一个需要在进程流与信号处理间同步的示例。在该例中，父进程用一个工作进程池记录其所有子进程(即工作进程)，每个工作子进程一个条目，用于父进程随时了解工作进程的情况。addworker 和 rmworker 函数分别用于向工作进程池添加和从中删除工作进程。

```
/*  sigrace.c 程序的源代码。这是一个存在信号处理竞争问题的程序示例：如果子进程在父进程开始运行前就结束，那么
addworker 和 rmworker 函数就会以错误的顺序被调用，从而导致错误。编译命令为 gcc -o sigrace.c  sigrace.c  */

1      void handler(int sig)
2      {
3      pid_t pid;
4          while ((pid = waitpid(-1, NULL, 0)) > 0)   /* 回收僵尸子进程 */
5              rmworker (pid);                         /* 删除工作进程 */
6          if (errno != ECHILD)
7              perror("waitpid error");
8      }
9
10     int main(int argc, char **argv)
11     {
12         int pid, i;
13
14         signal(SIGCHLD, handler);
15         initworkers();                    /* 初始化工作进程池 */
16
17         for (i=0; i<100; i++) {
18           if ((pid = fork()) == 0)        /* 子进程 */
19               execve("/bin/pwd", argv, NULL);
20
21           /* 父进程 */
22           addworker(pid);                 /* 将子进程添加到工作进程列表 */
23         }
24         exit(0);
25     }
```

这个程序要求父进程在创建新的子进程时，要将其添加到工作进程列表中。父进程在 SIGCHLD

处理程序中回收一个终止的(僵尸)子进程时，就从工作进程列表中删除该子进程。表面上看，这段代码不会有什么问题。然而，由于父进程 main 函数逻辑流、子进程 execve 逻辑流、信号处理函数 handler 逻辑流之间是并发关系(见图 5-23)，因此可能出现下面的执行顺序。

(1) 父进程执行 fork 函数，内核先调度新建的子进程而非父进程。

(2) 在父进程能够再次运行之前，子进程已终止，变成一个僵尸进程，内核传递一个 SIGCHLD 信号给父进程。

(3) 之后，当父进程再次获得 CPU 时，内核会看到待处理的 SIGCHLD 信号，父进程会运行处理程序，接收这个信号。

(4) 信号处理程序回收终止的子进程，并调用 rmworker 函数，这个函数什么也不做，因为父进程还未把子进程添加到工作进程列表中。

(5) 信号处理程序运行结束后，内核运行父进程，父进程从 fork 函数返回，通过调用 addworker 函数错误地把不存在的子进程添加到工作进程列表中。

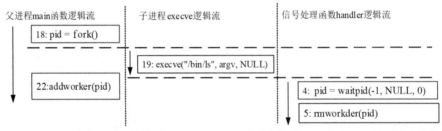

图 5-23　sigrace.c 中，父进程 main 函数逻辑流、子进程 execve 逻辑流与信号处理函数 handler 逻辑流之间的并发关系：子进程结束后，才会向父进程发送 SIGCHLD 信号，handler 的第 4 行一定在子进程的第 19 行完成后才开始；但是父进程 main 函数逻辑流的第 22 行与子进程的第 19 行是并发关系，与 handler 逻辑流也是并发关系，因此父进程的第 22 行在 handler 的第 5 行后执行是可能的，它们之间存在竞争

因此，父进程的 main 函数流和信号处理流的某些交错模式，可能会在调用 addworker 前调用 rmworker。这会导致工作进程列表中出现一个不正确的条目，对应于一个不再存在而且永远也不会被删除的工作进程。这种不同操作间存在以错误顺序执行的情况称为竞争(race)。在这里，main 函数中的 addworker 调用和处理程序中的 rmworker 调用之间存在竞争。如果 addworker 赢得先机，结果就是正确的，否则结果就是错误的。这种错误很难调试和检测，因为两个逻辑流间的并发执行模式太多。有时运行数亿次，才出现一次竞争错误。但竞争必须消除，以保证所有交错执行模式都能得到正确的执行结果。

sigmask.c 程序给出了消除图 5-23 中竞争的一种方法。通过在 fork 调用之前阻塞 SIGCHLD 信号，在 addworker 调用后取消信号阻塞，可保证信号处理的 rmworker 调用在进程流的 addworker 调用完成后开始执行。由于子进程继承父进程的被阻塞信号的集合，因此子进程必须在调用 execve 之前，解除对 SIGCHLD 信号的阻塞。

```
/*   sigmask.c 程序的源代码。父进程保证在相应的 rmworker 调用之前执行 addworker，编译命令为 gcc -o sigmask sigmask.c
-L. –lwrapper */


1      void handler(int sig)
2      {
3          pid_t pid;
4          while ((pid = waitpid(-1, NULL, 0)) > 0)              /*  回收僵尸子进程  */
```

198

```
5              rmworker(pid);                               /* 从工作进程列表中删除子进程 */
6          if (errno != ECHILD)
7              Perror("waitpid error");
8      }
9
10     int main(int argc, char **argv)
11     {
12         int pid;   sigset_t mask;
13
14         Signal(SIGCHLD, handler);
15         initworkers();                                   /* 初始化工作进程列表 */
16
17         while (1) {
18             sigemptyset(&mask);
19             sigaddset(&mask, SIGCHLD);
20             sigprocmask(SIG_BLOCK, &mask, NULL);         /* 阻塞 SIGCHLD 信号 */
21
22             /* 子进程 */
23             if ((pid = fork()) == 0) {
24                 sigprocmask(SIG_UNBLOCK, &mask, NULL);   /* 解除信号阻塞 */
25                 Execve("/bin/ls", argv, NULL);
26             }
27
28             /* 父进程 */
29             addworker(pid);                              /* 将子进程添加到工作进程列表中 */
30             sigprocmask(SIG_UNBLOCK, &mask, NULL);       /* 解除阻塞 */
31         }
32         exit(0);
33     }
```

程序 sigmask.c 中使用了信号阻塞、解除阻塞与相关函数，具体说明如下：

```
#include <signal.h>
int sigprocmask(int how,   const sigset_t *set,   sigset_t *oldset);
int sigemptyset(sigset_t *set);
int sigfillset(sigset_t *set);
int sigaddset(sigset_t *set,   int signum);
int sigdelset(sigset_t *set,   int signum);
                                                  返回值：如果成功，则返回 0，否则返回-1。
int sigismember(const sigset_t *set,   int signum);
                          返回值：若 signum 是 sef 的成员，则返回 1；如果不是，则返回 0；若出错，则返回-1。
```

sigprocmask 函数用于改变当前已阻塞信号的集合的 blocked 位向量，其具体行为依赖于 how 的值。

- SIG_BLOCK：将 set 中的信号添加到 blocked 中(blocked= blocked | set)。
- SIG_UNBLOCK：从 blocked 删除 set 中的信号(blocked= blocked &~set)。
- SIG SETMASK：blocked = set。

如果 oldset 非空，blocked 位向量以前的值会保存在 oldset 中。

sigemptyset、sigfillset、sigaddset 用于操作 set 信号集合。

- sigemptyset 将 set 初始化为空集。
- sigfillset 函数将所有信号添加到 set 中。
- sigaddset 函数将 signum 添加到 set 中，sigdelset 从 set 中删除 signum，如果 signum 是 set 的成员，那么 sigismember 返回 1，否则返回 0。

*5.5 守护进程

在 Linux 或 UNIX 操作系统中，当引导系统时，会开启很多为用户提供某种功能的服务，这些服务叫作守护进程或 Daemon 进程，如 FTP 服务、计划任务进程 crond、HTTP 进程 httpd，这里结尾的字母 d 就是 Daemon 的意思。守护进程是独立于终端且在后台运行的进程。一般情况下，用户都是打开终端，在终端的 Shell 提示符下输入命令以执行，此时命令的进程受该终端控制，当控制终端被关闭时，通过在控制终端输入命令启动的进程也会一起结束。而守护进程则不受终端控制，即使终端退出，也仍然在后台运行。守护进程独立于终端，是为了避免进程在执行过程中产生的信息在任何终端上显示。另外，守护进程也不会被任何终端产生的信息打断。很多情况下，用户需要将自己的程序作为守护进程，如网络应用程序的服务器端。因此，下面介绍程序开发人员如何通过系统调用实现守护进程。创建守护进程的编程步骤如下。

1. 调用 fork 创建新的进程

这会是将来的守护进程，该守护进程可在后台继续执行；

```
if(pid=fork()) exit(0);
```

2. 独立于控制终端、登录会话和进程组

进程属于一个进程组，进程组号(PGID)就是会话组长的进程号(PID)。登录会话可包含多个进程组。这些进程组共享一个控制终端，这个控制终端通常是创建进程的登录终端。控制终端、登录会话和进程组通常从父进程继承而来。守护进程要摆脱它们，使之不受它们的影响，方法是调用 setsid 使自己成为会话组长。

3. 关闭打开的文件描述符

进程从创建它的父进程那里继承了打开的文件描述符。若不关闭这些描述符，将会浪费系统资源，造成进程所在的文件系统无法释放所占的资源，还会导致无法预料的错误。可按如下方法关闭它们：

```
for (i = 0; i < NR_OPEN; i++)   close (i);
```

4. 改变当前工作目录

守护进程不属于某个特定用户，一般需要将工作目录更改为根目录，使普通管理员也能根据需要卸载原来的工作目录：

```
chdir ("/");
```

5. 处理文件描述符 0、1、2

打开文件描述符 0、1、2(分别对应标准输入、标准输出、标准错误输出)，并把它们重定向到/dev/null。
daemon.c 是一个守护进程示例，它每隔 10 s 将运行状态写入日志文件 test.log。

```
/* 守护程序示例 daemon.c 的源代码 */

1    #include "wrapper.h"
2
3    int init_daemon(void)
4    {
5        pid_t pid;   int i;
6
7        pid = fork ( );                /* 创建新进程 */
8        if (pid == -1)   return -1;
9        else if (pid != 0)
10           exit (EXIT_SUCCESS);
11
12       if (setsid ( ) == -1)   return -1;      /* 创建新会话和进程组 */
13       if (chdir ("/") == -1)   return -1;     /* 将工作目录设置为根目录 */
14
15       for (i = 0; i < NR_OPEN; i++)   /* 关闭所有打开的文件 */
16           close (i);
17       /* 重定向文件描述符 0、1、2 到/dev/null */
18       open ("/dev/null", O_RDWR);     /* stdin */
19       dup (0);                        /* stdout */
20       dup (0);                        /* stderror */
21       return 0;
22   }
23
24   int   main(void)
25   {
26       FILE *fp;
27       time_t   t;
28       init_daemon();                  /* 初始化为 Daemon */
29
30       while(1)                        /* 每隔一分钟向 test.log 报告运行状态 */
31       {
32           sleep(10);
33           if((fp=fopen("/home/can/test.log","a")) >=0)
34           {
35               t=time(0);
36               fprintf(fp,"Im here at %s/n",asctime(localtime(&t)) );
37               fclose(fp);
38           }
39       }
40   }
```

编译和运行程序：

```
$ gcc  -o  daemon  daemon.c
```

```
$ ./daemon
$ tail    test.log
Im here at Sun Mar 20 06:06:30 2016
/nIm here at Sun Mar 20 06:06:40 2016
….
```

许多 UNIX 系统提供了 C 库函数 daemon 来自动完成守护程序的初始化工作，从而简化了繁杂的工作：

```
#include <unistd.h>
int daemon(int nochdir, int noclose);
```

若参数 nochdir 为非 0 值，就不会将工作目录更改为根目录；如果参数 noclose 为非 0 值，就不会关闭所有打开的文件描述符，通常将这些参数设置为 0。函数执行成功时返回 0，失败时返回－1，并将 errno 设置为错误码。

5.6 进程、内核与系统调用间的关系

工作中的计算机系统一般包含三种运行实体：用户进程、系统进程和操作系统内核。用户进程是用户启动的各种进程，如浏览器、字处理器、聊天软件等，系统进程是为用户进程的运行提供环境的各种系统服务，如用户登录进程、IP 安全策略管理进程、文件打印服务进程、资源管理器等。操作系统内核是对进程进行管理控制、对系统资源进行管理维护的实体，它为所有进程的运行提供运行环境。

图 5-24 是 Linux 进程、Linux 内核与系统调用间的关系图，三者之间的关系表现在以下几个方面。

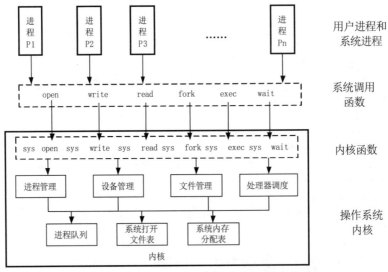

图 5-24   Linux 进程、Linux 内核与系统调用间的关系图

(1) 为了让整个系统有条不紊地工作，Linux 仅允许系统内核具有对整个系统软硬件资源进行操作管理的特权，负责进程管理、文件管理、设备管理、内存管理，拥有整个系统的进程队列、系统打开文件表和内存分配表。

(2) 系统对进程的操作权限进行了严格限制，不允许进程直接读写文件、访问I/O设备、改变CPU

模式，甚至不允许进程间直接交互，进程运行过程中需要使用系统资源、执行输入/输出等特权操作，必须委托 Linux 内核代为执行。

(3) 进程执行过程中通过调用系统函数来请求内核为其服务，如调用 write 函数写文件，调用 fork 函数创建进程，调用 wait 函数清理僵尸进程，而这些函数的功能实际由 sys_write、sys_fork 等内核函数完成，因为只有内核中的函数才有执行 I/O 操作、创建进程、加载程序等特权。应用程序要执行进程操作、文件操作、进程间通信、网络通信，都必须通过系统函数委托内核来完成。

5.7　本章小结

进程是计算机专业学生必须掌握但又容易混淆的有关操作系统的基本概念，是计算机系统原理中最基本的概念，但以往很多学生对进程概念的理解仍不够深入。

本章从读者看得见、摸得着的进程列表入手，引出进程的基本特点。在此基础上介绍进程创建函数 fork、进程创建过程，讨论进程的特征。进程最重要的特征就是每个进程都有独立的地址空间，在执行过程中互不影响；进程的另一个重要特征是并发，两个并发进程往前推进，交错执行。

用 fork 函数创建的子进程拥有与父进程相同的程序代码，要让其执行不同的程序，需要调用 exec 函数系列。在 Linux 系统中，fork 与 exec 函数相配合，不断发展，创造出丰富多彩的进程世界。

不管用何种方式结束进程，进程都会进入终止状态，虽然大部分资源已归还系统，但其 PCB 仍留在系统中，成为僵尸进程，等待系统内核或父进程从中读取有用数据。父进程调用 waitpid 函数对处于终止状态的子进程进行最后的清理。

进程执行过程中，经常需要处理一些突发事件，如用户按键、电源故障、被零除、内存越界等，这些突发事件虽然作为系统中断先行处理，但最终要作为信号通知相关进程做进一步处理，进程通过信号机制来处理这些突发事件。Linux 进程要对信号进行处理，只需要用 signal 函数为相关信号绑定一个信号处理函数。

Linux 进程有两类：一类是交互式进程，由用户启动，执行完赋予的任务后终止；另一类是守护进程，它们向外提供各种服务，要求一直处于运行状态，即使用户注销或父进程终止，守护进程也会继续运行。

课后作业

思考与练习题 5.26　PCB 中应该包括哪些内容，说明进程的哪些属性是必不可少的。

思考与练习题 5.27　进程有哪三种基本状态？处于各状态的进程有何特征？

思考与练习题 5.28　给出导致进程状态转换的事件：

(1) 运行→就绪，1 种；

(2) 创建→就绪，1 种；

(3) 运行→阻塞，3 种；

(4) 阻塞→就绪，3 种；

(5) 运行→终止，4 种。

🖝 **思考与练习题 5.29** 结合进程结构和进程队列管理，说明 fork、exit、wait 等系统调用内核函数的执行会导致 PCB、进程状态、进程队列发生何种变化？

🖝 **思考与练习题 5.30** 绘制下列程序的并发关系图，分析下列程序有几种可能的输出序列？

```c
int main()
{
    if (fork() == 0) {
        printf ("A");
        printf ("B");
        exit(0);
    }
    else {
        if (fork()==0) {
            printf("C") ;
            printf("D") ;
            exit(0);
        }
        else {
            printf("E") ;
            printf("F") ;
            exit(0);
        }
    }
}
```

🖝 **思考与练习题 5.31** 编写一个程序，该程序创建子进程，在子进程中执行 "ps -A" 命令，父进程等待子进程结束后打印 "child over" 及处理的子进程号。

🖝 **思考与练习题 5.32** 编写一个程序，该程序创建如图 5-25 所示的进程族亲结构，其中 p1 是程序启动时由加载程序创建的第一个进程。各进程的输出信息分别如下：

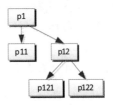

图 5-25 进程族亲结构

p1：I am father process
p11: I am elder brother process
p12: I am young brother process
p121：I am eldergrandson process
p122: I am younger grandson process

🖝 **思考与练习题 5.33** 绘制下列程序的进程族亲关系图，分析程序会输出多少个 hello 行。

```c
#include <unistd.h>
int main()
{
    int i;
    fork();
    i=fork();
    if (i>0) fork();
    if (i>0) fork();
```

```
    printf("hello\n");
}
```

思考与练习题*5.34　分析下面的程序会输出多少个 hello 行。

```
#include "wrapper.h"
void callit ()
{
    fork();
    printf("hello\n");
    if(fork()>0)
        exit(0);
    else
        printf("hello\n");
    return;
}
int main()
{
    callit ();
    printf("hello\n");
    exit(0);
}
```

思考与练习题 5.35　分析下列程序有哪几种可能的输出。

```
#include "wrapper.h"
int main()
{
    int x = 3;
        if(fork() != 0)
    printf("x=%d\n", ++x);
    printf("x=%d\n", --x);
    exit(0);
}
```

思考与练习题 5.36　下面的程序会输出多少个 hello 行?

```
#include "wrapper.h"
void callit ()
{
    pid_t   pid;
    pid=fork();
    if(pid==0)
        printf("hello\n");
    return NULL;
}
int main()
{
    callit();
    printf("hello\n") ;
    exit(0);
}
```

思考与练习题 5.37　下面的函数会打印多少行? 用一个关于 n 的函数表示(假设 $n \geqslant 1$)。

```
void callit(int n)
```

```
{
    int i;
    for (i = 0; i < n; i++)
        fork();
    printf ("hello \n") ;
    exit(0);
}
```

思考与练习题 5.38 下列程序可能的输出序列有哪些?

```
int main()
{
    if (fork() == 0) {
        printf("a");
        printf("x");
    }
    else
        if (fork()==0)
            printf("b") ;
        else
            printf("c") ;
}
```

思考与练习题 5.39 阅读下面的两进程并发程序,计算该程序有多少种可能的输出顺序。

```
int main()
{
    if (fork() == 0) {
        printf("A1\n");
        printf("A2\n");
        ……
        printf("An\n")
        exit(0);
    }
    else {
        printf("B1\n");
        printf("B2\n");
        ……
        printf("Bm\n")
        exit(0);
    }
}
```

思考与练习题 5.40 假设三个并发进程 P1、P2、P3 分别有操作序列 S1、S2、…、Sn 和 T1、T2、…、Tm 及 U1、U2、…、Uk,这些操作有多少种不同的并发执行顺序?

*思考与练习题 5.41 阅读下面的程序,写出该程序的运行结果。父进程的源程序如下:

```
int    main()
{
    int   i, pid, status;
    pid=fork();
    if(pid==0)
        execlp("subp", "subp", "2", NULL);
    waitpid(pid,NULL,0);
```

```
        printf("hello father process\n");
        exit(0);
    }
```

子进程的源程序 subp.c 如下：

```
#include"wrapper.h"
    int   main(int argc, char *argv[])
    {   int i;
        for(i=1; i<=4; i++) {
                printf("%c\n", *argv[1]);
                (*argv[1])++;
        }
    }
```

*思考与练习题 5.42　下列程序的语义是：程序启动后，用户按下 Ctrl+C 键，程序捕获 SIGINT
信号，向子进程发送信号 SIGNUSR1，子进程收到信号后输出 "killed by pa process" 并终止。

```
pid_t   pid;
void pa(int sig) {
    kill(pid,SIGUSR1);
}
void child(int sig) {
    if(sig==SIGUSR1) {
        printf("killed by pa process);
        exit(0);
    }
}
int main() {
    pid=fork();
    if (pid==0) {
        usleep(1);
        signal(SIGUSR1,child);
        pause();
        exit(0);
    }
    else   {
signal(SIGINT,pa);
        pause();
        exit(0);
    }
}
```

实际运行时，并未看到输出。请通过分析进程间的并发关系找出原因，并给出正确的代码。

*思考与练习题 5.43　考虑下面的程序：

```
void end(void)   { printf("2");   }
int main()
{
    if (fork() == 0)
        atexit(end);
    if (fork() == 0)
        printf("0");
    else
        printf("1");
```

```
    exit(0);
}
```

判断下面哪个是可能的输出。提示: atexit 函数以一个指向函数的指针为输入,并将它添加到一个函数列表(初始为空)中。当 exit 函数被调用时,会调用该函数列表中的函数。

A. 112002   B. 211020   C. 102120   D.122001   E. 100212

思考与练习题 5.44   编写一个程序,该程序实现如下功能: 由父进程创建两个子进程,通过在终端输入 "Ctrl_\" 组合键向父进程发送 SIGQUIT 软中断信号或由系统时钟产生 SIGALRM 软中断信号,发送给父进程; 父进程接收到这两个软中断信号的其中一个后,向其两个子进程分别发送整数值为 16 和 17 的软中断信号,子进程获得对应的软中断信号后,终止运行; 父进程调用 wait 函数等待两个子进程终止,然后自我终止。

思考与练习题 5.45   阅读下面的程序,假设数据文件 data 的内容为 "abcdefghijklmnopqrstuvwxyz",请给出三个程序中父子进程所有可能的输出。

(1) 程序 A

```
int main()
{
   int fd;
   char s[100];
   fd=open("data",O_RDONLY,0);
   fork();
   read(fd,s,5);
   s[5]='\0';
   printf("%s",s);
}
```

(2) 程序 B

```
int main()
{
   int fd;
   char s[100];
   fork();
   fd=open("data",O_RDONLY,0);
   read(fd,s,5);
   s[5]='\0';
   printf("%s",s);
}
```

(3) 程序 C

```
int main()
{ int fd;
   char s[100];
   fd=open("data",O_RDONLY,0);
   fork();
   lseek(fd, 2, SEEK_CUR);
   read(fd,s,5);
   s[5]='\0';
   printf("%s",s);
}
```

思考与练习题 5.46   阅读下面的程序,分析各个进程的输出是什么。

```
int main()
{
   int x=10;
   if (fork() == 0)
     x=x+20;
   else {
     x=x+30;
     if (fork()==0)
       x=x+40;
     else
       x=x+50;
   }
   printf( "x=%d\n",x);
}
```

第 6 章

线程控制与同步互斥

Linux系统中的进程可以相互协作，相互发送消息和信号，甚至可以共享内存段。但从本质上说，进程是操作系统内的独立实体，要想在它们之间共享信息，协作完成某项任务，并不容易，原因在于编程麻烦且效率不高。现代操作系统都支持一种轻量级的进程，称为线程(thread)。线程是进程内的一种逻辑流，线程管理和调度的开销很低，线程间通信非常方便，基于线程进行多任务编程既方便又直观，非常适合需要多任务协作的应用程序。本章介绍多线程并发控制方法，分析线程间变量共享和竞争带来的问题，讨论线程同步与互斥的原理和编程技术。

本章学习目标：

- 理解线程概念和并发特征，讨论线程与进程的区别与联系
- 掌握多线程应用程序编程技术，掌握线程间数据传递的基本方法
- 掌握共享变量识别方法，理解多线程访问共享变量可能带来的问题
- 理解临界资源、临界区、线程互斥、线程同步的基本概念，理解保证临界区互斥执行的基本思想
- 掌握用信号量和 P/V 操作来解决互斥、同步问题的编程方法
- 掌握生产者/消费者、读者/写者这两个经典同步问题的编程方法，并用以分析和解决实际应用问题
- 了解 AND 型信号量、信号量集、条件变量和管程等同步机制
- 理解线程安全、可重入性、线程竞争的基本概念
- 掌握多线程并发编程及性能分析

6.1 线程概念

6.1.1 什么是线程

启动一个传统的 C 语言程序后，会产生一个进程，进程从 main 函数开始，沿着程序流程往下执行。通常，可认为每次仅执行一条语句(或一条指令)，前一条语句(或指令)完成后，下一条语句(或指令)才能开始执行，这种执行方式称为串行执行。这种程序结构存在以下两个问题。

(1) 一个进程只有一个代码执行序列(或控制流)，只允许一个 CPU(或 CPU 核)为其服务。即使在具有多 CPU 或多核的系统中，也只能分配一个 CPU 或核给进程使用，其他 CPU 或核即使空闲，也难以帮忙加快进程的执行过程，不便发挥多 CPU 或多核系统强大的计算能力。

(2) 进程每段时间只能执行一项活动，若有多项需要并发执行的活动，传统程序结构很难进行有效协调。例如，程序在等待用户输入的同时，还要从消息队列接收消息，而此时用户输入尚未完成，消息还未到来。

采用多线程技术能很好地解决上述问题。线程被定义为进程内的一个执行单元或可调度实体，每个执行单元可执行进程的一段程序代码(如函数)。在一个进程内可创建多个线程，这些线程都是并发逻辑流，每个线程可执行一项独立的活动或功能。例如，Web 服务器上的一个线程在给某个浏览器生成网页时，另一个线程就可侦听其他浏览器发来的请求。

属于同一进程的多个线程位于同一个地址空间内，共享进程拥有的资源，包括代码、数据(全局变量)、堆栈和文件等。线程需要堆栈、程序计数器等少量资源，线程又称轻量级进程(Light-Weight Process, LWP)。线程与进程的关系如图 6-1 所示。

图 6-1　线程与进程的关系

在多线程应用程序环境下，进程是资源分配的最小单元，而线程是 CPU 调度的最小单元。一个进程内的多个线程不但共用进程的地址空间，还共享进程的打开文件、外部设备等资源。

类似于进程管理，线程也将与之相关的属性放在线程控制块(TCB)内，每个线程拥有一个 TCB 和一个线程堆栈。TCB 包括线程 ID(Thread TID)、线程状态、栈指针、通用寄存器、程序计数器和标志寄存器，因为线程工作所需的大部分资源在进程中，所以线程需要维护的资源和属性很少，线程的创建、销毁所需开销很低。

在多线程应用程序中，CPU 被分配给线程，使进程不断往前推进。由于 CPU 数量一般较少，加上线程运行过程中也存在等待某种事件发生的问题，每个线程在其生命周期内，也有就绪、运行、阻塞等基本状态，各状态之间也有类似于图 5-3 所示的状态转换关系。

多进程与多线程的区别在于，可将多进程比喻成把一个大家庭分成很多有独立房屋的小家庭，而将多线程可比喻成生活在同一屋檐下的家庭成员。

6.1.2　线程执行模型

多线程的执行模型在某些方面和多进程的执行模型是相似的。每个进程在生命周期开始时都是单一线程，这个线程称为主线程(main thread)。在某一时刻，主线程创建一个对等线程(peer thread)，从这个时间点开始，两个线程就并发运行。在此过程中，若主线程因执行慢速系统调用，如 read 或 sleep 调用，或被系统的间隔计时器中断，而暂时不能往下推进，控制就会通过上下文切换传递到对等线程。对等线程运行一段时间后，控制又传回主线程，如此反复，如图 6-2 所示。

虽然多线程与多进程有相似的并发特征，但两者之间至少有三个重要区别。一是线程的上下文

要比进程的上下文小得多，上下文切换快。二是
线程不按族亲结构组织。和一个进程相关的线程
组成对等线程池(pool)，彼此独立对等。主线程和
其他线程的区别仅在于主线程总是进程中第一个
运行的线程。由于线程间对等，一个线程可以终
止任何其他对等线程，或者等待任何其他对等线
程终止。三是对等线程位于同一个进程内，共享
数据非常方便。

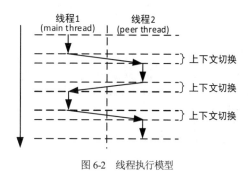

图 6-2 线程执行模型

6.1.3 多线程应用

除了创建新线程比创建新进程的开销小很多，多线程方法还有很多其他特性，使得它非常适合
于一些应用场景。

可使一个进程并发执行多项活动，例如，在需要同时等待用户输入和等待网络消息的应用中，
可为每个等待活动创建专用线程，解决传统串行编程难以处理的问题。

将一个耗时的进程任务划分成很多小任务，同时在多个 CPU 或核上执行，可大幅提高程序的执
行效率。例如，在矩阵乘法问题 $A(m \times k) \times B(k \times n) = C(m \times n)$ 中，就可以将矩阵 C 中的元素划分为多行，
每行安排一个线程来计算。若多个线程都能同时获得处理器并行执行，则整个矩阵乘法运算的时间
可大幅降低。

6.1.4 第一个线程

Posix 线程(Pthreads)是 C 程序中处理线程的标准接口。它最早出现在 1995 年，而且在大多数
UNIX 系统上都可用。Pthreads 定义了大约 60 个函数，函数名大多以 pthread_ 开头，提供线程创建、
取消、通信、同步等功能。

pthread1.c 是一个简单的 Pthreads 多线程程序。主线程调用函数 pthread_create 创建一个对等线
程，之后两个线程并发执行，输出若干行文本。对等线程执行完任务函数 peertask 后终止。主线程
会调用 pthread_join 函数检测对等线程的执行是否已终止，若已终止，就调用 exit 终止进程。

```
   /* 第一个多线程程序 pthread1.c 的源代码 */

1    #include "wrapper.h"
2    void * peertask(void *vargp);
3    int main()
4    {    pthread_t tid;
5         int i;
6         pthread_create(&tid, NULL, peertask, NULL);
7         for(i=0;i<2;i++){
8             printf("main thread looped %d times\n",i);
9             usleep(10);
10        }
11        pthread_join(tid, NULL);
12        exit(0);
13   }
```

```
14
15    void *peertask(void *vargp)
16    {   int i;
17        for(i=0;i<4;i++){
18            printf("peer thread looped %d times\n",i);
19            usleep(10);
20        }
21        return NULL;
22    }
```

上述程序中调用的所有以"pthread_"开头的库函数的代码实现都在库文件 libpthread.so 或 libpthread.a 中，因此编译命令中必须添加-lpthread 选项，才能找到这些函数的实现代码。将该程序与目标代码文件 pthread1.o 链接后，生成可执行程序：

```
$ gcc  pthread1.c  -o pthread1  -L.  -lwrapper  -lpthread
```

最后执行程序：

```
$ ./pthread1
peer thread looped 0 times
main thread looped 0 times
peer thread looped 1 times
main thread looped 1 times
peer thread looped 2 times
peer thread looped 3 times
```

这就是我们看到的多线程程序，下面对该程序进行解析。

① main 函数刚被调用时，整个进程只有一个执行序列，我们称为主线程(main thread)。主线程执行 pthread_create 以创建一个新的对等线程，对等线程的任务函数是 peertask。

② 接下来，主线程和对等线程一起往下执行，主线程执行第 7~10 行的 for 循环，对等线程执行 peertask 函数中第 17~20 行的 for 循环。由于每个线程输出一行文本后就调用 usleep 函数睡眠，让出 CPU，因此控制在两个线程间来回切换，导致它们的输出交错显示。

③ 主线程在第 6 行调用 pthread_create，将创建的对等线程标识符存放在变量 tid 中，对等线程的任务函数用第 3 个参数指定，第 11 行以 tid 为参数调用 pthread_join 操作对等线程。

④ 对等线程执行完任务函数 peertask 的 return 语句后终止，主线程调用 pthread_join 函数等待对等线程终止，最后调用 exit(0)终止整个进程。

⑤ 主线程和对等线程并发执行，其输出以交错方式显示。

6.2　多线程并发特征与编程方法

6.2.1　Pthreads 线程 API

Pthreads 提供了 phtread_create、pthread_exit、pthread_join、pthread_detach、pthread_cancel 等 API 函数，分别用于创建、终止、等待、分离和取消线程。

1. 创建线程

线程通过调用 pthread_create 函数来创建其他线程。

```
#include<pthread.h>
typedef void *(Func)(void *);
int pthread_create(pthread_t *tid, pthread_attr_t *attr, Func func, void *arg);
```
返回值：若成功，则返回 0；若失败，则返回非零值。

pthread_create 函数创建一个新线程，在新线程的上下文中运行线程例程 func。attr 参数用于改变新建线程的默认属性，一般设置为 NULL。

新线程的任务是执行 func 函数调用，func 是 Func 类型的函数指针，接收 pthread_create 函数传递过来的 void*类型指针参数 arg，返回一个 void*类型指针。

这里 typedef void *(Func) (void *)是函数指针类型的定义语法，它与按早期规范的定义 typedef void *(*Func) (void *)是等价的，后者可能在理解上更加自然，表示用 Func 定义的函数指针变量 func 的原型是 void *func(void *)。

当 pthread_create 函数返回时，参数 tid 包含新建线程的 ID。新线程可通过调用 pthread_self 函数来获得自己的线程 ID。

```
#include<pthread.h>
pthread_t pthread_self(void);
```
返回值：返回调用者的线程 ID。

2. 终止线程

线程是以下列方式之一终止的。

- 当顶层的线程例程(函数)返回时，线程会隐式地终止。
- 通过调用 pthread_exit 函数，线程会显式地终止。如果主线程调用 pthread_exit，它会等待所有其他对等线程终止，然后终止主线程和整个进程，返回值为 thread_return。
- 若某个对等线程调用 UNIX 的 exit 函数，该函数会终止进程，当然也会终止所有与该进程相关的线程。
- 一个对等线程可将某个对等线程的 ID 作为参数调用 pthread_cancel 函数来终止该线程。

pthread_exit 和 pthread_cancel 函数的声明如下：

```
#include<pthread.h>
void pthread_exit(void *thread_return);
```
返回值：若成功，则返回 0；若失败，则返回非零值。

```
void pthread_cancel(pthread_t tid);
```
返回值：若成功，则返回 0；若失败，则返回非零值。

3. 回收已终止线程的资源

线程通过调用 pthread_join 函数等待其他线程终止。

```
#include<pthread.h>
int pthread_join(pthread_t tid. void **thread_return) ;
```
返回值：若成功，则返回 0；若失败，则返回非零值。

pthread_join 函数会被阻塞，直到线程 tid 终止，将线程例程返回的(void*)类型指针赋值给

thread_return指向的单元位置，可回收已终止线程占用的存储器资源，或获得已终止进程的终止状态。

注意，与UNIX的wait函数不同，pthread_join函数只能等待一个指定的线程终止。如果要等待任何一个线程终止，需要程序员自行设计检测机制，并配合pthread_join函数来实现，这是Pthreads规范的一个缺陷。

4. 分离线程

每个线程都有一个可结合(joinable)/可分离(detached)属性。一个可结合的线程能够被其他线程杀死并收回其资源。在被其他线程回收之前，它的存储器资源(如栈)没有被释放。相反，一个可分离的线程是不能被其他线程回收或杀死的，它的存储器资源在其终止时由系统自动释放。

线程被创建时是可结合的。为避免存储器泄漏，每个可结合的线程都应该由其他线程通过调用pthread_join函数显式地收回，或通过自身调用pthread_detach函数被分离。pthread_detach函数需要的参数线程tid可通过调用pthread_self()函数获得。

```
#include<pthread.h>
int    pthread_detach(pthread_t tid);
```
                                         返回值：若成功，则返回0；若失败，则返回非零值。

很多应用场景中需要使用可分离的线程。例如，一台高性能Web服务器可能在每次收到Web浏览器的连接请求时都创建一个新的对等线程，以独立处理与该浏览器的通信，服务器不必显式地等待对等线程终止。这种情况下，就可将每个对等线程设置成可分离的线程，使其终止后自动释放资源。

5. 初始化线程

pthread_once函数用于初始化与线程例程相关的状态。

```
#include<pthread.h>
pthread_once_t once_control = PTHREAD_ONCE_INIT;
int pthread_once(pthread_once_t *once_control, void (*init_routine)(void));
```
                                         返回值：若成功，则返回0；若失败，则返回非零值。

once_control是一个全局变量或静态变量，通常设置为PTHREAD_ONCE_INIT。第一个线程通过参数once_control调用pthread_once时，会调用init_routine以执行某些初始化工作。接下来其他线程执行以once_control为参数的pthread_once调用时，将不做任何事情。pthread_once函数一般用于动态初始化多个线程共享的全局变量。

在下面的思考题中，练习使用pthread_create、pthread_join、pthread_exit函数的基本编程方法，pthread_detach和pthread_once的应用示例见本书后续章节。

✎ **思考与练习题6.1** 编写一个多线程程序ptheadex1.c，主线程先创建3个分别输出"peer thread<对等线程TID>"3次、4次、5次的对等线程，然后自己输出"main thread <主线程TID>"2次，最后调用pthread_join等待3个对等线程终止。运行该程序，测试其正确性。注释掉pthread_join语句，再看看输出结果是否正确，并解释原因。

✎ **思考与练习题6.2** 阅读下面的多线程程序pthreadbug.c，对等线程睡眠1秒钟后输出一个字符串。

```
/* pthreadbug.c 程序的源代码  */
1     #include "wrapper.h"
2     void *peerthread(void *vargp);
3     int main()
4     {    pthread_t tid;
5         pthread_create(&tid, NULL, peerthread, NULL);
6         exit(0);
7     }
8
9     void *peerthread(void *vargp)
10    {    sleep(1);
11        printf("Hello, world!\n");
12        return NULL;
13    }
```

A. 运行该程序没有看到任何输出，请解释原因。

B. 用两个 Pthreads 函数可替换第 6 行中的 exit 函数调用，修正这个错误。请写出这两个函数的正确调用形式。

C. 若简单地去掉主线程的 exit(0)语句，能否修正这个错误，请尝试这样做并解释原因。

6.2.2　多线程并发特征

下面以示例程序 pthread2.c 为例进行讨论。主线程给全局变量 x 赋值 10，然后创建两个对等线程，分别计算 x 的平方和平方根。现在先讨论其多线程并发特征。

```
/* pthread2.c 程序的源代码
编译命令为 gcc pthread2.c -o pthread2 -L. -lwrapper -lpthread –lm */
1     #include "wrapper.h"
2     int x, r1;   float* r2;
3     void *th1(void *vargp) {
4         int a=*((int*) vargp);
5         r1=a*a;
6     }
7     void *th2(void *vargp) {
8         float* a=(float *)malloc(sizeof(float));
9         *a=sqrt(x);
10        pthread_exit((void *) a);
11    }
12    int main()
13    {
14        pthread_t   t1,t2;
15        x=10;
16        pthread_create(&t1, NULL, th1, (void*)&x);
17        pthread_create(&t2, NULL, th2, NULL);
18        pthread_join(t1, NULL);
19        pthread_join(t2,(void **) &r2);
20        printf("x*x=%d   sqrt( x)=%f\n",r1,*r2);
21        free(r2);
22        exit(0);
23    }
```

程序启动时，系统创建 pthread2 进程，其进程控制块(Process Control Block，PCB)包括 PID、程序地址、数据集地址等，数据集包括全局变量 x、r1、r2。程序启动后，系统在进程 pthread2 内创建 main 线程(主线程)，两个 pthread_create 函数调用创建两个对等线程 t1 和 t2。每个线程至少包括线程控制块(Thread Control Block，TCB)和线程堆栈两部分，TCB 用于管理 TID(线程 ID 号)、代码地址等线程属性信息，线程堆栈用于给相应的线程局部变量分配内存地址(函数的形式参数也属于局部变量)，图 6-3 显示了 pthread2 的进程结构。

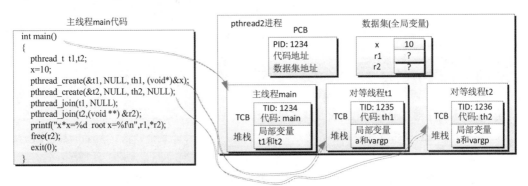

图 6-3　程序 pthread2.c 创建两个对等线程后的进程结构

主线程第二次调用 pthread_create 创建线程 t2 后，3 个线程并发往下执行，每个线程的当前操作详见图 6-4 中的圆圈指示，3 段并发代码用矩形框标出。

- 在多处理器系统中，3 个逻辑流可以并行执行，若为单处理器系统，3 段并发代码以任何交错顺序执行都是可能的。
- 线程 t1 的 2 个操作 A1、A2 与线程 t2 的 3 个操作 B1、B2、B3 并发执行，不同的执行顺序有 $C_5^2 = 10$ 种。
- 操作 t1:A1 和 t2:B2 都需要读变量 x 的值(后面进行分析)，访问相同的内存单元，通常认为这两个操作会错开执行。实际上，涉及相同硬件单元部件的操作都会错开执行。
- 虽然主线程的 pthread_join 函数调用与对等线程并发执行，但会等到相应的线程结束后返回，因此主线程的 printf 语句并不与线程 t1、t2 并发执行。

进程内的每个线程都是一个逻辑流，因此进程 pthread2 有 3 个逻辑流：main 线程、t1 线程、t2 线程。这 3 个逻辑流的并发执行情况如图 6-4 所示，尽管此处的表达不太严谨，但很直观。

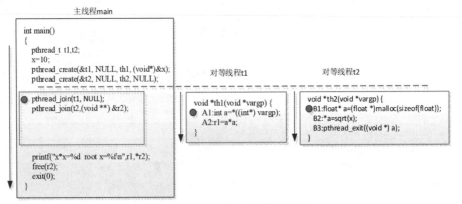

图 6-4　pthread2.c 中三线程并发关系图

6.2.3　线程间数据传递

进行多线程编程要考虑的一个重要问题是，要合理安排主线程和对等线程的工作分工，一般主线程需要准备好待处理数据，并通过特定方式传递给对等线程，对等线程完成其任务后，需要将处理结果传回主线程汇总。

根据线程特性和线程 API 函数的定义，主线程和对等线程间进行数据传递的方式有以下三种。

- 利用 pthread_create 函数的第四个参数。主线程可将一个 void*指针类型的值传递给对等线程，通过这个指针参数，可将整型值、字符串、数组、结构体、联合体等多种类型的数据传递给对等线程。
- 通过全局变量。进程中的所有信息对线程都是共享的，包括全局变量，但多个线程对共享的全局变量进行并发访问时，需要考虑如何解决同步和互斥问题。
- 通过 pthread_exit 函数的参数。对等线程通过 pthread_exit 函数可将一个 void*类型的指针值传递给 pthread_join 函数。

以程序 pthread2.c 为例，线程间的数据传递方法如图 6-5 所示，主线程将数据传递给线程 t1，这是通过 pthread_create 函数的第四个参数来实现的。主线程的 M2 行以数据变量 x 的地址为第四个参数调用 pthread_create 来创建线程 t1，th1 的形式参数 vargp 获得一个指向变量 x 的指针值&x(即变量 x 所在单元地址)，A1 操作 a=*(int *) vargp 实际上等价于 a=*(&x)，也就是 a=x，即将变量 x 共享给线程 t1 访问。采用 pthread_create 传递数据的灵活性非常强，可将全局变量、主线程局部变量甚至静态变量共享给对等线程访问，共享的变量可以是任何类型，包括整型、浮点型、数组、结构体、联合体等，当然也可以直接将整数值作为指针传递给对等线程。对等线程 t1 将结果传回主线程，这是通过全局变量 r1 实现的，t1 将结果赋予变量 r1(A2 行)，主线程输出显示 r1 的内容(M6 行)。

主线程传递数据给线程 t2，这是直接通过全局变量 x 实现的，但结果的传回是利用 pthread_exit 函数的参数完成的。主线程用 pthread_join 等待对等线程执行 pthread_exit 结束，pthread_exit 的参数被传递给 pthread_join 的第二个参数所指向的单元，因此本例中结果的传递可大致看成操作 *(&r2)=a，即 r2=a。这样 r2 获得一个指向运算结果单元的指针，因此 M6 行可用*r2 读出结果值进行输出。为防止内存泄漏，主线程要负责释放(M7 行)对等线程 t2 动态申请(B1 行)的内存块。同样，采用这种方式，对等线程可将任何类型的数据传回主线程。如果传回的结果只是整型，可直接作为指针传递，而不必动态申请内存。

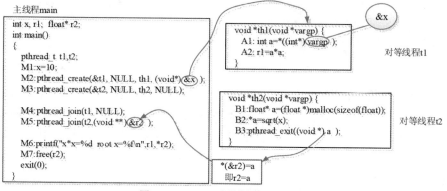

图 6-5　pthread2.c 中的线程间数据传递

现在编译和运行该程序，验证执行结果：

```
$ gcc pthread2.c -o pthread2 -L. -lwrapper -lpthread -lm
$ ./pthread2
x*x=100    root x=3.162278
```

下面再给出一个线程间数据传递示例 pthread3.c，该示例创建两个线程，在线程 tid1 中输入学生信息，通过全局变量传递给对等线程 tid2 输出显示。

```
/* pthread3.c 程序的源代码，这是一个通过全局变量传递结构体的线程编程示例，编译命令为
gcc pthread3.c  -o pthread3  -L.  -lwrapper  -lpthread */

1    #include "wrapper.h"
2    typedef struct student
3    {
4        int age;
5        char name[20];
6    } STU;
7
8    STU stu;
9
10   pthread_t tid1, tid2;
11
12   void *t1(void *arg)   {
13       stu.age = 20;
14       strcpy(stu.name, "Zhang Ming");
15   }
16
17   void *t2(void *arg)
18   {
19       pthread_join(tid1, NULL);
20       printf("The following is transferred to thread\n");
21       printf("STU age is %d\n", stu.age);
22       printf("STU name is %s\n", stu.name);
23   }
24
25   int main(int argc, char *argv[])
26   {
27       pthread_create(&tid1, NULL, t1, NULL);
28       pthread_create(&tid2, NULL, t2, NULL);
29       pthread_join(tid2, NULL);
30   }
```

对 STU 结构体的赋值操作应该在前，输出操作应该在后。在线程 t2 的起始处(第 19 行)安排 pthread_join 调用等待线程 t1 结束，保证线程 t2 对变量 stu 的读取操作在 t1 对变量 stu 的赋值操作之后。在这里，pthread_join 实际上承担了线程同步功能，Pthreads 还提供了多种专用的同步 API，这些将在后面介绍。

下面编译并执行该程序：

```
$ gcc -o pthread3 pthread3.c -L. -lwrapper -lpthread
$ ./pthread3
```

The following is transferred to thread
STU age is 20
STU name is Zhang Ming

✎ 思考与练习题 6.3　说明 6.1.4 节中 pthread1.c 主线程和对等线程交错显示输出的原因。

✎ 思考与练习题 6.4　改写程序 pthread3.c，仅创建一个对等线程，由父进程输入学生信息，对等线程输出学生信息，主线程通过 pthread_create 的第四个参数 STU 结构体传递给对等线程。

6.3　多线程程序中的共享变量

前面的示例程序中，可通过变量共享的方式在主线程与对等线程之间传递数据。从程序员的角度看，多线程编程的主要优势是线程之间共享程序变量十分方便。但若变量共享处理不当，也会带来很多问题。要编写规范的线程化程序，有必要对变量共享的概念有比较清晰的了解。

首先我们需要辨别一个程序中哪些变量是多线程共享的。由于线程共享进程的地址空间，因此需要明确进程的用户地址空间结构和运行实例这两个概念。

为了便于理解，下面通过程序示例 sharvar.c 来进行讨论，该程序由一个主线程和两个对等线程组成。在该程序中，主线程将线程 TID 传递给每个对等线程，每个对等线程利用这个 TID 输出一条信息，并显示该线程例程的调用次数。

```
/* sharvar.c 是线程间共享变量的典型示例，编译命令为
gcc -o  sharvar  sharvar.c  -lpthread */

1    #include "wrapper.h"
2    #define   N   2
3    void *thread(void *vargp);
4    char **ptr;
5    int main()
6    {
7        int i;
8        pthread_t tid;
9        char *mesgs[N] = {
10           "Hello to thread 0",
11           "Hello to thread 1"
12       };
13
14       ptr = mesgs;
15       for (i = 0; i < N; i++)
16           pthread_create(&tid, NULL, thread, (void *)i);
17       pthread_exit(0);
18   }
19
20   void *thread(void *vargp)
21   {
22       int mytid = (int)vargp;
23       static int cnt = 0;
24       cnt++;
```

```
25          printf("[%d]: %s (cnt=%d)\n", mytid, ptr[myid], cnt);
26          return;
27      }
```

6.3.1 进程的用户地址空间结构

并发线程运行在一个进程的上下文中，每个线程都有包括线程 ID、线程堆栈、栈指针、程序计数器、条件码和通用寄存器值的独立线程上下文。由于堆栈具有后进先出的特性，符合函数调用特性，因此系统给每个线程设置了一个专用堆栈，用于给形式参数、返回值、局部变量分配内存。进程内的所有线程一起共享进程上下文的剩余部分，这包括进程的用户地址空间(或称虚拟地址空间)，它由进程可访问的所有存储地址构成。这里所指的存储地址(或位置)并非真正的存储器地址，而是程序地址(或逻辑地址)，程序地址在执行指令时由地址转换机构翻译成物理地址。

图 6-6 给出了 Linux 环境下进程的用户地址空间结构，它包括只读存储段(程序代码所在的 text 段和只读数据所在的 rodata 段)、读写数据段(已初始化全局变量所在的 data 段和未初始化全局变量所在的 bss 段)、存储堆(动态申请存储器分配的地址区间)、用户栈(给局部变量分配内存的地址区间)以及所有共享库代码和数据所在的区域。不同进程的用户地址空间可以重叠或重合。

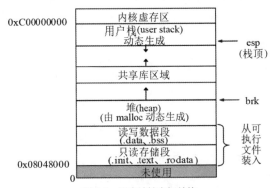

图 6-6　用户地址空间结构

由于所有线程共享进程的整个地址空间，因此从理论上讲任何线程都可利用变量指针访问整个用户地址空间的任意位置。如果一个线程修改某个存储器位置的内容，那么其他线程都可读出这个存储器位置的值。在示例程序 sharvar.c 的第 25 行，对等线程就通过全局变量 ptr 间接引用了主线程堆栈中数组变量 mesgs 的内容。

6.3.2 变量类型和运行实例

在 Linux 系统中，多线程程序中的变量根据它们的存储类型被映射到虚拟存储器(进程地址空间)。

● 全局变量。全局变量是定义在函数外的变量，被分配到进程虚拟存储器(进程地址空间)的可读写数据区域(data 段、bss 段)。每个全局变量只有一个运行实例，任何线程都可以引用，是一种最典型的变量共享方法。例如，示例程序 sharvar.c 的第 4 行声明的全局变量 ptr 的运行实例位于虚拟存储器的读/写区域中，各个线程都可访问。当一个变量只有一个实例时，我们直接用变量名(在这里是 ptr)表示这个实例。

- 局部自动变量。局部自动变量是定义在函数内部但没有 static 属性的变量。函数未被调用时，系统不会给自动变量分配内存。当函数(或例程)被某个线程调用时，系统就会在线程堆栈中为函数的所有局部自动变量创建一个运行实例。若多个线程调用了同一个函数(或例程)，该函数中的自动变量就会拥有多个运行实例，分别位于各调用线程堆栈中，这里用变量名.线程名的形式来表示每个运行实例。例如，sharvar.c 中的局部变量 tid 有一个实例，它位于主线程运行栈中，就可用 tid.m 表示这个实例。局部变量 myid 有两个实例，一个在对等线程 t0 的栈内，另一个在对等线程 t1 的栈内，就可以将这两个运行实例分别表示为 myid.t0 和 myid.t1。
- 局部静态变量。局部静态变量是定义在函数内部并且有 static 属性的变量。和全局变量一样，函数(或例程)中声明的每个局部静态变量仅有一个运行实例，位于虚拟存储器的可读写区域(data 段、bss 段)。例如，示例程序 sharvar.c 的函数 thread 在第 23 行用 static 声明的局部静态变量 cnt，就只有一个运行实例，位于用户地址空间的读/写数据段，每个调用函数 thread 的对等线程都会读写这个运行实例。

6.3.3　共享变量的识别

当且仅当某个变量的一个运行实例被一个以上的线程引用时，我们称该变量为共享变量。一般来说，只有全局变量、静态变量和地址通过 pthread_create 的第四个参数传给新建线程的局部变量才有可能成为共享变量。例如，示例程序 sharvar.c 中的全局变量 ptr 和静态变量 cnt 就是共享变量，因为它只有一个运行实例，并且这个运行实例被两个对等线程 t1、t2 引用。变量 myid 却不是共享变量，因为它的两个实例 myid.t0、myid.t1 都只被一个线程引用。mesgs 数组虽然是主线程的局部自动变量，但却通过全局指针 ptr 同时被两个对等线程引用。多线程对共享变量执行并发访问，这可能会影响程序执行结果的正确性。因此，在多线程编程中，需要识别程序中的所有共享变量，并对有关访问操作进行协调，以保证程序正确运行。

思考与练习题 6.5　分析 6.3 节开头的程序 sharvar.c。

(1) 如果约定自动变量的运行实例用符号 v.t 表示，其中 v 为变量名，t 为线程名，那么可取 m(主线程)、t0(对等线程 0)或 t1(对等线程 1)，表示该运行实例驻留在线程 t 的本地栈中，请问程序的变量中有哪些运行实例，如何表示这些实例？

(2) 每个运行实例被哪些线程引用？

(3) 程序中有哪些共享变量？

6.4　线程同步与互斥

虽然前面给出的示例程序使用共享变量在主线程与对等线程间传递数据，但由于主线程和对等线程访问共享变量的操作完全错开，没有并发访问，程序的执行结果正确且唯一。因此，不需要对操作共享变量的代码进行特殊处理，这一点很容易理解。但如果多个线程对共享变量并发执行操作，就可能引入同步错误(synchronization error)。本节探讨这个问题，给出如何对并发操作进行协调，以保证程序运行结果的正确性。

6.4.1　变量共享引入的同步错误

1. 多条语句并发操作共享变量

我们来看一下火车票售票模拟程序 tickets1.c。假设售票厅有两个窗口可发售某日某次列车的 10 张车票，这时，10 张车票可看成共享资源，剩余票数 tickets 是共享变量，两个售票窗口表示两个线程，通过一个循环，每次打印一次票号，并将余票数减 1，表示售票一张，直到售完。

```
/* 多线程并发读写共享变量引入错误的第一个示例程序 tickets1.c，编译命令为
   gcc  -o  tickets1  tickets1.c  -lpthread */

1    #include "wrapper.h"
2    int tickets =10;
3    void *counter(void *);
4    int main(int argc, char **argv)
5    {
6        pthread_t  tid[5];
7        int   i;
8        for(i=1 ; i<=2; i++)
9            pthread_create(&tid[i], NULL, counter, (void*)i);
10
11       for(i=1 ; i<=2; i++)
12           pthread_join(tid[i], NULL);
13       pthread_exit(0);
14   }
15   void *counter(void *no)
16
17   {
18       while(tickets>0) {
19           printf("柜台%d 卖出一张票，票号为%d\n", (int)no, tickets);
20           usleep(1);
21           tickets --;
22           usleep(1);
23       }
24   }
```

下面编译并执行该程序：

```
$ gcc  -o  tickets1  tickets1.c  -lpthread
$ ./tickets1
    柜台 1 卖出一张票，票号为 10
    柜台 1 卖出一张票，票号为 9
    柜台 2 卖出一张票，票号为 8
    柜台 1 卖出一张票，票号为 8
    柜台 2 卖出一张票，票号为 6
    柜台 1 卖出一张票，票号为 6
    柜台 2 卖出一张票，票号为 4
    柜台 1 卖出一张票，票号为 4
    柜台 2 卖出一张票，票号为 2
    柜台 1 卖出一张票，票号为 2
```

结果好像不正确，现在分析执行结果与出错原因。

① 两个售票窗口交叉卖出车票，这是正常的，因为它们代表的两个线程是并发执行的。

② 程序的运行结果是错误的，2、4、6、8号车票被卖出两次，而1、3、5、7号车票未卖出。

为让读者更好地理解程序出错原因，我们将线程中操作共享变量 tickets 的两条语句用标号 S、T 标出：

```
S:  printf("柜台%d 卖出一张票，票号为%d\n", (int)no, tickets);
T:  tickets--;
```

线程 1 的这两条语句分别记为 S1、T1，线程 2 的这两条语句分别记为 S2、T2。由于语句 S 和 T 之后都有一条 usleep 语句(第 20、22 行)，导致线程放弃 CPU，因而发生上下文切换，控制被转移到另一个线程，因此两个线程的 S、T 语句以各种交错顺序执行都是可能的，只是不同交错模式的出现概率可能有所不同。用数学方法进行探究，可以发现，S 和 T 两条语句交错执行有(S1、T1、S2、T2)、(S1、S2、T1、T2)、(S1、S2、T2、T1)、(S2、S1、T1、T2)、(S2、S1、T2、T1)、(S2、T2、S1、T1)六种模式。假设现在 tickets=8，两个线程按不同模式执行 S、T 的结果如表 6-1 所示。

表 6-1 tickets1.c 中第 18、20 行语句的执行情况

模式 1	结果	模式 3	结果	模式 5	结果
S1	柜台 1 卖出票号 8	S1	柜台 1 卖出票号 8	S2	
T1	ticket=7	S2	柜台 2 卖出票号 8	S1	
S2	柜台 2 卖出票号 7	T1	ticket=7	S2	
T2	ticket=6	T2	ticket=6	T2	
模式 2	结果	模式 4	结果	模式 6	结果
S2	柜台 2 卖出票号 8	S2		S1	
T2	ticket=7	S1		S2	
S1	柜台 1 卖出票号 7	T2		T2	
T1	ticket=6	T1		T1	

读者可自行完成模式 4~模式 6 中各条语句的执行结果。从手工执行结果来看，两个线程按模式 1 和模式 2 执行，程序运行结果正确；按模式 3~模式 6 执行，程序运行结果中出现了同步错误，票号为 8 的车票被卖出两次。从语句模式的特点来看，若两个线程中操作共享变量的语句完全错开执行(模式 1 和模式 2)，程序运行结果就是正确的；若两个线程中操作共享变量的语句交错执行(模式 3~模式 6)，程序运行结果就出错了。

由此我们得到一个结论：在多线程并发读写共享变量的情况下，若不对各线程的行为加以限制，则可能导致同步错误；若能保证各线程操作共享变量的代码序列完全错开执行(或称互斥执行)，则可避免同步错误发生。

实际上，即使我们删去第 20、22 行的 usleep 语句，两个线程的 S、T 语句也能以各种交错模式执行，只是出错的概率变小而已。因为即使线程执行 S、T 语句后，不主动放弃 CPU 控制，但由于任何计算机都有定时中断，也会每隔若干微秒产生一次时钟中断，CPU 响应时钟中断，在此过程中，可能发生线程上下文切换，线程会被动地失去 CPU 控制。

思考与练习题6.6 填写表6-1中模式4~模式6中各条语句的执行结果。

*2. 单条语句并发访问共享变量

让多个线程访问同一共享变量的操作序列交错执行可能导致错误的结果,而有时对共享变量的操作仅为一条简单的加1操作语句(如cnt++),这仍有可能使程序运行出错,因为一条简单的语句往往要编译成多条汇编语言指令,程序出错是因为操作共享变量的多条指令序列交错执行而导致。

考虑下面的示例程序badcount.c,它创建两个线程,分别在一个循环中对共享计数变量cnt进行加1和减1操作。因为循环次数相同,所以cnt的正确结果是0。然而,当在Linux系统上用较大的niters变量值运行badcount.c时,有时会得到错误的结果,甚至每次得到的结果也不相同。

```
/* 多线程并发读写共享变量引入错误的第二个程序示例 badcount.c,编译命令为
gcc  -o  badcount  badcount.c  -lpthread */

1    #include "wrapper.h"
2    void *increase(void *arg);
3    void *decrease(void *arg);
4    int cnt = 0;                    /* 全局共享变量 */
5
6    int main(int argc, char **argv)
7    {
8        unsigned  int  niters;
9        pthread_t t1, t2;
10
11   if(argc!=2) {                   /* 检查命令行参数的合法性 */
12       printf("usage:%s   <niters>\n",argv[0]);
13       exit(2);
14   }
15   niters=atoll(argv[1]);          /* 将字符串 argv[1]转换成 long long 类型 */
16
17   /* 创建线程并等待其终止 */
18       pthread_create(&t1, NULL, incease, (void*) niters);
19       pthread_create(&t2, NULL, decrease, (void*) niters);
20       pthread_join(t1, NULL);
21       pthread_join(t2, NULL);
22
23       if (cnt != 0)               /* 验证结果 */
24           printf("Error! cnt=%d\n", cnt);
25       else
26           printf("Correct cnt=%d\n", cnt);
27       exit(0);
28   }
29
30   void *increase(void *vargp)
31   {
32       unsigned   i, niters=( unsigned int ) vargp;
33       for (i = 0; i < niters; i++)
34           cnt++;
35       return NULL;
```

```
36    }
37
38    void *decrease(void *vargp)
39    {
40        unsigned int i,niters=( unsigned int ) vargp;
41        for (i = 0; i < niters; i++)
42            cnt--;
43        return NULL;
44    }
```

编译并执行该程序，结果如下：

```
$ gcc -o badcount badcount.c -lpthread
$ ./badcount  1000000
OK cnt=0
$ ./badcount  10000000
BOOM! cnt=4992727
$ ./badcount  10000000
BOOM! cnt=3569685
$ ./badcount  10000000
BOOM! cnt=5536837
```

那么哪里出错了呢?为了清晰地解释这个问题，需要研究计数器循环(第 33 行和第 34 行)中的汇编代码。如图 6-7 所示，这里将线程 t1 的循环代码分解成 5 部分。

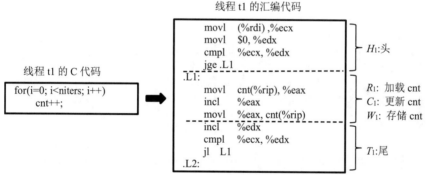

图 6-7　badcount.c 中计数器循环(第 33 行和第 34 行)的汇编代码

- H_1：循环头部的指令块对循环进行初始化。第 1 条指令 "movl　(%rdi), %ecx" 将变量 niters 的指令从存储器取到寄存器%ecx 中，第 2 条指令 "movl　$0, %edx" 将 0 赋值给表示变量 i 的寄存器%edx 中。后两条指令对变量 i 和变量 niters 比较大小，以决定是否执行循环体。
- R_1：加载共享变量 cnt 值到寄存器%eax$_i$ 的指令，这里%eax$_i$ 表示线程 i 中寄存器%eax 的值。
- C_1：对%eax$_i$ 寄存器中的值做递增 1 计算。
- W_1：将%eax$_i$ 的更新值存回共享变量 cnt。
- T_1：循环尾部的指令块对表示变量 i 的寄存器%edx 进行加 1 操作，然后比较 i 是否小于变量 niters。

需要注意的是，操作 cnt++ 已被翻译成 R_1、C_1 和 W_1 三条指令。由于线程 t2 的循环代码 "for (i = 0; i < niters; i++)　cnt--;" 与线程 t1 的差别仅仅是把 cnt++ 换成 cnt--。通过同样的分析不难理解，将图 6-7 中的汇编代码 C_1("incl　%eax"，用于将寄存器%eax 的值递增 1)更换成 C_2("decl　%eax"，

用于将寄存器%eax 的值递减 1)即可。我们将线程 t2 中循环(第 41 行和第 42 行)的汇编代码也分解为 H_2、R_2、C_2、W_2、T_2 五部分。

两个对等线程都反复执行这三条指令，对共享计数器变量 cnt 进行读写访问。当 badcount.c 中的两个对等线程在一个单处理器上并发运行时，虽然单个线程上的机器指令以某种顺序一个接一个地执行，但两个线程的指令可以按任意顺序交错执行(因为每条指令执行后，可能发生中断导致 CPU 切换到其他线程)。如果为线程分派了专用的 CPU 或 CPU 核，它们的指令并行执行或交错执行是很自然的事情。

以线程 1 的 R_1、C_1、W_1 和线程 2 的 R_2、C_2、W_2 这 6 条访问全局变量 cnt 的指令为例，它们的执行顺序就有 20 种。如果按不交叉顺序(R_1、C_1、W_1、R_2、C_2、W_2)和(R_2、C_2、W_2、R_1、C_1、W_1)执行，计算结果就是正确的；若按其他顺序执行，计算结果就不正确。

例如，图6-8(a)展示了一种正确的指令顺序的分步操作。假设cnt的初值是0，在每个线程执行一次循环迭代以更新共享变量cnt后，它在存储器中的实际值为期望值0，代码执行结果正确。而图6-8(b)所示的指令顺序会产生一个不正确的cnt值，出错原因是，线程2在第5步加载cnt，是在第2步的线程1加载cnt后，在第6步的线程1保存更新值前，每个线程取到的cnt变量值都是0。因此，每个线程最终将结果1更新到计数器变量cnt中。

步骤	线程	指令	%eax$_1$	%eax$_2$	cnt
1	1	H_1	-	-	0
2	1	R_1	0	-	0
3	1	C_1	1	-	0
4	1	W_1	1	-	1
5	2	H_2	-	-	1
6	2	R_2	-	1	1
7	2	C_2	-	0	1
8	2	W_2	-	0	0
9	2	T_2	-	0	0
10	1	T_1	1	-	0

(a)

步骤	线程	指令	%eax$_1$	%eax$_2$	cnt
1	1	H_1	-	-	0
2	1	R_1	0	-	0
3	1	C_1	1	-	0
4	2	H_2	-	-	0
5	2	R_2	-	0	0
6	1	W_1	1	-	1
7	1	C_2	-	-1	1
8	2	W_2	-	-1	-1
9	2	T_2	-	-1	-1
10	2	T_1	1	-	-1

(b)

图 6-8　badcount.c 中第一次循环迭代的指令顺序

虽然不同顺序出现的概率可能不同，例如，不按交错顺序(R_1、C_1、W_1、R_2、C_2、W_2)和(R_2、C_2、W_2、R_1、C_1、W_1)执行的概率一般比较大，但任何执行顺序都是可能的。一般而言，我们无法预测线程指令的执行顺序。因此，程序的执行结果有时正确，有时错误。

*思考与练习题6.7　根据 badcount.c 的指令顺序完成表 6-2(假设执行前 cnt=0)。

表 6-2　要填写的表

步骤	线程	指令	%eax$_1$	%eax$_2$	cnt
1	1	H_1	-	-	0
2	1	R_1			
3	2	H_2			
4	2	R_2			
5	2	C_2			

(续表)

步骤	线程	指令	%eax$_1$	%eax$_2$	cnt
6	2	W_2			
7	1	C_1			
8	1	W_1			
9	1	T_1			
10	2	T_2			

这个程序会产生正确的 cnt 值吗？

👉 *思考与练习题6.8 为何 niters 变量增大到某个值后，程序 badcount.c 的执行结果开始出错？

👉 *思考与练习题6.9 在图 6-8(b)中，导致线程 1 的 R_1、C_1、W_1 三条相邻指令在执行中被打断，CPU 转去执行线程 2 的相邻指令 R_1、C_2、W_2 的可能原因有哪些？

通过以上分析不难获知，导致运行结果不正确的根本原因是不同线程对共享变量 cnt 的操作指令被交错执行。如果能借助某种措施保证一个线程中操作共享变量 cnt 的三条指令 R_i、C_i、W_i 全部执行完毕后，才允许另一个线程执行访问同一全局变量的指令序列，就总能得到正确的执行结果。这种限制要求称为线程互斥，而实现线程互斥的方法称为同步机制。

6.4.2 临界资源、临界区、进程(线程)互斥问题

为方便问题的表述，我们引入临界资源和临界区两个术语。临界资源(critical resource)是指由多个并发流共用，且在一段时间内一个逻辑流(进程或线程)需要独占使用的资源，如共享变量、独享设备等。临界区(critical section)是各逻辑流操作访问临界资源的代码段，如图 6-9 所示。

```
                                        临界资源：共享变量、共用资源等
        void *counter(void *no)
        {  while(1)
           if ( tickets >0) {
临界区：操作      printf("柜台%d 卖出一张票，票号为%d\n",(int)no, tickets);
临界资源的代      usleep(1);
码序列           tickets--;
                usleep(1);
              }
```

图 6-9 tickets1.c 源代码中的临界资源和临界区，两个并发线程执行的代码都是函数 counter，读写共享变量 counter。因此，tickets 为临界资源，图中框出的代码是临界区

一般情况下，两个并发逻辑流(进程或线程)对临界区代码互斥执行的要求可表述成图 6-10 所示的情况，仅当各逻辑流的临界区代码完全错开执行(互斥执行)时，才是正确的顺序模式。我们需要设计一种同步机制，让临界区代码按前两种模式执行，以防第三种情形出现。为突出主要矛盾，在后面的讨论中，我们直接用函数表示线程、进程等并发流，并略去创建进程和线程的代码。

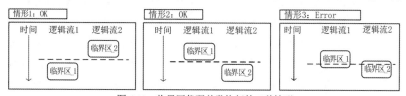

图 6-10 临界区代码并发执行的三种情形

6.4.3 用信号量与 P/V 操作保证临界区互斥执行

解决多逻辑流互斥执行临界区问题的基本思路是，为每种临界资源设置一种许可权(或称令牌、互斥锁)，数量为1。在每个逻辑流的临界区代码前增加一段"进入区"代码，用于获取许可权，在临界区代码后增加一段"退出区"代码，用于归还临界资源的许可权，如图 6-11 所示。接下来的工作就是设计一种高效可靠的同步机制，这是解决线程(进程)互斥问题的关键。

图 6-11 解决 n 个并发流互斥执行临界区的思路，这里仅给出了两种逻辑流情形

1. 基于状态变量的同步机制

同步机制的设计应该简单、高效、易用，一种直观的方法是用各逻辑流共用的一个特殊锁变量 x 来标识临界区的忙闲状态。x=1 为开锁状态，表示资源空闲；x=0 为上锁状态，表示资源繁忙。可将 x 变量看成一个计数器。线程(进程)进入临界区前，必须请求上锁，先测试锁状态。若为开锁状态，将计数器减 1，将锁置为"上锁"状态，获得锁控制权，进入临界区；若为上锁状态，则反复测试，直到锁被打开。退出临界区时，执行开锁操作，计数器加 1，将锁状态置为"开锁"状态。图 6-12 展示了基于锁变量解决图 6-11 中临界区互斥执行问题的代码框架。

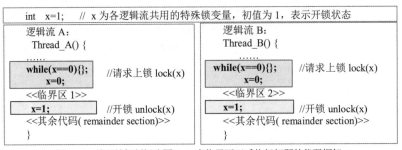

图 6-12 基于锁机制解决图 6-11 中临界区互斥执行问题的代码框架

我们称这种设计方案为简单锁机制，它在多数情况下都能使线程互斥进入临界区。但如果逻辑流 A 执行完测试操作 while(x==0){}，还未来得及执行上锁操作 x=0，逻辑流 B 也执行了测试操作 while(x==0)，由于 x 的初值为1，两个线程都会退出 while 循环，而同时进入各自的临界区，导致错误。一个程序必须在所有情况下都能正确执行，不允许存在任何例外。简单锁机制存在这样的漏洞，因此不是同步机制的正确方案。

简单锁机制出错的根本原因是执行请求上锁操作 lock 时，锁状态测试与上锁两个子操作是分开执行的，中间插入了其他线程的锁状态测试操作。如果我们能将锁状态测试与上锁两个子操作放到一条指令中完成，两者就不会分开执行了。现代 CPU 提供了"测试设置"(Test-and-Set)和交换两种专用硬件指令来实现这样的功能。在这里仅讨论如何用"测试设置"指令来设计同步机制。

"测试设置"指令 TS(Test-and-Set)在单条指令中完成对内存单元中内容的检测与设置，其功能可用 C++语法中带引用参数的函数定义描述如下：

```
int   TS(int   &lock) {
    int   state;
    state=lock;
    lock=0;
    return   state;
}
```

其中，lock 表示临界资源忙闲状态的标识变量，如果值为 1，表示临界资源空闲，值为 0 表示临界资源被占用。执行 TS 指令后，将 lock 标志置为 0，并以 lock 原有状态为返回值。

图 6-13 是利用 TS 指令解决图 6-11 中临界区互斥执行问题的代码框架。由于 TS(lock)仅为一条指令，执行过程不会打断，无论多线程以何种方式并发执行，仅一个线程执行 TS(lock)指令后返回 1，使 while 循环条件为 false，从而进入临界区，其他线程都将因 TS(lock)指令返回 0 而使 while 循环条件为 true，从而反复进行循环测试。

```
int lock=1;    // 共享锁变量的定义，初值为开锁状态

线程 A:                        线程 B:
Thread_A(){                    Thread_B(){
    ……                            ……
    while(!TS(lock)) { };          while(!TS(lock)) { };
    <<临界区 1>>                   <<临界区 2>>
    lock=1;                        lock=1;
    <<剩余代码>>                   <<剩余代码>>
}                              }
```

图 6-13　基于"测试设置"指令(TS)解决图 6-11 中临界区互斥执行问题的代码框架

基于专用硬件指令的锁机制成功解决了线程的临界区互斥执行的问题，它是一种正确的实现方案，但未进入临界区的线程会循环测试锁状态，浪费宝贵的 CPU 时间，所以这种机制一般仅适合临界区代码比较简短的场合，在操作系统内核中运用较多。如果临界区需要较长的 CPU 时间，还需要寻求更加高效的同步机制。

2. 信号量与 P/V 操作同步机制

信号量(Semaphores)机制是由荷兰学者 Dijkstra 提出的一种卓有成效的进程同步机制，其本质在于封装了加 1 和减 1 操作、可防止反复测试资源可用状态而浪费 CPU 时间。信号量机制的基本思想是：当临界资源空闲时，让请求进程进入临界区，而当临界资源被占用时，强迫请求进程阻塞，避免浪费 CPU 时间；并要求从临界区退出的进程唤醒因请求临界资源而被阻塞的进程，使其进入临界区。

信号量是一种表示和维护可用资源数量的计数器类型，可描述为：

```
typedef struct _semaphore {
    int value;              //信号量值，表示可用资源的数量
    WaitQueue L;            //阻塞队列，等待资源的进程队列
} semaphore;
```

信号量结构体类型有两个字段，其中信号值 value 表示可用资源的数量，队列 L 是因请求资源而未能满足的挂起进程等待队列。在信号量之上定义了两个在同一信号量上互斥执行的原语函数：P 操作 wait 函数和 V 操作 signal 函数，用于对信号值做安全的加 1 和减 1 运算，语义如图 6-14 所示。有些教材和文献将 P/V 操作函数写成 P(S)/V(S)。

```
primitive wait(semaphore &S)   // P 操作
{
    if (S.value==0)
        block(S.L);      /* 在队列 S.L 中挂起 */
    S.value=S.value-1; /* 可用资源的数量减 1 */
}
```

```
primitive signal(semaphore &S)    // V 操作
{
    S.value=S.value+1;   /* 可用资源的数量加 1 */
    if(!empty(S.L))        /* 判断等待队列是否为空 */
        wakeup(S.L);      /* 唤醒一个等待线程 */
}
```

图 6-14 信号量 P/V 操作的语义

- wait(S)函数：如果信号值 S.value 非零，wait 就将 S 减 1，并立即返回。如果 S.value 为零，就将线程在等待队列 S.L 中挂起，直到一个 V 操作将信号值加 1 后重启这个线程。线程重启后，wait 函数将 S 减 1，再将控制返回给调用者。
- signal(S)函数：先将 S.value 加 1，如果队列 S.L 中有任何挂起的线程，就重启其中一个，使重启的线程执行 S.value 减 1 操作，完成 P 操作。

函数名描述前缀 primitive 说明 wait 和 signal 是原语函数，表示它们对同一信号量的操作是互斥的，因此可理解成 wait 和 signal 函数调用是完全错开执行的。当多个并发线程(或)进程试图同时在同一信号量上执行 P 操作或 V 操作时，只有一个线程(或进程)获准进入相应的原语函数。这里借用 C++编程语法，P/V 操作采用引用参数，表示对实际参数的引用，函数中的操作可改变实际参数的值。

wait 和 signal 函数的定义能确保正在运行的程序不会使信号量变成负值。这个属性称为信号量不变性(semaphore invariant)，它与日常生活中的计数器特性相一致，便于理解。

注意：

这里的函数 wait、signal 是操作信号量加 1 与减 1 的原语函数，不是进程控制部分的进程等待、信号处理程序安装函数。

*思考与练习题 6.10 什么叫原语？原语有何用途？

*思考与练习题 6.11 某个信号量的初值是 r，执行 m 次 P 操作、n 次 V 操作，其值变成多少？

6.4.4 用信号量及 P/V 操作解决资源调度问题

1. 用信号量与 P/V 操作解决临界区互斥执行问题

对于图 6-11 中的线程互斥问题，我们定义了一个互斥信号量 mutex，用 P/V 操作来解决。互斥信号量 mutex 作为临界资源的锁变量，代表资源使用权，初值为 1，表示初始为开锁状态，使用权可用，相关等待列为空。按照 C 语言规范，mutex 的定义应写成 semaphore mutex={1, NULL}，但为了方便阅读，一般简写成 semaphore mutex=1。将 wait(mutex)作为临界区互斥执行的"进入区"部分，将 singal(mutex)作为"退出区"部分，代码框架如图 6-15 所示。

当多个线程同时试图请求资源时，都要执行"进入区"的代码 wait(mutex)，由于 P/V 操作都是原语过程，因此系统会保证它们自动错开执行。

```
semaphore   mutex=1;   // 信号量的定义，初值为 1，表示临界资源可用

线程 A(或进程 A):                        线程 B(或进程 B):
Thread_A(){                             Thread_B(){
   ……                                    ……
wait(mutex);    /* 获得临界资源 */        wait(mutex);    /* 获得临界资源 */
<<临界区 1(Critical section)>>            <<临界区 2(Critical section)>>
signal(mutex);  /* 归还临界资源 */        signal(mutex);   /* 归还临界资源 */
<<剩余代码>>                               <<剩余代码;>>
   }                                      }
```

图 6-15　用信号量与 P/V 操作解决图 6-11 中临界区互斥执行问题的代码框架

先进入 wait(mutex)的线程(不妨假设是线程 A)在检测条件 "mutex.value==0" 时，由于 mutex.value=1，条件为 false，线程执行 mutex.value 减 1 操作，使其变成 0，立即返回，获得临界资源，进入临界区。

如果有线程被唤醒，从 wakeup(mutex.L)返回时，遇到语句 mutex.value=1，该线程执行 mutex.L 减 1 操作后返回，立即获得临界资源而进入临界区。每次最多唤醒一个等待线程，让其进入临界区，以保证临界资源被互斥操作。

后进入 wait(mutex)的线程(不妨假设是线程 B)在检测条件 mutex.value==0 时，结果为 0，线程在等待队列 mutex.L 中挂起。如果还有更多进程执行 wait(mutex)竞争临界资源，那么它们都会因检测到条件 mutex.value=0 而挂起。

当获得临界资源的线程从临界区退出时，归还临界资源，执行 singal(mutex)操作时，先对 mutex.value 执行加 1 操作，使其变成 1，如果有线程等待，就唤醒该线程并返回，否则直接返回。

如果有线程被唤醒，从 wakeup(mutex.L)返回时，遇到语句 mutex.value=1，该线程执行 mutex.value 减 1 操作后返回，立即获得临界资源而进入临界区。每次最多唤醒一个等待线程，让其进入临界区，以保证临界资源被互斥操作。

信号量和 P/V 操作满足同步机制设计的四条原则：①互斥，任何时候最多只允许一个线程进入临界区；②有限等待，当一个线程在等待队列中挂起时，应保证在有限时间内能进入其临界区；③空闲请进，若无线程在临界区执行，请求线程立即进入其临界区；④让权等待，临界资源忙时，请求线程立即挂起，释放处理器，避免"循环测试"。因而，信号量同步机制可以安全、公平地协调并发线程以高效操作临界资源，从而使得 CPU 的利用率高。

思考与练习题 6.12　设计同步机制的四条原则是什么？

思考与练习题 6.13　说明如何用信号量和 P/V 操作纠正 badcount.c 中的代码，实现对共享变量的安全访问。

思考与练习题 6.14　独木桥问题。某条河上只有一座独木桥，每次只能承受一个人在桥上走。现在河的两边都有人要过桥，按照下面的规则过桥。为了保证过桥安全，请用 P/V 操作写出安全过桥的算法描述。过桥的规则是：每次只有一个人过桥。

```
Process_EW()                            Process_WE()
{                                       {
   过桥;                                   过桥;
}                                       }
```

2. 用信号量和 P/V 操作解决资源分配问题

这里的问题描述是：某类资源的数量为 N，供若干个进程(或线程)共享使用，但每个资源只能

分配给一个进程(或线程)互斥使用，要求不发生多进程并发操作同一资源的情况。由于信号量是一种特殊的计数器，设计目的就是解决资源分配问题，而 P/V 操作已经对计数值 0 的异常进行了捕获和处理，因此用信号量解决资源分配问题的代码非常直观简单，只需要将初值设置为某种资源的总数，在获取资源前，执行 P 操作将资源的数量减 1，在归还资源后，执行 V 操作，将资源的数量加 1 即可。因此，用信号量机制，协调多个线程(或进程)操作 N 个(N≥1)系统资源的代码结构如图 6-16 所示。

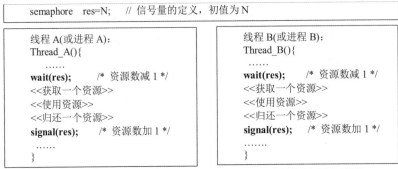

图 6-16　用信号量与 P/V 操作协调多个线程互斥使用 N 个系统资源的代码框架

在此，可将信号量类比成停车场的出入口车闸，汽车是进程(或线程)，信号量的值是剩余车位数；汽车试图通过车闸取卡，就是执行 P 操作，之后将剩余车位数减 1；若剩余车位数为 0，则汽车必须在外等待，相当于线程挂起；若有车位，则汽车获得车位，开入停车位，这是获取资源。汽车驶离车位就是归还资源，驶出车闸就是执行 V 操作，之后将剩余车位数加 1；如果场外有等待汽车，就让该车驶入，是唤醒挂起的线程。P/V 操作可分别看成申请资源、归还资源。

在这个意义上，可将图 6-11 中的临界资源互斥使用问题看成资源数为 1 的一种资源分配问题。因此，图 6-16 和图 6-15 中代码的唯一差异只是信号量的初值不同而已。

*思考与练习题 6.15　停车场有 100 个车位，请用 P/V 操作写出汽车的停车、出车描述算法。

思考与练习题 6.16　有一个阅览室，共有 100 个座位，只有一个出入口，且每次只能进出一个人。若每个读者的活动用一个进程表示，请尝试用信号量与 P/V 操作协调读者进阅览室、读书、出阅览室的活动。

3. 用信号量和 P/V 操作解决同步问题

在多线程并发环境下，除了临界区需要互斥执行，有时还需要对并发线程操作的执行顺序进行控制，以保证运行结果的正确性，这就是线程同步问题。例如，通过共享变量传递数据，就必须保证按写操作在前、读操作在后的顺序执行。

(1) 单向同步

第一种情形是单向同步，图 6-17(a)是问题模型，要求线程 Thread_1 的操作 ActionA 在线程 Thread_2 的操作 ActionB 开始前完成。

为实现两者同步，设想 ActionA 产生了某种虚拟资源(如可用数据)供 ActionB 使用，该资源初始时并不存在。同步算法框架如图 6-17(b)所示：定义一个初值为 0 的同步信号量 sem 作为资源计数器，在产生资源的 ActionA 后执行 signal(sem)，使资源的数量加 1；在获取资源的 ActionB 前调用 wait(sem)，使资源的数量减 1。

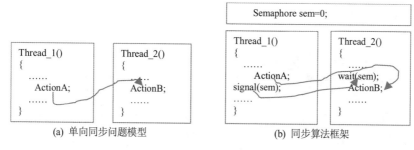

图 6-17 单向同步问题及同步算法

在图 6-17(b)中，由于 sem 的初值为 0，signal(sem)操作必定在 wait(sem)返回前返回，这就保证线程 Thread_1 的操作 ActionA 一定会在线程 Thread_2 的操作 ActionB 开始前结束。

思考与练习题 6.17 假设一个程序由操作 T1、T2、T3、T4 组成，这 4 个操作必须按图 6-18 所示的前趋图次序运行，若将这 4 个操作分别安排到 4 个线程中执行，用信号量和 P/V 操作表达这 4 个线程的同步关系。

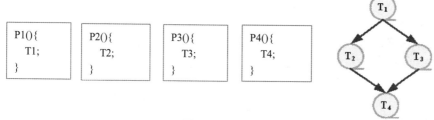

图 6-18 前趋图

(2) 双向同步

stat.c 是一个两线程合作的程序示例：输入线程 input_text 从标准输入读入文本串存入缓冲区，统计线程 stat_text 计算文本串中字符的个数并输出显示。这是多线程因未同步而导致错误的一个典型示例。

```
/* stat.c 是一个多线程因未同步而导致错误的程序示例 */

1    #include "wrapper.h"
2    #define SIZE 1024
3    char    buffer[SIZE];
4
5    void *input_text(void *arg)    /* 输入线程 */
6    {   char str[SIZE];
7        while(1) {
8            printf("请输入文本信息，以 end 结束：\n");
9            scanf("%s",str);
10           strcpy(buffer,str);
11           if(strncmp("end",str,3)==0) break;
12       }
13   }
14   void *stat_text(void *arg)    /* 统计线程 */
```

```
15    {    char    str[SIZE];
16         while(1) {
17              strcpy(str,buffer);
18              printf("You input %d characters\n",strlen(str));
19              if (strncmp("end", str,3)==0) break;
20         }
21    }
22    int main() {
23         pthread_t    tid1, tid2;
24         pthread_create(&tid1,NULL, input_text,NULL);
25         pthread_create(&tid2,NULL, stat_text,NULL);
26         pthread_join(tid1,NULL);
27         pthread_join(tid2,NULL);
28         exit(EXIT_SUCCESS);
29    }
```

由于统计线程创建后会立即运行，因此无论用户是否输入信息，它都会不断显示缓冲区中的字符串长度，从而导致错误，因为程序中没有对输入线程和统计线程进行同步。为保证程序正确运行，这里要求：统计线程每次要对读到的最新输入信息进行字符数统计，而输入线程只能往取走数据的缓冲区存放数据。

可将线程间通过缓冲区多次重复传递数据的场景可描述成图 6-19 所示的模型：线程 A 产生数据，将数据放入缓冲区(全局变量)，线程 B 从缓冲区读出数据，进行处理。

图 6-19　线程间通过缓冲区传递数据的双向同步模型

线程 A 要将数据正确传递给线程 B，与前面的单向同步不同，这里涉及两个同步，称为双向同步。它要求：

- 线程 A 的操作 buffer=v1 必须在线程 B 的操作 v2=buffer 前执行，以保证线程 B 总能读取到新的数据；
- 线程 A 的第二次操作 buffer=v1 必须在线程 B 的第一次 v2=buffer 操作之后执行，以保证不覆盖缓冲区中尚未取走的数据；
- 以此类推。

这是一个典型的双向同步模型。在这个示例中，可以认为存在两种虚拟资源：空闲单元(无数据的单元)和数据单元(含数据的单元)。执行操作 buffer=v1 前要获取空闲单元，执行后产生数据单元；执行操作 v2=buffer 前要获取数据单元，执行后清空缓冲区，产生空闲单元。

为此，定义了两个信号量 avail、ready 来分别表示空闲单元数、数据单元数；由于开始时缓冲区为空，这两个信号量的初值分别为 1、0；在 buf=v1 前调用 wait(avail)将 avail 减 1，获得空闲单元，之后调用 signal(ready)将数据单元数加 1；在 v2=buf 前调用 wait(ready)将数据单元数减 1，获得数据项，之后调用 signal(avail)将空闲单元数减 1。图 6-20 中展示了双向同步算法描述。

```
semaphore    avail=1, ready=0;
```

```
Thread_1(){                                    Thead_2(){
    while(1) {                                     while(1) {
        produce(v1);      /* 产生数据 */               wait(ready);
        wait(avail);                                   v2=buf;          /* 取出数据 */
        buf=v1;           /* 存放数据到buf中 */          signal(avail);
        signal(ready);                                 process(v2);     /* 处理数据 */
    }                                              }
}                                              }
```

图 6-20　通过缓冲区循环传递数据的双向同步算法描述

思考与练习题 6.18　一个盘子只能放一个水果，父亲每次洗一个水果(苹果或橘子)并放入盘中，儿子专吃橘子，女儿专吃苹果，如图 6-21 所示。若用三个进程分别表示父亲、儿子、女儿，请用 P/V 操作与信号量实现这 3 个进程间的同步。

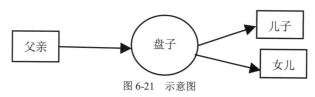

图 6-21　示意图

6.4.5　用 Pthreads 同步机制实现线程的互斥与同步

1. Pthreads 同步机制

前面介绍的信号量(Semaphore)是一种抽象的同步机制，它描述了信号量机制应具备的特征及功能。用信号量构造同步算法，便于阅读和理解。多进程(线程)环境一般都应按照规范要求提供信号量的具体实现，这样才能编写可执行的同步程序。Linux 系统支持 Pthreads 线程规范，Pthreads 提供了以下 4 种同步机制。

- 信号量：它是一个非负的整数计数器，数据类型定义为 sem_t，用于控制对公共资源的访问和现场同步，也就是前面介绍的信号量在 Pthreads 线程规范中的实现。
- 互斥量：用于控制多个线程对共享变量的互斥访问，实际上是初值为 1 的信号量，数据类型定义为 pthread_mutex_t。
- 读写锁：与互斥量类似，不过读写锁允许更细粒度的并行性，互斥量只有两种状态(加锁和解锁)。而读写锁有三种状态：读模式下加锁、写模式下加锁、无锁。
- 条件变量：通常和互斥量一起使用，允许线程以无竞争的方式等待特定条件发生。

Pthreads 规范实现的信号量机制是 Pthreads 信号量，类型为 sem_t，初始化及对应的 P/V 操作函数分别为 sem_init、sem_wait、sem_post。对于用 sem init 函数初始化的信号量，使用完毕后需要用 sem_destroy 函数销毁。以上 4 个函数的声明为：

```
#include<pthread.h>
int sem_init(sem_t *sem,int pshared,unsigned value);
                返回值：若成功，创建并初始化信号量，返回 0，信号量地址保存在指针变量 sem 中；
                        若失败，则返回非零值，其中参数 pshared 的值一般为 0，表示在多线程间共享该信号量。
int sem_wait(sem_t *sem);
int sem_post(sem_t *sem);
```

```
int sem_destroy(sem_t *sem);
```

返回值：若成功，则返回 0；若失败，则返回-1。

2. 用 Pthreads 信号量实现进程的互斥

对于线程的互斥及同步算法，只需要将其中的信号量和 P/V 操作替换成 Pthreads 信号量和 sem_wait、sem_post 函数调用，按 C/C++语法改写程序即可运行。

(1) 用 sem_t mutex 替换信号量定义语句 semaphore mutex=1。

(2) 在主线程中增加信号量初始化语句 sem_init(&mutex,0,1)。

(3) 用 sem_wait(&mutex)替换 wait(mutex)。

(4) 用 sem_post(&mutex)替换 signal(mutex)。

(5) 在程序的最后添加 destroy(&mutex)以销毁信号量，并按 C/C++语法规范改写代码。

在实际应用中，在保证同步及互斥的前提下，应尽可能降低程序的并发损失，减小对程序性能的影响。为此，有时需要对程序的业务流程做一些微小的改动。下面以 tickets.c 多窗口售票应用程序为例来说明。

简单的改写方法是将整个含有共享变量 tickets 的程序段用 P/V 操作保护起来，将修改后的程序命名为 tickets2.c。

```
/* tickets2.c，用 Pthreads 信号量协调 tickets1.c 中多线程对共享变量的读写，编译命令为
gcc -o tickets2 tickets2.c -lpthread */
1    #include "wrapper.h"
2    int tickets =10;
3    void *counter(void *);
4    sem_t   mutex;
5    int main(int argc, char **argv)
6    {
7        pthread_t   tid[2];
8        int   i;
9        sem_init(&mutex,0,1);                    /* 将信号量的初值设置为 1 */
10       for(i=1 ; i<=2; i++)
11           pthread_create(&tid[i], NULL, counter, (void*)i);
12
13       for(i=1 ; i<=2; i++)
14           pthread_join(tid[i], NULL);
15       pthread_exit(0);
16       sem_destroy(&mutex);
17    }
18    void *counter(void *no)
19    {
20        sem_wait(&mutex);                        /* 临界区加锁 */
21        while(tickets>0) {
22            printf("柜台%d 卖出一张票，票号为%d\n", (int)no, tickets);
23            usleep(1);
24            tickets --;
25            usleep(1);
26        }
27        sem_post(&mutex);                        /* 临界区解锁 */
28    }
```

编译并执行该程序，结果如下：

```
$ ./tickets2
柜台 1 卖出一张票，票号为 10
柜台 1 卖出一张票，票号为 9
柜台 1 卖出一张票，票号为 8
柜台 1 卖出一张票，票号为 7
……
```

尽管结果正确，但只有一个线程执行售票，另一个线程被完全阻塞，抢不到票，程序性能大大降低。

改进方案 1：简单地将 sem_wait 语句移到 while 语句后，将 sem_post 语句移到第 2 条 usleep 语句前，但由于 while 语句中的共享变量 tickets 未纳入保护，可能导致运行结果错误。例如，当 tickets 为 1 时，恰好两个线程相继执行 while(tickets>0)条件检查，结果都是 true，不存在的票号 0 也被售出，运行结果错误。

```c
void *counter(void *no)
{
    while(tickets>0) {
        sem_wait(&mutex);
        printf("柜台%d 卖出一张票，票号为%d\n", (int)no, tickets);
        usleep(1)
        tickets --;
        sem_post(&mutex);
        usleep(1);
    }
}
```

改进方案 2：改写 counter 函数，不在 while 语句中引用共享变量，改为在 while 循环体中判断是否还有余票，为提高并发性，将没必要受保护的第 2 条 usleep 语句移到解锁语句之后。修改后的 counter 函数如下：

```c
void *counter(void *no)
{
    while(1) {
        sem_wait(&mutex);
        if (tickets>0) {
            printf("柜台%d 卖出一张票，票号为%d\n", (int)no, tickets);
            usleep(1);
            tickets --;
        }
        sem_post(&mutex);
        usleep(1);
    }
}
```

不难获知，通过使用互斥锁实现了两个线程对共享变量的互斥访问。即便将线程数增加到 4 个或更多，结果也是正确的。读者可将 tickets2.c 程序的车票数改为 100 或更大的数，将表示售票窗口的线程数也增加到 4 个或更多，进行验证。

然而，改进方案 2 还是存在缺陷：counter 函数的语义发生了变化，原来 tickets1.c 中 counter 函数的 while 循环在余票为 0 时结束执行，但这里修改后的 counter 函数的 while 循环却是死循环。如何修改 counter 函数的代码，使得既保证程序正确执行，又保持原有语义，请读者思考这一点。

☞ **思考与练习题 6.19** 使用 Pthreads 信号量改写 tickets1.c，在保持函数语义不变的条件下，实现对共享变量的互斥访问。

☞ **思考与练习题 6.20** 使用 Pthreads 信号量改写代码，消除 badcount.c 中存在的同步错误。

Pthreads 规范为初值为 1 的互斥信号量专门设置了一种数据类型 pthread_mutex_t，相应的 P/V 操作函数分别为 pthread_mutex_lock 与 pthread_mutex_unlock。取名为互斥锁显得直观、易懂、易用。

Pthreads 互斥锁的定义和初始化静态方法如下：

```
pthread_mutex_t  mutex=PTHREAD_MUTEX_INITIALIZER;
```

动态创建和初始化互斥锁为开锁状态的方法如下：

```
pthread_mutex_t  *mutexp;
pthread_mutex_init(mutexp, NULL);
```

使用动态方法创建的互斥锁需要使用 pthread_mutex_destroy 销毁。

互斥锁的 4 个操作函数的声明语句如下：

```
#include <semaphore.h>
int pthread_mutex_init(pthread_mutex_t *mutexp,const pthread_mutexattr_t *mutexattr);
int pthread_mutex_lock(pthread_mutex_t *mutexp);
int pthread_mutex_unlock(pthread_mutex_t *mutexp);
int pthread_mutex_destroy(pthread_mutex_t *mutex);
```
返回值：若执行成功，则返回 0；若失败，则返回非零值。

其中，mutexp 是指向互斥锁 mutex 的指针，mutexattr 是初始属性指针。

☞ ***思考与练习题 6.21** 使用 Pthreads 互斥锁改写代码，消除 badcount.c 中存在的同步错误。

3. 用 Pthreads 信号量编写线程同步程序

要用 Pthreads 信号量编写线程同步程序，只需将用信号量和 P/V 操作描述的代码更换成用 Pthreads 信号量及相应的 wait/signal 函数描述即可。改写 stat.c，采用 Pthreads 信号量编写线程同步代码。下面为改写后的程序 statsync.c：

```
/* statsyn.c，用 Pthreads 信号量实现 stat.c 中多线程间的同步 */

1       #include "wrapper.h"
2       #define SIZE 1024
3       char buffer[SIZE];
4       sem_t  avail,  ready;              /* 空闲单元数和数据单元数 */
5
6       void *input_text(void *arg)
7       {   char str[SIZE];
8           while(1) {
9               printf("请输入文本信息，输入 end 为程序结束: \n");
10              scanf("%s",str);
11              sem_wait(&avail);          /* 等待并获取空闲单元 */
12              strcpy(buffer,str);
13              sem_post(&ready);          /* 产生数据单元 */
14              if(strncmp("end",str,3)==0)    break;
15          }
```

```
16
17          void *stat_text(void *arg)
18          {   char    str[SIZE];
19              while(1) {
20              sem_wait(&ready);              /* 等待并获取数据单元 */
21              strcpy(str,buffer);
22              sem_post(&avail);              /* 产生空闲单元 */
23              printf("You input %d characters\n",strlen(str));
24              if (strncmp("end", str,3)==0) break;
25              }
26          }
27      int main() {
28          pthread_t   tid1, tid2;
29          sem_init(&avail,0,1);             /* 信号量初始化，初始空闲单元数为 1 */
30          sem_init(&ready,0,0);             /* 信号灯初始化，初始数据单元数为 0 */
31          pthread_create(&tid1,NULL, input_text,NULL);
32          pthread_create(&tid2,NULL, stat_text,NULL);
33          pthread_join(tid1,NULL);
34          pthread_join(tid2,NULL);
35          sem_destroy(&mutex);
36          sem_destroy(&avail);
37          sem_destroy(&ready);
38          exit(EXIT_SUCCESS);
39      }
```

程序执行后，得到如下正确结果：

```
$ ./statsyn
请输入文本信息，输入 end 为程序结束：
hello
You input 5 characters
请输入文本信息，输入 end 为程序结束：
abcde
You input 6 characters
请输入文本信息，输入 end 为程序结束：
end
```

🖝 **思考与练习题 6.22**　去掉 stat.c 中的所有 sem_wait 和 sem_post 后编译并执行程序，观察运行结果，并给出解释。

🖝 **思考与练习题 6.23**　桌上有一个盘子，每次只能放入一个水果。爸爸专放苹果，妈妈专放橘子，儿子专等着吃盘子中的橘子，女儿专等着吃盘子中的苹果。用 Pthreads 信号量实现爸爸、妈妈、儿子、女儿间线程的同步，编写可运行的真实程序，用 printf 函数输出表示动作的动作名称。

6.4.6　共享变量的类型与同步编程小结

6.2 节介绍了共享变量的识别方法，6.3 节介绍了由共享变量并发访问引起的同步错误，并给出了使用信号量和 P/V 操作进行线程互斥与同步编程的方法。本小节将系统地总结变量共享的各种情形，分辨同步及互斥类型。一般涉及以下 4 种情况。

1. 读写操作不并发

通常，是否需要对共享变量操作进行干预的判断依据，是看访问操作是否会导致程序的执行结果不一致。如果两个线程对共享变量的操作访问是非并发的，即完全错开执行，则各线程对共享变量的并发访问不会影响程序执行结果的正确性。因此，不需要进行任何干预。例如在 pthread3.c 中，线程 t2 在线程 t1 后执行，线程 t2 读 STU 结构体变量的操作全部在线程 t1 写 STU 的操作后。这种情况不难理解。

2. 读与读并发

如果各并发线程对共享变量的访问操作都是读操作，那么这类变量的存在不会影响程序执行结果的正确性，不需要对并发读操作进行干预。例如，sharvar.c 的 main 线程定义了局部数组变量 messages，该变量通过全局指针 pointer 共享给对等线程 t1 和 t2，但 t1 和 t2 都仅对数组执行读操作，不会影响程序执行结果的正确性。

3. 读/写与读/写并发

如果各线程都对共享变量执行读写操作，先读后写，并根据变量的旧值计算新值，然后写回，那么这种情况一般要求每个线程访问共享变量的操作互斥执行，才能获得正确的执行结果，因此属于线程互斥。tickets1.c 和 badcount.c 都属于这种情况，用互斥信号量和 P/V 操作进行协调。

4. 读与写并发

如果两个并发线程中，一个线程写共享变量，另一个线程读共享变量，那么一般要求读线程每次能读到变量的新值，这就需要在读线程和写线程间同步。stat.c 属于这种情况，可通过同步信号量和 P/V 操作进行协调。

因此，在多线程(或多逻辑流)并发访问共享变量的应用中，仅在有线程(或逻辑流)对共享变量存在并发读写操作的情形下，才需要在线程(或逻辑流)间进行同步干预。

思考与练习题 6.24　阅读 pthread2.c 的源代码，解释为何存在多个线程对全局变量 x、r1、r2 的并发访问，却不需要对程序进行同步干预?

6.5　经典同步问题

前一节主要讨论两个线程或进程间的同步，实际应用中多个进程间的同步问题也是普遍存在的。其中有几种典型的同步问题，各代表一类应用。本节讨论生产者/消费者和读者/写者两种典型同步问题的编程规律和方法。

6.5.1　生产者/消费者问题

问题描述：一些生产者线程(或进程)不断地生产产品(数据资料)，提供给另一些消费者线程(或进程)消费，在它们之间设置有包含 N 个单元的缓冲区 buf[N]，生产者线程可将它所生产的产品(数据资料)放入某个单元中，消费者进程可从该单元取得一个产品(数据资料)来消费。所有的生产者线程和消费者线程以异步方式并发运行，它们之间必须保持同步，即不允许消费者线程到空闲单元去取产品，也不允许生产者线程向已存有消息但尚未被取走数据资料的单元放入数据资料，如图 6-22 所示。

图 6-22　生产者/消费者问题描述

我们先写出这两类线程的代码及描述，黑体部分是需要同步的代码：

```
int buf[N];                        /* 数据缓冲区，包含 N 个单元 */
int outpos=0;                      /* 数据读出位置 */
int inpos=0;                       /* 数据写入位置 */

void Thread_Pi()                   /* 生产者线程，有 k 个 */
{
    while (1){
        item=produce();           /* 产生数据 */
        sbuf_insert(item,buf);    /* 向缓冲区放入数据 */
    }
}

void Thread_Ci()                   /* 消费者线程，有 m 个 */
{
    while (1){
        item=sbuf_remove(buf);    /* 从缓冲区取走数据 */
        consume(item);            /* 消费或处理数据 */
    }
}

void sbuf_insert(item, buf)        /* 数据写入函数 */
{
    buf[inpos]=item;
    inpos=(inpos+1)mod N;
}

int  sbuf_remove(buf)              /* 数据读出函数 */
{
    item=buf[outpos];
    outpos=(outpos+1) mod N;
    return item;
}
```

不难判断，该问题符合图 6-19 的双向同步问题模型，可套用图 6-20 中的同步算法代码，由于本例的缓冲区包含 N 个单元，因此图 6-20 中信号量 avail 的初值应设置为 N。另外，两类线程要通过共享指针变量inpos、outpos并发操作共享缓冲区buf。可将共享变量inpos、outpos看成一种临界资源,sbuf_insert和sbuf_remove是临界区,设置一个互斥信号量mutex对其加锁保护。按C语言语法完善变量定义并增加同步机制后的生产者/消费者描述算法如下所示,其中,函数sbuf_insert和sbuf_remove的定义保持不变。创建生产者和消费者线程的主线程代码请读者自行给出。

```
#define N 20
semaphore avail=N, ready=0;
semaphore mutex =1;
int buf[N];                          /* 数据交换缓冲区,包含N个单元 */
int inpos=outpos=0;                  /* 缓冲区队列访问指针 */

void Thread_Pi()                     /* 生产者线程,有k个 */
{
    int item;
    while (1){
        item=produce();              /* 产生数据,其功能由编程者自行定义和实现 */
        wait(avail);
        wait(mutex);
        sbuf_insert(item,buf);       /* 向缓冲区存放数据 */
        signal(mutex);
        signal(ready);
    }
}

void Thread_Ci()                     /* 消费者线程,有m个 */
{
    int item;
    while (1){
        wait(ready);
        wait(mutex);
        item=sbuf_remove(buf);       /* 从缓冲区取走数据 */
        signal(mutex);
        signal(avail);
        consume(item);               /* 消费或处理数据,该函数的功能也 */
                                     /* 由编程者自行定义和实现 */
    }
}
```

✎ **思考与练习题6.25** 分析上题中的代码描述,说明变量inpos、outpos和数组buf及其元素是否是共享变量,如果是,分别被哪些线程共享?然后根据分析结果优化程序代码,提高其并发性。

✎ **思考与练习题6.26** 在上面的同步算法中,假设k表示生产者数量,m表示消费者数量,N表示以数据单元为单位的缓冲区大小。对于下面的每个场景,指出生产者和消费者函数中的互斥锁信号量是否是必需的,为什么?

  A. k=1, m=1, N>1   B. k=1, m=1, N=1

  C. k>1, m>1, N=1   D. k>1, m=1, N>1

✎ **思考与练习题 6.27** 桌上有一个盘子,最多可放下两个水果,每次只能放入或取出一个水果。爸爸专门向盘子中放苹果,妈妈专门向盘子中放橘子,两个儿子专等着吃盘子中的橘子,两个女儿专等着吃盘子中的苹果。请用P/V操作实现爸爸、妈妈、儿子、女儿之间的同步与互斥关系。

6.5.2　读者/写者问题

问题描述：有两组并发线程——读者和写者，它们共享一组数据区，需要用信号量与 P/V 操作解决这些线程同步问题。要求：①允许多个读者同时执行读操作；②不允许读者、写者同时操作；③不允许多个写者同时操作，如图 6-23 所示。

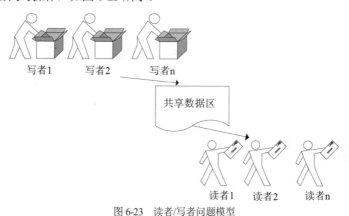

图 6-23　读者/写者问题模型

基本设计思路如下。

- 将数据区看成一种共享变量或临界资源，各个写者与整个读者集体竞争共享资源的使用权，因此可设置一个初值为 1 的互斥信号量 wmutex 来表示共享数据区的使用权。
- 将写者操作看成临界区，在其前后分别添加 wait(wmutex) 和 signal(wmutex)。
- 第一个读者竞争共享数据区的使用权，执行 wait(wmutex)，最后一个读者归还共享数据区的使用权，执行 signal(wmutex)。

为此，需要一个变量 count 来记录读者数，所有读者线程对共享变量 count 进行并发读写操作，为保证 count 计数值正确，还需要设置一个互斥信号量 mutex，用于对变量 count 的读写操作加锁。读者/写者问题的同步描述代码如下：

```
Semaphore mutex=1, wmutex=1;
int count=0;
writer_i()                  /* 写者线程 i */
{
    wait(wmutex);
    <<写操作>>
    signal(wmutex);
}
reader_i()                  /* 读者线程 i */
{
    wait(mutex);
    count++;
    if(count==1)            /* 第一个读者 */
        wait(wmutex);
    singal(mutex);
    <<读操作>>
        wait(mutex);
    count--;
```

```
        if(count==0)                    /* 最后一个读者 */
            singal(wmutex);
        signal(mutex);
    }
```

*思考与练习题 6.28　一名主修动物行为学、辅修计算机科学的学生参加了一个课题，调查花果山的猴子是否能被教会理解死锁。他找到一处峡谷，横跨峡谷拉了一根绳索(假设为南北方向)，这样猴子就可以攀着绳索越过峡谷。只要它们朝着相同的方向，同一时刻可以有多只猴子通过。但是如果在相反的方向同时有猴子通过，则会发生死锁(这些猴子将被卡在绳索中间，假设这些猴子无法在绳索上从另一只猴子身上翻过去)。如果一只猴子想越过峡谷，它必须看清当前是否有其他猴子在逆向通过。请使用信号量和P/V操作来解决该问题。

*6.6　其他同步机制

*6.6.1　AND 型信号量

在前面图 6-22 下方示例代码的同步算法中，如果我们不小心将消费者线程(或进程)Ci 中的两个 P 操作的顺序写反，如下所示：

```
Thread_Pi()                              Thread_Ci()
{......                                   {......
    A₁:wait(avail);                          B₂: wait(mutex);
    B₁: wait(mutex);                         A₂: wait(ready);
```

在信号量 ready 和 mutex 的信号值分别为 0 和 1 时，若两个线程(或进程)的推进顺序恰好为 $B_2A_1A_2B_1$，线程 Pi 和 Ci 分别执行完 A_1、B_2 后，信号量 mutex、ready 的值都是 0，两个线程继续往下执行 B1、A2 时，都将被挂起而导致死锁。

产生上述问题的原因是，线程(或进程)在获得某个资源时该资源却被其他线程(或进程)取走，但又去申请另一个资源。AND 型信号量允许我们在一次 P 原语操作中同时获取多个资源，以避免发生上述异常，其P/V操作的定义为：

```
primitive  swait(S1, S2,..., Sn)    /* P 操作 */
{
    while (S1.value==0 or S2.value==0 or ... or Sn.value==0 )
        <<在某个信号值为 0 的信号量 Si 上阻塞>>;
    for(i=1; i<=n; i++)
        Si.value=Si.value-1;
}
primitive  ssignal(S1, S2,..., Sn)   /* V 操作 */
{
    for(i=1; i<=n; i++)
        S.value=S.value+1;
        <<如果某个信号量 Si 的等待队列中有进程挂起，就唤醒其中一个挂起的进程>>
}
```

采用 AND 型信号量，将之前同步代码中的生产者和消费者代码改写成如下形式，不仅可以消除因 P/V 操作执行顺序不当而引起的死锁问题，还可以使代码更加简洁。

```
Thread_Pi()                      /* 生产者线程 */
{
    while (true){
        item=produce();          /* 产生数据 */
        swait(avail,mutex);
        sbuf_insert(item,buf);               /* 向缓冲区中存放数据 */
        ssignal(mutex,ready);
    }
}

Thread_Ci()                      /* 消费者线程 */
{
    while (true){
        swait(ready,mutex);
        item=sbuf_romove(buf);               /* 从缓冲区取走数据 */
        ssignal(mutex,avail);
        consume(item);           /* 消费或处理数据 */
    }
}
```

*6.6.2   信号量集

并发线程(进程)有时需要 n 个某类临界资源，如果通过 n 次 wait 操作申请 n 个临界资源，操作效率会很低，并可能出现死锁。信号量集就是针对这种情况而设计的，它在 AND 型信号量的基础上扩展而成，允许在一次原语操作中完成对所有资源的申请。线程对信号量 Si 的测试值为 ti(表示信号量的判断条件，要求 Si>ti，即当资源数量不高于 ti 时，便不予分配)，占用值为 di(表示资源的申请量，即 Si=Si‒di)，对应的 P/V 原语格式为：

```
primitive   swait(S1, t1, d1; ...; Sn, tn, dn)   /* P 操作 */
{
    while (S1.value<t1 or S2.value<t2 or … or Sn.value<tn )
        <<在某个信号值低于 ti 的信号量 Si 上阻塞>>;
    for(i=1; i<=n; i++)
        Si.value=Si.value-di;
}
primitive   ssignal(S1, d1; ...; Sn, dn)     /* V 操作 */
{
    for(i=1; i<=n; i++)
        S.value=S.value+di;
        <<如果某个信号量 Si 的等待队列中有进程挂起，就唤醒其中一个挂起的进程>>
}
```

Linux IPC 机制中的 IPC 信号量就是信号量集的一种实现，本书将在第 7 章进行介绍。

*6.6.3   条件变量

条件变量是利用线程间共享变量进行同步的一种机制，允许线程在操作共享变量期间挂起，直到共享数据上的某些条件得到满足。针对条件变量有两个基本操作：一个线程因"条件成立"而挂起；另一个线程给出条件成立信号。为了避免竞争，条件的检测与触发通过一个互斥量来决定。与使用同步信号量相比,使用条件变量显得更加直观、通用、灵活,能解决一些光靠信号量不能解决的问题。Pthreads 规范实现了较完整的条件变量功能,条件变量的初始化有静态和动态两种方法。静态方法的定义和初始化如下:

```
pthread_cond_t cond = PTHREAD_COND_INITIALIZER;
```

动态方法的初始化通过执行以下函数调用来实现:

```
pthread_cond_t *cond;
pthread_cond_init(cond, NULL);
```

条件变量机制下的主要函数声明如下:

```
#include <pthread.h>
int pthread_cond_init(pthread_cond_t *cond, pthread_condattr_t *cond_attr);
int pthread_cond_signal(pthread_cond_t *cond);
int pthread_cond_broadcast(pthread_cond_t *cond);
int pthread_cond_wait(pthread_cond_t *cond, pthread_mutex_t *mutex);
int pthread_cond_timedwait(pthread_cond_t *cond, pthread_mutex_t *mutex,
                    const struct timespec *abstime);
int pthread_cond_destroy(pthread_cond_t *cond);
```
返回值:在执行成功时,所有条件变量函数都返回 0;执行失败时,返回非零的错误代码。

pthread_cond_init 使用 cond_attr 指定的属性初始化条件变量 cond,通常 cond_attr 为 null。pthread_cond_signal 唤醒在条件变量上等待的线程,若无等待线程,则无操作;pthread_cond_broadcast 唤醒等待该条件变量的所有线程。pthread_cond_wait 解锁互斥量(如同执行了 pthread_unlock_mutex),并挂起调用线程,等待条件变量触发。在调用 pthread_cond_wait 之前,应用程序必须加锁互斥量。在该函数返回前,会自动重新加锁互斥量(如同执行了 pthread_lock_mutex)。pthread_cond_timedwait 限定等待时间,如果在等到绝对时间 abstime 后,即使 cond 未触发,也返回。pthread_cond_destroy 销毁条件变量,释放其占用的资源。

前面的生产者/消费者同步问题用条件变量实现的代码如下:

```
#define N 20
typedef struct {
    int *buf;                    /* 循环缓冲区队列数组 */
    int n;                       /* 缓冲区队列容量 */
    int outpos;                  /* 读出指针 */
    int inpos;                   /* 写入指针 */
    pthread_mutex_t  lock;       /* 用于访问缓冲区队列的互斥锁 */
    pthread_cond_t  avail_cond;  /* 缓冲区队列有空闲单元的条件 */
    pthread_cond_t  ready_cond;  /* 缓冲区队列有可用数据的条件 */
    int    count;                /* 缓冲区中可用数据单元数 */
} sbuf_t;

void sbuf_init(sbuf_t *sp, int n)
{
    sp->buf = Calloc(n, sizeof(int));
    sp->n = n;                       /* 设置缓冲区大小 */
    sp->outpos = sp->inpos = 0;      /* 将读出指针和写入指针初始化为 0 */
    pthread_mutex_init(&sp->lock, NULL);        /* 初始化互斥信号量为 1 */
```

```
        pthread_cond_init (&sp->avail_cond,NULL);      /* 初始化条件变量 */
        pthread_cond_init (&sp->ready_cond,NULL);      /* 初始化条件变量 */
        sp->count=0;                      /* 初始化可用数据单元数*/
}


/* 清理缓冲区 sp */
void sbuf_deinit(sbuf_t *sp)
{
        pthread_cond_destroy(&sp->lock);
        pthread_cond_destroy(&sp->avail_cond);
        pthread_mutex_destroy(&sp->ready_cond);
        free(sp->buf);
}

/* 向共享缓冲区 sp 后插入数据 item */
void sbuf_insert(sbuf_t *sp, int item)
{
        pthread_mutex_lock(&sp->lock);
        if (sp->count==sp->n)               /* 缓冲区队列中无空闲单元 */
            pthread_cond_wait(&sp->avail_cond,&sp->lock);

        sp->buf[sp->inpos]=item;            /* 向缓冲区存放数据 */
        sp->inpos=(sp->inpos+1) % sp->n;

        if (sp->count++ ==0)                /* 缓冲区队列中无可用数据 */
            pthread_cond_sigal(&sp->ready_cond);
        pthread_mutex_unlock(&sp->lock);
}


/* 移除和返回共享缓冲区队列 sp 中的第一个数据项 */
int sbuf_remove(sbuf_t *sp)
{
        pthread_mutex_lock(&sp->lock);
        if (sp->count==0)                   /* 缓冲区队列中无可用数据 */
            pthread_cond_wait(&sp->ready_cond,&sp->lock);

        item=sp->buf[sp->outpos];           /* 从缓冲区读出数据 */
        sp->outpos=(sp->outpos+1)% sp->n;

        if(sp->count--==sp->n)              /* 缓冲区队列中无空闲单元 */
            pthread_cond_sigal(&sp->avail_cond);
        pthread_mutex_unlock(&sp->lock);
}
void Thread_Pi(sbuf_t *sp)                  /* 生产者线程, sp 是缓冲区指针 */
{   int item;
    while (true){
        item=produce();                     /* 产生数据 */
        sbuf_insert(item,sp);               /* 向缓冲区写入数据 */
    }
}
```

```
void Thread_Ci(sbuf_t *sp)                /* 消费者线程 */
{int item;
    while (1){
        item=sbuf_remove(sp);             /* 从缓冲区取走数据 */
        consume(item);                    /* 消费或处理数据 */
    }
}
```

*6.6.4   管程

管程的概念由 Hoare 和 Hanson 于 1973 年提出，他们定义了一个数据结构以及能为并发线程(进程)在该数据结构上执行的一组操作，这组操作能同步线程(进程)和改变管程中的数据。管程主要由以下三部分组成：①受限于管程的共享变量声明；②对该数据结构进行操作的一组过程；③对受限于管程的数据设置初始值的语句，如图 6-24 所示。

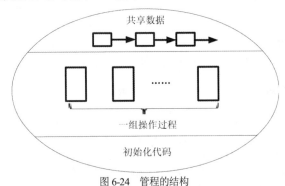

图 6-24   管程的结构

管程机制的一个好处是，管程结构本身能保证临界区代码的互斥执行，免去了在程序中给临界区代码加锁、解锁的麻烦。另外，管程还可利用条件变量，实现线程间同步。管程机制在 Java 语言中得到了很好的支持。

用 Java 语言解决生产者/消费者问题的代码如下：

```
class   sbuf_t {
    private int [] buf=new int [20] ;          /* 循环缓冲区队列数组 */
    private intoutps;                          /* 读出指针 */
    private intinpos;                          /* 写入指针 */
    private int count;                         /* 缓冲区队列中可用资源的数量 */
    public synchronized voidsbuf_insert(int item)
    {
        try {
            while (count==buf.length)
                this.wait();
            buf[inpos]=item;
            inpos =(inpos+1)% N;
            if(count==0)
                this.notify();
            count = count+1;
        } catch (Exception e)
```

```
                e.printStackTrace();
        }
        public synchronized intsbuf_remove()
        {
            try {
                while (count==0)
                    this.wait();
                int item=buf[outpos];
                outpos=(outpos+1) %N;
                if(count==buf.length)
                    this.notify();
                count --;
                return item;
            } catch (Exception e)
        e.printStackTrace();
    }
}
```

*6.7　多线程并发的其他问题

从上述示例中可以看到，在多线程程序中，一旦要求同步对共享数据的访问，事情就变得复杂多了。至此，我们已经学习了用于线程互斥和同步的编程技术，但这仅仅是冰山一角，还有很多需要依靠其他方法来处理的问题。本节继续介绍编写并发程序时遇到的其他问题及解决方法。为了便于理解，仍然基于示例程序进行讨论。需要注意的是，这些问题是任何类型的并发流操作在共享资源时都会出现的。

*6.7.1　线程安全

与传统上编写顺序程序不同，在多线程应用程序中，很多情况下我们只能调用具有线程安全性(thread safety)属性的函数。一个函数被称为线程安全的(thread-safe)，是指它在被多个并发线程反复调用时，都能产生正确的结果。如果一个函数被并发线程调用且可能导致错误的结果，我们就认为该函数是线程不安全的(thread-unsafe)。我们能够定义出以下 4 类线程不安全的函数。

第 1 类：不保护共享变量的函数。我们在示例程序 badcout.c 的 increase 和 decrease 函数中就已遇到过这样的问题，这两个函数分别对一个未受保护的全局计数器变量 cnt 进行加 1 操作。改写程序，用 Pthreads 信号量来约束访问共享变量的代码，可将这类线程函数转换成线程安全函数，而且对调用程序不需要做任何修改。

第 2 类：保持跨越多个调用的状态的函数。下面的伪随机数生成器 random 是一个示例程序。该示例程序定义了一个静态局部变量 next 来保存前一次调用的中间结果，当前返回值依赖于中间结果。当调用 srand 函数为 random 设置种子 next 后，从一个单线程程序中反复调用 random，能够得到一个可重复的随机数序列。但从多个线程中并发调用 random 函数时，这个条件就不再成立了。

```
/* 一个线程不安全的伪随机数生成器 random，代码位于 wrapper.c */
1       static unsigned int next = 1;
2
3       /* random ：产生 0…32767 这样的伪随机数序列 */
```

```
4     int random(void)
5     {
6         next = next*1104625387 + 54321;
7         return ((unsigned int)(next/65535)) % 32768;
8     }
9     /* srand：为 random 设置种子 */
10    void srand(unsigned int seed)
11    {
12        next = seed;
13    }
```

将这类函数转换成线程安全函数的方法是重写函数，删去作为隐含状态的静态变量，将状态信息保存到由调用者提供的参数中。缺点是还要修改函数的调用格式。如果一个大型软件系统中有大量的调用位置，修改工作量就很大，也容易出错。

第 3 类：返回指向静态变量的指针的函数。某些函数，如 ctime、gethostbyname、inet_ntoa，它们都将计算结果存放到一个静态变量中，返回指向这个静态变量的指针给调用者。如果在并发线程中调用了这样的函数，一个线程调用这些函数后得到的结果就很可能被另一个线程悄悄覆盖。

有两种方法可处理这类线程不安全函数。一种是重写函数，让调用者传递存放结果的变量的地址，消除所有共享数据，但是需要修改调用函数的源代码。如果函数的源代码非常复杂或者没有源代码可用，就不能修改源代码。这时可采用加锁/复制方法(lock-and-copy)来解决。基本思路是将存放返回值的静态变量看成临界资源，将函数调用看成临界区，定义一个互斥信号量(pthread_mutex_t)，在每一个调用位置先用互斥信号量加锁，再调用线程不安全函数，将函数返回的结果复制到一个私有的存储器位置，然后对互斥锁解锁。为减少对调用代码所做的修改，可定义一个线程安全的包装函数，让它执行加锁/复制操作，把函数的返回值复制到调用者提供的位置，然后通过调用这个包装函数来取代所有对线程不安全函数的调用。例如，以下代码采用加锁/复制操作实现了 ctime 函数的一个线程安全的版本 ctime_ts。

```
/* C 标准库函数 ctime 的线程安全的包装函数 ctime_ts，代码位于 wrapper.c 中。
它使用加锁/复制技术调用一个第 3 类线程不安全函数 */
1     /* 定义互斥信号量并初始化 */
2     pthread_mutex_t   mutex= PTHREAD_MUTEX_INITIALIZER;
3     char *ctime_ts(const time_t *timep , char *resultp)
4     {
5         char *sharedp;
6         pthread_mutex_lock(&mutex);
7         sharedp = ctime(timep);
8         strcpy(resultp, sharedp);          /* 将函数调用结果复制到调用者提供的位置 */
9         pthread_mutex_unlock(&mutex);
10        return privatep;
11    }
```

第 4 类：调用线程不安全函数的函数。如果函数 f 调用线程不安全函数 g，那么 f 就可能是一个线程不安全函数。这里有两种情况：如果 g 是第 2 类函数，依赖于跨越多次调用的状态，则 f 也是线程不安全的，需要重写 g 才能将 f 转换成线程安全函数；如果 g 是第 1 类或第 3 类函数，就可以处理对函数 g 的调用，将 f 转换成线程安全函数。ctime_ts 就是一个示例。

*6.7.2　可重入性

有一类重要的线程安全函数，叫作可重入函数(reentrant function)，其特点在于它们具有这样一种属性：当它们被多个线程调用时，不会引用任何共享数据。尽管线程安全和可重入性有时会(不正确地)被用作同义词，但是它们之间的技术差别还是较为明显，值得留意。图 6-25 展示了可重入函数、线程安全函数和线程不安全函数之间的集合关系。所有函数的集合被划分成两个不相交的线程安全函数集和线程不安全函数集。可重入函数集是线程安全函数集的一个真子集。

图 6-25　可重入函数、线程安全函数和线程不安全函数之间的集合关系

通常，可重入函数要比不可重入的线程安全函数高效一些，因为它们不需要同步操作。更进一步讲，将第 2 类线程不安全函数转换为线程安全函数的唯一方法就是重写它们，使之变为可重入函数。例如，下面的 random_r 就是 random 函数的一个可重入版本，其关键思想是用调用者传入的一个指针取代静态的 next 变量。

```
/* random_r 函数的源代码，它是 random 函数的可重入版本，代码位于 wrapper.c */
1   int random_r(unsigned int *nextp)
2   {
3       next = next*1104625387 + 54321;
4       return ((unsigned int)(next/65535)) % 32768;
5   }
```

检查一个函数是否为可重入函数，有时很麻烦，因为存在以下两种情况。

(1) 如果所有参数都是按值传递的(即没有指针)，并且所有数据引用都是局部自动变量(即没有引用静态变量或全局变量)，我们称该函数是显式可重入的(explicitly reentrant)。因为无论怎样调用它，都不会出现共享变量。

(2) 如果把假设放宽一点，允许显式可重入函数的一些参数是按引用传递的(就是传递变量指针)，则称该函数是隐式可重入的(implicitly reentrant)。例如，random_r 函数就是隐式可重入的。

从这里可以看出，可重入性有时既是调用者的属性，也是被调用者的属性，而并不只是被调用者单独所有的属性，清楚这一点非常重要。

　思考与练习题 6.29　前面的 ctime_ts 函数是线程安全的，但不是可重入的。请解释说明。

*6.7.3　线程不安全库函数

大多数 UNIX 库函数，包括在标准 C 库中定义的函数(如 malloc、free、realloc、printf 和 scanf)，都是线程安全的，只有一小部分例外。表 6-3 列出了常见的线程不安全库函数。其中，asctime、ctime 和 localtime 是在不同时间格式间来回转换时经常使用的函数。gethostbyname、gethostbyaddr 和 inet-ntoa 是网络编程常用的库函数。strtok 是用于分析字符串的函数，但已经过时。

表 6-3 常见的线程不安全库函数

线程不安全函数	所属的线程不安全类型	线程安全版本
rand	第 2 类	rand_r
strtok	第 2 类	strtok_r
asctime	第 3 类	asctime_r
ctime	第 3 类	ctime_r
gethostbyaddr	第 3 类	gethostbyaddr_r
gethostbyname	第 3 类	gethostbyname_r
inet_ntoa	第 3 类	inet_ntoa_r
localtime	第 3 类	localtime_r

除了 rand 和 strtok 函数，其他函数都属于第 3 类线程不安全函数，因为它们都返回一个指向静态变量的指针。为了方便用户编程，UNIX 系统提供了大多数线程不安全函数的可重入版本。可重入版本的名称总以"_r"后缀结尾。例如，gethostbyname 的可重入版本名为 gethostbyname_r。我们建议在多线程程序中尽可能使用这些函数。

*6.7.4 线程竞争

线程间同步一般位于线程的两个操作之间，每个操作通常是一条独立的程序语句。这种同步可用前面介绍的信号量和 P/V 操作来实现。但有时需要同步的操作并不是一条完整的语句，甚至不同于生产者/消费者问题，每次同步等待的资源都不同。这类同步问题的分析与识别都不太直观。我们称这种同步为非常规同步，threadrace.c 是一个有非常规同步要求的示例程序。主线程创建了 4 个对等线程，并传递一个指向其唯一整数 ID 的指针到每个线程。每个对等线程从线程参数中复制其 ID 到一个局部变量中(第 21 行)，然后输出包含这个 ID 的信息。

```
/* threadrace.c，一个线程间存在竞争的程序示例。编译命令为
gcc  -o  threadrace  threadrace.c  -lpthread */
1      #include "wrapper.h"
2      #define N 4
3
4      void *thread(void *vargp);
5
6      int main()
7      {
8          pthread_t   tid[N];
9          int   i;
10
11         for (i = 0; i < N; i++)
12             pthread_create(&tid[i], NULL, thread, &i);
13         for (i = 0; i < N; i++)
14             pthread_join(tid[i], NULL);
15         exit(0);
16     }
17
18     /*线程例程*/
```

```
19      void *thread(void *vargp)
20      {
21          int myid = *((int *)vargp);
22          usleep(1);
23          printf("Output from thread %d\n", myid);
24          return NULL;
25      }
```

这类同步约束条件又称竞争(race),其特征是程序的正确性依赖于一个线程要在另一个线程到达 y 点之前,到达其控制流中的 x 点。竞争一般因共享变量或共享资源而引发,因为程序员假定线程中的相关操作按照某种特殊的顺序执行,而实际上还存在其他执行顺序。竞争也可以存在于其他形式的并发流中,在 5.4.7 节的程序 sigrace.c 中,handler 与 main 函数之间的并发错误也是因为竞争而导致。

race.c 看上去虽然非常简单,但在运行时却得到以下错误结果:

```
$ ./threadrace
Output from thread 0
Output from thread 2
Output from thread 3
Output from thread 3
```

错误是由每个对等线程和主线程之间的竞争引起的。主线程在第 12 行创建了一个对等线程,并传递一个指向局部变量 i 的指针。此时 i 成为主线程与对等线程间的共享变量,在第 11 行的 i++(下次执行)和第 21 行的 myid = *((int *)vargp)中,在间接引用变量 i 这两个操作之间出现了竞争。如果对等线程在主线程下一次执行第 11 行之前就执行第 21 行,那么 myid 变量就会得到正确的 ID。否则,就包含其他线程的 ID,因为变量 i 已递增 1。在我们的运行环境中,ID 为 1 和 2 的线程都出现了这样的错误。图 6-26 是发生并发竞争原因的图解。

当然,如果在某个对等线程执行第 21 行的用于读取线程参数的代码前,主线程就已执行到第 13 行,甚至第 2 次、第 3 次执行第 13 行,那么运行结果还会出现其他错误。

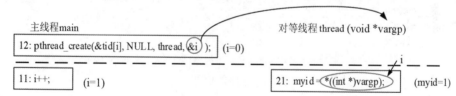

图 6-26　程序 threadrace.c 的并发关系和竞争分析:对等线程 thread 的局部变量 myid 是对主线程局部变量 i 的引用,假设执行第 12 行,i 的值是 0,对等线程中变量 myid 应得到赋值 0,但由于第 11 行和第 22 行具有并发关系,若第 11 行先于第 22 行执行,myid 就会得到错误的赋值 1,从而导致竞争

为了消除竞争,我们可以动态地为每个线程 ID 分配一个独立的块,并将指向这个块的指针传递给线程例程,主线程与对等线程间的并发关系如图 6-27 所示。

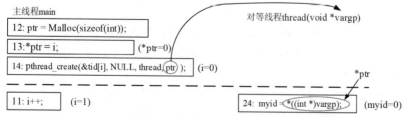

图 6-27　图 6-26 中竞争的消除方法:主线程将 ptr 作为参数传递给对等线程 thread,由于第 11 行不再修改*ptr,假设创建对等线程时 i=0,无论两个线程如何并发,对等线程 thread 都能从*ptr 中读到正确的线程 ID 号 0

修改后的程序为norace.c，其中第12~14行是创建、赋值和传递线程ID的独立块，为避免存储器泄漏，在线程例程中必须释放这些块(第26行)。

```
/*  norace.c，消除threadrace.c中竞争后的修改版本，编译命令是
gcc -o norace norace.c –lpthread */
1        #include "wrapper.h"
2        #define N 4
3
4        void *thread(void *vargp);
5
6        int main()
7        {
8            pthread_t tid[N];
9            int i, *ptr;
10
11           for (i = 0; i < N; i++) {
12               ptr = malloc(sizeof(int));
13               *ptr = i;
14               pthread_create(&tid[i], NULL, thread, ptr);
15           }
16           for (i = 0; i < N; i++)
17               pthread_join(tid[i], NULL);
18           exit(0);
19       }
20
21       /* 线程例程 */
22       void *thread(void *vargp)
23       {
24           int myid = *((int *)vargp);
25           usleep(1);
26           free(vargp);
27           printf("Output from thread %d\n", myid);
28           return NULL;
29       }
```

现在，在系统上运行这个程序后，得到了正确的结果：

```
$ ./norace
Output from thread 0
Output from thread 1Output from thread 2
Output from thread 3
```

思考与练习题6.30　分析程序race.c中的各个变量都有哪些运行实例，有哪些共享变量，各由哪些线程引用？

思考与练习题6.31　在程序norace.c中，我们可能想要在主线程的第15行后立即释放已分配的存储器块，而不是在对等线程中释放它们。但这个方案并不合适，为什么？

思考与练习题6.32

A. 在程序norace.c中，我们通过为每个整数ID分配一个独立的块来消除竞争。给出一种不调用malloc或free函数的不同方法。

B. 这种方法的利弊是什么？

6.8 使用多线程提高并行性

到目前为止，在对并发编程的讨论中，我们假设并发线程是在单处理器系统上执行的。然而，许多现代计算机具有多核处理器。并发程序通常在这样的计算机上运行得更快，因为操作系统会在多个核上并行地调度这些并发线程，而不是在单个核上顺序地调度。对于繁忙的 Web 服务器、数据库服务器和大型科学计算应用，开发并行性至关重要；像 Web 浏览器、电子表格处理程序和文档处理程序这样的主流应用，并行性也变得越来越普遍。

6.8.1 顺序程序、并发程序和并行程序

图 6-28 给出了顺序程序、并发程序和并行程序之间的集合关系。所有程序的集合能够划分成两个不相交的顺序程序集合和并发程序集合。顺序程序只有一条逻辑流，并发程序有多条并发流。并行程序是一个运行在多个处理器上的并发程序，并行程序集合是并发程序集合的一个真子集。

图 6-28 顺序程序、并发程序和并行程序之间的关系

只有并发程序才能在多处理器上并行执行，以获得更高的运行效率。一般来说，不同进程之间是可并发的，进程内不同线程之间也是并发的。通常，不同的进程代表不同的任务或应用，讨论线程内并发更有意义，只有它能利用多处理器系统的计算能力，提高线程的运行效率。并行程序是一种并发程序，只有当一个程序具有足够多的可并发代码时，才能创建多个线程，让其并行执行。因此，一个程序中可并发代码的比例对其并行执行的性能影响很大。下面用一个理想案例做定量分析。

假设某个多线程并发应用的代码由不可并发部分和可并发部分构成，这两部分代码在单处理器上的执行时间分别为 T_S 和 T_P，不考虑线程管理开销，该程序在单处理器系统上运行所需的时间为：

$$T_1 = T_S + T_P$$

再假定可并发部分的负载可均匀地划分为 n 个子任务，由 n 个线程在具有 n 个处理器的系统上并行执行，执行每个线程仅需的时间为 T_P/n，该程序现在的运行时间为：

$$T_n = T_S + T_P/n$$

从该式可以看出，线程数和处理器数 n 越多，程序的运行时间就越少。因此，我们在编写多线程并发程序时，为提高程序的并行执行性能，应尽量减少不可并发代码。在图 6-12 所示的用互斥锁协调对共享变量访问的示例中，我们主张受互斥锁保护的代码越少越好，就是出于这个原因。示例程序 psum64.c 通过精心设计避免了对等线程对共享变量的并发访问，从而消除了对等线程内的不可并发代码。

6.8.2 并行程序应用示例

下面的示例程序 psum64.c 用线程技术并行地对数列 $0,1,\cdots, n-1$ 求和。该程序还直接用解析表

达式 $n(n-1)/2$ 计算结果，以对并行程序计算结果的正确性进行验证。虽然这是一个逻辑结构非常简单的程序，但能帮助读者理解并行程序的设计思想。

该程序采用最直观的方法给各线程分配任务：将序列划分成 t 个不相交的区域，为每个线程分配一个任务区域。为进一步简化问题，假设 n 是 t 的倍数，每个区域有 n/t 个元素。主线程创建 t 个并发的对等线程，对等线程 tk 计算部分和 Sk，Sk 是区域 k 中元素的和。主线程对所有 Sk 进行汇总相加，计算出最终结果。下面给出了 psum64.c 的变量定义和主函数。

```
/* psum64.c 的变量定义和主函数，它创建多个线程来计算一个序列中各元素的和，编译命令为
gcc  -o  psum64  psum64.c  -lpthread */
1       #include "wrapper.h"
2       #define MAXTHREADS 32
3
4       void *sum(void *vargp);
5
6       /* 全局共享变量 */
7       unsigned long long psum64[MAXTHREADS]; /* 每个线程汇总部分和 */
8       unsigned long long nelems_per_thread; /* 每个线程汇总元素个数 */
9
10      int main(int argc , char **argv)
11      {
12          unsigned long long i , nelems , log_nelems , nthreads , result = 0;
13          pthread_t tid[MAXTHREADS];
14          int myid[MAXTHREADS];
15
16          /* 获取输入参数 */
17          if (argc != 3) {
18              printf ("Usage: %s <nthreads><log_nelems>\n" , argv [0]) ;
19              exit(0);
20          }
21          nthreads = atoi(argv [1]) ;
22          log_nelems = atoi(argv[2]);
23          nelems = (lLL << log_nelems);       /* 1LL 是 64 位的 long long 整数常量 */
24          nelems_per_thread = nelems / nthreads;
25
26          /* 创建对等线程并等待它们结束 */
27          for (i = 0; i < nthreads; i++) {
28              myid [i] = i;
29              pthread_create (&tid [i], NULL, sum, &myid[i]);
30          }
31          for (i = 0; i < nthreads; i++)
32              pthread_join(tid[i] ,NULL) ;
33
34          /* 将每个线程汇总的部分和加起来 */
35          for (i = 0; i < nthreads; i++)
36              result += psum64[i];
37
38          /* 检查最终结果 */
39          if (result == (nelems*(nelems-1))/2)
40              printf("Correct: result=%ld\n" , result);
```

```
41              else
42                  printf("Error: result=%ld\n" , result);
43
44              exit(0);
45          }
```

首先，第 7 行和第 8 行将累加和、元素个数相关变量定义成 64 位长的无符号整数类型 unsigned long long，以保证累加和不溢出。第 23 行将 64 位整数常量 1LL 左移，得到累加的整数个数。在第 27~32 行，主线程创建对等线程，然后等待它们结束。主线程给每个对等线程传递一个小的整数，作为唯一的线程 ID。每个对等线程会用它的线程 ID 来决定负责对哪一段子序列求和。在对等线程终止后，数组 psum64 包含对等线程计算出来的部分和。然后主线程对数组 psum64 的各元素值进行汇总(第 35 行和第 36 行)，使用公式 $n(n-1)/2$ 验证程序执行结果的正确性(第 39~42 行)。

下面给出 psum64.c 中线程求和函数 sum 的代码。

```
/* psum64.c 中线程求和函数 sum 的代码  */
1       void *sum(void* vargp)
2       {
3           int myid = *((int*) vargp);                    /* 获得线程 ID 号 */
4           unsigned long long begin = myid *nelems_per_thread;  /* 首元素序号 */
5           unsigned long long end = begin + nelems_per_thread;   /* 尾元素序号 */
6           unsigned long long i, lsum= 0;
7
8           for (i = begin; i < end; i++) {
9               lsum += i;
10          }
11          psum64[myid] = lsum;
12          return NULL;
13      }
```

第 3 行从线程参数中提取线程 ID，然后用这个 ID 来计算待求和序列所在区域(第 4~6 行)。第 8~10 行将本线程负责处理的序列累加到局部变量 lsum，第 11 行将 lsum 复制到数组 psum64 中对应的元素内。

注意，本例未使用任何互斥锁对共享变量的访问进行限制，其方法是通过恰当的变量设置，消除了竞争和多个线程并发访问共享变量的现象，具体解释如下。

(1) 主线程(main 函数的第 28 行)将对等线程的 ID 保存到线程专属的数组元素中，因此无论何时执行对等线程(sum 函数的第 3 行)，都可读到正确的线程 ID，从而消除了因 pthread_create 调用(main 函数的第 29 行)第四个参数可能引起的竞争。

(2) 在 sum 函数的第 9 行，对等线程在工作过程中将部分和保存在非共享的局部变量 lsum 中，自然不必加锁；第 11 行将计算结果复制到与主线程共享的数组元素 psum64[myid]中，虽然主线程(main 函数的第 36 行)要读取该部分和，但该操作完全是在对等线程结束后执行的，因此主线程和对等线程也没有对共享变量 psum64 进行并发访问，也不需要加锁。

由于互斥锁会导致操作共享变量的代码串行执行，降低应用程序的性能，因此通过合理规划变量，减少变量共享和对共享变量的并发操作，少用甚至不用互斥锁，有助于获得更高的运行性能。本例中的做法值得借鉴。当然，减少变量共享和并发访问，可能会增加存储开销，这相当于在性能和存储开销之间做了折中。

现在编译该程序，在配置了两个 CPU 核的 Linux 虚拟机上执行该程序，验证结果是否正确，并用 time 命令测量执行时间：

```
$ gcc  -o  psum64  psum64.c  -L.  -lwrapper  -lpthread
$ time  ./psum64  1  30
  Correct Result=576460751766552576
  Real     0m3.264s
  user     0m3.252s
  sys      0m0.000s
  time  ./psum64  2  30
  Correct Result=576460751766552576
  real     0m1.556s
  user     0m3.404s
  sys      0m0.000s
$ time  ./psum64  4  30
  Correct Result=576460751766552576
  real     0m1.656s
  user     0m3.404s
  sys      0m0.000s
```

在启动命令中，参数 argv[1]为线程数，参数 argv[2]为求和的数值范围指数，如 30 表示数值范围为 $0 \sim 2^{30} - 1$。用工具 time 测量程序的执行时间，程序中给出了三个时间，其中 user 是执行用户态代码消耗的 CPU 时间；sys 是程序在内核态的执行时间；real 是实际时间，是从程序启动到终止所花的时间，包含程序占用的 CPU 时间，以及在此期间 CPU 转去执行系统管理和其他进程所花时间之和。执行结果表明，当线程数分别为 1、2、4 时，求得的结果都是正确的。从程序执行用时来看，采用两个线程所用的实际时间大约为单线程的 50%，表明两个线程并行使程序执行性能提高了一倍。但四线程情况与两线程情况的性能几乎无差别，因此多线程并发执行时性能的提升倍数最多为 CPU 数或 CPU 核数。

图 6-29 给出了程序 psum64.c 在某四核处理器计算机上的运行时间与线程数的关系，求和数值范围为 $0 \sim 2^{31} - 1$。可以看到，随着线程数的增加，运行时间减少。增加到 4 个线程后，运行时间趋于平稳。但增加到 16 个线程后，运行时间反而呈现增加趋势，这是由于多个线程被分配到同一个核上，从而增加了线程上下文切换的开销。因此，在规划并行程序时，线程数不宜太多。

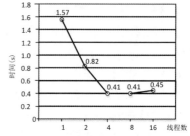

图 6-29　程序 psum64.c 在四核处理器计算机上对有 2^{31} 个元素的序列求和的性能

虽然绝对运行时间是衡量程序性能的终极指标，但还是有一些有用的相对衡量标准，称为加速比和效率，它们能够说明并行程序是否对潜在并行性进行了充分挖掘。

并行程序的加速比(speedup)通常定义为：

$$S_p = T_1 / T_p$$

其中，p 是处理器核的数量，T_p 是在 p 核计算机上的运行时间。当 T_1 是程序顺序版本的执行时间时，S_p 称为绝对加速比(absolute speedup)。当 T_1 是程序的并行版本在一个核上的执行时间时，S_p 称为相对加速比(relative speedup)。绝对加速比相比相对加速比能更真实地衡量并行性能，因为并行程序在单处理器上运行时，受同步开销影响使分子变大，从而增大了相对加速比。然而，绝对加速比要比相对加速比更难测量，因为测量绝对加速比需要程序的两种不同的版本。对于复杂的并行程序，由于代码过于复杂或源代码不可得，为其编写一个独立的顺序版本是不太实际的。

衡量并行程序性能的另一个指标是效率(efficiency)，定义为：

$$E_p = S_p / p = T_1 / p T_p$$

效率用于度量并行化带来的开销。高效率的程序比低效率的程序在有用的工作上花费更多的时间，在同步和通信上花费更少的时间。

图 6-30 给出了并行求和示例程序的各个加速比和效率测量值。该程序在线程数不超过 8 时，效率大于 95%，这接近理想情况。一般来说，效率与问题本身的可并发性及并行程序对问题并发性的挖掘能力密切相关。并发编程是一个非常活跃的计算机科学研究领域，随着商用计算机系统的 CPU 数、CPU 核数不断增加，并行编程的应用将变得越来越广泛。

线程数(t)	1	2	4	8	16
CPU核数(p)	1	2	4	4	4
运行时间(T_p)	1.57	0.82	0.41	0.41	0.45
加速比(S_p)	1	1.91	3.83	3.83	3.49
效率(E_p)	100%	95.7%	95.7%	95.7%	87%

图 6-30　图 6-29 中执行时间的加速比和并行效率

思考与练习题 6.33　对于表 6-4 中的并行程序，请填写空白处。

表 6-4　示例并行程序

线程数(t)	1	2	4
CPU 核数(p)	1	2	4
运行时间(T_p)	120	80	60
加速比(S_p)			
效率(E_p)	100%		

思考与练习题 6.34　psum64.c 中有哪些共享变量，各由哪些线程引用，是否存在并发访问，为何程序不需要对共享变量加锁？

6.8.3　使用线程管理多个并发活动

传统应用程序只有一个控制流，当执行过程中需要等待用户输入、网络数据或其他事件时，整个程序必须停下来，不能做有用的工作，CPU 被调度给其他进程使用。如果应用程序需要同时等待两个事件，如同时等待用户输入和网络数据，采用传统的程序模型甚至很难实现。多线程为解决这类问题提供了一种易于理解的解决方案。

下面的 threadapp2.c 是一个应用示例。这是一个单机聊天程序，它在终端窗口 A 和 B 中作为两个进程并发执行。每个进程都从标准输入设备中读取输入并发送给对方，同时接收来自对方的信息并显示出来，双方通过两个 FIFO 管道通信(关于 FIFO 管道的概念和使用，参阅 7.1.2 节)。由于每个进程都要同时等待从标准输入设备和管道读取信息,因此我们创建两个线程来做这两件事情:线程 mysend 负责从标准输入设备读取数据并发送给对方,线程 myreceive 从管道接收信息并显示出来。

```
/* threadapp2.c 程序的源代码,这是一个多活动并发线程编程应用示例,编译命令为
gcc  -o  threadapp2  threadapp2.c  -L.  –lwrapper  -lpthread */
1      #include   ″wrapper.h″
2      void *mysend(void*);
3      void *myreceive(void*);
4
5      int main(int argc,char *argv[])
6      {
7          int in,out;
8          pthread_t t1,t2;
9
10         if(argc!=3){
11             printf(″usage: threadapp2 writefifo readfifo\n″);
12             exit(1);
13         }
14
15         pthread_create(&t1,NULL,mysend,(void*) argv[1]);
16         pthread_create(&t2,NULL,myreceive,(void*) argv[2]);
17
18         pthread_join(t1,NULL);
19         pthread_join(t2,NULL);
20
21      }
22
23      void *mysend(void *varg)
24      {
25          int out;
26          char str[200];
27
28          out=open((char*)varg,O_WRONLY,0);
29          while(1) {
30              fgets(str,200,stdin);
31              printf("%s",str);
32              write(out,str,strlen(str)+1);
33              if(strncmp(str, "end", 3)==0)
34              break;
35          }
36      close(out);
37      }
38
39      void *myreceive(void* varg)
40      {
41          int in,i;
42          char str[200];
43
44          in=open((char *)varg,O_RDONLY,0);
45          while(1) {
```

```
46              read(in,str,200);
47              printf("%s",str);
48              if(strncmp(str, "end",3)==0)
49                  break;
50          }
51          close(in);
52      }
```

第 15 行代码和第 16 行代码调用 pthread_create 函数分别创建线程 mysend 和 myreceive，它们用 argv[1]和 argv[2]作为第四个参数，分别用于发送数据管道文件名和接收数据管道文件名。线程 mysend 在第 28 行打开发送数据的管道，第 30 行代码调用 fgets 函数，从标准输入 stdin 读取一行文本到字符串 str，最多读取 200 个字符，或直到换行符。若用户一次输入不超过 200 个字符，就读取一个输入行，最后一个字符是换行符 "\n"，外加一个串结束符 "\0"。第 32 行代码将 str 中的字符串写入管道，并发送给另一聊天方，写入长度是 str 长度加 1，这样串结束符 "\0" 也被写入管道。第 33 行代码根据输入串是否为 "end" 来决定是否结束循环。

线程 myreceive 在第 44 行代码打开接收信息的管道后，第 46 行代码从管道读入包括串结束符的信息，第 47 行代码显示输出，第 48 行代码判断是否接收到字符串 "end" 以决定是否终止循环。

运行程序前，先创建两个 FIFO 管道 fifo_a 和 fifo_b，分别用于 A 到 B、B 到 A 的数据传递。

$ *mkfifo fifo_a fifo_b*

然后在两个不同的终端窗口中执行该程序，命令行参数 argv[1]为发送数据的管道文件，argv[2]为接收数据的管道文件。

终端窗口 1：   终端窗口 2：

$ *./threadapp2 fifo_a fifo_b* $ *./threadapp2 fifo_b fifo_a*
Hello   Hello
Hi guy   *hi guy*
end   *end*
end   end
$ $

这两个聊天程序实现了双向数据传输，双方输入 "end" 后聊天结束。

📌 **思考与练习题 6.35** 在 threadapp2.c 中有哪些共享变量，程序中为何没有对共享变量执行加锁操作？

6.9 本章小结

线程是进程内部的一条执行线索，线程共享进程内的资源和地址空间，采用多线程编程技术可以方便进程管理多项并发活动，利用多 CPU 系统强大的计算能力，提高程序运行性能。

多线程编程的主要优势是线程之间共享变量更方便，但如果多个线程对共享变量执行并发操作，就很容易引入同步错误。根据并发线程对共享变量的访问要求，线程间协同一般有互斥和同步两种情况。互斥是指多线程访问需要独享的资源时，必须以排他方式操作共享资源；同步是指两个线程的某些操作必须以某种先后顺序执行。进程间如果共享资源或共享变量，也存在同步与互斥问题，解决方法在概念上与线程的同步与互斥相同。多线程同步有两个经典同步问题：生产者/消费者问题和读者/写者问题，很多应用都可映射到这两种模型之一。

现代操作系统实现了一种称为信号量的机制，它是一种特殊计数器，提供 wait、signal 两个原语，进行减 1 和加 1 操作，用于实现并发线程的同步与互斥。为方便设计同步算法，很多系统还提供了 AND 型信号量、信号量集、条件变量和管程等同步机制。

Linux 系统支持广为接受的 Pthreads 多线程编程规范，可在进程内创建多个并发活动，线程之间共享进程的资源和地址空间，这给任务间交互带来了极大方便。Pthreads 多线程编程接口容易理解，便于使用，提供了用于线程创建、终止、归并、取消等的一系列 API 函数。Pthreads 规范实现的信号量类型是 sem_t，对应于 wait、signal 的函数是 sem_wait 和 sem_post。用这些函数可编写能实际运行的代码。

线程的并发也带来了一些其他问题,要求被线程调用的函数必须具有一种称为线程安全的属性，线程不安全函数需要转换为线程安全函数才能被线程调用。可重入函数是线程安全函数的一个真子集，它不访问任何共享数据，通常比不可重入函数更高效，因为它们不需要任何同步原语。竞争是并发程序中出现的另一个问题。当程序员错误地假设线程的逻辑流具有某种执行顺序时，可能会发生竞争。很多情况下，竞争是因变量地址作为函数参数传给其他并发线程共享所致，所以可通过为共享数据创建不同变量来消除竞争。

■ 课后作业

思考与练习题 6.36 编写程序，创建两个对等线程 T1、T2，分别计算数列 1、2、…、N 的和以及平方和的平方根，主线程准备数据和输出结果。主线程利用全局变量与 T1 交换数据，通过 pthread_create、pthread_exit 调用参数与线程 T2 交换数据。

思考与练习题 6.37 考虑赋值语句的汇编代码实现，分析下面的程序有哪几种可能的输出结果。

```
int k=0;
void * thread(void *arg)
{
    k=k+10;
}
int main()
{
    pthread_t t1,t2,t3;
    pthread_create(&t1,NULL,thread,NULL);
    pthread_create(&t2,NULL,thread,NULL);
    pthread_create(&t3,NULL,thread,NULL);
    pthread_join(t1,NULL);
    pthread_join(t2,NULL);
    pthread_join(t3,NULL);
    printf("k=%d\n",k);
}
```

思考与练习题 6.38 考虑赋值语句的汇编代码实现,分析下面的程序有哪几种可能的输出结果。

```
int x=y=0;
void * thread1(void *arg) { x=y+5;}
```

```
void * thread2(void *arg) { y=x+10;}

int main()
{
    pthread_t t1,t2,t3;
    pthread_create(&t1,NULL,thread1,NULL);
    pthread_create(&t2,NULL,thread2,NULL);

    pthread_join(t1,NULL);
    pthread_join(t2,NULL);
    printf("x=%d   y=%d\n",x,y);
}
```

思考与练习题 6.39 阅读下列程序，绘制程序的并发关系图，给出程序中 4 个位置的指定变量有哪几种可能的结果。

```
int flag=1;
void func()        {    flag = flag + 5; }
void main( )
{    int status, ret;
     pid_t pid;
     void func( );
     flag = flag + 15;              // 问题 1：flag=?
     printf("1st question: flag=%d\n",flag);

     signal(SIGUSR1,func);
     if (pid=fork() ) {
         flag =flag +5;             // 问题 2：flag=?
         printf("2nd question: flag=%d\n",flag);
         kill(pid, SIGUSR1);
         wait (&status);
         ret=WEXITSTATUS(status);
         printf("5th question: status=%d\n", ret);   // 问题 3：ret=?
     }
     else {   //子进程
         flag = flag + 50;   // 问题 4：flag = ?
             printf("3rd question: flag=%d\n",flag);
         exit (80);
     }
}
```

*思考与练习题 6.40 编写程序测量 pthread_create、fork 两个函数的运行时间，并进行比较。

思考与练习题 6.41 分析以下程序中每个变量各有哪些运行实例，哪些变量是共享变量，它们由哪些线程引用，哪些共享变量被并发读写。

```
#define  N   4
void *thread(void *vargp);
int   a[10*N];
int   cnt[N], sum=0;
int main()
{
     pthread_t   tid[N];
```

```
        int   i, k;
        for (k=0; k<10*N; i++)    a[k]=k;
        for (i = 0; i < N; i++)
            pthread_create(&tid[i], NULL, thread, &i);
        for (i = 0; i < N; i++)
            pthread_join(tid[i], NULL);
        for(i=0; i<N; i++)
            sum=sum+cnt[i];
        printf("the sum is %d\n", sum);
        exit(0);
    }
    void *thread(void *vargp)
    {
        int myid = *((int *)vargp);
        int k;
        cnt[myid]=0;
        for(k=10*myid; k<10*myid+10;k++)
        cnt[myid]=cnt[myid]+a[k];
        return NULL;
    }
```

思考与练习题 6.42   有 3 个用户进程 A、B 和 C,在运行过程中都要使用系统中的一台打印机输出计算结果。试说明进程 A、B、C 之间存在什么样的制约关系?为保证这 3 个进程能正确打印各自的结果,请用信号量和 P/V 操作写出各自有关获取、使用打印机的算法描述。要求给出信号量的含义和初值。

```
ProcessA()
{
    打印输出;

}
```

```
ProcessB()
{
    打印输出;

}
```

```
ProcessC()
{
    打印输出;

}
```

思考与练习题 6.43   兄弟俩共用一个账号,他们可以用该账号到任何一家联网的银行自动存款或取款。假定银行的服务系统由 "存款" (Save)和 "取款" (Take)两个并发线程组成,且规定每次的存款额和取款额总是 100 元。若进程结构如下:

```
int amount=0;      // 全局变量,账号余额,初值为 0
void Save(int m1)                          void Take(int m2)
{                                          {
    m1 = amount;                               m2 = amount;
    m1 = m1 + 100;                             m2 = m2-100;
    amount = m1                               amount = m2
}                                          }
```

请回答下列问题:

(1) 估计该系统工作时会出现怎样的错误,为什么?

(2) 若哥哥先存了两次钱,但第三次存钱时弟弟正在取钱,则该账号上可能出现的余额为多少?正确的余额应该为多少?

(3) 为保证系统正确工作，若用 P/V 操作来管理，应怎样定义信号量及其初值？解释信号量的作用。

(4) 在程序的适当位置加上 P 操作和 V 操作，使其能正确工作。

思考与练习题 6.44　某超市可容纳 100 人同时购物，入口处有篮子，每个购物者可持一个篮子入内购物。在出口处结账，并归还篮子。出口和入口仅容纳一人通过。请用 P/V 操作完成购物同步算法。

*思考与练习题 6.45　某火车站有一车库，最多可以停三列火车，车站与外界以单轨相通，请用 P/V 操作描述经过该车站的过程。

思考与练习题 6.46　假设 n 个并发进程，共享 m 个共享资源，每个进程最多申请 1 个资源，信号量 sem 的取值范围是什么？

思考与练习题 6.47　信号量 S 的初值是 1，进程对信号量 S 进行 5 次 P 操作、2 次 V 操作后，现在信号量 S 的值是多少？与信号量 S 相关的处于阻塞状态的进程有几个？

思考与练习题 6.48　编写一个程序，创建 3 个对等线程，假设这 3 个线程的 ID 分别为 A、B、C，每个线程将自己的 ID 在屏幕上打印 10 次，要求输出结果必须按 ABC 的顺序显示，如 ABCABC……

思考与练习题 6.49　4 个进程 A、B、C、D 都要读一个共享文件 F，系统允许多个进程同时读文件 F。但限制是进程 A 和进程 C 不能同时读文件 F，进程 B 和进程 D 也不能同时读文件 F。现用 P/V 操作进行管理，使这 4 个进程并发执行时能按系统要求使用文件 F，请在各编号处填入合适的代码。

[1] // 信号量的定义与初值

```
ProcessA()                ProcessB()                ProcessC()                ProcessD()
{                         {                         {                         {
   [2];                      [4];                      [6];                      [8];
   read F;                   read F;                   read F;                   read F;
   [3];                      [5];                      [7];                      [9];
}                         }                         }                         }
```

思考与练习题 6.50　在公共汽车上，司机的活动是：启动车辆，正常运行，到站停车。售票员的活动是：关车门，售票，开车门。在公共汽车到站、停车、行驶的过程中，为保证乘客安全，必须在停车后开车门，在关车门后启动汽车，用信号量和 P/V 操作实现同步关系。

```
司机()                           售票员()
{   while(1){                    {   while(1){
    <<启动车辆>>                      <<关车门>>
    <<正常行驶>>                      <<售票>>
    <<到站停车>>                      <<开车门>>
    }                               }
}                               }
```

思考与练习题 6.51　假设一个进程由 6 个函数 S1、S2、S3、S4、S5、S6 组成，要求按图 6-31 所示的次序运行。请问应设计几个线程，每个线程应执行哪些函数，试用 P/V 操作表达线程并发执行时的同步关系。

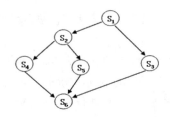

图 6-31 执行次序

思考与练习题 6.52　有一只铁笼子，每次只能放入一只动物，猎手向笼中放入老虎，农民向笼中放入猪，动物园等待放出笼中的老虎，饭店等待取走笼中的猪。将猎手、动物园、农民、饭店看成进程，试用 P/V 操作实现进程同步。

思考与练习题 6.53　假设 3 个线程 R、W1、W2 共享一个缓冲区 B，而 B 中每次只能存放一个数。当缓冲区中没有数时，进程 R 可以将从输入设备读入的数存放到缓冲区中。若存放到缓冲区中的是奇数，则允许进程 W1 将其取出并打印；若存放到缓冲区中的是偶数，则允许进程 W2 将其取出并打印。

(1) 写出 3 个并发线程能正确工作的描述代码。

(2) 写出能在 Linux 环境下运行的 3 个并发线程的 C 语言代码。

*思考与练习题 6.54　有些文献对 P/V 操作的语义定义如下：

```
primitive  wait(semaphore &S)  // P 操作
{
  S.value=S.value-1;  // 资源减 1
    if (S.value<0)
    block(S.L);        // 在队列 S.L 中挂起
}
```

```
primitive  signal(semaphore &S)  // V 操作
{
  S.value=S.value+1;  // 资源数加 1
  if(S.value<=0)       // 判断等待队列是否为空
    wakeup(S.L);       // 唤醒一个等待进程
}
```

(1) 请解释这个方案，也可以利用它解决前面的资源调度和同步问题。

(2) 对于 n 个进程竞争 m 个资源的场景，信号量 sem 的初值是多少？当 sem<0 时，sem 的物理含义是什么？

思考与练习题 6.55　有 4 个进程和 4 个信箱，进程间借助相邻信箱传递消息，即 Pi 每次从 Mi 中取一条消息，经加工后送入 Mi+1，其中 Mi(i=0~3)分别可存放 3、3、2、2 条消息，如图 6-32 所示。初始状态下，M0 装了 3 条消息，其余为空。

(1) 试以 P/V 操作为工具，写出 Pi (i=0~3)的同步工作算法。

(2) 用 AND 型信号量，写出 Pi (i=0~3)的同步工作算法。

图 6-32　消息在信箱间的传递

思考与练习题 6.56　某寺庙有小和尚、老和尚若干，有一水缸，小和尚提水入缸供老和尚饮用。水缸可容纳 10 桶水，水取自同一井中。水井口径窄，每次只能用一个桶取水。水桶总数为 3。每次入缸取水仅为 1 桶，且不可同时进行。给出小和尚打水、老和尚喝水两个进程的算法描述，用信号量进行同步。

*思考与练习题 6.57　有一个仓库，可以存放 A 和 B 两种产品，但要求：

(1) 每次只能存入一种产品(A 或 B)。

(2) $-N<$ A 产品数量 $-$ B 产品数量 $<M$。

其中，N 和 M 是正整数。试用 P/V 操作描述产品 A 与 B 的入库过程。

*思考与练习题 6.58　有一个仓库，存放两种零件 A 和 B，最大库存容量各为 m。有一车间不断地取 A 和 B 进行装配，每次各取一个。为避免零件锈蚀，遵循先入先出原则。有两家供应商不停地供应 A 和 B。为保证配套和库存合理，当某种零件的数量比另一种零件的数量多 $n(n<m)$ 个时，暂停对数量大的零件进货，集中补充数量少的零件。使用 P/V 操作加以实现。

思考与练习题 6.59　在生产者/消费者代码中，假设缓冲区单元数是 20，有两个生产者线程，分别产生 1~1000、2~200 的整数，投放到缓冲区队列。两个消费者线程分别从缓冲区队列中取得数据，如果取到奇数，就直接输出显示；如果取到偶数，就取反后输出显示。消费者线程显示数据时要标记是哪个线程输出的。用 Pthreads 同步机制将该算法改写成能真正执行的程序，并进行测试。提示：可基于 6.5.1 节中的代码进行改写。

思考与练习题 6.60　在 6.5.1 节的同步算法中，缓冲区的定义、读写指针、信号量都是全局变量，这使管理有些混乱，也不太符合要尽量减少全局变量设置的编程规范。一种改进方法是将缓冲区及相关的变量封装到一个类型为 sbuf_t 的结构体类型变量中，将同步代码添加到 sbuf_insert 和 sbuf_remove 函数中，这样生产者和消费者线程函数就不需要任何同步代码了。

```
void Thread_Pi(sbuf_t *sp)          // 生产者线程, sp 是缓冲区指针
{
    int item;
    while (true){
        item=produce();             // 产生数据
        sbuf_insert(item,sp);       // 向缓冲区存放数据
    }
}

void Thread_Ci(sbuf_t *sp)          // 消费者线程, sp 是缓冲区指针
{
    int item;
    while (1){
        item=sbuf_remove(sp);       // 从缓冲区取走数据
        consume(item);              // 消费或处理数据
    }
}
```

假设 sbuf_t 的定义为:

```
typedef struct {
int *buf;                   /* 缓冲区数组队列 */
int cnn;                    /* 缓冲区队列容量 */
    int tail;               /* 数据读出指针 */
    int head;               /* 数据写入指针 */
    sem_t mutex;            /* 保护对缓冲区访问的互斥信号量 */
    sem_t avail;            /* 空闲单元计数信号量 */
    sem_t ready;            /* 可用数据项计数信号量 */
    } sbuf_t;
```

创建具有 n 个单元的 FIFO 缓冲区的初始化代码为:

```
void sbuf_init(sbuf_t *sp, int  n)
{
     sp->buf=Calloc(n, sizeof(int));        /* 创建缓冲区队列 */
     sp->head= sp->tail = 0;                /* 初始化写入和读出位置为 0 */
     sp->cnt=n;                             /* 初始化缓冲区队列容量 */
     Sem_init(&sp->mutex, 0, 1);            /* 初始化互斥信号量 */
     Sem_init(&sp->avail, 0, n);            /* 设置空闲单元数, 初值为 N */
     Sem_init(&sp->ready, 0, 0);            /* 设置可用的数据单元数, 初值为 0 */
}
```

请用 Pthreads 同步机制给出其他函数的代码:

```
void sbuf_deinit(sbuf_t *sp)/* 清理缓冲区 */
{    /* 在下面填写清除缓冲区的代码 */

}

void sbuf_insert(sbuf_t *sp, int item)      /* 在缓冲区队列 sp 的末尾插入数据 item */
{    /* 在下面填写向缓冲区插入数据的代码 */

}

int sbuf_remove(sbuf_t *sp)                 /* 从缓冲区队列 sp 中移去和返回队首数据项 */
{    /* 在下面填写从缓冲区取走数据的代码 */

}
```

用本题的同步框架实现生产者/消费者问题的C程序代码并测试运行。

思考与练习题 6.61 请通过分析说明, 用信号量和 P/V 操作能否解决 sigrace.c(见图 5-23)中进程流与信号处理函数间的同步问题? 为什么?

思考与练习题 6.62 请通过分析说明, 用信号量和 P/V 操作能否解决 threadrace.c(见图 6-26)中的竞争问题? 为什么?

思考与练习题 6.63 有一座桥, 如图 6-33 所示, 车流如图中箭头所示。桥上不允许两车交会, 但允许同方向多辆车依次通行(即桥上可以有多辆同方向的车)。用信号量和 P/V 操作实现交通管理, 写出描述代码, 以防桥上发生交通堵塞。

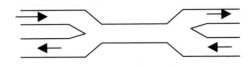

图 6-33　车辆在桥上通行

*思考与练习题 6.64 一段双向行驶公路, 由于山体滑坡, 一小段路的一条车道被阻隔, 该段公路每次只能容纳一辆车通过, 同一方向的多辆车可以紧接着通过, 如图 6-34 所示, 试用 P/V 操作控制此过程。

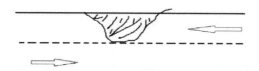

图 6-34　一段双向公路因山体滑坡导致一条车道的一小段被阻隔

思考与练习题 6.65　用 Pthreads 信号量编写读者/写者问题的实现代码,运行并分析结果是否正确。

*思考与练习题 6.66　理发店有一位理发师、一把理发椅和 n 把供等候理发的顾客坐的椅子。如果没有顾客,理发师便在理发椅上睡觉。当顾客到来时,必须先叫醒理发师。理发师正在理发时若有顾客到来,那么如果有空椅子,顾客就坐下来等;否则,顾客离开。使用信号量和 P/V 操作描述同步过程。

思考与练习题 6.67　用互斥锁方法实现 badcount.c 对共享变量的安全访问。

思考与练习题 6.68　以下函数中哪些是线程安全函数? 对于线程不安全函数,请将其改造成线程安全函数。哪些是可重入函数? 哪些不是? 请给出原因。

(1) 程序 1:

```
void strcpy(char *lpszDest, char *lpszSrc)
{
    while(*lpszDest++=*lpszSrc++) { };
}
```

(2) 程序 2:

```
static int sum_value = 0;
void sum_counter() {
    sum_value++;
}
```

(3) 程序 3:

```
char *strtoupper(char *string)
{
    static char buffer[MAX_STRING_SIZE];
    int index;
    for (index = 0; string[index]; index++)
        buffer[index] = toupper(string[index]);
    buffer[index] = 0;
    return buffer;
}
```

(4) 程序 4:

```
extern unsigned char key;
void ciphher(char *str)
{
    int i;
    for(i=0; str[i]; i++)
    str[i]=(str[i]+key) % 256;
    key=(key+1) % 256;
}
```

思考与练习题 6.69　用加锁/复制技术实现 gethostbyname 的一个线程安全而又不可重入版本,称为 gethostbyname_ts。正确的方案是使用由互斥锁保护的 hostent 结构的深层拷贝。

思考与练习题 6.70　请使用其他方法而不使用共享变量改写 badcount.c,使其运行正确。

思考与练习题 6.71　编写程序 thread_file.c,该程序创建两个线程,一个线程负责从文件 stat.c 读入数据,另一个线程负责显示读出的文件内容。请注意读文件线程如何将文件结束标准传递给显示线程。

思考与练习题 6.72　编写 N×L 与 L×M 矩阵乘法函数的并行线程化版本,并与顺序版本的性能做比较,计算在 2 核 CPU 和 4 核 CPU 上运行时的加速比和效率。

*思考与练习题 6.73　基于线程技术编写程序 square.c,计算整型数组 a[N] 中各元素的平方和 $sum=a_1*a_1+a_2*a_2+\cdots+a_N*a_N$,并测量 CPU 数为 1、2、4、8、16 时的加速比。

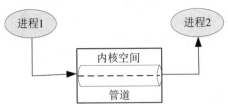

第 7 章

进程间通信

一般情况下，进程是一个封闭实体，分配给不同进程的存储器是不重合、不交错的，每个进程只能通过系统调用函数与操作系统交互，进程之间相对独立，互不影响。但为了合作完成一项任务，很多进程之间需要进行通信，进行数据传输，甚至还需要对相关活动进行协调。由于同一计算机系统上的多个进程本来就共享所有系统资源，因此在进程间进行资源共享、数据共享是顺理成章的事情。但进程间通信必须借助操作系统提供的通信机制来实现，第 5 章介绍的信号机制也可算作一种通信机制，虽然能在进程间传递一些简单信号，但传输的信息量太少，只是一种低级的通信机制，很难胜任进程间大量信息的传送。System V IPC 源自 System V UNIX，是一种用于进程间通信(interprocess communication)的机制，包括消息队列、共享内存、信号量三种机制，它们与管道机制一起，构成 Linux 进程间的高级通信机制，以支持进程间大量数据的传送，适应不同应用的需要。本章主要介绍管道和 IPC 进程间的通信机制。

本章学习目标:

- 理解利用 PIPE 和 FIFO 实现进程间数据通信的原理，掌握相应的编程方法，理解 Linux 管道命令的实现原理
- 理解消息队列结构和通信原理，掌握利用消息队列进行进程间数据通信的编程方法
- 理解共享内存原理，掌握利用共享内存实现进程间数据共享的编程方法
- 理解 IPC 信号量 API 函数的使用方法，掌握利用 IPC 信号量实现进程同步与互斥的编程方法

7.1 管道通信

7.1.1 什么是管道

管道(pipe)是一种具有生活中"输油管""输水管"特性的进程间通信机制，管道由操作系统内核实现。一个进程从管道一端写入数据，另一个进程从管道另一端读出数据，从而实现数据传输，如图 7-1 所示。

图 7-1　管道好比一根连接两个进程的管子，一端压入数据，另一端取出数据

管道实际上是操作系统内核的一个内存缓冲区，但为了简化管道操作，Linux 在文件系统中为每个管道创建了一个文件节点，允许用户直接使用 open、close、read、write 等 UNIX I/O 函数来读写管道，这样我们就可以采用读写文件的方法来读写管道，这给编程开发带来了极大便利。

通常，我们把一个进程的输出通过管道连接到另一个进程的输入。很多 Linux 用户都熟悉将 Shell 命令连接在一起的概念，这实际上就是把一个进程的输出传递给另一个进程的输入。对于 Shell 命令来说，命令的连接是通过管道字符来完成的，如下所示：

cmd1 | cmd2

Shell 负责安排两个命令的标准输入和标准输出。

- cmd1 的标准输入来自终端键盘。
- 将 cmd1 的标准输出传递给 cmd2，作为 cmd2 的标准输入。
- 将 cmd2 的标准输出连接到终端屏幕。

实际上，Shell 所做的工作是重新连接标准输入流和标准输出流，使数据流从键盘输入通过两个命令处理后最终输出到屏幕上，如图 7-2 所示。

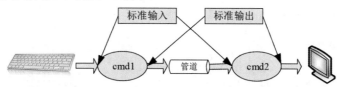

图 7-2　命令 cmd1 | cmd2 将 cmd1 的标准输出导入管道，将管道的输出作为 cmd2 的标准输入

本节讨论管道原理、管道通信编程方法，以及如何用管道将多个进程连接起来，从而实现客户端/服务器系统。

7.1.2　命名管道 FIFO 及应用编程

Linux 系统有一种特殊的文件类型，称为 FIFO，即命名管道，它具有文件名、创建时间、访问权限等几乎所有的文件属性。但管道文件中的数据只存在于操作系统内核的缓冲区内存中，不写入磁盘块，因此管道文件在磁盘上是没有数据块的。与通过磁盘文件传递数据相比，两个进程间通过读写 FIFO 来传递数据的速度更快、可靠性更高，因为数据不需要从内存写入磁盘，再从磁盘写入内存。FIFO 是一种比较高效且可靠的进程间通信机制。

编写 FIFO 通信程序的方法非常简单，首先创建 FIFO 文件，然后通信双方分别读写 FIFO 文件即可。

1. 创建 FIFO 文件

可以在命令行上创建命名管道，也可以在程序中创建。命令行上用来创建命名管道的命令是 mkfifo，下面是一个示例：

```
$ mkfifo   /tmp/myfifo1
$ ls  -lF  /tmp/myfifo1
prw-r--r-- 1 can can 0 2015-12-26 19:51 /tmp/fifo1|
```

输出结果中的第一个字符为 p，表示这是一个管道。最后的|符号是由 1s 命令的-F 选项添加的，它也表示这是一个管道。

在程序中，创建命名管道的函数是：

```
#include <sys/types.h>
#include <sys/stat.h>
int mkfifo(const char *filename , mode_t mode);
                              返回值：若成功，则返回 0，否则返回-1，错误原因存储于 errno 中。
```

其中，filename 表示 FIFO 文件路径，mode 表示文件读写权限。

下面的示例程序 fifo1.c 在目录/tmp 下创建了一个 FIFO 文件，文件名为 myfifo：

```
/* fifo1.c 程序的源代码 */
1        #include "wrapper.h"
2        int main ()
3        {
4            int res = mkfifo("/tmp/myfifo" , 0777) ;
5            if(res == 0)     printf("FIFO created\n") ;
6            exit(EXIT_SUCCESS);
7        }
```

编译并执行该程序，检查 FIFO 文件是否已创建：

```
$ gcc  -o  fifo1  fifo1.c
$ ./fifo1
FIFO created
$ ls  -lF  /tmp/myfifo
prwxr-xr-x 1 can can 0 2015-12-26 20:00 /tmp/myfifo|
```

2. 使用命令访问 FIFO

命名管道 FIFO 有一个非常有用的特性：像普通文件一样，既可存在于文件系统中，也可用 Linux 命令对其进行操作。在下面的示例中，我们打开了两个终端，终端 1 执行 mkfifo /tmp/myfifo 以创建 FIFO，并尝试读这个空的管道 cat </tmp/my_fifo；终端 2 尝试向 FIFO 写数据 echo "Hello World "> /tmp/myfifo。

终端 1：   终端 2：

```
$ mkfifo   /tmp/myfifo
$ cat </tmp/myfifo
                                     $ echo   "Hello World" >/tmp/myfifo

Hello World
```

我们可以看到 cat 命令产生的输出。如果不向 FIFO 发送任何数据，cat 命令将一直挂起，因为只有两个命令都连到 FIFO 后，它们之间才真正建立起管道。当然，也可键入 Ctrl+C 来中断一个等待另一端打开管道的进程。

3. 不同程序使用 FIFO 进行通信

下面的示例程序利用前面创建的 FIFO 管道/tmp/myfifo 实现进程间通信。其中，fifowrite.c 将命令行参数 argv[1]的值写入/tmp/myfifo，fiforead.c 从/tmp/myfifo 读出数据并显示出来。

```
/* fifowrite.c 程序的源代码 */
1        #include "wrapper.h"
```

```
2        int main(int argc,char * argv[])
3        {   int   pipe_fd;
4            if(argc != 2){        /* 启动方式为 fifowrite <待发送信息> */
5                printf("need a string\n");
6                exit(1);
7            }
8
9            printf("Process %d opening FIFO O_WRONLY\n", getpid());
10           pipe_fd = open("/tmp/myfifo",O_WRONLY,0);
11           printf("Process %d result %d\n", getpid(),pipe_fd);
12
13           write(pipe_fd,argv[1],strlen(argv[1])+1);
14           close(pipe_fd);
15           return 0;
         }
```

```
/* fiforead.c 程序的源代码 */
1        #include "wrapper.h"
2        int main(int argc,char * argv[])
3        {   int pipe_fd;
4            char info[128] = {0};
5
6            printf("Process %d opening FIFO O_RDONLY\n", getpid());
7            pipe_fd = open("/tmp/myfifo",O_RDONLY,0);
8            printf("Process %d result %d\n", getpid(),pipe_fd);
9
10           read(pipe_fd,info,sizeof(info));
11           printf("%s\n",info);
12           close(pipe_fd);
13           return 0;
14       }
```

现在编译这两个程序：

```
$ gcc  -o  fifotwrite  fifowrite.c -L. -lwrapper
$ gcc  -o  fiforead  fiforead.c  -L.  -lwrapper
```

然后分别在两个终端执行它们。

终端 1:   终端 2:

```
$ ./fifowrite "hello world"
Process 13277 opening FIFO O_WRONLY
Process 13277 result 3
```

```
$ ./fiforead
Process 13313 opening FIFO O_RDONLY
Process 13313 result 3
hello world
```

读者还会发现，不管先执行 fifowrite 还是先执行 fiforead，进程在显示第一行"Process xxx opening FIFO xxx"后都会阻塞，直到另一个程序启动后，先启动的程序才会往下执行。这个事实表明，两个 FIFO 读写进程会在 open 函数处同步，因为只有 FIFO 两端同时连到进程，管道才算建立。当然，这是仅用 O_RDONLY 或 O_WRONLY 标志打开 FIFO 的 open 执行方式。

管道机制一般适合进程间单向通信，如果两个进程 A、B 需要双向同时进行通信，可创建两个管道来实现，一个用于 A→B 通信，另一个用于 B→A 通信。

👉 **思考与练习题 7.1**　下面是进程 A、B 通过 FIFO 通信的代码，请写出进程 B 的输出。

进程 A:

```
#include <stdio.h>
#include <unistd.h>
#include <fcntl.h>
int main()
{
    int fd;
    fd=open("fifo1",O_WRONLY,0);
    write(fd,"ABCDEFGH",8);
    write(fd,"1234",6);

    close(fd);
}
```

进程 B:

```
#include <stdio.h>
#include <unistd.h>
#include <fcntl.h>
int main()
{   int fd,n;
    char buf[1024];
    fd=open("fifo1",O_RDONLY,0);
    n=read(fd,buf,4);    buf[4]=0;
    printf("%d:%s\n",n,buf);

    n=read(fd,buf,20);
    printf("%d:%s\n",n,buf);
    close(fd);
}
```

*7.1.3　利用 FIFO 传输任意类型的数据

任何数据结构都存在于某个内存块中，可将该内存块看成 write、read 函数调用的缓冲区，从而通过 FIFO 将任何数据结构传递给其他进程。

假设我们要传递一个类型为 T 的变量 var，定义为 T var。现在要将其通过命名管道"myfifo"从进程 A 发送给进程 B 处理。方法就是把变量 var 所在的单元看成一个缓冲区，其地址为&var，长度为 sizeof(T)。进程 A、B 的代码框架如下。

进程 A:

```
int main()
{
    T   var;
    <<初始化变量 var>>
    fd=open("myfifo", O_WRONLY,0);
    write(fd,(void*)(&var), sizeof(T));
    close(fd);
}
```

进程 B:

```
int main()
{
    T   var;
    fd=open("myfifo", O_RDONLY,0);
    read(fd,(void*)(&var), sizeof(T));
    <<处理变量 var>>
    close(fd);
}
```

如果要编程发送一个数组 arr(定义为 T arr[N])，可以每次读写一个数组元素，或将整个数组作为整体进行发送。但如果一个数组所在的存储块太大，也可将这个存储块划分成很多分片，每次发送一个分片，分片大小可以取 FIFO 缓冲区大小。FIFO 缓冲区大小在系统头文件 limits.h 中定义，一般为 4096 B，用宏 BUFFER_SIZE 表示。

👉 **思考与练习题 7.2**　下面是进程 A、B 通过 FIFO 通信的代码，请写出进程 B 的输出。

进程 A:

```
#include <stdio.h>
#include <unistd.h>
#include <fcntl.h>
int main()
{
    int fd;
```

进程 B:

```
#include <stdio.h>
#include <unistd.h>
#include <fcntl.h>
int main()
{   int fd,n,i;
    char buf[1024];
```

```
int a[]={10,20,30,40};              int *p=buf;
fd=open("fifo1",O_WRONLY,0);        fd=open("fifo1",O_RDONLY,0);
write(fd,(void*)a, 12);             n=read(fd,buf,1024);
write(fd,(void *)a[2],4);           printf("numbers=%d\n",n/4);
                                    for (i=0; i<n/4; i++)
close(fd);                              printf("%d   ",p[i]);
}                                   close(fd);
                                    }
```

7.1.4　无名管道 pipe 及应用

虽然命名管道已是一种比较方便易用的管道，但对父子进程来说，由于子进程可以直接继承父进程拥有的打开文件描述符等进程资源，若在父子进程间采用管道机制通信，甚至连文件名都可以省略，这可以使进程间的通信程序得到进一步简化，甚至还可以实现更强大的应用功能。这种管道称为无名管道。

1. 创建无名管道

无名管道用 pipe 函数创建：

```
#include <unistd.h>
int pipe(int fds[2]);
```

pipe 函数的参数是一个由两个整数类型的文件描述符组成的数组名。该函数在数组中填入两个新的文件描述符，然后返回 0。如果失败，则返回 -1 并设置 errno 来表明失败的原因。

返回的两个文件描述符中，fds[1]是管道的写端，fds[0]是管道的读端。写到 fds[1]的所有数据都可以从 fds[0]读出来。数据基于先进先出的原则进行处理，这意味着如果把字节值"1""2""3"写到 fds[1]，从 fds[0]读到的数据也会是"1""2""3"。这与栈的处理方式不同，栈采用后进先出的原则，通常简写为 LIFO。

需要注意，这里使用的是文件描述符而不是文件流指针，所以必须用底层 I/O 函数 read 和 write 来访问数据，而不是用文件流库函数 fread 和 fwrite。由前面章节的相关知识可知，read 和 write 函数读写的数据是一个内存块，其中的内容可以是任何数据类型，包括各种变量、数组、结构体等，写入管道时只需要将这些变量、数组、结构体转换成(void*)指针，并将从管道读入缓冲区的数据看成对应的数据类型即可，稍后将通过一个示例程序来演示如何通过管道传输结构体。

下面的示例程序 pipe1.c 用 pipe 函数创建了一个无名管道，并且自己给自己发送数据，以验证管道是否正常工作。

```
/* pipe1.c 程序的源代码，进程通过 pipe 函数给自己发送数据 */
1        #include "wrapper.h"
2        int main()
3        {
4            int count;
5            int fds[2];
6            const char some_data[] = "1234567890";
7            char buffer[BUFSIZ + 1];
8            memset(buffer, '\0', sizeof(buffer));
9
```

```
10          pipe(fds) ;
11          count= write(fds [1], (void*)some_data, strlen(some_data));
12          printf("Wrote %d bytes\n", count);
13
14          count = read(fds [0],(void*) buffer, BUFSIZ);
15          printf("read %d bytes: %s\n", count, buffer);
16          exit(EXIT_SUCCESS);
17      }
```

这个程序的第 10 行以数组 fds 为参数创建一个管道，第 11 行用文件描述符 fds[1]向管道中写数据，第 14 行从 fds[0]读回数据，第 15 行打印通过管道传输的数据。这里将字符数组 some_data 和 buffer 转换为 void*类型，分别作为发送数据和接收数据的缓冲区。下面编译并执行该程序：

```
$ gcc pipe1.c  -o  pipe1  -L.  -lwrapper
$ ./pipe1
Wrote 10 bytes
read 10 bytes: 1234567890
```

2. 父子进程间利用无名管道进行通信

当程序调用 fork 创建新的进程时，原先打开的文件描述符仍将保持打开状态，并可由子进程继承使用。如果在原先的进程中创建一个管道，然后调用 fork 创建新的进程，我们便可通过管道在两个进程间传递数据。

pipe2.c 是一个示例程序，它创建一个子进程，父进程通过无名管道将一个学生信息结构体 grade 传递给子进程输出显示，该结构体包括学号、姓名、语文、数学、英语五个字段，前两个字段为字符串型，后三个字段为浮点型。

```
/* pipe2.c 程序的源代码，利用无名管道在父子进程间传递数据 */
1       #include "wrapper.h"
2       struct grade {
3               char sno[20];        /* 学号 */
4               char name[10];       /* 姓名 */
5               float chinese;       /* 语文 */
6               float math;          /* 数学 */
7               float english;       /* 英语 */
8       };
9       int main()
10      {
11          int count;
12          int fds[2];
13          char buffer[BUFSIZ + 1];
14          pid_t pid;
15          struct grade grad={"201441401123","李向阳",89.1,70,80};
16          struct grade *p=buf;
17          pipe(fds);
18          pid = fork();
19          if(pid==0) {            /* 子进程 */
20              close(fds[1]);
21              count= read(fds[0], buf, BUFSIZ);
```

```
22                  printf("read %d bytes:\n 学号=%s\n 姓名=%s\n 语文=%3.1f\n
23                      数学=%3.1f\n 英语=%3.1f\n", count,p->sno, p->name,
24                      p->chinese, p->math, p->english);
25              close(fds[0]);
26              exit(EXIT_SUCCESS);
27          }
28      else {              /* 父进程 */
29              close(fds[0]);
30              count = write(fds[1],(void*)&grad,sizeof(struct grade));
31              printf("Wrote %d bytes\n", count);
32              close(fds[1]);
33              exit(EXIT_SUCCESS);
34          }
35      }
```

在第 15 行，父进程对要传递的成绩记录进行初始化，第 17 行创建无名管道，返回 fds[0]为管道读端、fds[1]为管道写端。第 18 行创建子进程。由于父进程的打开文件和文件描述符会全部由子进程继承使用，因此父子进程都可以通过 fds[0]、fds[1]读写管道。但子进程不需要写管道，父进程不需要读管道，因此子进程在第 20 行关闭管道写端 fds[1]，父进程在第 29 行关闭管道读端 fds[0]。这是一种良好的编程习惯，图 7-3 是父子进程利用管道进行通信的示意图。

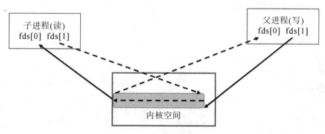

图 7-3　父子进程利用管道进行通信

接下来，父进程在第 30 行将整个 grad 记录写入管道，子进程在第 21 行将该记录从管道读入缓冲区 buf，该缓冲区的大小必须不小于 grad 记录的大小，以保证所读出数据的完整性，但实际读出的字节数不会超过写入的字节数。最后子进程在第 22~24 行把缓冲区 buf 看成一个 struct grade*类型的指针 p，通过指针变量 p 输出读到的成绩记录。

现在编译并执行该程序：

```
$ gcc  pipe2.c  -o  pipe2  -L.  -lwrapper
$ ./pipe2
Wrote 44 bytes
can@ubuntu:~/work$ read 44 bytes:
学号=201441401123
姓名=李向阳
语文=89.1
数学=70.0
英语=80.0
```

上述输出结果中显示的"can@ubuntu:~/work$"是父进程结束打印的命令提示符，由于此时子进程尚未结束，因此从管道读出的信息显示在该行之后。

🖉 **思考与练习题 7.3** 修改上述程序，实现子进程向父进程发送数据"1234567890"和结构体变量 grad 的值，父进程将收到的信息显示出来。

7.1.5　使用 pipe 实现管道命令

无名管道的用处非常大，除了用作普通的文件描述符，还可在不修改进程代码的情况下，通过调用 dup 函数将标准输入、标准输出重定向到无名管道，实现父子进程、子进程与子进程间的管道通信功能，Linux Shell 的管道命令"|"实际上就是通过管道技术来实现的。

pipe3.c 是一个示例程序，父子进程通过管道连接，父进程将字符串"1234567890"传递给子进程处理，子进程执行 od 命令，对收到的文本进行计数处理。pipe3.c 调用 dup 函数，使子进程的输入和父进程的输出通过管道连接起来，进行数据传输。

```
/* pip3.c，利用无名管道实现管道功能 */
1       #include "wrapper.h"
2       int main()
3       {
4           int count,pid;
5           int fds[2];
6           const char some_data[] = "1234567890";
7           char buffer[BUFSIZ + 1];
8           memset(buffer, '\0', sizeof(buffer));
9           pipe(fds);
10
11          pid=fork();
12          if(pid==0) {
13              close(0);
14              dup(fds[0]);
15              close(fds[0]);
16              close(fds[1]);
17              execlp("od" , "od","-c" , (char *)0) ;
18              exit( EXIT_FAILURE);
19          }
20          else {
21              close(fds[0]);
22              count= write(fds[1], some_data, strlen(some_data));
23              close(fds[1]);
24              printf("Wrote %d bytes\n", count);
25              exit(EXIT_SUCCESS);
26          }
27      }
```

该程序在第 9 行创建一个管道，图 7-4 是调用 pipe 函数后的情况。第 11 行调用 fork 函数创建一个子进程，子进程获得父进程管道文件描述符的副本。此时，父子进程都拥有访问管道的文件描述符，一个用于读数据，另一个用于写数据，所以总共有 4 个打开的文件描述符，如图 7-5 所示。

图 7-4　调用 pipe 函数后的情况，有两个读写管道的文件描述符

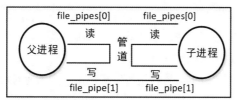

图 7-5　调用 fork 函数后的管道情况，有 4 个文件描述符，父子进程各两个

然后，子进程在第 13 行先用 close(0)关闭标准输入，再在第 14 行调用 dup(fds[0])把与管道读端关联的文件描述符复制为文件描述符 0，现在其标准输入就是管道。由于管道读端的文件描述符已复制到文件描述符 0，对于子进程来说，两个管道文件描述符都已无用处，因此第 15 行和第 16 行将它们关闭。图 7-6 是程序做好数据传输准备后的情况，子进程的标准输入已关联到管道读端。

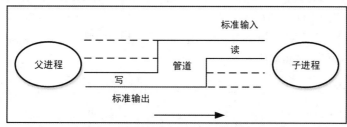

图 7-6　程序做好数据传输准备后的管道情况

接下来子进程就可以用 exec 启动 od 命令，od 命令从标准输入读到的信息实际上来自管道。od 命令将等待数据的到来，就好像等待来自用户终端的输入一样。事实上，如果没有明确使用特殊代码来检测这两者之间的差别，那么 od 命令并不知道输入来自管道，而不是来自终端。

父进程在第 21 行首先关闭管道的读端 fds[0]，因为它不会从管道读取数据。接着，在第 22 行向管道写入数据。在所有数据都写完后，父进程关闭管道的写端并退出。因为现在已没有打开的文件描述符可以向管道写数据了，od 命令读取管道中的 10 字节数据后，后续的读操作将返回 0 字节，表示已到达文件末尾。当读操作返回 0 时，od 命令就退出运行。这类似于在终端运行 od 命令，然后按下 Ctrl+D 键发送文件末尾标志。

下面编译并执行该程序：

```
$ gcc pipe3.c -o pipe3 -L. -lwrapper
$ ./pipe3
Wrote 10 bytes
0000000   1   2   3   4   5   6   7   8   9   0
0000012
```

有时，我们希望通过创建管道将两个子进程连接起来，两个子进程需要调用 exec 来运行 Linux 命令。这个功能可以按如下方式实现：父进程创建无名管道后，先创建两个子进程，再让子进程调用 dup 函数，将标准输入或标准输出重定向到无名管道来进行通信，UNIX Shell 的管道命令就可通过这种方式来实现。

👉 **思考与练习题 7.4** 请编写程序，创建两个子进程，各执行一条命令，两个子进程通过管道通信，即实现类似于"ps -aux | grep init"的功能。

*7.1.6 使用 FIFO 的客户端/服务器应用程序

下面学习有关 FIFO 的最后一部分内容，我们考虑如何通过命名管道来编写一个简单的客户端/服务器应用程序：客户端进程发送请求，服务器进程接收请求，对它们进行处理，将字母转换为大写，并把结果数据返回给发送请求的客户端。

我们希望允许多个客户端进程向服务器进程发送数据。为了使问题简单化，假设要处理的数据可以被拆分为多个数据块，每个数据块的长度都小于 PIPE_BUF 字节。

因为服务器每次只能处理一个数据块，所以只使用一个 FIFO 应该是合理的，服务器通过它读取数据，每个客户端向它写入数据。这个 FIFO 命名为 serv_fifo。只要将 FIFO 以阻塞模式打开，服务器和客户端就会根据需要自动被阻塞。

将处理后的数据返回给客户端稍微有些麻烦。我们需要为每个客户端设置一个专用管道来传送返回的数据。我们可以通过在传送给服务器的数据中加上客户端的进程标识符(PID)来命名管道文件，在这里我们将管道文件命名为 cli_<PID>_fifo。

(1) 首先，创建一个头文件 client.h，用于定义客户端和服务器程序都会用到的数据。为了方便使用，它还包含必要的系统头文件。

```
#include <unistd.h>
#include <stdlib.h>
#include <stdio.h>
#include <string.h>
#include <fcntl.h>
#include <limits.h>
#include <sys/types.h>
#include <sys/stat.h>
#define SERVER_FIFO_NAME "/tmp/serv_fifo"        /* 服务器通过 serv_fifo 接收信息 */
#define CLIENT_FIFO_NAME "/tmp/cli_%d_fifo"      /* 第 1、2...个客户端分别通过 */
                                                 /* 管道 cli_1、cli_2...接收信息 */
#define BUFFER_SIZE 20
struct data_to_pass_st {                         /* 客户端发来数据的结构 */
    pid_t    pid;                                /* 进程 PID */
    char     some_data[BUFFER_SIZE - 1];         /* 存放消息的用户缓冲区 */
};
```

(2) 现在编写服务器程序 server.c。在这一部分，我们创建并打开服务器管道，它被设置为只读的阻塞模式。稍作休息(这是出于演示目的)后，服务器开始读取客户端发送来的数据，这些数据采用的是 data_to_pass_st 结构。

```
#include "client.h"
#include <ctype.h>

int main()
{
    int server_fifo_fd, client_fifo_fd;
    struct data_to_pass_st my_data;
```

```
int read_res;
char client_fifo[256];
char *tmp_char_ptr;

mkfifo(SERVER_FIFO_NAME, 0777);
server_fifo_fd = open(SERVER_FIFO_NAME, O_RDONLY,0);
sleep(10);
while(1) {
    read_res = read(server_fifo_fd, &my_data, sizeof(my_data));
```

(3) 在接下来的这一部分，对刚从客户端读到的数据进行处理，将 my_data 中的所有字符全部转换为大写，并将 CLIENT_FIFO_NAME 和接收到的 client_pid 结合在一起。

```
tmp_char_ptr = my_data.some_data;
while (*tmp_char_ptr) {
    *tmp_char_ptr = toupper(*tmp_char_ptr);
    tmp_char_ptr++;
}
sprintf(client_fifo, CLIENT_FIFO_NAME, my_data.client_pid);
```

(4) 然后，以只写的阻塞模式打开客户端管道，把经过处理的数据发送回去。最后，关闭服务器管道的文件描述符，删除 FIFO 文件，退出程序。

```
        if(read_res>0) {
            client_fifo_fd = open(client_fifo, O_WRONLY,0);
            my_data.pid=getpid();
            write(client_fifo_fd, &my_data, sizeof(my_data));
            close(client_fifo_fd);
        }
    }
    close(server_fifo_fd);
    unlink(SERVER_FIFO_NAME);
    exit(EXIT_SUCCESS);
}
```

(5) 以下是客户端程序 client.c。这个程序的第一部分先检查服务器 FIFO 文件是否存在。如果存在，就打开它。然后获取自己的进程 ID，该进程 ID 构成要发送给服务器的数据的一部分。接下来，创建客户 FIFO，为下一步工作做好准备。

```
#include "client.h"
#include <ctype.h>
int main()
{
    int server_fifo_fd, client_fifo_fd;
    struct data_to_pass_st my_data;
    int   i;
    char client_fifo[256];

    server_fifo_fd =open(SERVER_FIFO_NAME, O_WRONLY,0);
    my_data.pid = getpid();
    sprintf(client_fifo, CLIENT_FIFO_NAME, my_data.pid);
    mkfifo(client_fifo, 0777);              /* 创建客户 FIFO */
```

(6) 这部分包含 5 次循环,在每次循环中,客户端将数据发送给服务器,然后打开客户端FIFO(只读,阻塞模式)并读回数据。在程序的最后,关闭服务器 FIFO 并调用 unlink 函数,将客户端 FIFO 从文件系统删除。

```
for (i = 0;i< 5; i++) {
        strcpy(my_data.some_data, "Hello");
        my_data.pid = getpid();
        printf("%s from %d;", my_data.some_data, my_data.pid);
        write(server_fifo_fd, &my_data, sizeof(my_data));

        client_fifo_fd = open(client_fifo, O_RDONLY,0);
        read(client_fifo_fd, &my_data, sizeof(my_data));
        printf("received %s from %d \n", my_data.some_data, my_data.pid);
        close(client_fifo_fd);
    }
    close(server_fifo_fd);
    unlink(client_fifo);
    exit(EXIT_SUCCESS);
}
```

这两个程序的编译命令如下:

```
$ gcc  -o  server  server.c  -L.  -lwrapper
$ gcc  -o  client  client.c  -L.  -lwrapper
```

测试时,需要运行一个服务器程序和多个客户端程序。为了让多个客户端程序尽可能在同一时间启动,在 Shell 终端窗口中执行一个 Shell for 循环,在该循环中启动客户端进程:

```
$ ./server &
$ for i in 1 2 3 4 5
do
    ./client &
done
```

上述命令启动了 1 个服务器进程和 5 个客户端进程。客户端的输出如下:

```
Hello from 5292;received HELLO from 5291
Hello from 5296;received HELLO from 5291
Hello from 5294;received HELLO from 5291
Hello from 5293;received HELLO from 5291
Hello from 5295;received HELLO from 5291
……
```

如上所示,不同的客户端输出交错在一起,但每个客户端都获得了服务器返回的正确数据。由于客户端请求的交错顺序是随机的,因此服务器接收到的客户端请求顺序也会呈现出随机的特点,而且每次运行情况都可能不同。

现在解释客户端和服务器的交互过程。服务器以只读模式创建 FIFO 后便被阻塞,直到第一个客户端以写方式打开该 FIFO 建立连接。这使服务器进程解除阻塞并执行 sleep 语句,让来自客户端的数据排队等候。在实际的应用程序中,应该删除 sleep 语句。我们在此使用它只是为了演示多个客户端的请求同时到达时的场景。

与此同时,客户端打开服务器 FIFO 后,创建自己唯一的命名管道 FIFO 来读取服务器返回的数据。之后，将数据发送给服务器，数据会被阻塞在对其 FIFO 的 read 调用上，等待服务器的响应。

接收到来自客户端的数据后，服务器便会处理它们，然后以只写方式打开客户端 FIFO 并将处理后的数据返回，这将解除客户端的阻塞状态。客户端被解除阻塞后，即可从自己的管道中读取服务器返回的数据。

整个处理过程不断重复，直到最后一个客户端关闭服务器管道，这将使服务器的 read 调用失败 (返回 0)，因为已经没有进程以写方式打开服务器管道了。如果这是一个真正的服务器进程，它还需要继续等待客户端请求，我们需要对它进行修改，有两种修改方法，如下所示：

- 为它自己的服务器管道打开一个写文件描述符，这样 read 调用将总是阻塞而不是返回 0，不会因为客户端退出而终止。
- 当 read 调用返回 0 时，关闭并重新打开服务器管道，使服务器进程阻塞在 open 调用处以等待客户端请求的到来，就像它最初启动时那样。

7.2　消息队列

消息队列提供了一种在两个不相关的进程间传递数据的简单且有效的方法。与命名管道相比，其优势在于，它独立于发送和接收进程而存在，消除了在同步命名管道的打开和关闭操作时可能产生的一些麻烦。消息队列在进程间以数据块为单位传送数据，每个数据块都有一个类型标记，接收进程可以独立地接收含有不同类型值的数据块。除了可以避免命名管道的同步和阻塞问题，还可以提前查看紧急消息。与管道一样，其不足在于每个数据块都有最大长度限制，系统中所有队列包含的全部数据块的总长度也有上限。

虽然 x/Open 规范说明这些限制是强制的，但并未提供发现这些限制的方法，只是告诉我们超过这些限制是导致一些消息队列函数失败的原因之一。Linux 系统有两个宏定义，即 MSGMAX 与 MSGMNB，它们以字节为单位分别定义了一条消息和一个队列的最大长度。

7.2.1　消息队列的结构

System V 消息队列是在消息传输过程中保存消息的容器，用 msqid_ds 结构体记录其属性，本质上是内核中的一个消息链表，而消息是链表中的一条记录。消息队列存在于操作系统内核中，发送进程把新消息链接到队列末尾，接收进程按某种顺序每次从队列中提取一条消息，如图 7-7 所示。

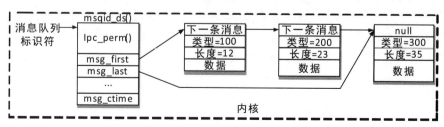

图 7-7　消息队列的结构

7.2.2　消息队列函数

消息队列函数主要有 msgget、msgsnd、msgrcv、msgctl 等。

1. msgget 函数

我们用 msgget 函数创建和访问消息队列：

```
#include <sys/msg.h>
int msgget(key_ t key, int flag);
```
返回值：成功时该函数返回一个正整数，即队列标识符，失败时返回-1。

以下是对该函数参数的简单说明。

key：一个整数类型的键值，用来命名某个特定的消息队列。特殊键值 IPC_PRIVATE 用于创建私有队列，从理论上说，它应该只能被当前进程访问，但事实上消息队列在某些 Linux 系统中并非私有，因此该键值意义不大。

flag：由 9 个权限标志组成，要创建消息队列，msgflg 参数应包含标志 IPC_CREAT。如果消息队列已存在，IPC_CREAT 标志将被忽略。

2. msgsnd 函数

msgsnd 函数用于将消息添加到消息队列中：

```
# include <sys/msg.h>
int msgsnd(int msqid, const void *msg_ptr, size_ t mt_sz, int flag);
```
返回值：成功时该函数返回 0，把消息副本链入消息队列，失败时返回-1。

以下是对该函数参数的简单说明。

msqid：由 msgget 函数返回的消息队列标识符。

msg_ptr：指向准备发送的消息的指针，消息的前 4 字节是一个 long 型整数，称为消息类型，后面是消息正文，可以用 include/linux/msg.h 中定义的结构体来描述。

```
struct msgbuf    {
    long mtype;                    /* 消息的类型，必须为正数 */
    char mtext[BUFFER_SIZE];       /* 消息正文 */
};
```

其中的 BUFFER_SIZE 是消息正文的最大长度，消息正文的实际长度由参数 mt_sz 指定，数值范围为 0~BUFFER_SIZE。

mt_sz：mt_ptr 消息正文的长度，不包括消息类型字段的长度。

flag：控制消息队列满或某些特殊情况下的处理方法。如果 flag 中设置了 IPC_NOWAIT 标志，函数将立刻返回，不发送消息并且返回值为 -1；如果 flag 中无 IPC_NOWAIT 标志，则发送进程挂起以等待队列中腾出可用空间。通常，该参数设置为 0。

3. msgrcv 函数

msgrcv 函数从消息队列中获取消息：

```
#include <sys/msg.h>
int msgrcv(int msqid, void *msg_ptr, size_t buf_sz, long int msgtype, int flag);
```
返回值：成功时该函数返回复制到缓冲区中的字节数，消息被复制到由 msg_ptr 指向的
用户分配的缓冲区，并删除消息队列中的对应消息；失败时返回 -1。

以下是对该函数参数的简单说明。

msqid：由 msgget 函数返回的消息队列标识符。

msg_ptr：指向准备接收消息的缓冲区的指针。

buf_sz：消息缓冲区的大小，包括消息类型部分。

msgtype：长整型参数，指定接收的消息类型，实现一种简单的接收优先级。若为非零值，就获取类型与之匹配的第一条消息；若为 0，就获取消息队列中的第一条消息。

flag：用于控制消息队列中无指定类型消息时的处理方法。若 flag 设置了 IPC_NOWAIT 标志，函数会立刻返回，返回值是－1；若 IPC_NOWAIT 标志未被设置，并且无可读消息，则调用进程被阻塞，直到一条相应类型的消息到达队列。一般情况下，该参数设置为 0，无消息可读时，调用进程被阻塞。

4. msgctl 函数

msgctl 是消息队列控制函数：

```
#include <sys/msg.h>
int msgctl(int msqid, int command, struct msqid_ds *buf);
        返回值：成功时返回 0，失败时返回-1。如果删除消息队列时，某个进程正在 msgsnd 或 msgrcv 函数中等待，
        这两个函数将失败。
```

以下是对该函数参数的简单说明。

msqid：由 msgget 函数返回的消息队列标识符。

command：消息队列的控制操作类型，可以取以下 3 个值。

- IPC_STAT：把消息队列相关属性读入 msqid_ds 缓冲区 buf 中。
- IPC_SET：如果进程拥有权限，就用 msqid_ds 结构体的值设置消息队列。
- RMID：删除消息队列。

一般只会用到第 3 个命令，在消息队列操作结束时清除消息队列。其中，msqid_ds 结构体至少包含以下成员：

```
struct msqid_ds {
    uid_t msg_perm.uid;
    uid_t msg_perm.gid
    mode_t msg_perm.mode;
}
```

用 msgsnd 和 msgrcv 两个函数发送及接收消息的基本原理，如图 7-8 所示。

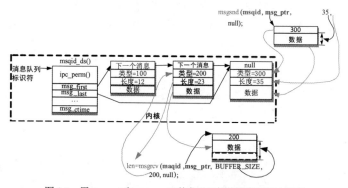

图 7-8　用 msgsnd 和 msgrcv 函数发送及接收消息的基本原理

7.2.3 消息队列通信示例

介绍完消息队列函数后，我们通过一个简单的示例程序来查看它们的实际工作情况。示例由四个程序组成：msgcreate.c 创建消息队列，msgsnd.c 发送消息，msgrcv.c 接收消息，msgdel.c 删除消息队列。

1. 消息队列创建程序 msgcreate.c

msgcreate.c 创建一个键值为 0x12345 的消息队列，将消息队列的键值作为命令行参数 argv[1]提供，因此该程序的运行方法为./msgcreate 0x12345。程序代码如下：

```
/* msgcreate.c 源代码 */
1       #include "wrapper.h"
2       int main(int argc,char * argv[]) {
3           int rtn;
4           int msqid;
5           key_t key;
6           if(argc<=1) {
7               fprintf(stderr,"请以./msgcreate <key>的形式运行给出的消息队列键值\n");
8               exit(1);
9           }
10          sscanf(argv[1], "%x",&key);        /* 将参数 argv[1]转换成十六进制数 */
11          msqid = msgget(key, IPC_CREAT | 0644);
12          exit(0);
13      }
```

下面编译并执行该程序，查看消息队列是否创建成功：

```
$ gcc -o msgcreater msgcreate.c  -L. -lwrapper
$ ./msgcreate  0x12345
$ ipcs
……
key         msqid      owner     perms     used-bytes     messages
0x00012345 98304      can       644       0              0
```

在最后可以看到键值为 0x12345 的消息队列。

2. 消息发送程序 msgsnd.c

msgsnd.c 将命令行参数包装成类型为 1 的消息，发送到键值为 0x12345 的消息队列，命令行参数 argv[1]为消息队列的键值，argv[2]为待发送的消息。程序代码如下：

```
/* msgsnd.c 源代码 */
1       #include "wrapper.h"
2       char mbuf[1024];                              /* 定义 1024 字节长的消息缓冲区 */
3       int main(int argc,char * argv[])
4       {
5           int rtn;
6           int msqid;
7           key_t key;
8           if(argc != 3){
```

```
9                 fprintf(stderr,"程序启动方法为 msgsnd1 <消息队列键值><待发送消息>\n");
10                exit(1);
11            }
12            sscanf(argv[1], "%x",&key);                    /* 将参数 argv[1]转换成十六进制数 */
13            msqid = msgget(key,0644);
14            *((long*)mbuf) = 1;                            /* 设置消息类型 */
15            memcpy(mbuf+4, argv[2], strlen(argv[2]) + 1);  /* 复制消息正文 */
16            rtn = msgsnd(msqid, mbuf, strlen(mbuf+4) + 1,0);
17            printf("you send a message\"%s\" to msq %d\n", argv[1],msqid);
18            return 0;
19        }
```

第 2 行定义一个长度为 1024 字节的字符数组 mbuf 作为消息缓冲区；第 14 行将数组元素名 mbuf 视为内存块地址，强制转换成(long*)类型的指针，同时将消息类型 1 赋给该指针指向的单元，使 mbuf 的前 4 字节为消息类型 1；第 15 行将命令行参数 argv[2]指向的消息正文字符串赋值给消息缓冲区的正文部分；第 15 行和第 16 行复制和发送消息，消息正文的长度为命令行参数 argv[2]的长度加 1，目的是把字符串结束符"\0"也添加进去。

下面编译并执行该程序：

```
$ gcc  -o  msgsnd  msgsnd.c -L.  -lwrapper
$ ./msgsnd  0x12345  "Hello World"
you send a message"0x12345" to msq 98304
```

3. 消息接收程序 msgrcv.c

msgrcv.c 将打开以命令行参数 argv[1]为键值的消息队列，读取其中类型为 1 的消息并输出显示。

```
/* msgrcv.c 源代码 */
1     #include "wrapper.h"
2     typedef struct MESSAGE
3     {
4         int mtype;
5         char mtext[512];
6     } mymsg,*pmymsg;
7
8     int main(int argc,char * argv[])
9     {
10        int rtn;
11        int msqid;
12        key_t key;
13        mymsg msginfo;
14        if(argc != 2){
15            fprintf(stderr,"程序启动方法为 msgrcv <消息队列键值>\n");
16            exit(1);
17        }
18        sscanf(argv[1], "%x",&key);   /* 将参数 argv[1]转换成十六进制数 */
19        msqid = msgget(key,0644);
20        rtn = msgrcv(msqid,(pmymsg)&msginfo,512,1,0);
```

```
21              printf("%s\n",msginfo.mtext);
22              return 0;
23          }
```

第 19 行打开消息队列，第 20 行从消息队列中提取一条类型为 1 的消息，复制到消息缓冲区 msginfo 中，第 21 行打印消息正文。

下面编译并执行该程序：

```
$ gcc  -o  msgrcv  msgrcv.c  -L.  -lwrapper
$ ./msgrcv  0x12345
Hello World
```

结果，msgrcv 读出并显示 msgsnd 写入消息队列的信息。

在实际应用中，一般消息发送和消息接收程序同时执行，发送方不断地将数据发送到消息队列，接收方通过循环方式，接收消息进行处理。

我们还可以注意到，采用消息队列通信方式，实施双向通信只需要一个队列，可通过消息类型来区分消息的传递方向。甚至多方通信也可通过一个消息队列来完成，比如给每一对需要通信的进程固定分配一个或多个消息类型号，就可区分每条消息的来源和去向。

4. 消息队列删除程序 msgdel.c

msgdel.c 删除用命令行参数指定键值的消息队列。

```
/* msgdel.c 源代码 */
1        #include "wrapper.h"
2        int main(int argc,char * argv[])
3        {   int rtn;
4            int msqid;
5            key_t key;
6            if(argc<=1) {
7                fprintf(stderr,"请以./msgdel <key>的形式运行，给出消息队列的键值\n");
8
9                exit(1);
10           }
11           sscanf(argv[1], "%x",&key);       /* 将参数 argv[1]转换成十六进制数 */
12           msqid = msgget(key,0644);
13           rtn = msgctl(msqid,IPC_RMID,NULL);
14           exit(0);
         }
```

编译并执行该程序：

```
$ gcc  -o  msgdel  msgdel.c  -L.  -lwrapper
$ ipcs
……
key        msqid     owner     perms     used-bytes     messages
0x00012345 196608    can       644       0              0
  $ ./msgdel  0x12345
  $ ipcs
```

msgdel 程序执行后，键值为 0x12345 的消息队列已经被删除。也可通过 ipcrm 命令来删除消息队列，但需要用-q 选项给出消息队列的 qid，上面键值为 0x12345 的消息队列的 qid 为 196608，因此用 ipcrm 命令删除它的命令格式为 ipcrm -q 196608。

📌 **思考与练习题 7.5** 下面的进程 A、进程 B 通过消息队列通信，请给出进程 B 的输出。

发送方进程 A：

```c
# include "wrapper.h"
typedef struct MESSAGE
{
    int mtype;
    char mtext[512];
} mymsg,*pmymsg;

int main()
{
    int qid;
    mymsg msg;
    msg.mtype=1;
    strcpy(msg.mtext,"12345678");

    qid=msgget(123,0644|IPC_CREAT);
    msgsnd(qid,msg,strlen(msg.mtext)+1,0);
}
```

接收方进程 B：

```c
# include "wrapper.h"
typedef struct MESSAGE
{
    int mtype;
    char mtext[512];
} mymsg,*pmymsg;

int main()
{
    int qid,len;
    mymsg msg;
    qid= msgget(123,0644|IPC_CREAT);
    len=msgrcv(qid,msg,sizeof(mymsg),1,0);
    printf("len=%d\nmsg=%s\n",
    len,msg.mtext);
}
```

7.2.4　通过消息队列传送任意类型的数据

消息通信的实质是将一个内存块的数据通过消息队列传送给另一个进程，任何类型的数据结构都可通过消息队列进行传送。基本方法是：发送方将待发送的数据结构复制到消息缓冲区的正文部分，发送出去；接收方从所收到消息的正文部分将数据复制到特定的数据结构中。假定要传送类型为 T 的变量 var，定义为 T var，消息缓冲区是一个地址为 buf 的缓冲区。图 7-9 是类型为 T 的变量 var 通过消息队列传送的流程。

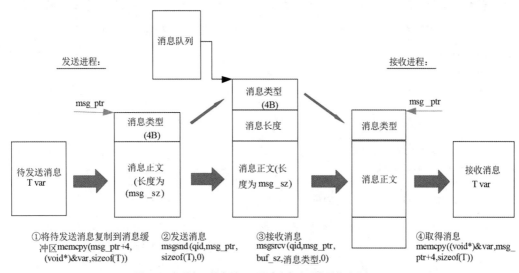

图 7-9　类型为 T 的变量 var 通过消息队列传送的流程

该程序的框架及关键代码如下：

发送方：

```
int main()
{
    T   var;              /* 待发送消息 */
    char buf[BUFSZ];      /* 消息缓冲区 */
    …
    qid=msgget(…);
    *((int*)&buf)=消息类型;
    memcpy(buf+4,&var,sizeof(T));
    msgsnd(qid,buf,sizeof(T),0);
    ……
}
```

接收方：

```
int main()
{
    T   var;              /* 接收消息的变量 */
    char buf[BUFSZ];      /* 消息缓冲区 */
    …
    qid=msgget(…);
    msgrcv(qid,buf,BUFSZ,消息类型,0);
    memcpy((void*)&var,buf+4, sizeof(T));
    ……
}
```

思考与练习题 7.6 下面的进程 A、进程 B 通过消息队列通信，请给出进程 B 的输出。

发送方进程 A：

```
#include "wrapper.h"
int main()
{
    int qid;
    char buf[1024];
    *(int*) buf=1;
    strcpy(buf+4,"abcdefgh");

    qid=msgget(123,0644|IPC_CREAT);
    msgsnd(qid,buf,strlen(buf+4)+1,0);

    *(int*)(buf+4)=2;
    msgsnd(qid,buf+4,strlen(buf+8)+1,0);
}
```

接收方进程 B：

```
#include "wrapper.h"
int main()
{
    int qid,len;
    char buf[1024];
    qid= msgget(123,0644|IPC_CREAT);

    len=msgrcv(qid,buf,sizeof(buf),2,0);
    printf("len=%d\nmsg=%s\n",len,buf+4);

    len=msgrcv(qid,buf,sizeof(buf),1,0);
    printf("len=%d\nmsg=%s\n",len,buf+4);
}
```

思考与练习题 7.7 下面的进程 A、进程 B 通过消息队列通信，请给出进程 B 的输出。

发送方进程 A：

```
#include "wrapper.h"
int main()
{
    int qid;
    int a[4]={1,2,3,4};

    qid=msgget(123,0644|IPC_CREAT);
    msgsnd(qid,(void*)a,3*sizeof(int),0);

    msgsnd(qid,(void*)(a+1),2*sizeof(int),0);
}
```

接收方进程 B：

```
#include "wrapper.h"
int main()
{   int qid,len,i;
    int a[4];
    qid= msgget(123,0644|IPC_CREAT);

    len=msgrcv(qid,a,sizeof(a),2,0);
    printf("len1=%d\n ", len);
    for(i=0;i<3; i++)
        printf("a[%d]=%d   ",i,a[i]);

    len=msgrcv(qid,a,sizeof(a),1,0);
    printf("\nlen2=%d\n",len);
    for(i=0;i<4; i++)
        printf("a[%d]=%d   ",i,a[i]);
}
```

7.3　共享内存

通常情况下，Linux 分配给两个不同进程的内存区域既不重合，也不重叠，以防止进程之间相互干扰，从而使一个进程执行任何操作都不会影响到另一进程的正确执行。System V IPC 提供了共享内存设施，可创建允许两个或多个进程间共享访问的内存块，为在多个进程之间共享和传递数据提供了一种高效的方式。如果某个进程向共享内存写入数据，所做的改动将立刻被可以访问同一段共享内存的任何其他进程看到。

7.3.1　基于共享内存进行通信的基本原理

回顾在"计算机组成原理"课程上所学的知识可知，在多用户环境下，进程采用的地址是程序地址(又称逻辑地址、虚拟地址)，程序地址划分为很多页或段，在指令执行过程中，由地址转换机构将逻辑地址转换成存储器物理地址。一般情况下，由于系统给不同进程分配不同的存储块，因此可以认为，不同进程的程序地址，不管相同还是不相同，都会映射到不同的物理地址。如果要使不同进程共享物理内存，通过共享内存传递数据，就必须通过某种特定手段才能实现。System V IPC 共享内存的基本原理是：根据进程请求分配一块大小合适的存储块，各请求进程在其地址空间为该共享内存块安排程序地址，将程序地址赋值给变量指针，然后通过变量指针读写共享内存单元，从而传输数据。图 7-10 是 Linux 共享内存的基本原理图。需要注意的是，各进程分配给共享内存块的逻辑地址范围可能不相同，但这些逻辑地址一定会映射到相同的物理地址区域。

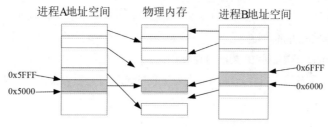

图 7-10　Linux 共享内存的基本原理

由于共享内存并未提供同步机制，因此我们通常需要用其他的机制来同步对共享内存的访问，一般同步方法有三种：

- 同时通过传递消息来同步对共享内存的访问，也就是通过消息通信来通告是否完成对共享内存的写入或读出操作。
- 利用 System V IPC 提供的信号量机制。
- 在共享内存中留出一个标志单元用于同步。

在写进程结束对共享内存的写操作之前，并没有自动的机制可以阻止读进程读取共享数据。对共享内存访问的同步控制必须由程序员负责。

7.3.2　共享内存相关 API 函数

共享内存相关 API 函数有 shmget、shmat、shmdt、shmctl 四个，它们的函数声明在头文件 sys/shm.h 中。

1. shmget 函数

shmget 函数用于创建共享内存，该函数创建由键值 key 标识的共享内存块，并返回标识号。如果内存块已存在，就直接返回其标识号。

```
#include <sys/shm.h>
int shmget(key_t key, size_t size, int flag);
        返回值：如果共享内存创建成功，该函数返回一个非负整数，即共享内存标识号；如果失败，就返回-1。
```

以下是对该函数参数的简单说明。

key：共享内存的键值，用于有效地命名共享内存段，可唯一标识共享内存段，用相同的 key 调用 shmget 函数将返回同一个共享内存段标识号。当 key 为 IPC_PRIVATE 时，会创建只属于进程的私有共享内存。

size：以字节为单位指定需要共享的内存块的大小。

flag：包含 9 个位的权限标志，作用与文件创建函数 open 的 mode 标志一样，新建的共享内存段应有 IPC_CREAT 标志。

2. shmat 函数

由 shmget 函数返回的共享内存段还不能被进程访问。要想访问该共享内存段，必须将其映射到一个进程的逻辑地址空间，以获得该共享内存段的程序地址。这项工作由 shmat 函数完成，其定义如下：

```
#include <sys/shm.h>
void *shmat (int shm_id, const void * shm_addr, int flag) ;
            返回值：如果 shmat 调用成功，则返回一个指向共享内存中第一个字节的指针；如果失败，就返回-1。
```

以下是对该函数参数的简单说明。

shm_id：由 shmget 函数返回的共享内存标识符。

shm_addr：指定要将共享内存段连接到当前进程的地址，一般设置为 0，表示让系统来安排共享内存段的程序地址。

flag：一组位标志，一般设置为 0。

3. shmdt 函数

shmdt 函数用于将共享内存从当前进程中分离，它的参数是 shmat 函数返回的地址指针。注意，将共享内存分离并不是删除它，只是使该共享内存对当前进程不再可用。

```
#include <sys/shm.h>
int shmdt( char *shmaddr );
                                        返回值：成功时返回 0，失败时返回-1。
```

4. shmctl

shmctl 函数用于对共享内存实施控制管理操作，原型如下：

```
#include <sys/shm.h>
int shmctl(int shm_id, int command, struct shmid_ds *buf );
                                        返回值：成功时返回 0，失败时返回-1。
```

以下是对该函数参数的简单说明。

shm_id：shmget 函数返回的共享内存标识符。

command：要采取的动作，可以取如下 3 个值。

- IPC_STAT：获取共享内存的 shmid_ds 结构并保存于 buf。
- IPC_SET：使用 buf 的值设置共享内存的 shmid_ds 结构。
- RMID：删除共享内存。

buf：一个指针，指向包含共享内存模式和访问权限的结构体。shmid_ds 结构体至少包含以下成员：

```
struct shmid_ds {
    uid_t shm_perm.uid;
    uid_t shm_perm.gid;
    mode_t shm_perm.mod;
}
```

7.3.3　共享内存通信验证

验证示例由 4 个程序组成：shmcreate.c 程序创建一个大小为 4096 字节的共享内存块，键值由命令行参数 argv[1]提供；shmwrite.c 程序将命令行参数 argv[2]提供的信息写入共享内存；shmread.c 程序读取共享信息，输出显示；shmdel.c 程序删除共享内存。

1. shmcreate.c

shmcreate.c 程序用命令行参数 argv[1]提供的键值创建共享内存。

```
/* shmcreat.c 源代码 */
1       #include "wrapper.h"
2       int main(int argc,char * argv[])
3       {
4           int rtn;
5           int msqid;
6           key_t key;
7           if (argc<=1) {
8               fprintf(stderr,"请以./msgcreate <key>的形式运行，给出消息队列的键值\n");
9               exit(1);
10          }
11          sscanf(argv[1], "%x",&key);       /* 将参数 argv[1]转换成十六进制数 */
12          msqid = shmget(key,4096, IPC_CREAT | 0644);
13          exit(0);
14      }
```

下面编译并执行该程序，查看消息队列是否创建成功：

```
$ gcc  -o  shmcreate  shmcreate.c  -L.  -lwrapper
$ ./shmcreate  0x12345
$ ipcs
------ Shared Memory Segments --------
key          shmid       owner       perms       bytes       nattch      status
......
0x00012345 688142        can         644         4096        0
```

可在最后看到键值为 0x12345 的共享内存段。

2. shmwrite.c

shmwrite.c 程序获取键值为 argv[1]的共享内存，将命令行参数 argv[2]提供的信息写入共享内存。

```
/* shmwrite.c 源代码  */
1        #include "wrapper.h"
2        int main(int argc,char * argv[])
3        {
4            int rtn;
5            int shmid;
6            key_t key;
7            void *shmptr;
8            if(argc<=1) {
9                fprintf(stderr,"请以./msgcreate <key>的形式运行，给出消息队列的键值\n");
10               exit(1);
11            }
12           sscanf(argv[1], "%x",&key);      /* 将参数 argv[1]转换成十六进制数 */
13           shmid = shmget(key,4096, IPC_CREAT | 0644);
14           shmptr = shmat(shmid,0,0);
15           memcpy(shmptr,argv[2],strlen(argv[2]) + 1);  /* 将信息写入共享内存 */
16           shmdt(shmptr);
17           exit(0);
18        }
```

编译并执行该程序：

```
$ gcc  -o  shmwrite  shmwrite.c  -L.  -lwrapper
$ ./shmwrite  0x12345  "hello world"
```

可以看出，信息"hello world"已成功写入共享内存 0x12345。

3. shmread.c

shmread.c 从共享内存读出信息并显示。

```
/* shmread.c 源代码  */
1        #include "wrapper.h"
2        int main(int argc,char * argv[])
3        {
4            int rtn;
5            int shmid;
6            key_t key;
7            void *shmptr;
8            if(argc<=1) {
9                fprintf(stderr,"请以./msgcreate <key>的形式运行，给出消息队列的键值\n");
10               exit(1);
11            }
12           sscanf(argv[1], "%x", &key);      /* 将参数 argv[1]转换成十六进制数 */
```

```
13        shmid = shmget(key,4096, IPC_CREAT | 0644);
14        shmptr = shmat(shmid,0,0);
15        printf("%s\n",(char*)shmptr);    /* 从共享内存读出数据 */
16        shmdt(shmptr);
17        exit(0);
18      }
```

编译并执行该程序：

```
$ gcc  -o  shmread shmread.c  -L.  -lwrapper
$ ./shmread 0x12345
hello world
```

可以看出，共享内存 0x12345 中的信息"hello world"已成功读出并显示。

4. shmdel.c

shmdel.c 负责删除共享内存。

```
/* shmdel.c 源代码 */
1       #include "wrapper.h"
2       int main(int argc,char * argv[])
3       {
4           int rtn;
5           int shmid;
6           key_t key;
7           void *shmptr;
8           if(argc<=1) {
9               fprintf(stderr,"请以./msgcreate <key>的形式运行，给出消息队列的键值\n");
10              exit(1);
11          }
12          sscanf(argv[1], "%x",&key);
13          shmid = shmget(key,4096, IPC_CREAT | 0644);
14          shmctl(shmid,IPC_RMID,NULL);
15          exit(0);
16      }
```

编译并执行该程序：

```
$ gcc  -o  shmdel  shmdel.c  -L.  -lwrapper
$ ./shmdel  0x12345
```

☞ 思考与练习题7.8　编写两个程序，其中一个程序将结构体 struct STU {char name[10]; int age; float height;}　stu={"张三", 20, 1.79}通过共享内存发送给另一个程序输出显示。

7.3.4　共享内存通信示例

本节实现一个生产者/消费者应用，生产者进程 shmprod.c 循环读取用户从键盘输入的信息，通过共享内存传递给消费者进程 shmcons.c 显示输出，用户输入"end"可结束程序的执行。

1. 共享内存结构体和同步设计

为防止消费者进程从空的共享内存中读取数据或取到旧的数据，同时也为了防止旧的信息尚未取走就被新的信息覆盖，生产者/消费者应用必须解决同步问题。在此用一种较简单的数据标志方法来实现同步：在共享内存中留出一个单元 flag 作为同步标志，其他单元用作数据缓冲区 buf。标志单元 flag 为 0 表示有空闲内存，flag 为 1 表示共享内存中有新数据，flag 为 2 表示数据传输结束。初始时 flag 为 0，生产者进程 shmprod.c 仅在 flag=0 时才能将数据写入共享内存，并将 flag 修改成 1。若写入结束串"end"，则将 flag 改成 2。仅当 flag=1 时，消费者进程 shmcons.c 才能从共享内存读出数据，并将 flag 标志修改为 0。

将共享内存设计成以下结构体：

```
# define TEXT_SZ 2048
struct shared_mm {
    int    flag;
    char buf[TEXT_SZ];
};
```

2. 创建共享内存

程序 shmcreate.c 创建大小有要求的共享内存，并将标志位初始化为 0。

```
/* shmcreate.c 源代码  */
1       #include "wrapper.h"
2       #define TEXT_SZ 2048
3           struct shared_mm {
4               int    flag;
5               char buf[TEXT_SZ];
6           } *shmptr;
7       int main(int argc,char * argv[])
8       {
9           int rtn;
10          int shmid;
11          key_t key;
12          if(argc<=1) {
13              fprintf(stderr,"请以./msgcreate <key>的形式运行，给出消息队列的键值\n");
14              exit(1);
15          }
16          sscanf(argv[1], "%x",&key);              /* 将参数 argv[1]转换成十六进制数  */
17          shmid = shmget(key, sizeof(struct shared_mm), IPC_CREAT | 0644);
18          shmptr = (struct shared_mm *)shmat(shmid,0,0);
19                              /* 将共享内存映射到进程地址空间  */
20          shmptr->flag=0;                    /* 初始化标志位为 0 */
21          shmdt(shmptr);                     /* 解除共享内存映射  */
22          exit(0);
23      }
```

3. 设计生产者进程 shmprod.c

程序 shmprod.c 从命令行参数 argv[1]获得共享内存键值，获得共享内存 ID，映射共享内存，然后执行循环，从标准输入读入数据，写入共享内存，遇到"end"时结束循环，最后解除共享内存映射。

```
/* shmprod.c 源代码 */
1       #include "wrapper.h"
2       #define TEXT_SZ 2048
3           struct shared_mm {
4               int   flag;
5               char buf[TEXT_SZ];
6           } *shmptr;
7       int main(int argc,char * argv[])
8       {
9           int rtn;
10          int shmid;
11          key_t key;
12          if(argc<=1) {
13              fprintf(stderr,"请以./msgcreate <key>的形式运行，给出消息队列的键值\n");
14              exit(1);
15          }
16          sscanf(argv[1], "%x",&key);      /* 将参数 argv[1]转换成十六进制数 */
17          shmid = shmget(key, sizeof(struct shared_mm), IPC_CREAT | 0644);
18          shmptr =(struct shared_mm *) shmat(shmid,0,0);
19
20          for (;;) {
21              while(shmptr->flag!=0);      /* 共享内存中无数据，则退出 */
22              scanf("%s", shmptr->buf);  /* 从标准输入读入信息，并写入共享内存 */
23              if (strcmp(shmptr->buf, "end")==0) {
24                  shmptr->flag=2;
25                  break;
26              }
27              else shmptr->flag=1;
28          }
29          shmdt(shmptr);
30          exit(0);
31      }
```

4. 设计消费者进程 shmcons.c

程序 shmcons.c 从命令行参数 argv[1]获得共享内存键值，获得共享内存 ID，映射共享内存，然后执行循环，从共享内存读出数据，输出显示，遇到"end"时结束循环，最后解除共享内存映射。

```
/* shmcons.c 源代码 */
1       #include "wrapper.h"
2       #define TEXT_SZ 2048
3           struct shared_mm {
4               int   flag;
5               char buf[TEXT_SZ];
6           } *shmptr;
7       int main(int argc,char * argv[])
8       {
9           int rtn;
```

```
10          int shmid;
11          key_t key;
12          if(argc<=1) {
13              fprintf(stderr,"请以./msgcreate <key>的形式运行，给出消息队列的键值\n");
14              exit(1);
15          }
16          sscanf(argv[1], "%x",&key);        /* 将参数 argv[1]转换成十六进制数  */
17          shmid = shmget(key, sizeof(struct shared_mm), IPC_CREAT | 0644);
18          shmptr =(struct shared_mm *) shmat(shmid,0,0);
19
20          for(;;) {
21              while(shmptr->flag==0);          /* 共享内存中有新数据，则退出 */
22              printf("%s\n", shmptr->buf);     /* 从共享内存读出数据，显示出来 */
23              shmptr->flag=0;
24              if (strcmp(shmptr->buf, "end")==0)
25                  break;
26          }
27          shmdt(shmptr);
28          exit(0);
20      }
```

5. 程序的编译和执行

先编译上述三个程序：

```
$ gcc  -o  shmcreate2  shmcreate2.c  -L.  -lwrapper
$ gcc  -o  shmprod  shmprod.c -L.  -lwrapper
$ gcc  -o  shmcons  shmcons.c -L.  -lwrapper
```

再执行程序。第一步执行共享内存创建程序：

```
$ ./shmcreate2  0x12346
$ ipcs
------ Shared Memory Segments --------
key            shmid      owner     perms      bytes      nattch      status
……
0x00012346 786447       can       644        2052        0
```

接着在两个终端执行生产者进程 shmprod 和消费者进程 shmcons：

终端 1：   终端 2：

```
$ ./shmprod  0x12346
hello
"dongguan university of techonogy"
computer school
end
```

```
$ ./shmcons  0x12346
hello
"dongguan university of techonogy"
computer school
end
```

可以看到，生产者/消费者进程已正确运行，在终端 1 输入的信息，被正确传送到终端 2 并显示出来。最后，删除共享内存 0x12346。

```
$ ./shmdel  0x12346
```

7.4 用 IPC 信号量实施进程同步

上述生产者/消费者进程应用如果使用标志变量 flag 进行同步，由于涉及多进程并发访问包括 flag 在内的共享内存，因此只能支持一个生产者进程和一个消费者进程。如果这两类进程有多个，根据上一章的分析，可采用信号量机制进行同步和互斥。Posix IPC 提供了信号量集来支持 Linux/UNIX 进程对共享内存的并发访问和同步。

7.4.1 IPC 信号量集结构体及操作函数

Posix 信号量集用 Linux 内核的 semid_ds 结构体表示，所有信号量集组成一个数组。semid_ds 结构体的定义如下：

```
struct semid_ds
{
    struct ipc_permsem_perm;          /* 该信号量集的操作权限 */
    struct sem *sem_base;             /* 该数组的元素是信号量结构体 */
    ushort sem_nsems;                 /* sem_base 数组的个数 */
    struct sem_queue *sem_pending;    /* 被挂起的进程队列 */
    ……
};
```

而每个信号量则描述为：

```
struct sem {
    int      semval;      /* 信号量的当前值 */
    int      sempid;      /* 后操作的进程 PID */
    ushort   semcnt;      /* 等待信号量大于当前值的进程数 */
    ushort   semzcnt;     /* 等待信号量等于 0 的进程数 */
};
```

信号量的基本操作包括创建信号量、信号量值操作、获取或设置信号量属性，对应的相关函数分别是 semget、semop、semctl。它们的函数声明分别在 type.h、ipc.h 和 sem.h 这 3 个头文件中。

1. 创建信号量

semget 函数用于创建新的信号量，如果参数 key 指定的信号量集已存在，就返回该信号量集。

```
#include <sys/types.h>
#include <sys/ipc.h>
#include <sys/sem.h>
int semget(key_t key, int  nsems, int flag);
```

返回值：成功则返回信号量描述字，否则返回-1。

以下是对该函数参数的简单说明。

key：一个整数类型的键值，用来命名某个特定的信号量集，含义与 msgget 函数的 key 参数相同(见 7.2.2 节)。

nsems：指定打开或新创建的信号量集包含的信号量数目。

flag：包含 9 个位的权限标志，用法与 open 函数的 mode 标志相同。

由于信号量集属于 Linux 内核的数据结构，用户态进程不能直接访问，因此 semget 函数只能返回一个整数类型的描述字，供进程以后操作信号量时使用。

2. 信号量值操作

信号量本质上是一个计数器，进程可以使用函数 semop 来增加或减少信号量值，以表示释放或申请共享资源。该函数的声明为：

```
#include <sys/types.h>
#include <sys/ipc.h>
#include <sys/sem.h>
int semop(int sem_id, struct sembuf *sops, unsigned int nsops);
```
返回值：成功则返回 0，否则返回-1。

以下是对该函数参数的简单说明。

sem_id：semget 函数返回的信号量描述符。

nsops：本次操作的信号量数目，也是 sops 指向的数组大小。

sops：指向一个类型为 sembuf 的结构体数组。该结构体可描述为：

```
struct sembuf {
    ushort sum_num;      /* 待操作的信号量在信号量集中的索引值 */
    short sem_op;        /* 信号量操作(正数、负数或 0) */
    short sem_flg;       /* 操作标志，为 IPC_NOWAIT 或 SEM_UNDO */
};
```

如果 sem_op 为负数，就从信号量值中减去 sem_op 的绝对值，表示进程获取资源；如果 sem_op 为正数，就把它加到信号量上，表示归还资源；如果 sem_op 为 0，则调用进程睡眠，直到信号量值为 0。sem_flg 一般可设为 0。

3. 获取或设置信号量属性

系统中的每个信号量集都对应一个 struct semid_ds 结构体，该结构体记录信号量集的各种信息，并存放于内核空间。为了设置、取得信号量集的各种信息及属性，在用户空间中应该有一个联合体与其对应，即 union semnum，可描述为：

```
#include <linux/sem.h>
union semnum {
    int val;
    struct semid_ds *buf;
    …
};
```

信号量属性操作的函数原型为：

```
#include <linux/sem.h>
int semctl(int semid, int semnum, int cmd, union semun arg);
```
返回值：成功则返回 0，否则返回-1。

以下是对该函数参数的简单说明。

semid：信号量集的描述符。

semnum：待操作信号量在信号量集 semid 中的索引。

cmd：指定具体操作类型，arg 是对应的参数。常用操作类型如下。

- SETVAL：设置 semnum 所代表信号量的值为 arg.val。
- SETALL：通过 arg.val 更新所有信号量值。
- IPC_RMID：从内核主存中删除信号量集。
- GETVAL：返回 semnum 所代表信号量的值。

7.4.2　用信号量集创建自定义 P/V 操作函数库

通常，我们习惯于在程序中用每次加 1、减 1 的 P/V 操作来编写同步程序，用信号量集来创建一个自定义 P/V 操作函数库。该函数库包括信号量创建函数 createsem、信号量获取函数 getsem、信号量赋初值函数 initsem、P 操作、V 操作、信号量撤销函数 delsem 等操作函数，函数声明保存在 semlib.h 中，函数实现保存在 semlib.c 中。各个函数的代码如下：

```
/* 基于 IPC 信号量的 P/V 操作函数的源代码，位于 semlib.c 中 */
1      int createsem(key_t  key)
2      {
3          return semget(key,1,IPC_CREAT|0666);
4      }
5      int getsem(key_t key)
6      {
7          return semget(key,1, 0666);
8      }
9      int initsem(int semid, int initval)
10     {
11         union semnum   arg;
12         arg.val=initval;
13         return semctl(semid,1, SETVAL,arg);
14     }
15     int P(int semid)
16     {
17         struct sembuf operation;
18         operation.sem_num=0;
19         operation.sem_op=-1;
20         return semop(semid,&operation,1);
21     }
22     int V(int semid)
23     {
24         struct sembuf operation;
25         operation.sem_num=0;
26         operation.sem_op=1;
27         return semop(semid,&operation,1);
28     }
29     int delsem(int semid)
30     {
31         union semun arg
32         semctl(semid,0,IPC_RMID, arg);
33     }
```

☛ **思考与练习题 7.9** 改写 7.3.4 节中的生产者/消费者应用，在仅有一个生产者和一个消费者的条件下，用信号量集实现生产者进程和消费者进程间的同步，并进行测试。

☛ **思考与练习题 7.10** 改写 7.3.4 节中的生产者/消费者应用，在两个生产者和两个消费者同时存在的条件下，用信号量集实现生产者进程和消费者进程间的同步。

7.5 本章小结

一般情况下，Linux 进程彼此并不相干，但在某些场景下它们也需要相互协作来完成共同的任务，互相传递数据是进程间通信的基本要求之一。本章介绍三种进程通信机制：管道机制、消息队列和共享内存，讨论利用这些机制实现进程间通信的基本编程方法。

管道机制在内核中创建用作管道的内存缓冲区，按先进先出的方式进行访问，写进程按顺序将数据写入管道，读进程按顺序从管道中读取数据。由于按先进先出的顺序进行数据传输，其特征像日常生活中的输水管、输油管等，因此称为管道。为方便编程，在 Linux 系统中完全用系统 I/O 函数对管道进行读写，因此使用上比较简单。进程间有了管道通信机制后，就可以创建客户端/服务器应用了。

采用消息队列进行通信时，将每次要传递的信息封装成一条消息，发送方发送多少次，接收方就接收多少次，最后用一条特定的消息表明数据传输结束，按这种机制编写的代码更加规整、清晰。

共享内存机制通过特殊手段创建两个或多个进程都能读写的共享内存块，由一个进程写入共享内存块的数据，其他进程可立即读出。共享内存在这三种通信方式中效率最高，但需要特定的同步机制来告知数据已存入。Linux 系统提供了 IPC 信号量机制来解决这个问题。

消息队列、共享内存、信号量属于 System V IPC 的三件套资源。它们有很多相似的特征，比如都用 xxxget 函数来创建或获取资源，都用关键字 key 来表示资源，访问这些资源的函数名都以该类资源的缩写开头，如 msgget、shmget、semget。

进程间的通信机制为创建单机上的客户端/服务器应用创造了条件，学习本章可为未来开发基于多进程的数据库、数据处理、物联网应用打下基础。

■ 课后作业

☛ **思考与练习题 7.11** 有两个进程 A 和 B，进程 A 读取 fifo3.c 的内容，通过命名管道将读取的内容发送给进程 B 并输出显示。

(1) 采用命名管道传递信息，写出程序代码。

(2) 采用消息队列传递信息，写出程序代码。

☛ **思考与练习题 7.12** 有两个进程 A、B，它们都定义了下列变量，进程 A 对变量进行赋值，要求将变量的值传递给进程 B 并输出显示。

```
int  a=1; float b=2.2; double c=3.14159326;
int  ar[5]={10,20,30,40,50};
```

(1) 采用命名管道传递数据，写出程序代码。

(2) 采用消息队列传递数据，写出程序代码。

(3) 采用共享内存传递数据，写出程序代码。

思考与练习题 7.13 有两个程序 msgsendstruct.c 和 msgrecvstruct.c，前者将结构体 struct STU {char name[10]; int age; float height;} 的一个实例 stu={ "张三", 20, 1.79}发送给后者并输出显示。

(1) 采用命名管道传递数据，写出程序代码。

(2) 采用消息队列传递数据，写出程序代码。

(3) 采用共享内存传递数据，写出程序代码。

思考与练习题 7.14 编写两个程序 msgsend.c 和 msgrecv.c，前者不断从键盘读入信息，传送给后者并显示出来。

(1) 采用命名管道传递数据，写出程序代码。

(2) 采用消息队列传递数据，写出程序代码。

(3) 采用共享内存传递数据，用 IPC 信号量进行同步，写出程序代码。

思考与练习题 7.15 利用消息队列实现一个简单的客户端/服务器应用，多个客户端进程可并发地向服务器进程发送消息，服务器向每个客户端发送消息回执。比如进程 PID 为 1234 的客户端发送的消息为 "hello from Process 1234"，服务器收到该消息后发回的消息为 "receipt of <hello> to Process 1234"。

(1) 采用消息队列传递数据，写出程序代码。

(2) 采用共享内存传递数据，用 IPC 信号量进行同步，写出程序代码。

*思考与练习题 7.16 编写一个基于线程的聊天程序，要求能同时发送信息和接收信息。

(1) 聊天双方通过消息队列传递信息，写出程序代码。

(2) 聊天双方通过命名管道传递信息，写出程序代码。

(3) 聊天双方通过共享内存传递信息，用 IPC 信号量同步，写出程序代码。

*思考与练习题 7.17 阅读以下程序代码：

```
#include <stdio.h>
#include <unistd.h>
int   main() {
    pid_t   p1, p2;
    p1=fork();
    if(p1==0) {
        printf("L2:This is child process p1 \n");
        exit(0);
    }
    p2=fork();
    if(p2==0) {
        printf("L1: This is child process p2\n");
        exit(0);
    }
    printf("L0: This is father process p0\n");
    exit(0);
}
```

请使用 IPC 信号量机制，使程序的输出按 L0、L1、L2 的顺序显示。

第 8 章

网 络 编 程

日常生活中我们看到过很多网络应用，如浏览网页、发送电子邮件、网上购物等，这些实际上都是在运行网络应用程序。所有的网络应用程序都基于相同的基本编程模型和编程接口，有着相似的系统逻辑结构。网络编程不但涉及很多计算机系统相关概念，如进程、线程、信号、信号量、字节序、存储器映射及动态存储分配，还涉及一些新的概念，如端口、IP 地址、套接字、TCP/IP 协议、HTML 规范、HTTP 协议、客户端/服务器模型等。本章将所有这些元素整合起来，实现两个结构简单而基本完整的网络应用案例，供读者解析、学习和模仿。

本章学习目标：

- 理解网络通信结构和 Internet 连接，理解字节序、端口、套接字、IP 地址、域名、客服端/服务器模型等概念
- 理解套接字地址结构，理解 TCP 网络通信程序的架构，掌握套接字接口函数的调用规范
- 读懂网络通信示例程序，掌握简单的网络编程方法
- 理解简单的 HTML 标记，理解 URL，理解 HTTP 事务
- 读懂和理解示例 Web 服务器的源代码，理解其工作原理，并进行验证

8.1 客户端/服务器编程模型

网络应用程序一般基于客户端/服务器模型，由一个服务器进程和一个或多个客户端进程组成。服务器管理和操纵某种资源，为客户端提供某种服务。例如，一个 Web 服务器管理一组磁盘文件，代表客户端(如浏览器)进行网页检索和执行功能。一个 FTP 服务器也管理一组磁盘文件，但仅为客户端(如 Windows 资源管理器)提供存储和检索功能。类似地，一个电子邮件服务器管理一些邮件文件，为客户端(如 Foxmail)提供邮件发送和接收功能。

客户端/服务器模型中的基本操作是事务，由以下 4 步组成(见图 8-1)。

(1) 当一个客户端需要某种服务时，向服务器发送一个请求，从而发起一个事务。例如，当 Web 浏览器需要浏览一个文件时，就发送一个网络浏览请求给 Web 服务器。

(2) 服务器收到请求后，解释请求，以适当的方式操作指定的资源。例如，当 Web 服务器收到浏览器发出的网络浏览请求后，就去读一个磁盘文件。

(3) 服务器给客户端发送一个响应，并等待下一个请求。例如，Web 服务器将文件发送回客户端。

(4) 客户端收到响应并处理。例如，当 Web 浏览器收到来自服务器的网页后，就在浏览器中显

示该网页。

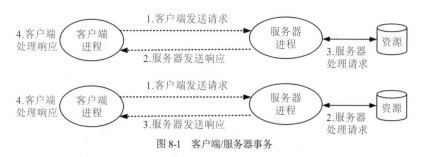

图 8-1 客户端/服务器事务

在这里，客户端和服务器都是进程，而不是之前提到的机器、主机或服务器，这一点读者要注意。平常提到的服务器，一般是指性能、可靠性都非常高，可以部署网站、数据库、应用系统的一种高配置计算机。既然客户端、服务器都是进程，则一台主机可以同时运行多个客户端和服务器。随着集群、云计算技术的发展，客户端/服务器事务可以在同一台或多台主机上运行。无论客户端和服务器如何部署到主机上，客户端/服务器编程模型都是相同而不变的。

8.2　网络通信结构和 Internet 连接

网络通信实际上就是跨网络的进程间通信，可以将其看作单机上进程间通信的一种自然扩展。与单机上的 IPC 机制相比，网络通信在技术上更加规范、可靠，功能更强大，兼容性更好，支撑着当今各种网络应用程序的运行。就像单机上的进程间通信需要 IPC 机制支持一样，网络通信需要主机上安装有 TCP/IP 协议(Transmission Control Protocol/Internet Protocol，传输控制协议/互联网络协议)。目前，几乎所有计算机系统(包括平板电脑、智能手机、数码设备等)都内置了对该协议的支持功能。因此，我们现在能在 PC、服务器和各种智能设备间实现网络通信功能，在此基础上开发各种电子商务、信息化管理、互联网、物联网应用系统。

8.2.1　网络通信结构

图 8-2 展示了跨网络的进程间通信结构。每台通信主机都支持 TCP/IP 协议，协议支持软件屏蔽了网络通信模块和过程细节，将数据以组为单位从一台主机传送到另一台主机，具体的网络通信原理可回顾在"计算机网络"课程上所学的知识。这层软件以系统调用函数的形式向进程提供套接字编程接口。进程只要提供数据，指明接收方地址，TCP/IP 就会代表进程将数据发送给指定的主机。进程可通过套接字编程接口，从 TCP/IP 软件层获取其他主机上的进程发给自己的数据。

TCP/IP 实际上是一个协议簇，其中的每个协议都提供不同的功能。例如，IP 协议提供基本的编址方法和递送机制，将数据从一台主机发往其他主机，也叫作数据报(datagram)。IP协议只是把数据发送出去，不管对方是否接收成功，因而从某种意义上讲是不可靠的。UDP(Unreliable Datagram Protocol，不可靠数据报协议)对IP协议进行了简单包装，可支持不同主机的进程间数据通信。TCP 构建在IP之上，要求接收方对收到的数据进行确认，并支持重发功能，提供进程间可靠的全双工(双向)连接。为了简化讨论，在这里不讨论其内部工作原理，只讨论TCP和IP为应用程序提供的某些基本功能，并在此基础上讨论基于TCP的网络编程方法。有关UDP网络编程的方法留给读者自学。

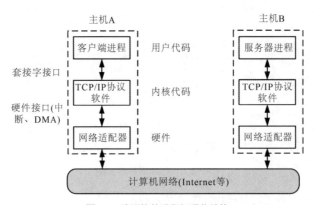

图 8-2 跨网络的进程间通信结构

从程序员的角度看，可将套接字编程模型看成图 8-3 所示的结构。TCP/IP 协议软件为每种网络功能创建了一个称为套接字(Socket)的内核对象，客户端、服务器各一个。套接字用 IP 地址和端口号两个字段标识。当需要进行网络通信时，进程只需要将数据发送给套接字，套接字就会将数据传送给接收方的套接字，接收方进程可从相应的套接字读取传过来的数据。

图 8-3 套接字编程模型

8.2.2 Internet 连接

采用 TCP 协议的通信结构如图 8-4 所示。首先在两个进程间建立 TCP 连接，它类似于电话接通后为通话双方建立的一条通信链路。Internet 客户端和服务器在 TCP 连接上发送和接收字节流。一个 TCP 连接两个通信进程，实现点对点通信。数据可在 TCP 链路上同时双向流动，因而 TCP 通信是全双工的。由于有接收确认和重发功能，从源进程发出的字节流能以发送顺序被目的进程接收，因此 TCP 通信具有可靠数据传输特性。一个连接可看成一对进程间进行网络通信的管道，它有两个端点，每个端点都是一个套接字。

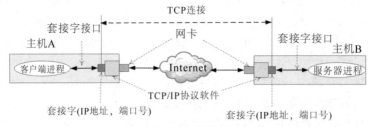

图 8-4 TCP 通信结构

每个套接字都设置一个由 32 位 IP 地址和 16 位整数端口号组成的地址，用"IP 地址:端口号"表示，IP 地址用于确定通信主机，端口号用于定位主机上的通信进程。一个连接由它两端的套接字地址唯一确定，这对套接字地址叫作套接字对(socket pair)，可看成以下元组：

(cliaddr:cliport, servaddr:servport)

其中，cliaddr 是客户端的 IP 地址，cliport 是客户端的端口号，servaddr 是服务器的 IP 地址，servport 是服务器的端口号。图 8-5 演示了 Web 客户端和 Web 服务器之间的连接。

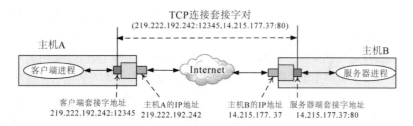

图 8-5　Internet 连接示例

在这个示例中，Web 客户端的套接字地址是 219.222.192.242:12345，其中端口号 12345 是内核分配的临时端口号。Web 服务器的套接字地址是 14.215.177.37:80，其中端口号 80 是和 Web 服务关联的公开端口号。给定这些客户端和服务器套接字地址，客户端和服务器之间的连接就由下列套接字对唯一确定：

(219.222.192.242:12345, 14.215.177.37:80)

客户端是 TCP 连接请求的发起者，其套接字端口号由操作系统内核自动分配，称为临时端口号(ephemeral port)。而服务器的套接字端口号通常是某个众所周知的公开值，与某个服务相对应。公开端口号的范围是 1~1023，临时端口号的范围为 1024~5000。例如，Web 服务器通常使用端口 80，而电子邮件服务器使用端口 25。UNIX 主机上的文件/etc/services 包含这台机器提供的服务及其公开端口号的综合列表。这样分配端口号，人们就可直接使用公开端口，开发电子邮件收发软件、浏览器等客户端软件，而不需要了解相应服务器的实现细节。

TCP 连接建立好后，进程就调用 send 和 recv 两个套接字接口函数进行数据的收发。Linux 系统还为每个套接字分配了一个文件描述符，支持进程使用 read、write 函数，像读写文件一样进行网络数据的传送。

8.3　套接字地址与设置方法

8.3.1　IP 地址和字节序

虽然一般用点分十进制形式给出 IP 地址(由四段构成，每段不超过 255，如 219.222.10.10)，但 IP 地址在计算机内部表示为 32 位的无符号整数，在网络编程中可将其看成以下形式的 IP 地址结构：

```
/* IP 地址结构的定义，源代码位于系统头文件 netinet/in.h 中 */
/* Internet 地址结构 */
struct in_addr {
    unsigned int s_addr;    /* 网络字节序(大端模式) */
};
```

在 in_addr 结构体中，要求 32 位的 IP 地址按网络字节顺序(简称网络序)存放在字段 s_addr 中。网络序采用大端模式(big-endian)，要求整型、浮点型等数据类型的高位数字保存在地址较小的字节中。比如，假定一个八位的十六进制整数 0x12345678 存放在起始地址为 1000 的存储器单元中，占有地址为 1000、1001、1002、1003 的 4 个内存单元。如果按大端模式存放，则 0x12、0x34、0x56、0x78 按顺序保存在 1000、1001、1002、1003 四个内存单元中。

主机平台存储数据的字节顺序称为主机字节顺序(主机序)，通常 x86、ARM 主机平台的字节序为小端模式(little-endian)，整型、浮点型等数据类型的低位数字保存在地址较小的字节中。按小端模式存储，整数 0x12345678 的 4 字节 0x12、0x34、0x56、0x78 分别保存在地址为 1003、1002、1001、1000 的内存单元中。主机序是在主机上给变量直接赋值时数据各字节存放的单元顺序，因此，如果我们定义一个 IP 地址变量 "struct in_addr addr"，则执行赋值语句 addr.s_addr=0x12345678 后，保存到变量 addr 中的是一个小端模式的 IP 地址，这不符合网络编程的要求。因此，不能在程序中将 32 位的 IP 地址直接赋给 struct in_addr 结构体，而应先进行字节序转换。

虽然多数常见的主机序是小端模式，但也有一些主机采用大端模式。无论采用何种字节序，TCP/IP 协议软件都提供了以下函数来实现 short 和 int 型数据在主机序和网络序之间的转换：

```
#include <netinet/in.h>
unsigned long int htonl(unsigned long int hostlong);
unsigned short int htons(unsigned short int hostshort);

                                            返回值：采用网络字节顺序的值。

unsigned long int ntohl(unsigned long int netlong);
unsigned short int ntohs(unsiged short int netshort);

                                            返回值：采用主机字节顺序的值。
```

htonl 函数将 32 位整数由主机字节顺序转换为网络字节顺序。ntohl 函数将 32 位整数从网络字节顺序转换为主机字节顺序。htons 和 ntohs 函数用于 16 位整数的转换，可用于端口号的转换。记忆技巧：n 表示网络(network)，h 表示主机(host)，l 表示 32 位整数(long)，s 表示 16 位整数(short)，to 表示转换。

有了这两个函数，要将 32 位的 IP 地址 0x12345678 写入上述变量，就可这样写：addr.s_addr= htonl(0x12345678)。

IP 地址通常以一种称为点分十进制的表示法来表示，它用十进制数表示 IP 地址的每个字节，字节间以句点分开。例如，128.2.194.242 就是地址 0x8002c2f2 的点分十进制表示，其中 128=0x80，2=0x02，193=0xc2，242=0xf2。TCP/IP 协议软件提供 inet_aton 和 inet_ntoa 函数来实现 IP 地址的点分十进制表示与 32 位整型网络序表示之间的转换：

```
#include <arpa/inet .h>
int inet_aton(const char *cp, struct in_addr *inp);
                                            返回值：成功则为 1，出错则为 0。

char *inet_ntoa(struct in_addr in);
                        返回值：如果成功，返回指向点分十进制字符串的指针，否则返回 0。
```

inet_aton 函数将点分十进制字符串(cp)转换为采用网络字节顺序的 IP 地址(inp)，inet_ntoa 函数将使用网络字节顺序的 IP 地址转换为对应的点分十进制字符串。这里 n 表示网络(network)，a 表示应用(application)，to 表示转换。

将点分十进制 IP 地址 192.168.2.102 写入上述 IP 地址变量的方法是：inet_aton("192.168.2. 102",

&addr,s_addr)。

Linux 系统使用 hostname 命令查看主机的点分十进制地址，例如：

```
$ hostname  -i
192.168.2.102
```

思考与练习题 8.1 完成表 8-1。

表 8-1 填写地址

点分十进制地址	十六进制地址
	0x1
	0xffffffff
	0x7f000001
219.222.171.9	
74.13.150.12	
172.16.24.5	

*思考与练习题 8.2

(1) 编写程序hex2dd.c，它将十六进制参数转换为点分十进制字符串并打印出结果(程序中不要调用系统函数)。例如：

```
$ ./hex2dd  0x8002c2f2
128.2.194.242
```

(2) 编写程序dd2hex.c，它将点分十进制参数转换为十六进制数并打印出结果(程序中不要调用系统函数)。例如：

```
$ ./dd2hex  219.222.171.9
0xdbdeab09
```

*思考与练习题 8.3 阅读下面的代码，假设主机采用小端模式，分析运行结果并给出解释。

```
#include "wrapper.h"
int main(){
        unsigned int m,n; unsigned short k; char *a,*b,*c;
        m=0x12345678; n=htonl(0x12345678);
        a=(char*)&m; b=(char*)&n; c=(char*)&k;
        c[0]='1';c[1]='2';
        printf("a[]=%2x%2x%2x%2x\n",a[0],a[1],a[2],a[3]);
        printf("b[]=%2x%2x%2x%2x\n",*b,*(b+1),*(b+2),*(b+3));
        printf("k=%x\n",k);
}
```

8.3.2 Internet 域名

在 Internet 上相互通信时使用 IP 地址来定位主机，由于 IP 地址难以记忆，一般为主机指定容易记忆的名称，称为域名(domain name)，并创建一种将域名映射到 IP 地址的机制，这样在网络上通信时就可使用域名来表示主机。

域名是一串用句点分隔的标识符(字母、数字和短横线),如www.baidu.com。域名的集合形成了一个层次结构,主机域名就是主机在这个层次结构中位置的编码。图8-6展示了域名层次结构的一部分,这是一个树状结构,叶节点表示主机,从叶节点反向到树根的路径形成主机的域名。子树称为子域(subdomain)。层次结构中的第一层是一个未命名的根节点,下一层是一组一级域名(first-level domain name),由非营利组织ICANN(Internet Corporation for assigned Names and Numbers,互联网名称与数字地址分配协会)定义。常见的一级域名有com、edu、gov、org和net。

再下一层是二级(second-level)域名,如cmu.edu,这些域名由ICANN授权各代理按照先来先服务的原则分配。获得二级域名的组织可以在其子域中创建新域名。

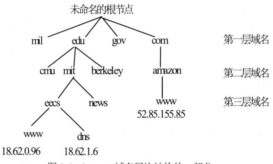

图8-6　Internet域名层次结构的一部分

Internet构建了域名集合到IP地址集合之间的映射。1988年以前,映射通过主机上的文本文件hosts.txt手动维护。之后,由全球范围内的专门数据库(称为DNS[Domain Name System,域名系统])来维护。DNS数据库由数百万如下所示的主机条目结构(host entry structure)组成,其中每个条目定义一个域名(包括一个官方名称h_name和一组别名h_aliases)和一组IP地址(h_addr_list)之间的映射,IP地址是32位的网络序整数。用数学语言描述,可将每条主机条目看成域名和IP地址的等价类。

```
/* DNS 主机条目结构, 位于系统头文件 netdb.h 中 */
struct hostent {
    char   *h_name;        /* 主机的官方名称 */
    char   **h_aliases;    /* 主机名称数组 */
    int    h_addrtype;     /* 主机地址类型 */
    int    h_length;       /* 主机地址长度, 按字节计算 */
    char   **h_addr_list;  /* 网络地址结构体数组 */
};
```

在Windows命令窗口中可用nslookup命令检索主机:

```
C:> nslookup www.huawei.com
服务器:  unknown
地址:    219.222.191.9
非权威应答:
名称:    huawei.dtwscache.ourwebcdn.com
地址:    183.6.246.16
别名:    www.huawei.com
         www.huawei.com.akadns.net
         www.huawei.com.lxdns.com
```

网络应用程序可调用gethostbyname和gethostbyaddr函数,从DNS数据库中检索任何主机条目。

```
#include <netdb.h>
struct hostent *gethostbyname(const  char  *name);
                    返回值：若成功，则返回 hostent 指针，出错则返回 null，同时设置 h_errno。
struct hostent *gethostbyaddr(const char *addr, int len, 0);
                    返回值：若成功，则返回 hostent 指针，出错则返回 null，同时设置 h_errno。
```

gethostbyname 函数返回和域名 name 相关的主机条目。gethostbyaddr 函数返回一个与点分十进制格式的 IP 地址 addr 相关联的主机条目，该函数的第二个参数为 IP 地址的字节长度，第三个参数一般为 0。两个函数都可用来获取网络字节顺序的 32 位 IP 地址。

程序示例 hostinfo.c 调用 gethostname 和 gethostbyaddr 函数，用域名和点分十进制 IP 地址检索 DNS 条目。

```c
/* hostinfo.c 源代码，功能是检索并输出 DNS 主机条目 */
#include "wrapper.h"
int main(int argc, char **argv)
{
    char **pp;
    struct in_addr addr;
    struct hostent *hostp;

    if(argc != 2) {
        fprintf(stderr, "usage: %s <domain name or dotted-decimal>\n", argv[0]);
        exit(1);
    }

    if(inet_aton(argv[1], &addr) != 0)
        hostp = gethostbyaddr((const char *)&addr, sizeof(addr), AF_INET);
    else
        hostp = gethostbyname(argv[1]);

    printf("official hostname: %s\n", hostp->h_name);
    for (pp = hostp->h_aliases; *pp != NULL; pp++)
        printf("alias: %s\n", *pp);

    for (pp = hostp->h_addr_list; *pp != NULL; pp++) {
        addr.s_addr = *((unsigned int *)*pp);
        printf("address: %s\n", inet_ntoa(addr));
    }
    exit(0);
}
```

hostinfo 可执行程序从命令行读取域名或点分十进制地址，并输出相应的主机条目。下面是根据域名和 IP 地址检索主机条目的用例：

```
$ ./hostinfo   219.222.191.131
official hostname: sw.dgut.edu.cn
address: 219.222.191.131
$ ./hostinfo   www.dgut.edu.cn
official hostname: www.dgut.edu.cn
address: 219.222.191.1
address: 113.105.128.128
```

每台 Internet 主机都有本地域名 localhost，这个域名总是被映射为本地回送地址(loopback address) 127.0.0.1，这为在开发阶段调试网络应用程序提供了方便。hostinfo 可执行程序也可检索这个域名：

```
$./hostinfo   localhost
official hostname: localhost
alias: localhost.localdomain
address: 127.0.0.1
```

8.3.3 套接字地址结构

从 UNIX/Linux 内核角度看，套接字就是网络连接的一个端点。从程序员角度看，套接字就是一个有相应描述符的打开文件。

Internet 的套接字地址存放在如下所示的类型为 sockaddr_in 的 16 字节结构中。对于 Internet 应用程序，sin_family 成员的值固定为 AF_INET，sin_port 成员是一个16 位的端口号，而 sin_addr 成员则是 32 位 IP 地址。IP 地址和端口号都是按网络字节顺序(大端模式)存放的。

```
/* 通用套接字地址结构(用于连接、绑定和接收) */
struct sockaddr {
    unsigned short sa_family;     /* 协议簇 */
    char sa_data[14];
}

    /* Internet 风格的套接字地址结构 */
struct sockaddr_in {
    unsigned short sa_family;     /* 地址簇，总是 AF_INET */
    unsigned short sin_port;      /* 网络字节顺序中的端口号 */
    struct in_addr sin_addr;      /* 网络字节顺序中的 IP 地址 */
    unsigned char sin_zero[8];    /* 结构体 sockaddr 的大小 */
}
```

由于很多传统网络应用程序要求以 sockaddr 结构体指针作为套接字接口函数的参数，为与此兼容，在网络编程中仍旧使用 sockaddr 结构体指针来设置 Socket 对象的地址。但为了编程方便，定义 sockaddr_in 结构体来设置套接字地址，直接将端口号、IP 地址赋值给单独字段。sockaddr 结构体与 sockaddr_in 结构体中第一个成员的名称、含义和类型完全相同，但它把 sockaddr_in 结构体的后三个字段看成 14 字节的字符数组。一般先创建 sockaddr_in 结构体，设置好各个字段后，再在调用套接字接口函数时，在需要套接字地址的地方，将 sockaddr_in 结构体指针强制转换成 sockaddr 指针。为了简化代码示例，这里可采用下面的类型定义：

```
typedef struct sockaddr SA;
```

8.4 套接字接口与 TCP 通信编程方法

套接字接口(socket interface)是一组函数，可与 UNIX I/O 函数结合起来，用以建立网络连接，收发数据，开发和创建网络通信应用程序。UNIX/Linux、Windows 和大多数现代操作系统都支持套接字接口。图 8-7 给出了基于套接字接口的 TCP 通信程序的框架。

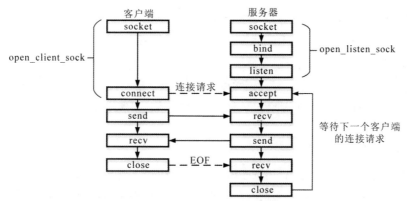

图 8-7　基于套接字接口的 TCP 通信程序的框架

首先，服务器调用 open_listen_sock，创建一个监听连接请求的描述符，客户端调用 open_client_sock 发出连接请求，服务器调用 accept 接受连接。如果握手成功，双方都返回建立好的连接。之后双方可通过连接进行数据通信。套接字接口用套接字或文件描述符表示建立好的连接，这样，除了专用的套接字接口函数，还可调用 UNIX I/O 函数在网络连接上发送和接收数据。

下面介绍 TCP 网络通信的主要函数，最后用 toggle 服务器(该服务器返回大小写反转的字符串)来演示这些函数的用法。

8.4.1　socket 函数

网络通信都需要通过套接字来收发数据，客户端和服务器都使用 socket 函数来创建套接字，返回套接字描述符。

```
#include <sys/types.h>
#include <sys/socket.h>
int socket(int domain, int type , int protocol);
                                            返回值：若成功，返回非负的套接字描述符，否则返回-1。
```

在网络编程中总是使用如下参数来调用 socket 函数：

```
client_sock = socket(AF_INET , SOCK_STREAM, 0);
```

其中，AF_INET 表示基于 Internet 通信，SOCK_STREAM 表示这个套接字是 Internet 连接的一个端点，采用 TCP 协议通信(如果采用 UDP 协议通信，则参数 type 的值应该为 SOCK_DGRAM)。socket 函数返回的 client_sock 描述符只是部分打开，还不能用于读写，因为尚未与服务器建立连接。如何打开套接字与通信端的类型(客户端还是服务器)有关。

8.4.2　connect 函数

客户端调用 connect 函数来建立和服务器的连接。在 connect 函数执行期间，客户端发起连接请求，与服务器实际交换了 3 个数据包，协商各种参数后，建立连接。

```
#include <sys/socket.h>
int connect (int client_sock , struct sockaddr *serv_addr , int addrlen);
                                            返回值：若成功，则返回 0，否则返回-1。
```

connect 函数试图与套接字地址为 serv_addr 的服务器建立网络连接，其中 addrlen 的值是 sizeof (sockaddr_in)。connect 函数会被阻塞，直到连接成功建立或发生错误。如果成功，client_sock 套接字描述符就准备好读写了，并且得到的连接由以下套接字对表示：

(x:y, serv_addr.sin_addr:serv_addr.sin_port)

其中 x 表示客户端的 IP 地址，y 表示客户端的端口号。执行 connect 函数时系统会自动分配和设置客户端套接字地址(x,y)。客户端套接字地址(x,y)唯一确定了客户端进程。

8.4.3　open_client_sock 函数

由于 socket 和 connect 函数的调用顺序和参数都基本固定，因此我们将 socket 和 connect 函数包装成辅助函数 open_client_sock，这给编程带来了方便，客户端可以通过它与服务器建立连接。

```
#include "wrapper.h"
int open_client_sock(char *hostname , int port);
```
返回值：若成功，则为描述符；若 UNIX 出错，则为-1；若 DNS 出错，则为-2。

open_client_sock 函数与运行在主机 hostname 上的服务器建立连接，返回一个打开的套接字描述符，可以借助 send/recv 或 UNIX I/O 函数来收发数据。下面给出了 open_client_sock 函数的代码。

```
/*  open_client_sock 源代码，位于 wrapper.c 中 */
1      int open_client_sock(char *hostname, int port)
2      {
3          int client_sock;
4          struct hostent *hp;
5          struct sockaddr_in serveraddr;
6
7          if ((client_sock = socket(AF_INET, SOCK_STREAM, 0)) < 0)
8             return -1;              /* 如果出错，返回-1 */
9
10         /* 填写服务器的 IP 地址和端口 */
11         if ((hp = gethostbyname(hostname)) == NULL)
12             return -2;             /* 如果出错，返回-2 */
13         bzero((char *) &serveraddr, sizeof(serveraddr));
14         serveraddr.sin_family = AF_INET;
15         bcopy((char *) hp->h_addr_list[0],
16          (char *)&serveraddr.sin_addr.s_addr, hp->h_length);
17         serveraddr.sin_port = htons(port);
18
19         /* 与服务器建立连接 */
20         if (connect(client_sock, (SA *) &serveraddr, sizeof(serveraddr)) < 0)
21             return -1;
22         return client_sock;
23     }
```

创建套接字描述符(第 7 行)后，调用 gethostbyname 函数检索服务器的 DNS 主机条目(第 11 行)，复制主机条目中的第一个 IP 地址(网络字节顺序)到用数值 0 初始化各字节(第 13 行)的服务器套接字地址结构(第 15 和 16 行)中。然后通过服务器的公开端口号(采用网络字节顺序)初始化套接字地址结构(第 17 行)，发起到服务器的连接请求(第 20 行)。当 connect 函数返回套接字描述符时，网络连接建立成功，客户端可用 send/recv 或 UNIX I/O 函数和服务器通信。

8.4.4　bind 函数

套接字函数 bind、listen 和 accept 主要由服务器调用，用于与客户端建立连接。

```
#include <sys/socket.h>
int bind(int serv_sock, struct sockaddr *my_addr , int addrlen);
```
返回值：若成功，则返回 0，否则返回-1。

bind 函数告诉内核将 my_addr 中的服务器套接字地址和套接字描述符 serv_sock 绑定，设置套接字对象的地址，参数 addrlen 为 sizeof(sockaddr_in)。

8.4.5　listen 函数

客户端是发起连接请求的主动实体，服务器是等待来自客户端的连接请求的被动实体。内核认为 socket 函数创建的描述符默认为主动套接字(active socket)，客户端可直接使用它来调用 connect 函数以建立连接。但服务器需要调用 listen 函数以设置套接字，并告知内核，描述符是由服务器而不是客户端使用的被动套接字(或称监听套接字)。

```
#include <sys/socket.h>
int listen(int serv_sock, int backlog);
```
返回值：若成功，则返回 0，否则返回-1。

listen 函数将 serv_sock 从主动套接字转换为监听套接字，监听套接字可以接收来自客户端的连接请求。参数 backlog 表示到达服务器但尚未完成连接的请求数量，若在等待连接的请求数达到 backlog 时，又有新的连接请求到达，这些请求就被拒绝。通常将 backlog 参数设置为一个较大的值，如 1024。

8.4.6　open_listen_sock 函数

我们发现，将 socket、bind 和 listen 函数结合成名为 open_listen_sock 的辅助函数也可给编程带来方便，服务器通过调用它就可直接返回一个监听描述符。

```
#include "wrapper.h"
int open_listen_sock(int port);
```
返回值：若成功，则返回套接字描述符，否则返回-1。

下面展示 open_listen_sock 函数的实现代码。该函数首先打开并返回一个监听描述符(第 7 行和第 8 行)，该描述符在公开端口 port 上接收连接请求。接着使用 setsockopt 函数(此处未作介绍)配置服务器(第 11 行)，使其能被立即终止和重启。因为默认情况下，重启服务器将在大约 30 秒内拒绝客户端的连接请求，这会给程序调试带来不便。

接下来初始化服务器的套接字地址结构，为调用 bind 函数做准备。在该例中，我们以 INADDR_ANY 通配符作为 IP 地址(第 19 行)，表示服务器将接收发送到这台主机的任何 IP 地址(一台主机可有多个 IP 地址)的请求，并设置公开端口 port (第 20 行)。程序中的 htonl 和 htons 函数用于将 IP 地址和端口号从主机字节顺序转换为网络字节顺序。最后，我们将 listen_sock 转换为一个监听描述符(第 25 行)，并将它返回给调用者(第 27 行)。

```
/* open_listen_sock 函数的代码实现，位于 wrapper.c 中 */
1      int open_listen_sock(int port)
```

```
2      {
3          int listen_sock, optval=1;
4          struct sockaddr_in serveraddr;
5
6          /* Create a socket descriptor */
7          if ((listen_sock = socket(AF_INET, SOCK_STREAM, 0)) < 0)
8              return -1;
9
10         /* Eliminates "Address already in use" error from bind */
11         if (setsockopt(listen_sock, SOL_SOCKET, SO_REUSEADDR,
12             (const void *)&optval , sizeof(int)) < 0)
13             return -1;
14
15     /* listen_sock is an endpoint for all requests to port received
16     from any IP address for this host */
17         bzero((char *) &serveraddr, sizeof(serveraddr));
18         serveraddr.sin_family = AF_INET;
19         serveraddr.sin_addr.s_addr = htonl(INADDR_ANY);
20         serveraddr.sin_port = htons((unsigned short)port);
21         if (bind(listen_sock, (SA *)&serveraddr, sizeof(serveraddr)) < 0)
22             return -1;
23
24         /* convert the the sock to a listening socket ready to accept connection requests */
25         if (listen(listen_sock, LISTENQ) < 0)
26             return -1;
27         return listen_sock;
28     }
```

8.4.7 accept 函数

服务器调用 accept 函数等待来自客户端的连接请求：

```
#include <sys/socket.h>
int accept(int listen_sock, struct sockaddr *addr , int *addrlen);
```

返回值：若成功，则返回非负的连接描述符，否则返回-1。

accept 函数等待来自客户端的连接请求到达侦听描述符 listen_sock，连接成功后在 addr 中保存客户端的套接字地址，并创建一个新的套接字对象，用于与客户端通信，返回一个指向该对象的已连接描述符(connected descriptor)，可在该描述符上调用 send/recv 或 UNIX I/O 函数以与客户端通信。

进行网络编程需要弄清监听描述符和已连接描述符之间的差别。监听描述符作为客户端连接请求的一个端点，一般被创建一次，并存在于服务器的整个生命周期中。已连接描述符是客户端和服务器之间已建好连接的一个端点。服务器每次接收连接请求时都会创建一个新的已连接描述符，它只存在于服务器为一个客户端服务的过程中。

图 8-8 描述了监听描述符和已连接描述符的创建过程。第一步，服务器调用 accept 函数，等待连接请求到达监听描述符。假定监听描述符为3。因为描述符 0~2 已预留给标准输入/输出文件(参见第 4 章)。第二步，客户端调用 connect 函数，发送一个连接请求到 listen_sock。第三步，accept 函数打开一个新的已连接描述符 conn_sock (我们假设是描述符 4)，在 client_sock 和 conn_sock 之间建

立连接，并且随后返回 conn_sock 给应用程序。客户端也从 connect 函数返回，此后，客户端和服务器就可以分别通过读写 client_sock 和 conn_sock 来回传送数据了。

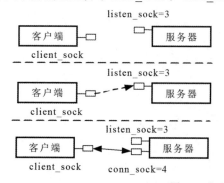

图 8-8　监听描述符和已连接描述符

8.4.8　send/recv 函数

send 和 recv 函数分别用于在已连接套接字上发送和接收数据：

```
#include <sys/socket.h>
ssize_t send(int sock, const void *buff, size_t nbytes, int flags);
                    返回值：若成功，则返回实际发送的字节数；若出错，则返回 SOCKET_ERROR。
ssize_t recv(int sock, void *buff, size_t nbytes, int flags);
                    返回值：若成功，则返回实际接收的字节数；若出错，则为 SOCKET_ERROR。如果 recv 函数在等待协议
                    接收数据时发生网络中断，则返回 0。
```

recv 和 send 函数的前 3 个参数等同于 read 和 write 函数的前 3 个参数(参看第 4 章)。其中 sock 是已连接套接字描述符，buff 是存放待发送数据或接收数据的缓冲区地址，nbytes 是发送数据字节数或接收缓冲区长度。flags 一般设置为 0。由于套接字描述符是文件描述符的一种，因此也可使用 write/read 函数发送和接收数据。

8.5　网络通信应用示例 toggle

学习网络编程的有效方法是研究网络通信应用示例的代码。在这里给出一个简单的 toggle 应用程序，在该应用程序中，客户端 togglec.c 将从标准输入读到的字符串发送给服务器 togglesi.c，服务器对收到的字符串进行大小写转换，将英文字母小写转大写、大写转小写后发送给客户端并显示出来。

下面是 toggle 客户端代码，以命令行参数 argv[1]、argv[2]作为服务器的主机名和端口号(第 13 行和第 14 行)，与服务器建立连接(第 16 行)，然后进入循环，反复从标准输入读取文本行(第 18 行)，发送给服务器(第 19 行)，从服务器读取回送的行(第 20 行)，显示到标准输出(第 21 行)。当 fgets 函数在标准输入上遇到 EOF 时，或者当用户键入 Ctrl+D 时，或者进行重定向的输入文件的所有文本行被读完时，该函数返回 0，循环结束，客户端关闭描述符而终止。这会导致发送一个 EOF 标志到服务器，服务器会从其 recv 函数调用收到值为 0 的返回码，从而检测到这次通信已结束。

```
/*  toggle 应用的客户端程序 togglec.c 的源代码  */
1       #include "wrapper.h"
2
3       int main(int argc, char **argv)
4       {
5           int client_sock, port;
6           char *host, buf[MAXLINE];
7           rio_t rio;
8
9           if (argc != 3) {
10              fprintf(stderr, "usage: %s <host><port>\n", argv[0]);
11              exit(1);
12          }
13          host = argv[1];
14          port = atoi(argv[2]);
15
16          client_sock = open_client_sock(host, port);
17
18          while (fgets(buf, MAXLINE, stdin) != NULL) {
19              send(client_sock, buf, strlen(buf),0);
20              recv(client_sock, buf, MAXLINE,0);
21              fputs(buf, stdout);
22          }
23          close(client_sock);
24          exit(0);
25      }
```

下面展示了 toggle 服务器的主程序 togglesi.c。在打开监听描述符(第 17 行)后，进入无限循环。每次循环都调用 accept 函数，等待一个来自客户端的连接请求(第 20 行)，并从请求中提取客户端套接字地址(包括客户端 IP 地址和端口号)，将其保存到类型为 SA(类型 SA 就是结构体类型 struct sockaddr 和 struct sockaddr_in)的结构体变量 clientaddr 中，经处理后输出已连接客户端的域名和 IP 地址(第 23~26 行)，并调用 toggle 函数为这些客户端服务(第 28 行)。在 toggle 函数调用返回后，main 函数关闭连接描述符。一旦客户端和服务器关闭各自的描述符，连接也就终止了。

这里的 toggle 服务器代码比较简单，一次仅处理一个客户端请求，服务器依次以客户方式迭代，称为迭代服务器(iterative server)。能同时处理多个客户端请求的服务器称为并发服务器(concurrent server)，其实现较复杂，而且有多种不同的实现方案，相关内容将在下一章进行介绍。

```
/*  迭代式 toggle 服务器 togglesi.c 的 main 函数  */
1       #include "wrapper.h"
2
3       void toggle(int conn_sock);
4
5       int main(int argc, char **argv)
6       {
7           int listen_sock, conn_sock, port, clientlen;
8           struct sockaddr_in clientaddr;
9           struct hostent *hp;
10          char *haddrp;
11          if (argc != 2) {
```

```
12              fprintf(stderr, "usage: %s <port>\n", argv[0]);
13              exit(1);
14          }
15          port = atoi(argv[1]);
16
17          listen_sock = Open_listen_sock(port);
18          while (1) {
19              clientlen = sizeof(clientaddr);
20              conn_sock = accept(listen_sock, (SA *)&clientaddr, &clientlen);
21
22              /* determine the domain name and IP address of the client */
23              hp = gethostbyaddr((const char *)&clientaddr.sin_addr.s_addr,
24                  sizeof(clientaddr.sin_addr.s_addr), AF_INET);
25              haddrp = inet_ntoa(clientaddr.sin_addr);
26              printf("server connected to %s (%s)\n", hp->h_name, haddrp);
27
28              toggle(conn_sock);
29              close(conn_sock);
30          }
31          exit(0);
32      }
```

最后是 toggle 程序的代码，toggle 程序反复读写文本块(第 8 行)，对读到的文本进行大小写转换
(第 12~15 行)，再写回网络连接(第 17 行)，直到 recv 函数调用遇到 EOF 而返回 0。

```
/*  服务器 toggle 函数源代码，位于文件 toggle.c,
它需与 togglesi.c 一起编译，才能生成 toggle 服务器程序 */
1       #include "wrapper.h"
2
3       void toggle(int conn_sock)
4       {
5           size_t n; int i;
6           char buf[MAXLINE];
7
8           while((n =recv(conn_sock, buf, MAXLINE,0))> 0) {
9               printf("toggle server received %d bytes\n", n);
10
11              for(i=0; i<n; i++)
12                if(isupper(buf[i])
13                    buf[i]=tolower(buf[i]);
14                else if(islower(buf[i]))
15                    buf[i]=toupper(buf[i]);
16
17              send (conn_sock, buf, n, 0);
18          }
19      }
```

下面编译这两个程序：

```
$ gcc  -o  togglec  togglec.c  -L.  -lwrapper
$ gcc  -o  togglesi  togglesi.c  toggle.c  -L.  -lwrapper
```

然后打开 3 个终端窗口，首先在第一个终端窗口中启动服务器，然后按顺序在第二个、第三个

终端窗口中启动客户端并输入信息。

终端窗口1：运行服务器　　　终端窗口2：运行客户端　　　终端窗口3：运行客户端

```
$ ./togglesi  12345
server received 6 bytes
server received 43 bytes
```

```
$ ./togglec  localhost  12345
hello
HELLO
GREAT WALL
great wall
```

```
$ ./togglec localhost  12345
This is Terminal 2
```

从运行结果可以看出，在先启动的 togglec 中输入的信息都被 togglesi 接收，并显示出接收的字符数，togglec 也收到从 togglesi 回送的字符串。但在后启动的 togglec 中输入的字符串没有被 togglesi 回送回来。这是因为 togglesi 按迭代方式，每次只能接收一个 togglec 的请求并建立连接，回送收到的字符串。读者还可以注意到，如果按 Ctrl+D 键终止先启动的 togglec，则后启动的 togglec 与 togglesi 的连接会立即建立起来，输入的字符串马上就被回送。

思考与练习题 8.4　编写一个网络通信程序，客户端从服务器获取指定的文件后保存起来，并显示输出。

思考与练习题8.5　编写一个网络通信程序，客户端将指定文件上传到服务器，服务器保存和输出文件内容。

*思考与练习题 8.6　查阅资料，采用 UDP 协议实现 toggle 示例的客户端和服务器。

8.6　Web 编程基础

前面介绍的 toggle 示例一个简单的网络通信应用，属于客户端/服务器模式应用。采用服务器和客户端编程模型时要事先协商好数据含义和交互方式，并设计好通信协议。每次开发新的应用时，都要重新设计通信协议，重新编写客户端和服务器程序。这里存在两个问题：一是对于较复杂的应用，通信协议的设计较难，容易出错；二是客户端部署在很多不同位置，会导致升级和维护困难。Web 模式很好地解决了这一问题，Web 应用只需要进行服务器端开发，客户端是各种标准的浏览器。Web 服务器与 Web 客户端(浏览器)按标准的 HTTP 协议进行通信，大大简化了通信协议的设计。本节介绍 Web 基本概念和 HTTP 协议，展示一个完整而简洁的 Web 服务器，让读者对 Web 技术与 Web 服务器编程有个基本认识。

8.6.1　Web 基础

Web 客户端和服务器之间使用一个基于文本的应用层协议进行交互，该协议称为 HTTP (Hypertext Transfer Protocol，超文本传输协议)。通信过程是：Web 客户端(浏览器)打开一个到服务器的网络连接，然后请求某些内容；服务器响应所请求的内容，然后关闭连接；浏览器读取这些内容，并把它们显示在屏幕上。

Web 服务器和浏览器之间交互的内容用 HTML(Hypertext Markup Language，超文本标记语言)表达。一次交互的完整内容可看成一个 HTML 网页，HTML 网页包含许多标记以指示浏览器如何显示网页中的各种文本和图形对象。例如：

```
<b> Make me bold! </b>
```

上述代码告诉浏览器用粗体字输出\<b\>和\</b\>标记之间的文本。HTML 的强大功能之一是超链接，超链接可作为指针指向存放在任何 Internet 主机上的内容。例如，如下格式的 HTML 代码：

```
<a href=http://vww.baidu.edu/index.html>百度</a>
```

上述代码告知浏览器高亮显示文本"百度"，并且创建一个超链接，指向存放在百度上的文件名为 index.html 的 HTML 文件。如果用户单击这个高亮显示的文本对象，浏览器就会从百度的服务器上请求相应的 HTML 文件并显示。

8.6.2　Web 内容

除了 HTML 页面文件，在 Web 客户端和服务器间还可传输其他类型的数据，一般来说，符合 MIME(Multipurpose Internet Mail Extensions，多用途网际邮件扩充协议)的内容都能传输，表 8-2 中列出了一些常用的 MIME 类型。MIME 协议规范使 Web 应用具有很强的数据传输能力。实际上，随着技术和规范的发展，如今的浏览器/Web 应用能够实现的功能几乎与客户端/服务器应用没有差别，大多数网络应用都采用 Web 结构。

表 8-2　常用的 MIME 类型

MIME 类型	描述
text/html	HTML 页面
text/plain	无格式文本(如.txt 文件)
application/pdf	PDF 文档
image/gif	gif 格式编码的二进制图像
image/jpeg	jpeg 格式编码的二进制图像
gz application/x-gzip	GZIP 文件：.gz
video/mpeg	MPEG 文件：.mpg、.mpeg
.text/xml	XML 文件：.xml

Web 服务器以两种不同的方式向客户端提供 Web 内容。

(1) 获取一个磁盘文件，并将它的内容返回给客户端。磁盘文件称为静态内容(static content)，又称静态网页，将磁盘文件内容返回给客户端的过程称为提供静态内容(feeding static content)。

(2) 运行一个命令或程序，将其以某种 MIME 格式产生的输出返回给客户端。运行可执行文件产生的输出称为动态内容(dynamic content)，又称动态网页，而运行程序并返回输出到客户端的过程称为提供动态内容(feeding dynamic content)。

由 Web 服务器返回的内容都可看成 Internet 上的资源，有一条资源路径，路径名称为 URL(Universal Resource Locator，通用资源定位符)。例如：

```
http://www.baidu.com:80/index.html
```

上述 URL 表示 Internet 主机 www.google.com 上路径为/index.html 的 HTML 文件，它是静态内容，由一个监听端口为 80 的 Web 服务器管理。Web 服务器默认的网络端口是 80，也可以设置成其他端口号。

生成动态内容的可执行文件的 URL 可以在文件名后添加调用参数,用字符?分隔文件名和参数,参数间用字符&隔开。例如：

```
http://172.28.89.9:8000/cgi-bin/add?2017&523808
```

上述 URL 标识 Web 服务器 172.28.89.9 上由端口号 8000 管理的路径为/cgi-bin/add 的可执行文件，该文件在执行时有两个字符串类型的命令参数 2017 和 523808。

在实际中，客户端和服务器使用的是 URL 的不同部分。例如：

```
http://www.google.com:80
```

客户端使用前缀来决定与哪类服务器相关联、服务器在哪里以及监听的端口号是多少。服务器使用后缀"/index.html"为路径在文件系统中搜寻文件，据此分辨请求的是静态内容还是动态内容。要了解服务器如何解释 URL 的后缀，需要注意以下几点。

(1) 判断 URL 指向静态内容还是动态内容没有标准的规则。每个服务器可按各自的规则管理文件。一种常用的方法是，为 Web 服务器指定一个或一组目录，按目录分类组织 Web 服务器的内容，例如，将可执行文件保存在 cgi-bin 目录中，而将静态网页保存在 html 目录中。

(2) URL 后缀中最开始的那个"/"一般不表示 UNIX/Linux 根目录，而是被请求内容所属类型的主目录。例如，可将服务器配置成所有静态内容存放在目录/usr/httpd/html 下，所有动态内容存放在目录/usr/httpd/cgi-bin 下，这时 URL 后缀中的根目录"/"实际上是/usr/httpd。

(3) 最短的 URL 后缀是字符"/"，省略了资源文件名，如 http://www.baidu.com/。一般服务器会在其后添加默认的资源文件名，如 index.html，将 URL 补充为完整的路径/index.html。这样在浏览器中键入域名就可打开网站的首页。有时浏览器提供的 URL 后缀为空，连字符"/"都没有，如 http://www.baidu.com。这时，服务器会自动加上默认路径/index.html。

思考与练习题 8.7　如果 Web 服务器不将数据作为文本封装成 HTML 文件格式传递给浏览器，而是直接将某个结构体所在的存储器内容作为二进制值传递，那么这样做有何不妥？

8.6.3　HTTP 事务

浏览器和 Web 服务器之间采用 HTTP 协议进行通信，一次网页浏览过程中，浏览器和 Web 服务器间的数据传输过程称为 HTTP 事务。通常在传输网页内容之前，需要进行多次数据交换。由于 HTTP 是基于文本的，因此这些数据都以文本方式进行传输。使用 UNIX/Linux 的 telnet 程序能够连接任何 Web 服务器并执行事务(浏览器和 Web 服务器间的一次完整交互)，可以查看浏览器与 Web 服务器间实际的数据传送详情。因此，telnet 可方便用来调试服务器与客户端之间的会话。例如，下面的代码给出了使用 telnet 向百度服务器请求首页的交互过程。

在第 1 行，我们在 Linux 终端窗口中运行 telnet 命令，要求打开一个到百度服务器的连接。telnet 命令输出 3 个文本行(第 2~4 行)，表示请求连接服务器成功，等待我们输入文本行(第 5 行)。每次输入一个文本行，以回车结束，telnet 命令会读取该行，在后面添加回车和换行符(\r\n)，并发送到服务器。这是 HTTP 协议标准所要求的，每个文本行都以一对回车和换行符结束。现在，我们输入 HTTP 请求(第 5~7 行，第 7 行为空，用于结束请求报头)以发起一个事务，百度服务器返回 HTTP 响应(第 8~19 行)，然后关闭连接(第 20 行)。

```
1    $ telnet www.baidu.com 80           Client:open connection to server
2    Trying 58.217.200.112...            telnet prints 3 lines to the terminal
3    Connected to www.a.shifen.com.
4    Escape character is '^]'.
5    GET / HTTP/1.1                       Client: request line
```

6	*HOST:WWW.BAIDU.COM*	Client: request http1.1 header
7		Client: empty line terminates request
8	HTTP/1.1 200 OK	Server: response line
9	Date: Sun, 06 Aug 2017 04:05:08 GMT	Server: several response headers
10	Content-Type: text/html	
11	Content-Length: 14613	
12	Last-Modified: Thu, 27 Jul 2017 04:30:00 GMT	
13	…	
14	Accept-Ranges: bytes	
15		Server: empty line end response headers
16	<html>	Server:first html line in response body
17	<head>	
18	…	
19	</body></html>	Server:last line in response body
20	Connection closed by foreign host.	Server: close connection
21	$	Client: close connection and terminates

1. HTTP 请求

HTTP 请求的组成为：一个请求行(第 5 行)，后面跟着零个或多个请求报头(第 6 行)，再跟一个空的文本行来终止报头列表(第 7 行)。请求行的形式如下：

```
<method> <uri> <version>
```

HTTP支持许多不同的方法，包括GET、POST、OPTIONS、HEAD、PUT、DELETE和TRACE。这里仅讨论广为应用的GET方法，有调查表明，99%的HTTP请求采用GET方法。GET方法用URI(Uniform Resource Identifier，统一资源标识符)标识指定服务器生成和返回的内容。URI是相应URL的后缀，包括文件名和可选参数。

请求行中的version字段表明该请求遵循的HTTP版本。HTTP/1.0是于1996年发布的老版本。HTTP/1.1定义了一些附加报头，支持缓冲和安全等高级特性，还允许客户端和服务器在同一条持久连接(persistent connection)上执行多个事务，是目前被广泛应用的标准。实际上，两个版本是互相兼容的，因为HTTP/1.0的客户端和服务器会简单地忽略HTTP/1.1的报头。

上述代码中，第5行的请求行"GET / HTTP/1.1"要求服务器取出并返回HTML文件/index.html。请求报头为服务器提供了额外的信息，例如，浏览器的商标名，或者浏览器理解的MIME类型。请求报头的格式为<header name>: <header data>。

本例中使用 HOST 报头(第 6 行)，它是 HTTP/1.1 请求所必需的，但在 HTTP/1.0 请求中不需要。它指定浏览器欲访问的 Web 服务器的域名(或 IP 地址)和端口号，这里应为"HOST:www.baidu.com:80"，由于 80 是 Web 服务器的默认端口，因此端口号可省去。代理缓存(proxy cache)会使用 HOST 报头，代理缓存有时作为浏览器和管理被请求文件的原始服务器(origin server)的中介。客户端和原始服务器之间可以有多个代理，形成所谓的代理链(proxy chain)。HOST 报头中的数据指示了原始服务器的域名,使得代理链中的代理能够判断它是否可以在本地缓存中拥有被请求内容的副本。

继续上面的示例，第 7 行的空文本行(通过键入回车键生成)终止报头，并指示服务器发送被请求的 HTML 文件。需要注意的是，HTTP 请求行的文本一般都大写。

2. HTTP 响应

HTTP 响应和 HTTP 请求相似，具体组成为：一个响应行(第 8 行)，后面跟着零个或多个响应报头(第 9~14 行)，再跟一个终止报头的空行(第 15 行)，后面是响应主体(第 16~19 行)，响应主体通常是可在浏览器中显示的内容，如 HTML 网页。响应行的形式如下：

<version> <status code> <status message>

版本(version)字段描述的是响应遵循的 HTTP 版本；状态码(status code)是一个三位的正整数，指明对请求的处理；状态消息(status message)给出与错误代码对应的描述。表 8-3 中列出了一些常见的状态码及其含义。这里的响应行 "HTTP/1.1 200 OK" 表示请求处理无误，响应遵循 HTTP 1.1 规范。

表 8-3　一些常见的 HTTP 状态码

状态码	状态消息	描述
200	成功	处理请求正确
301	永久移动	内容已迁移到位置头中指明的主机
400	错误请求	服务器不能理解请求
403	禁止	服务器无权处理所请求的文件
404	未发现	服务器找不到所请求的文件
501	未实现	服务器不支持请求方法
505	HTTP 版本不支持	服务器不支持请求版本

第 9~14 行的响应报头提供关于响应的附加信息。其中，两个最重要的报头是 Content-Type(第 10 行)和 Content-Length(第 11 行)，前者告诉客户端响应主体中内容的 MIME 类型，后者用来指示响应主体的字节大小。

第 15 行是终止响应报头的空文本行，其后跟响应主体，响应主体中包含被请求的内容。

8.7　小型 Web 服务器: weblet.c

本节通过剖析功能完整且简洁的 Web 服务器 weblet.c 来展示 Web 服务器的结构和基本开发方法，该程序也是前面讲过的进程控制、UNIX I/O、套接字接口和 HTTP 等内容的应用案例。weblet.c 实现了 Web 服务器最常用的静态网页和动态网页功能，动态网页使用了 CGI 技术。由于代码简短，因此这里没有考虑实际服务器所需的功能性、健壮性和安全性等特性。

8.7.1　weblet 的主程序

下面先给出 weblet.c 的主程序。由于 weblet 是一个迭代服务器，因此它在命令行中给出的端口上监听连接请求。在调用 open_listen_sock 函数(第 26 行)打开一个监听套接字以后，weblet 利用循环不断地接收连接请求(第 29 行)，调用 process_trans 函数处理 HTTP 事务(第 30 行)，然后关闭连接(第 31 行)。

```
/* weblet 主程序，位于 weblet.c 文件中 */

1      #include "wrapper.h"
2
3      void process_trans(int fd);
4      void read_requesthdrs(rio_t *rp);
5      int is_static(char *uri);
6      void parse_static_uri(char *uri, char *filename);
7      void parse_dynamic_uri(char *uri, char *filename, char *cgiargs);
8      void feed_static(int fd, char *filename, int filesize);
9      void get_filetype(char *filename, char *filetype);
10     void feed_dynamic(int fd, char *filename, char *cgiargs);
11     void error_request(int fd, char *cause, char *errnum,
12             char *shortmsg, char *description);
13
14     int main(int argc, char **argv)
15     {
16         int listen_sock, conn_sock, port, clientlen;
17         struct sockaddr_in clientaddr;
18
19         /* Check command line args */
20         if (argc != 2) {
21             fprintf(stderr, "usage: %s <port>\n", argv[0]);
22             exit(1);
23         }
24         port = atoi(argv[1]);
25
26         listen_sock = open_listen_sock(port);
27         while (1) {
28             clientlen = sizeof(clientaddr);
29             conn_sock = accept(listen_sock, (SA *)&clientaddr, &clientlen);
30             process_trans(conn_sock);            /* process HTTP transaction */
31             close(conn_sock);
32         }
33     }
```

8.7.2 HTTP 事务处理

下面给出 weblet 的 HTTP 事务函数 process_trans 的源代码。该函数要做的是首先从网络连接中读出浏览器发送过来的请求行，然后解析请求行，最后判断是请求静态网页还是动态网页，并调用不同的函数提供相应的网页内容。

```
/* weblet 事务处理函数 process_trans 的源代码，位于 weblet.c 中 */

1      void process_trans(int fd)
2      {
3          int static_flag;
4          struct stat sbuf;
5          char buf[MAXLINE], method[MAXLINE], uri[MAXLINE], version[MAXLINE];
```

```
6              char filename[MAXLINE], cgiargs[MAXLINE];
7              rio_t rio;
8
9              /* read request line and headers */
10             rio_readinitb(&rio, fd);
11             rio_readlineb(&rio, buf, MAXLINE);
12             sscanf(buf, "%s %s %s", method, uri, version);
13             if (strcasecmp(method, "GET")) {
14                 error_request(fd, method, "501", "Not Implemented",
15                             "weblet does not implement this method");
16                 return;
17             }
18             read_requesthdrs(&rio);
19
20             static_flag=is_static(uri);
21             if(static_flag)
22                 parse_static_uri(uri, filename);
23             else
24                  parse_dynamic_uri(uri, filename, cgiargs);
25
26             if (stat(filename, &sbuf) < 0) {
27                 error_request(fd, filename, "404", "Not found",
28                    "weblet could not find this file");
29                 return;
30             }
31
32             if (static_flag) { /* feed static content */
33                 if (!(S_ISREG(sbuf.st_mode)) || !(S_IRUSR & sbuf.st_mode)) {
34                     error_request(fd, filename, "403", "Forbidden",
35                             "weblet is not permtted to read the file");
36                      return;
37                 }
38                 feed_static(fd, filename, sbuf.st_size);
39             }
40             else { /* feed dynamic content */
41                 if (!(S_ISREG(sbuf.st_mode)) || !(S_IXUSR & sbuf.st_mode)) {
42                     error_request(fd, filename, "403", "Forbidden",
43                             "weblet could not run the CGI program");
44                      return;
45                 }
46                 feed_dynamic(fd, filename, cgiargs);
47             }
48     }
49
50     int is_static(char *uri)
51     {
52         if (!strstr(uri, "cgi-bin"))
53             return 1;
```

```
54              else
55                  return 0;
56          }
```

我们通过具体数据来分析该程序的执行流程，假设客户端发送的请求行为"GET /cgi-bin/add?2017&523808 HTTP/1.0\r\n\r\n"，实际上，GET 请求行后跟一个结束请求报头的空行。具体执行过程如下。

第 10 行：用表示网络连接套接字的文件描述符 fd 初始化 rio 文件及缓冲区。

第 11 行：调用rio_readlineb函数，从网络连接描述符fd中读出一个文本行"GET /cgi-bin/add?2017&523808 HTTP/1.0"，将其复制到buf缓冲区。

第 12 行：调用格式输入函数 sscanf，从保存在 buf 中的请求行中分离出 method、uri、version 三部分，分离时以空格为分隔字符。对于前面的请求行，可得到 method 为 GET，uri 为 /cgi-bin/add?2017&523808，version 为 HTTP/1.0。

第 13 行：判断请求行是否使用 GET 方法。

第 18 行：调用 read_requesthdrs 函数以读取其他请求报头，由于客户端并没有发送其他请求报头，因此实际上是空操作。

第 20 行：根据 uri 中是否包含字符串"CGI"来判断请求的是静态内容还是动态内容。

第 21~25 行：分别调用 parse_static_uri 和 parse_dynamic_uri 函数来解析静态网页请求和动态网页请求。如果是动态网页请求，则从 uri 中提取文件名和 CGI 参数字符串，对于前面的 uri，可得到 filename 为"/cgi-bin/add"，cgiargs 为"2017&523808"。如果是静态网页请求，则根据需要补充 uri 后缀中的路径和默认文件名，然后提取文件名。

第 32~39 行：如果请求静态内容，就判断所请求的文件是否存在以及是否有读权限(第 33 行)。如果可访问，则调用 feed_static 函数，将静态网页文件传送给客户端。

第 41~46 行：如果请求动态内容，也判断所请求的文件是否存在，并且是否有执行权限(第 41 行)。如果成立，则调用 feed_dynamic 函数，将动态网页文件传送给客户端。

process_trans 函数考虑了执行过程中的异常情况，当未采用 GET 方法、请求的文件不存在或没有相应权限时，都会调用 error_page 函数，返回错误提示给客户端(第 13~17 行和第 26~30 行)。

8.7.3　生成错误提示页面

weblet 实现了对一些简单错误的处理，当未采用 GET 方法、请求的文件不存在或没有相应权限时，都会报告给客户端。weblet 的错误处理函数是 error_request，它产生一个到客户端的 HTTP 响应，该函数在响应行中包含相应的状态码和状态消息，响应主体中包含一个 HTML 文件，用于向浏览器用户解释这个错误。由于 HTTP 协议要求通过响应指明主体中内容的大小和类型，因此我们选择将 HTML 内容作为一个字符串，以方便计算其大小(如以下代码中的第 18 行)。

```
/* weblet 对错误请求的处理函数 error_request 返回一条出错消息，位于 weblet.c 文件中 */
1       void error_request(int fd, char *cause, char *errnum,
2               char *shortmsg, char *description)
3       {
4           char buf[MAXLINE], body[MAXBUF];
5
6           /* Build the HTTP response body */
```

```
7              sprintf(body, "<html><title>error request</title>");
8              sprintf(body, "%s<body bgcolor=""ffffff"">\r\n", body);
9              sprintf(body, "%s%s: %s\r\n", body, errnum, shortmsg);
10             sprintf(body, "%s<p>%s: %s\r\n", body, description, cause);
11             sprintf(body, "%s<hr><em> weblet Web server</em>\r\n", body);
12
13             /* send the HTTP response */
14             sprintf(buf, "HTTP/1.0 %s %s\r\n", errnum, shortmsg);
15             rio_writen(fd, buf, strlen(buf));
16             sprintf(buf, "Content-type: text/html\r\n");
17             rio_writen(fd, buf, strlen(buf));
18             sprintf(buf, "Content-length: %d\r\n\r\n", (int)strlen(body));
19             rio_writen(fd, buf, strlen(buf));
20             rio_writen(fd, body, strlen(body));
21     }
```

8.7.4 HTTP 额外请求报头的读取

weblet 调用 rio_readlineb 函数读取额外请求报头(如下代码中的第 5 行和第 8 行)，并打印这些报头(如下代码中的第 7 行)。终止请求报头的空文本行是由回车和换行符对组成的(如下代码中的第 6 行)。

```
/*  toggle 读取额外请求报头的 read_requesthdrs 函数的源代码，位于 weblet.c 中  */
1            void read_requesthdrs(rio_t *rp)
2            {
3                char buf[MAXLINE];
4
5                rio_readlineb(rp, buf, MAXLINE);
6                while(strcmp(buf, "\r\n")) {
7                    printf("%s", buf);
8                    rio_readlineb(rp, buf, MAXLINE);
9                }
10               return;
11           }
```

8.7.5 URI 解析

weblet 假设静态内容的主目录为当前目录，默认的文件名是./home.html，可执行文件的所在目录是./cgi-bin，将包含字符串"cgi-bin"的 URI 视为对动态内容的请求。

有两个 URI 解析函数：parse_static_uri 和 parse_dynamic_uri。其中 parse_static_uri 函数(如下代码中的第 1~8 行)解析静态内容请求 URI，它在 uri 前添加点"."，将其变成一条相对路径，如果 uri 的最末字符为"/"，则在其后添加"home.html"，最后赋值给变量 filename。例如，如果 uri 为"/"，则设置 filename 为"/home.html"；如果 uri 为"/test.html"，则设置 filename 为"/test.html"。

parse_dynamic_uri 函数(如下代码中的第 10~22 行)解析动态内容请求 URI，它将 URI 解析为一个文件名和一个可选的 CGI 参数字符串。该函数首先找到字符"?"的位置，将文件名和 CGI 参数分开，然后在文件名前添加"."，将其转换为相对路径名。将文件名复制到变量 filename，将 CGI 参数字符串复制到变量 cgiargs。例如，若前面解析出 uri="/cgi-bin/add?2017&523808"，则执行 parse_dynamic_uri 函数后得到 filename="./cgi-bin/add"、cgiargs="2017&523808"。

```
/*  parse_static_uri 和 parse_dynamic_uri 函数的源代码, 位于 weblet.c 中  */
1       void parse_static_uri(char *uri, char *filename)
2       {
3           char *ptr;
4           strcpy(filename, ".");
5           strcat(filename, uri);
6           if (uri[strlen(uri)-1] == '/')
7               strcat(filename, "home.html");
8       }
9
10      void parse_dynamic_uri(char *uri, char *filename, char *cgiargs)
11      {
12          char *ptr;
13          ptr = index(uri, '?');
14          if (ptr) {
15              strcpy(cgiargs, ptr+1);
16              *ptr = '\0';
17          }
18          else
19              strcpy(cgiargs, "");
20          strcpy(filename, ".");
21          strcat(filename, uri);
22      }
```

8.7.6　提供静态内容

weblet 支持 4 种不同类型的静态内容: HTML 文件、无格式的文本文件、JPEG 格式图片和 MPEG 视频。Web 上提供的绝大部分静态内容都是这些类型。

提供静态内容的函数是 feed_static, 该函数产生并发送一个 HTTP 响应, 响应主体是一个本地文件的内容。对代码的具体说明如下。

第 7 行: 调用 get_filetype 函数, 根据 filename 文件名后缀, 提取文件类型名到变量 filetype 中。

第 8~12 行: 发送响应行和响应报头给客户端, 最后用一个空行 "\r\n" 终止报头。

第 15~18 行: 将被请求文件的内容复制到已连接描述符 fd, 发送响应主体。第 15 行以读方式打开 filename, 并获得它的描述符。在第 16 行, 调用 mmap 函数(参看第 4 章)将被请求文件映射到一个虚拟存储器区域, 将文件 srcfd 的前 filesize 字节(实际为整个文件)映射到一个从地址 srcp 开始的私有只读虚拟存储器区域。一旦将文件映射到存储器, 其描述符就再不需要了, 所以在第 17 行关闭该文件。第 18 行向客户端传送文件内容。rio_writen 函数复制从 srcp 位置开始的 filesize 字节(它们已经被映射到所请求的文件)到客户端的已连接描述符。

第 19 行: 释放映射的虚拟存储器区域, 避免发生潜在的存储器泄漏。

```
/*  weblet 实现静态网页功能的 feed_statc 函数的源代码, 位于 weblet.c 中  */
1       void feed_static(int fd, char *filename, int filesize)
2       {
3           int srcfd;
4           char *srcp, filetype[MAXLINE], buf[MAXBUF];
5
6           /*  Send response headers to client  */
```

```
7            get_filetype(filename, filetype);
8            sprintf(buf, "HTTP/1.0 200 OK\r\n");
9            sprintf(buf, "%sServer: weblet Web Server\r\n", buf);
10           sprintf(buf, "%sContent-length: %d\r\n", buf, filesize);
11           sprintf(buf, "%sContent-type: %s\r\n\r\n", buf, filetype);
12           rio_writen(fd, buf, strlen(buf));
13
14           /*   Send response body to client   */
15           srcfd = open(filename, O_RDONLY, 0);
16           srcp = mmap(0, filesize, PROT_READ, MAP_PRIVATE, srcfd, 0);
17           close(srcfd);
18           rio_writen(fd, srcp, filesize);
19           munmap(srcp, filesize);
20      }
21
22      /*   get_filetype - derive file type from file name   */
23      void get_filetype(char *filename, char *filetype)
24      {
25           if (strstr(filename, ".html"))
26               strcpy(filetype, "text/html");
27           else if (strstr(filename, ".jpg"))
28               strcpy(filetype, "image/jpeg");
29           else if (strstr(filename, ".mpeg"))
30                strcpy(filename, "video/mpeg");
31           else
32                strcpy(filetype, "text/html");
33      }
```

🖎 **思考与练习题** 8.8　分析上面 feed_static 函数的源代码，回答下列问题：

(1) 文件描述符 fd 是指哪个文件或套接字？

(2) 第 18 行利用 rio_writen 函数向 fd 写文件 filename 的内容，如果改为使用 write 函数，有何不足？

(3) 第 16 行采用 mmap 函数读出文件 filename 的内容，如果改为调用 read 函数读文件，有何不足？

8.7.7　测试静态网页功能

1. 以浏览器为客户端进行测试

现在测试 weblet 的静态网页功能。创建一个测试用的静态网页 test.html，其内容如下：

```
<html>
<head>
<title>a simple page for testing weblet</title>
<head>
<body>
Hello World
</body>
</html>
```

将其复制到 weblet 所在的目录，启动 weblet：

```
$ gcc  -o  weblet  weblet.c  -L.  -lwrapper
$ ./weblet   12345
```

在浏览器中输入静态网页的路径，执行后得到的输出如图 8-9 所示。

图 8-9　测试静态网页功能

这表明 weblet 能正确提供静态网页功能。

2. 以 telnet 为客户端进行测试

启动 weblet 后，在 telnet 终端窗口中输入的 telnet 命令和对应的输出如下：

```
$ telnet   localhost   12345
Trying ::1...
Trying 127.0.0.1...
Connected to localhost.
Escape character is '^]'.
GET /test.html HTTP/1.0

HTTP/1.0 200 OK
Server: weblet Web Server
Content-length: 94
Content-type: text/html

<html>
<head>
<title>a simple page for testing weblet</title>
<head>
<body>
Hello World
</body>
</html>
Connection closed by foreign host.
```

可以看出，weblet 按照 HTTP 事务规范产生了输出。

👉 **思考与练习题 8.9**　阅读 8.7.6 节中 feed_static 函数的源代码，修改第 8~12 行代码，让状态码、文件大小、文件类型、写入 fd 的 buf 长度与实际不同，通过浏览器和 telnet 命令，请求网页 test.html，观察服务器的响应和浏览器的显示结果，并给出解释。

8.7.8　提供动态内容

请求动态内容时，weblet 会创建一个子进程并在该子进程的上下文中运行一个 CGI 程序，从而提供动态内容。如下代码中的 feed_dynamic 函数首先向客户端发送一个表示成功的响应行，同时包括带有信息的 Server 报头，CGI 程序负责发送响应的剩余部分。feed_dynamic 函数利用无名管道将 CGI 参数的值传给 cgi 子进程。

```
/* weblet 实现提供动态网页功能的函数 feed_dynamic 的源代码，位于 weblet.c 中 */
1      void feed_dynamic(int fd, char *filename, char *cgiargs)
2      {
3          char buf[MAXLINE], *emptylist[] = { NULL };
4          int pfd[2];
5
6          /* Return first part of HTTP response */
7          sprintf(buf, "HTTP/1.0 200 OK\r\n");
8          rio_writen(fd, buf, strlen(buf));
9          sprintf(buf, "Server: weblet Web Server\r\n");
10         rio_writen(fd, buf, strlen(buf));
11
12         pipe(pfd);
13         if (fork() == 0) {                        /* child */
14             close(pfd[1]);
15             dup2(pfd[0],STDIN_FILENO);
16             dup2(fd, STDOUT_FILENO);              /* Redirect stdout to client */
17             execve(filename, emptylist, environ); /* Run CGI program */
18         }
19
20         close(pfd[0]);
21         write(pfd[1], cgiargs, strlen(cgiargs)+1);
22         wait(NULL);                               /* Parent waits for and reaps child */
23         close(pfd[1]);
24     }
```

第 6~10 行：发送一个表示成功的响应行和 Server 报头给客户端。

第 12 行和第 13 行：创建无名管道，派生一个子进程。

第 14~17 行：子进程关闭管道写端 pfd[1]，调用 dup2 函数，将管道读端 pfd[0]重定向为子进程的标准输入，将与客户端的已连接套接字描述符 fd 重定向为子进程的标准输入，然后加载 cgi 程序。这样，子进程 cgi 程序就可从管道读入 CGI 参数，将信息写入网络连接，也就是发送给客户端。

第 20~23 行：父进程关闭管道读端后，将 cgiargs 中保存的 CGI 参数写入管道，之后调用 wait 函数，等待 cgi 子进程结束并回收，最后关闭管道写端。

8.7.9　实现 CGI 程序

下面以将两个数相加的 CGI 程序 add.c 为例，介绍 CGI 程序的编写方法。代码如下：

```
/* 整数求和 CGI 程序的源代码，位于 add.c 中 */
1      #include "wrapper.h"
2
3      int main(void) {
4          char *buf, *p;
5          char content[MAXLINE];
6          int n1=0, n2=0;
```

```
7
8              /* Extract the two arguments from standard input */
9              scanf("%d&%d", &n1, &n2);
10
11             /* Make the response body */
12             sprintf(content, "Welcome to add.com: ");
13             sprintf(content, "%sTHE Internet adder\r\n<p>", content);
14             sprintf(content, "%sThe answer is: %d + %d = %d\r\n<p>",
15                content, n1, n2, n1 + n2);
16             sprintf(content, "%sThanks for visiting!\r\n", content);
17
18             /* Generate the HTTP response */
19             printf("Content-length: %d\r\n", strlen(content));
20             printf("Content-type: text/html\r\n\r\n");
21             printf("%s", content);
22             fflush(stdout);
23             exit(0);
24      }
```

第 9 行：由于 CGI 参数已由 feed_dynamic 写入管道，而管道读端已重定向为 CGI 进程标准输入，因此只需要利用正常的格式化读函数即可方便地从管道读入参数值。假设请求行为 "GET /cgi-bin/add?2017&523808 HTTP/1.1"，前面已经获知 cgiargs 为 2017&523808，执行本行代码后，得到两个整型参数的值 n1=2017、n2=523808。

第 12~16 行：调用格式化输出函数 sprintf 生成动态内容，作为响应体，存入缓冲区 content。

第 19~20 行：生成长度、类型两个响应头报文，并写入标准输出，实际上是发送给客户端。

第 21 行：将动态网页内容发送给客户端。

8.7.10 测试动态网页功能

先编译 weblet.c 和 add.c，生成可执行程序 weblet 和 add。需要注意的是：weblet 已经采取硬编码方法将其所在目录设置成 Web 服务器的根目录，此处假定 CGI 程序被放置到 cgi-bin 子目录中。因此，add 必须放置到 weblet 所在目录的子目录 cgi-bin 中。

```
$ gcc  -o  weblet  weblet.c  -L.  -lwrapper
$ gcc  -o  add  add.c
$ mkdir  cgi-bin
$ cp  add  cgi-bin
```

然后，启动 Web 服务器 weblet，端口号是 12345，当 weblet 接收到特定请求时，将创建子进程，执行 add 程序，返回动态网页。

```
$ ./weblet  12345
```

接下来打开浏览器，输入网址http://localhost:12345/cgi-bin/add?2017&523808，打开一个命令窗口，输入 telnet localhost 12345 命令，然后输入 GET /cgi-bin/add?2017&523808 HTTP/1.0，测试 CGI 程序 add 的正确性。

浏览器的输出结果如图 8-10 所示。

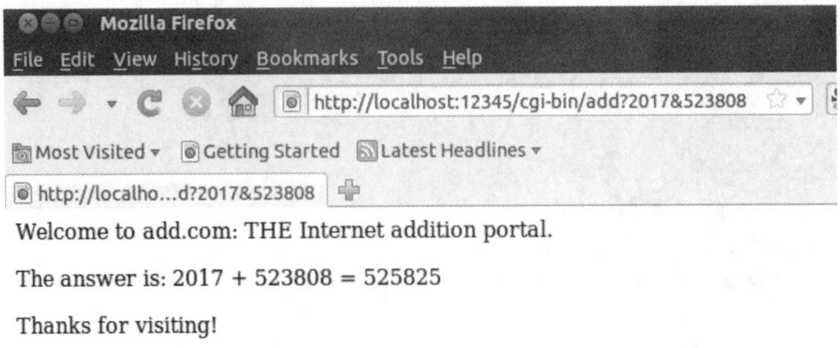

图 8-10　测试结果

可以看到，输出的第 1 行内容来自示例代码 add.c 的第 12 行和第 13 行，第 2 行内容来自第 14 行和第 15 行，第 3 行内容来自第 16 行，后面可以看到，add 程序的标准输出通过输出重定向写入与浏览器通信的网络连接，因此最终显示到浏览器上。还要注意，CGI 程序中产生的输出换行，需要在行尾增加"\r\n"两个字符，才能得以正确处理。

使用 telnet 命令得到的测试结果如下：

```
$ telnet   localhost   12345
Trying ::1...
Trying 127.0.0.1...
Connected to localhost.
Escape character is '^]'.
GET /cgi-bin/add?2017&523808 HTTP/1.0

HTTP/1.0 200 OK
Server: weblet Web Server
Content-length: 115
Content-type: text/html

Welcome to add.com: THE Internet addition portal.
<p>The answer is: 2017 + 523808 = 523825
<p>Thanks for visiting!
Connection closed by foreign host.
```

前 4 行是 telnet 命令的输出，只要连接成功都会输出该结果。输入"*GET /cgi-bin/add?2017&523808 HTTP/1.0*"后跟一个空文本行后，得到的输出来自 weblet 和 add。其中前 2 行来自 weblet。后面 6 行来自 add。其中，"Content-length: 115"来自 add 程序的第 19 行，"Content-type: text/html"和后面的空行来自 add 程序的第 20 行。这 3 行是 HTTP 协议标准规定的，Web 服务器在发送网页内容前必须发送给浏览器的这两个文本行，浏览器确认收到这两行后，才会处理其后的网页内容。网页内容长度(content-length)字段必须与其后网页内容的实际长度一致，在这里是 115。紧接着的 3 行来自 add 程序的第 12~16 行。add.c 程序对此给出了清晰的注释。最后一行由 telnet 命令打印出来，表示 weblet 进程关闭了网络连接，HTTP 事务已结束。

✍ 思考与练习题 8.10　用 Shell 或 Python 实现 CGI 程序 add，并调试该程序。

✍ 思考与练习题 8.11　编写和运行 CGI 程序，在浏览器中显示指定 ls 命令的内容；编写 CGI 程序，使该程序能通过浏览器输入 Linux 命令，在浏览器中显示命令输出。

✍ *思考与练习题 8.12　输入命令"./weblet 12345"，启动 weblet，用一个 Telnet 进程连接 weblet，

并输入网页浏览请求，在该请求处理未完成前，在浏览器的地址栏中输入 http: //localhost:12345/test.html，执行后将看到什么结果，请予以解释。

8.7.11 关于 Web 服务器的其他问题

1. Web 服务器如何将参数传递给 CGI 程序

理论上讲，Web 服务器可通过前面讲过的管道、消息队列、共享内存等方法将数据传送给 CGI 程序，这里介绍的将无名管道重定向为标准输入是一种比较自然、方便的方法。在实际应用中，还有一些其他方法可用于给 CGI 程序传递数据，如使用 UNIX/Linux 环境变量。在加载 CGI 程序前，将子进程的各类信息写入环境变量，CGI 程序就可直接从环境变量读出不同类型的信息。表 8-4 是一些常用的 CGI 环境变量。

表 8-4 常用的 CGI 环境变量

环境变量	描述
QUERY_STRING	程序参数
SERVER_PORT	父进程侦听端口
REQUEST_METHOD	GET 或 POST
REMOTE_HOST	客户端的域名
REMOTE_ADDR	客户端的 IP 地址
CONTENT_TYPE	请求体的 MIME 类型(仅针对 POST 方法)
CONTENT_LENGTH	请求体的长度(仅针对 POST 方法)

📖 **思考与练习题 8.13** 改写 weblet 的 feed_dynamic 函数和 CGI 程序 add.c，改为由环境变量传递 CGI 参数。

2. 如何处理过早关闭的连接

构建长时间运行而不崩溃的健壮 Web 服务器时，有很多需要考虑的细节。例如，如果服务器写一个已被客户端关闭的连接(例如，因为在浏览器中单击了 Stop 按钮)，那么第一次这样写会正常返回，但是第二次写就会发送 SIGPIPE 信号，这个信号的默认行为就是终止这个进程。如果捕获或忽略 SIGPIPE 信号，那么第二次写会返回－1，并将 errno 设置为 EPIPE。strerr 和 perror 函数将 EPIPE 错误报告为"Broken pipe"，处理这些错误是很复杂的。健壮的服务器必须能够捕获这些 SIGPIPE 信号，并且检查 write 函数调用是否有 EPIPE 错误。

8.8 本章小结

网络通信是进程间通信的自然延伸，在 Linux 系统编程课程中讲述网络通信编程，也是一种不错的尝试。由于不是计算机网络课程，因此不宜系统地讲述计算机网络知识体系，仅在简要介绍网络通信的必要概念的基础上，引入套接字接口和网络通信编程方法，这样做学生是可以接受的，需要的学时也不多。

网络应用大多基于客户端/服务器模型，一般由一个服务器和一个或多个客户端构成。服务器管理资源，以某种方式操作资源，为客户端提供服务。客户端/服务器模型的基本操作是客户端/服务器事务，由客户端请求和跟随其后的服务器响应组成。

客户端和服务器使用套接字接口建立连接。套接字是连接的一个端点，以文件描述符的形式提供给应用程序。套接字接口提供了打开和关闭套接字描述符的函数。客户端和服务器通过读写这些描述符来实现彼此间通信。

Web 服务器使用 HTTP 协议与客户端彼此通信，客户端一般为浏览器，也可以是支持 HTTP 协议规范的普通应用程序。浏览器向服务器请求静态或动态内容。对静态内容的请求，服务器直接将指定的磁盘文件内容提供给客户端；对动态内容的请求，服务器运行一个程序并将其输出返回给客户端。CGI 标准提供了一组规则，以管理客户端如何将程序参数传递给服务器，服务器如何将这些参数及其他信息传递给子进程，以及子进程如何将它的输出发送回客户端。

本章以 toggle 服务器和简单 Web 服务器为例介绍网络应用开发方法，虽然程序比较简单，但能展现网络通信编程的实质，学生在分析案例后，很容易模仿写出较为简单的网络通信程序。

■ 课后作业

◢ **思考与练习题 8.14**　修改 toggle 服务器代码，使它每次向客户端回送文本行时，后接当前系统时间。

◢ **思考与练习题 8.15**

A. 使用浏览器向 weblet 申请浏览一个静态网页，并将输出保存到一个文件中。

B. 检查 weblet 输出，确定浏览器使用的 HTTP 版本。

从 www.rfc-editor.org/rfc.html 获得 RFC 2616，参考其中的 HTTP/1.1 标准，获取浏览器的 HTTP 请求中每个报头的含义。

◢ **思考与练习题 8.16**　修改 weblet，使用 SIGCHLD 信号处理程序回收 CGI 子进程。

◢ **思考与练习题 8.17**　修改 weblet 中的静态网页请求服务代码，使用 malloc、rio_readn 和 ri_writen 代替内存映射 mmap 和 rio_writen，将被请求文件的内容发送到已连接描述符。

◢ **思考与练习题 8.18**　修改 weblet 中的动态网页请求服务代码，weblet 采用环境变量将 CGI 参数传递给 CGI 程序。

◢ ***思考与练习题 8.19**　扩展 weblet，以支持 HTTP HEAD 方法。使用 telnet 命令为 Web 客户端验证该功能。

◢ ***思考与练习题 8.20**　扩展 weblet，以支持浏览器用 HTTP POST 方法请求动态内容，创建一个 CGI 测试程序，用浏览器验证该功能。

◢ ***思考与练习题 8.21**　修改 weblet，以恰当地处理在 write 函数试图写一个过早关闭的连接时出现的 SIGPIPE 信号和 EPIPE 错误，而不是终止程序。

第 9 章

并发网络通信编程实例

第 8 章介绍的迭代式网络服务器很难用于实际应用中,因为它们一次只能为一个客户端提供服务。一个慢速的客户端可能会导致服务器拒绝为所有其他客户端服务。现实中的服务器往往需要每秒能为成百上千个客户端提供服务。改进方法是将服务器设计为并发网络服务器,让它创建一个单独的逻辑流以服务每个客户端。使用应用级并发的应用程序称为并发程序(concurrent program)。操作系统提供了三种基本的构建并发程序的方法:①多进程,用这种方法,每个逻辑控制流都是一个进程,由内核调度和维护。②I/O 多路复用,在这种形式的并发编程中,应用程序在一个进程的上下文中显式地调度其逻辑流,实现 I/O 与 CPU 的并发操作。③多线程,线程是运行在单一进程上下文中的逻辑流,由内核调度。本章介绍这三种不同的并发编程技术,将继续使用第 8 章的示例程序展开讨论。

本章学习目标:
- 理解基于多进程、I/O 多路复用、多线程、预线程化的并发网络服务器的基本结构
- 掌握基于多进程、多线程、预线程化方法编写并发网络服务器

9.1 基于多进程的并发编程

构建并发程序的最直观方法就是多进程,主要函数有 fork、exec 和 waitpid 等。一种比较自然的方法是在父进程中接收客户端连接请求后,创建一个新的子进程为每个客户端提供服务。下面是某种多进程并发服务器的工作流程。

假设现在有两个客户端和一个服务器,该服务器正在描述符 3 上监听连接请求。

第 1 步(见图 9-1):服务器接收来自客户端 1 的连接请求后,返回一个已连接描述符 conn_sock=4。

第 2 步(见图 9-2):在接收连接请求后,服务器派生一个子进程来处理请求,这个子进程获得服务器描述符表的副本。由于父进程不再需要与客户端 1 通信,子进程不需要监听连接请求,相应的描述符也就不再需要,因此父进程可关闭已连接描述符 4,子进程关闭其副本中的监听描述符 3,以防内存泄漏,专门用于为客户端提供服务。

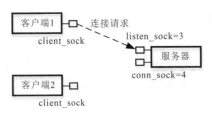

图9-1 第1步：服务器接收客户端的连接请求

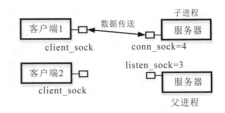

图9-2 第2步：服务器派生一个子进程来为这个客户端服务

第3步(见图9-3)：假设父进程为客户端1创建子进程后，又接收客户端2的连接请求，并返回一个新的已连接描述符(如描述符5)。

第4步(见图9-4)：父进程派生另一个子进程，继承已连接描述符5，为客户端2提供服务。此后，父进程继续等待来自其他客户端的连接请求，而两个子进程并发地为已连接客户端提供服务。

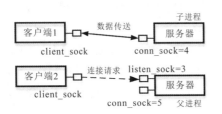

图9-3 第3步：服务器接收另一个连接请求

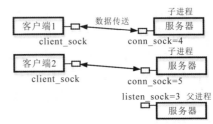

图9-4 第4步：服务器派生另一个子进程来为新的客户端服务

下面展示了基于多进程的并发 toggle 服务器 togglesp.c 的源代码。第 28 行调用的 toggle 函数来自 8.5 节中的 togglec.c。由于父进程还要继续监听连接请求，不能调用 wait 函数等待子进程终止，因此安排一个 SIGCHLD 信号处理程序回收僵尸(zombie)子进程(第 4~8 行)。该处理程序利用 while 循环可一次回收多个终止子进程，这样即使在 SIGCHLD 信号处理期间有子进程终止或 SIGCHLD 信号丢失，这些僵尸子进程也不会被遗漏。

```
/* 基于多进程的并发 toggle 服务器。代码位于 togglesp.c 中 */
/* 父进程派生一个子进程来处理每个新的连接请求 */
1        #include "wrapper.h"
2        void toggle(int conn_sock);
3
4        void sigchld_handler(int sig)
5        {
6            while (waitpid(-1, 0, WNOHANG) > 0);
7            return;
8        }
9
10       int main(int argc, char **argv)
11       {
12           int listen_sock, conn_sock, port;
13           socklen_t clientlen=sizeof(struct sockaddr_in);
14           struct sockaddr_in clientaddr;
15
```

```
16          if (argc != 2) {
17              fprintf(stderr, "usage: %s <port>\n", argv[0]);
18              exit(1);
19          }
20          port = atoi(argv[1]);
21
22          signal(SIGCHLD, sigchld_handler);
23          listen_sock = open_listen_sock(port);
24          while (1) {
25              conn_sock = accept(listen_sock, (SA *) &clientaddr, &clientlen);
26              if (fork() == 0) {
27                  close(listen_sock);      /* Child process closes its listening socket */
28                  toggle(conn_sock);        /* Child process services client */
29                  close(conn_sock);        /* Child process closes connection with client */
30                  exit(0);                 /* Child process exits */
31              }
32              close(conn_sock);            /* Parent closes connected socket (important!) */
33          }
34      }
```

先编译服务器和客户端程序：

```
$ gcc  togglec.c  toggle.c  -o  togglec  -L.  -lwrapper
$ gcc  togglesp.c  toggle.c  -o  togglesp  -L.  -lwrapper
```

再在三个不同的终端窗口中执行程序，第一个终端窗口运行togglesp，第2个和第3个终端窗口运行togglec，结果如下。

终端窗口 1：运行服务器	终端窗口 2：运行客户端	终端窗口 3：运行客户端
$ ./togglesp 12345	$ ./togglec localhost 12345	$ ./togglec localhost 12345
server received 12 bytes	hello world	LINUX SYSTEM
server received 12 bytes	HELLO WORLD	linux system

从运行结果可以看出，togglesp 可同时与两个 togglec 通信，是一个多进程并发服务的网络服务器。

在父子进程间共享状态信息的基本模型是：共享打开文件表，但不共享用户地址空间。由于每个进程都有独立的地址空间，进程间一般不会相互影响，一个进程不会因为出错或误操作更改另一个进程的变量，系统有较好的可靠性和安全性。但独立地址空间也使进程间共享状态信息变得麻烦，在进程间交换信息需要使用 IPC(进程间通信)机制，而 IPC 机制的开销很高，这就使进程间的数据共享变得低效。

📝 **思考与练习题 9.1**　在服务器源代码 togglesp.c 的第 32 行，父进程关闭已连接描述符后，子进程仍然能够使用该描述符和客户端通信。这是为什么？

📝 **思考与练习题 9.2**　如果删除代码 togglesp.c 中用于关闭已连接描述符的第 29 行，代码仍然正确，也不会发生存储器泄漏，这是为什么？

*9.2 基于 I/O 多路复用的并发编程

在前面的 toggle 服务器应用中，如果要求服务器既能响应来自 toggle 客户端的连接请求，又能对用户从标准输入键入的交互命令给予响应，就属于基于 I/O 多路复用的并发编程这种情况。服务器必须响应两个互相独立的 I/O 事件：网络客户端发起连接请求，用户在键盘上键入命令行。服务器先等待哪个事件呢？似乎选择谁都不能解决问题。如果在 accept 函数中等待一个连接请求，就不能响应输入的命令。如果执行 read 函数，等待一条输入命令，就不能响应任何连接请求。

如果系统能提供某种机制，让程序同时等待两种或多种事件发生，任何一种事件发生都能立即进行处理，那么即便不采用多进程和多线程方法，也能满足这样的应用需求。UNIX/Linux 系统确实提供了这样一种机制，就是 I/O 多路复用(I/O multiplexing)技术，应用程序调用 select 函数，可同时等待多个 I/O 事件(每个 I/O 事件源可看成一个文件描述符)，任意 I/O 事件发生或等待超时的情况下，都会将控制返回给应用程序，例如，select 函数可以在发生以下三种事件之一时返回。

- 当集合 $\{0, 4\}$ 中的任意文件描述符准备好读时返回。
- 当集合 $\{1, 2, 7\}$ 中的任意文件描述符准备好写时返回。
- 等待一个 I/O 事件发生的时间超过 152.13 秒时返回。

select 函数有许多不同的使用场景，这里仅讨论第一种场景：等待一组描述符准备好读。与 I/O 多路复用相关的主要函数或宏有：

```
#include <unistd.h>
#include <sys/types.h>
int select(int n , fd_set *fdset , NULL , NULL , NULL);
FD_ZERO(fd_set *fdset);                /* Clear all bits in fdset */
FD_CLR(int fd , fd_set *fdset);        /* Clear bit fd in fdset */
FD_SET(int fd , fd_set *fdset);        /* Turn on bit fd in fdset */
FD_ISSET(int fd , fd_set *fdset);      /* is bit fd in fdset on? */
```

select 函数处理类型为 fd_set 的描述符集合。逻辑上，我们将描述符集合看成一个长度为 n 的位向量：$b_{n-1}, \dots, b_1, b_0$。每个位 b_k 对应于描述符 k。我们主要用 FD_ZERO、FD_SET、FD_CLR 和 FD_ISSET 宏指令来修改和检查描述符集合。也可以对描述符集合类型的变量直接赋值。

前面给出的 select 函数声明仅用于等待多个读文件描述符就绪，因为函数声明仅考虑前两个参数：fd_set 类型参数 fdset 是读描述符集合，整型参数 n 是读描述符集合的基数，可设置为当前最大的文件描述符。当调用 select 函数时，后面三个参数都设置为 NULL。select 函数执行时，若读描述符集合中的所有描述符都无数据可读，函数会一直阻塞，直到描述符有数据可读。select 函数有一个副作用，它会修改读描述符集合 fdset。由于这个原因，在每次调用 select 函数后都必须更新读描述符集合 fdset。select 函数返回的值是就绪的描述符集合的基数。

*9.2.1 利用 I/O 多路复用等待多种 I/O 事件

toggless1.c 是基于 I/O 多路复用，且同时等待客户端连接请求和键盘命令输入的一种代码实现。

```
/* 使用 I/O 多路复用的 toggle 服务器程序 toggless1.c。
使用 select 函数等待监听描述符上的连接请求和标准输入中的命令，编译命令为
```

```
     gcc  toggless1.c  toggle.c  -o  toggless1  -L.  -lwrapper */
1        #include "wrapper.h"
2        void toggle(int conn_sock);
3        void read_input (void);
4
5        int main(int argc, char **argv)
6        {
7            int listen_sock, conn_sock, port;
8            socklen_t clientlen = sizeof(struct sockaddr_in);
9            struct sockaddr_in clientaddr;
10           fd_set read_set, ready_set;
11
12           if (argc != 2) {
13               fprintf(stderr, "usage: %s <port>\n", argv[0]);
14               exit(1);
15           }
16           port = atoi(argv[1]);
17           listen_sock = open_listen_sock(port);
18
19           FD_ZERO(&read_set);
20           FD_SET(STDIN_FILENO, &read_set);
21           FD_SET(listen_sock, &read_set);
22
23           while (1) {
24               ready_set = read_set;
25               select(listen_sock+1, &ready_set, NULL, NULL, NULL);
26               if (FD_ISSET(STDIN_FILENO, &ready_set))
27                   read_input();                    /* read and process input from stdin */
28               if (FD_ISSET(listen_sock, &ready_set)) {
29                   conn_sock = accept(listen_sock, (SA *)&clientaddr, &clientlen);
30                   toggle(conn_sock);               /* toggle and send back client input */
31                   close(conn_sock);
32               }
33           }
34       }
35
36       void read_input(void) {
37           char buf[MAXLINE];
38           if (!fgets(buf, MAXLINE, stdin))
39               exit(0);              /* EOF */
40           printf("%s", buf);        /* Process the input command */
41       }
```

该程序首先在第 17 行调用 open_listen_sock 函数打开一个监听描述符，然后在第 19 行使用宏 FD_ZERO 创建一个空的读描述符集合：

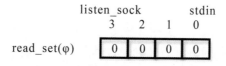

接下来，第 20 行和第 21 行定义由描述符 0(标准输入)和描述符 3(监听描述符)组成的读集合：

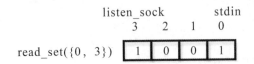

往下进入服务器循环。在此不调用 accept 函数等待连接请求，而是在第 25 行调用 select 函数，同时等待连接请求和用户输入，该函数一直阻塞，直到监听描述符或标准输入准备好可以读。例如，当用户输入一行文本并按回车键，使得标准输入描述符变为可读时，select 函数返回并将 ready_set 的值修改为如下所示：

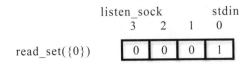

之后，用 FD_ISSET 宏指令判断 ready_set 中的哪个描述符准备就绪可以读。如果是标准输入准备就绪(第 26 行)，就调用 read_input 函数，该函数读取、解析和执行命令。如果是监听描述符准备就绪(第 28 行)，就调用 accept 函数，得到一个已连接描述符，然后调用 toggle 函数，对来自客户端的文本行进行大小写反转后送回，直到客户端关闭连接的一端。

togglessl.c 展示了如何使用 select 函数同时等待多个 I/O 事件，可以按前面的方法编译和执行该程序，以验证其正确性。但我们不难从输出结果中发现，该程序仍有迭代式服务程序存在的共同问题：一旦服务器连接到某个客户端，就会处理该客户端的请求，直到该客户端关闭连接；若此时通过服务器的键盘键入命令，就不会得到响应，直到服务器和客户端之间通信结束。解决办法是使用更细粒度的多路复用，如服务器每次仅处理来自客户端的一次请求，下面对此继续讨论。

　　思考与练习题 9.3 在大多数 UNIX 系统中，在标准输入中键入 Ctrl+D 表示 EOF。分析 togglessl.c 的源代码，若调用 select 函数时程序被阻塞，键入 Ctrl+D 后会发生什么？请进行验证。

*9.2.2　基于 I/O 多路复用实现事件驱动服务器

让服务器每次仅处理一个客户端请求或 I/O 事件，实际上就是一种事件驱动(event-driven)模式。服务器使用 I/O 多路复用，借助 select 函数检测 I/O 事件的发生，这些 I/O 事件不但包括键盘输入事件和客户端连接事件，还包括与客户端的数据传输事件。事件驱动服务器的一般处理流程是，主程序调用 select 函数检查事件是否发生，一旦有事件发生就处理事件，然后尽快返回检测事件。

下面的 togglessl2.c 是基于事件驱动实现 toggle 服务器的代码文件。活动客户端的集合记录在 sock_pool 结构体(第 3~10 行)中。在调用 init_sock_pool 初始化活动客户端的集合(第 30 行)后，服务器进入一个无限循环。在每次循环迭代中，服务器都会调用 select 函数来检测两种输入事件：来自新客户端的连接请求到达，以及已连接套接字准备就绪。当一个连接请求到达时(第 37 行)，服务器接收该连接请求(第 38 行)，并调用 add_sock 函数，将该客户端添加到 sock_pool 中(第 39 行)。最后，服务器调用 serve_clients 函数，处理从已连接描述符传来的数据(第 43 行)。

```
/* 基于 I/O 多路复用的并发 toggle 服务器程序 togglessl2.c,
   每次服务器迭代都回送来自每个准备好的描述符的文本行，编译命令为
   gcc togglessl2.c toggle.c -o togglessl2 -L. -lwrapper */
```

```
1       #include "wrapper.h"
2
3       typedef struct {              /* represents a pool of connected descriptors */
4           int maxfd;               /* largest descriptor in read_set */
5           fd_set read_set;          /* set of all active descriptors */
6           fd_set ready_set;         /* subset of descriptors ready for reading */
7           int nready;              /* number of ready descriptors from select */
8           int maxi;                /* highwater index into client array */
9           int client_sock[FD_SETSIZE];     /* set of active descriptors */
10      } sock_pool;
11
12      void init_sock_pool(int listen_sock, pool *pool)
13      void add_sock(int conn_sock, pool *pool);
14      void serve_clients(client pool *pool);
15
16      int main(int argc, char **argv)
17      {
18          int listen_sock, conn_sock, port;
19          socklen_t clientlen = sizeof(struct sockaddr_in);
20          struct sockaddr_in clientaddr;
21          static sock_pool pool;
22
23          if (argc != 2) {
24              fprintf(stderr, "usage: %s <port>\n", argv[0]);
25              exit(1);
26          }
27          port = atoi(argv[1]);
28
29          listen_sock = open_listen_sock(port);
30          init_sock_poo(listen_sock, &pool);
31          while (1) {
32              /* Wait for listening/connected descriptor(s) to become ready */
33              pool.ready_set = pool.read_set;
34              pool.nready = select(pool.maxfd+1, &pool.ready_set, NULL, NULL, NULL);
35
36              /* If listening descriptor ready, add new client to pool */
37              if (FD_ISSET(listen_sock, &pool.ready_set)) {
38                  conn_sock = accept(listen_sock, (SA *)&clientaddr, &clientlen);
39                  add_sock(conn_sock, &pool);
40              }
41
42              /* get a text line from a ready connected descriptor, toggle it and send back */
43              serve_clients(&pool);
44          }
45      }
```

init_sock_pool 函数用于初始化活动客户端池。client_sock 数组表示已连接描述符的集合，元素值为 −1 表示一个可用的空闲单元。初始时，已连接套接字的集合为空(第 5~7 行)，select 读集合仅包含监听描述符(第 10~12 行)。

```
/*  toggless2.c 中用于初始化客户端池的 init_sock_pool 函数的代码  */

1          void init_sock_pool(int listen_sock, sock_pool *p)
2          {
3               /* Initially, there are no connected descriptors */
4               int i;
5               p->maxi = -1;
6               for (i=0; i< FD_SETSIZE; i++)
7                 p->client_sock[i] = -1;
8
9               /* Initially, listen_sock is only member of select read set */
10              p->maxfd = listen_sock;
11              FD_ZERO(&p->read_set);
12              FD_SET(listen_sock, &p->read_set);
13          }
```

add_sock 函数用于将新的客户端添加到活动客户端的集合 client_pool 中。在 client_sock 数组中找到一个空闲单元后(第 6 行),服务器将这个已连接描述符添加到数组中(第 8 行)。然后,将这个已连接描述符添加到 select 读集合(第 11 行),并更新 client_pool 的一些全局属性。maxfd 变量(第 14 行和第 15 行)记录了 select 的最大文件描述符。maxi 变量(第 16 行和第 17 行)记录的是到 client_sock 数组的最大索引,这样 serve_clients 函数就不用搜索整个数组了。

```
/*  toggless2.c 中用于向池中添加新客户端连接的 add_client 函数的源代码  */

1          void add_sock(int conn_sock, sock_pool *p)
2          {
3               int i;
4               p->nready--;
5               for (i = 0; i < FD_SETSIZE; i++)              /* Find an available free cell */
6                 if (p->client_sock[i] < 0) {
7                     /* Add connected descriptor to the pool */
8                     p->client_sock[i] = conn_sock;
9
10                    /* Add the descriptor to descriptor set */
11                    FD_SET(conn_sock, &p->read_set);
12
13                    /* Update max descriptor and pool highwater mark */
14                    if (conn_sock > p->maxfd)
15                        p->maxfd = conn_sock;
16                    if (i > p->maxi)
17                        p->maxi = i;
18                    break;
19                }
20              if (i == FD_SETSIZE)        /* Couldn't find an empty cell */
21                perror("add_client error: Too many clients");
22          }
```

serve_clients 函数处理来自每个已连接描述符的请求。它从描述符读取文本行,将大小写反转并回送到客户端(第 13 行)。如果客户端关闭了其套接字,服务器将检测到 EOF,然后关闭服务器端套接字(第 17 行)，最后从 client_sock 中清除这个描述符(第 18 行和第 19 行)。

```
/*  toggless2.c 中用于已连接客户端请求的 serve_clients 函数的源代码  */

1        void serve_clients(sock_pool *p)
2        {
3            int i, conn_sock, n;
4            char buf[MAXLINE];
5
6            for (i = 0; (i <= p->maxi) && (p->nready > 0); i++) {
7                conn_sock = p->client_sock[i];
8
9                /* If the descriptor is ready, echo a text line from it */
10               if ((conn_sock> 0) && (FD_ISSET(conn_sock, &p->ready_set))) {
11                   p->nready--;
12
13                   toggle(conn_sock);
14
15                   /* EOF detected, remove descriptor from pool */
16               else {
17                   close(conn_sock);
18                   FD_CLR(conn_sock, &p->read_set);
19                   p->client_sock[i] = -1;
20               }
21           }
22       }
23   }
```

现在 toggless2.c 能够及时响应和处理来自每个客户端的请求，可用前面的方法测试程序的正确性。

基于 I/O 多路复用的事件驱动服务器有很多好处：首先是运行在单一进程上下文中，每个逻辑流都能访问该进程的全部地址空间，在流之间共享数据变得很容易；其次，单进程运行还可利用 GDB 等熟悉的调试工具，调试并发服务器；最后，相比基于进程的设计，事件驱动设计效率更高，不需要进行进程上下文切换来调度新的流。

事件驱动设计的缺点也很明显：首先是编码复杂，代码量大，复杂性随并发粒度减小而增加；其次，相比多进程编程方式，事件驱动设计显得较脆弱，在示例程序中，若恶意客户"故意只发送部分文本行，然后就停止"，就会导致拒绝服务；最后，事件处理不能并行执行，难以发挥多核处理器的并行运算能力。

☛ **思考与练习题 9.4**　在 toggless2.c 的源代码中，我们在每次调用 select 函数之前都会立即用语句"pool.ready_set = pool.read_set；"重新初始化 pool.ready_set 变量，这是为什么？

9.3　基于线程的并发编程

前面介绍了两种创建并发逻辑流的方法。基于多进程方法为每个请求客户创建单独进程，内核会自动调度每个进程，每个进程都有自己的私有地址空间，但逻辑流共享数据很难实现。基于 I/O

多路复用的方法可在单进程中同时等待多个事件发生，所有的流共享整个地址空间，但控制和编程较为复杂，而且事件不能并发处理。基于线程的逻辑流结合了基于进程和基于 I/O 多路复用的两种流的特性。线程由内核自动调度，并发执行，可利用多处理器强大的处理能力，而且编程控制直观方便。同基于 I/O 多路复用的流一样，多个线程运行在单一进程的上下文中，共享进程虚拟地址空间的所有内容，包括代码、数据、堆、共享库和打开的文件。

9.3.1 基于线程的并发 toggle 服务器

下面给出了基于线程的并发 toggle 服务器的代码实现。整体结构与基于进程的代码实现相似：在打开监听套接字(第 18 行)后，主线程不断地等待连接请求(第 21 行)，然后创建一个对等线程来处理该请求(第 22 行)。

```
/*  togglest.c，基于线程的 toggle 并发服务器  */
1       #include "wrapper.h"
2       void toggle(int conn_sock);
3       void *serve_client(void *vargp);
4
5       int main(int argc, char **argv)
6       {
7           int listen_sock, *conn_sock_p, port;
8           socklen_t clientlen=sizeof(struct sockaddr_in);
9           struct sockaddr_in clientaddr;
10          pthread_t tid;
11
12          if (argc != 2) {
13              fprintf(stderr, "usage: %s <port>\n", argv[0]);
14              exit(1);
15          }
16          port = atoi(argv[1]);
17
18          listen_sock = open_listen_sock(port);
19          while (1) {
20              conn_sock_p = malloc(sizeof(int));
21              *conn_sock_p = accept(listen_sock, (SA *) &clientaddr, &clientlen);
22              pthread_create(&tid, NULL, serve_client, conn_sock_p);
23          }
24      }
25
26      /* thread routine */
27      void * serve_client (void *vargp)
28      {
29          int conn_sock = *((int *)vargp);
30          pthread_detach(pthread_self());
31          free(vargp);
32          toggle(conn_sock);
33          close(conn_sock);
34          return NULL;
35      }
```

编译命令为:

```
gcc  -o  togglest   togglest.c  toggle.c  -L.  -lwrapper  -lpthread
```

阅读 tooglest.c 的源代码时,需要注意以下三点。

(1) 为防止出现类似 6.7.4 节中的竞争,为每个 accept 函数返回的已连接描述符分配了一个专用的动态分配存储器块,将描述符指针 conn_sock_p 作为参数传递给线程函数 serve_client(第 22 行)。

(2) 线程函数 serve_client 从参数 vargp 中读出已连接描述符 conn_sock 后,在第 31 行将已连接描述符的专用内存块释放掉,以避免内存泄漏。

(3) 线程函数在第 30 行调用 pthread_detach 将自身分离,这样就可以不通过主线程调用 pthread_join 来等待其结束并清理之,而是在终止时自动将所有资源归还系统,由系统对其进行清理。

📖 思考与练习题 9.5 在基于进程的服务器中,我们在两个位置小心地关闭了已连接描述符:父进程和子进程。然而,在基于线程的服务器中,我们只在一个位置关闭了已连接描述符:对等线程。这是为什么?

📖 思考与练习题 9.6 如果我们在调用 pthread_create 时,直接将已连接描述符指针传递给线程:

```
int conn_sock;
conn_sock = accept (listen_sock, (SA*) &clientaddr, &clientlen) ;
pthread_create(&tid, NULL, serve_client, &conn_sock);
```

让对等线程间接引用这个指针,并将它赋值给一个局部变量:

```
void serve_client (void* argp) {
    int conn_sock =*((int *)vargp);
    …
}
```

这样编写代码有何问题?如果有问题,给出一种导致错误的执行序列和错误结果。

9.3.2 基于预线程化的并发服务器

让并发服务器为每个新的请求客户端创建一个新线程,这种方法虽然开销远低于创建进程,但当连接请求多而频繁时,开销仍不可小觑。解决这个问题的一种方法是使用预线程化(prethreading)技术,预先创建一批工作者线程,当主线程每次成功建立与客户端的连接时,就分派一个工作者线程专门服务该客户,通信结束时并不撤销线程,而是让线程继续处于待命状态,准备接受下一次任务。

预线程化并发编程可以针对特定应用进行定制化设计,但最好设计成与应用无关的结构或模块,以方便开发具体应用时借鉴甚至直接调用。图 9-5 是基于预线程化服务器的一种工作模型。服务器由一个主线程和一组工作者线程构成。主线程不断地接收来自客户端的连接请求,并将得到的连接描述符放在一个任务池(task pool)中。每个工作者线程反复地从任务池中取出描述符,为客户端服务,然后等待下一个描述符。在这里,任务池实际上是一个具有同步机制的有限缓冲区,这样主线程和工作者线程就形成了一种生产者/消费者关系。

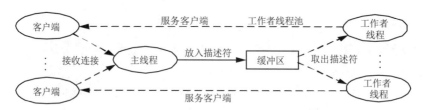

图 9-5   预线程化并发服务器的结构。一组现有线程不断地取出和处理来自任务池的已连接描述符

1. 任务池的结构

头文件 taskpool.h 展示了任务池 task_pool_t 的结构，它有一个含 cnt 个元素的数组 socks，通过写指针 inpos、读指针 outpos 构成一个循环队列，定义两个同步信号量 avail、ready 和一个互斥信号量 mutex，用于保证各线程正确操作 socks 数组。

```
     /* taskpool.h */
1    typedef struct {
2        int *socks;              /* Buffer array */
3        int cnt;                 /* Maximum number of cell */
4        int inpos;               /* buf[inpos] is first available cell */
5        int outpos;              /* buf[outpos] is fist item */
6        sem_t mutex;             /* Protects accesses to socks */
7        sem_t avail;             /* Counts available cells */
8        sem_t ready;             /* Counts ready items */
9    } task_pool_t;
```

源文件 taskpool.c 定义了对 task_pool 的 4 种主要操作：初始化 task_pool_init、插入描述符 task_insert、取出描述符 task_remove、缓冲区清理 task_pool_deinit。下面的代码给出了 task_pool_init 与 insert_task 操作的实现。这是一个非常典型的生产者/消费者缓冲区。task_pool_init 负责申请内存块以创建数组 socks，初始化元素个数 cnt、缓冲区指针 outpos 与 inpos，初始化互斥信号量 mutex 及同步信号量 avail 与 ready。task_insert 要先对同步信号量 avail 执行 P 操作，等待空闲单元(第 13 行)，再请求对缓冲区加锁(第 14 行)，之后才能将描述符放入 task_pool，并调整 tail 指针(第 15 行和第 16 行)，之后要解锁，对同步信号量 ready 执行 V 操作(第 17 行和第 18 行)。阅读 taskpool.c 的其他代码，不难理解 task_remove 与 task_pool_deinit 的实现。

```
     /* 任务池源程序文件 taskpool.c */
1    void task_pool_init(task_pool_t *tp, int n)
2    {
3        tp->socks = calloc(n, sizeof(int));
4        tp->cnt = n;                          /* socks holds max of n items */
5        tp->outpos = tp->inpos = 0;           /* Empty socks iff inpos==outpos */
6        sem_init(&tp->mutex, 0, 1);           /* Binary semaphore for locking */
7        sem_init(&tp->avail, 0, tp->cnt);     /* Initially, socks has cnt empty cell */
8        sem_init(&tp->ready, 0, 0);           /* Initially, socks has zero data items */
9    }
10
11   void task_insert (task_pool_t *tp, int item)
12   {
13       sem_wait(&tp->avail);                 /* Wait for available cell */
```

```
14          sem_wait(&tp->mutex);              /* Lock the shared variable inpos pointer */
15          tp->socks[tp->inpos] = item;      /* Insert the item */
16          tp-> inpos =(tp-> inpos +1)%(tp->cnt); /* adjuset inpos point */
17          sem_post(&tp->mutex);             /* Unlock the buffer */
18          sem_post(&tp->ready);             /* Announce available item */
19      }
```

☞ **思考与练习题 9.7** 函数 task_insert 和 task_remove 是线程安全函数吗？是可重入函数吗？为什么？删去对信号量 mutex 的 P/V 操作之后呢？

2. 预线程化并发 toggle 服务器的实现

下面展示了预线程化并发 toggle 服务器的源代码。在初始化缓冲区 task_pool(第 23 行)后，主线程创建了一组工作者线程(第 26 行和第 27 行)，然后进入无限循环，接收连接请求，将得到的已连接描述符插入任务池 task_pool 中。工作者线程的行为非常简单，只是在任务池中取出一个已连接描述符(第 38 行)，然后调用 toggle 函数回送客户端的输入。

```
        /* togglest_pre.c */
1       #include "wrapper.h"
2       #include "task_pool.h"
3       #define NTHREADS   4
4       #define SBUFSIZE      16
5
6       void toggle(int conn_sock);
7       void *serve_client(void *vargp);
8
9       task_pool_t tp;              /* task pool: shared buffer of connected descriptors */
10
11      int main(int argc, char **argv)
12      {
13          int i, listen_sock, conn_sock, port;
14          socklen_t clientlen=sizeof(struct sockaddr_in);
15          struct sockaddr_in clientaddr;
16          pthread_t tid;
17
18          if (argc != 2) {
19              fprintf(stderr, "usage: %s <port>\n", argv[0]);
20              exit(1);
21          }
22          port = atoi(argv[1]);
23          task_pool_init(&tp, SBUFSIZE);
24          listen_sock = open_listen_sock(port);
25
26          for (i = 0; i < NTHREADS; i++)    /* Create worker threads */
27              pthread_create(&tid, NULL, serve_client, NULL);
28
29          while (1) {
30              conn_sock = accept(listen_sock, (SA *) &clientaddr, &clientlen);
31              task_insert(&tp, conn_sock);       /* Insert conn_sock in task pool */
32          }
```

```
33        }
34        void * serve_client(void *vargp)
35        {
36             pthread_detach(pthread_self());
37             while (1) {
38                int conn_sock = task_remove(&tp);     /* Remove a task from task pool */
39                toggle(conn_sock);                    /* Serve client */
40                close(conn_sock);
41             }
42        }
```

将预线程化并发服务器的源代码编译成可执行程序 togglest_pre 的方法如下：

```
$ gcc  -o  togglest_pre    togglest_pre.c  task_pool.c  toggle.c
-L.  -lwrapper  -lpthread
```

👉 **思考与练习题 9.8**　试说明本节的两段示例程序中网络连接分发是一种典型的生产者/消费者问题。

9.4　本章小结

　　并发程序由时间上重叠的一组逻辑流组成，一般构建并发程序有三种方法：多进程、I/O 多路复用和多线程。进程是由内核自动调度的，有各自独立的虚拟地址空间，要实现数据共享，必须通过 IPC 机制创建共享内存。I/O 多路复用可创建自己的并发逻辑流，程序运行在单一进程中，流之间共享数据方便且效率高。线程机制结合了进程和 I/O 多路复用的优点。

　　本章介绍了基于进程、I/O 多路复用和线程开发并发服务器的基本方法，以 toggle 服务器为例进行讲解，将 weblet 服务器的并发版本开发作为练习，有助于对基于进程、I/O 多路复用和线程的并发编程进行训练。

■ 课后作业

👉 ***思考与练习题 9.9**　事件驱动的并发服务器 toggless2.c 存在缺陷：恶意的客户端能够通过发送部分文本行，使服务器拒绝为其他客户端服务。编写一个改进的服务器版本，以非阻塞方式处理部分文本行。

👉 **思考与练习题 9.10**　仿照 togglesp.c，实现一个基于进程的 weblet 服务器并发版本，为每个新的连接请求创建一个新的子进程，使用浏览器进行验证。

👉 **思考与练习题 9.11**　仿照 toggless2.c，实现一个基于 I/O 多路复用的 weblet 服务器并发版本。使用浏览器和 Telnet 工具进行验证。

👉 **思考与练习题 9.12**　仿照 togglest.c，实现一个基于线程的 weblet 服务器并发版本，为每个新的连接请求创建一个新的线程，使用浏览器进行验证。

👉 **思考与练习题 9.13**　仿照 togglest_pre.c，实现一个基于预线程化技术的 weblet 服务器并发版本，使用浏览器进行验证。

✎ **思考与练习题 9.14**　实现一个支持负载均衡的基于预线程化技术的 weblet 服务器并发版本，根据当前负载动态地增加或减少线程的数目，设计一个 Web 客户端程序进行验证。负载均衡编程参考策略：当缓冲区变满时，自动将线程数量翻倍；而当缓冲区为空时，自动将线程数目减半。

✎ ***思考与练习题 9.15**　查阅 phread_once 函数的语义，阅读下面的程序代码，给出输出结果。

```c
#include "wrapper.h"
static void init (void)
{
    printf("this thread init action\n");
}


void    * thread(void *arg)
{
    static pthread_once_t once = PTHREAD_ONCE_INIT;
     pthread_once(&once, init);
    printf("this is thread action\n");
}
int main()
{
    pthread_t t1,t2;
    pthread_create(&t1,NULL,thread,NULL);
    pthread_create(&t2,NULL,thread,NULL);
    pthread_join(t1,NULL);
    pthread_join(t2,NULL);

}
```

✎ ***思考与练习题 9.16**　Web 代理是在 Web 服务器和浏览器之间扮演中间角色的程序。浏览器并不是直接连接服务器以获取网页，而是与代理连接，代理再将请求转发给服务器。当服务器响应代理时，代理将响应发送给浏览器。请编写一个简单的可以过滤和记录请求的 Web 代理。

A. 基本要求：接收浏览器请求，分析 HTTP，转发请求给服务器，并且返回结果给浏览器。代理将所有请求的 URL 记录到磁盘上的一个日志文件中。

B. 高级要求：升级代理，通过派生一个独立的线程来处理每个请求，使代理能够一次处理多个打开的连接。当代理等待远程服务器响应一个请求以服务一个浏览器时，它可以处理另一个浏览器未完成的请求。使用实际的浏览器检验程序的正确性。

参 考 文 献

[1] 袁春风. 计算机系统基础[M]. 北京：机械工业出版社，2014.

[2] 鸟哥，王世江. 鸟哥的 Linux 私房菜：基础学习篇[M]. 北京：人民邮电出版社，2010.

[3] A Silberschatz，PB Galvin，G Gagnez，深入理解计算机系统[M]. 2 版. 龚奕利，贺莲，译. 机械工业出版社，2010.

[4] 华清远见嵌入式培训中心. 嵌入式 Linux 系统开发标准教程[M]. 2 版. 北京：人民邮电出版社，2009.

[5] 汤小丹，梁红兵，哲凤屏，汤子瀛. 计算机操作系统[M]. 4 版. 西安：西安电子科技大学出版社，2016.

[6] Abraham Silberschatz，Peter Baer Galvin，Greg Gagne. 操作系统概念[M]. 北京：高等教育出版社，2010.

[7] 李善平. 操作系统学习指导和考试指导[M]. 杭州：浙江大学出版社，2004.

[8] 传智播客研发部. Java 基础入门[M]. 北京：清华大学出版社，2017.

[9] 毛德操，胡希明. Linux 内核源代码情景分析[M]. 杭州：浙江大学出版社，2001.

[10] Andrew S. Tanenbaum. 现代操作系统[M]. 北京：机械工业出版社，2009.

[11] KurtWall，张辉. GNU/Linux 编程指南[M]. 北京：清华大学出版社，2002.

[12] Robert Love. Linux 系统编程[M]. 北京：人民邮电出版社，2014.

[13] 贾蓉生，许世豪，林金池，贾敏原. 精致作业系统[M]. 2 版. 台北：博硕文化股份有限公司，2012.

[14] 俞辉. 嵌入式 Linux 程序设计案例与实验教程[M]. 北京：机械工业出版社，2009.

[15] 刘淼. 嵌入式系统接口设计与 Linux 驱动程序开发[M]. 北京：北京航空航天大学出版社，2006.

[16] 徐德民. 操作系统原理 Linux 篇[M]. 北京：国防工业出版社，2004.

[17] 费翔林. Linux 操作系统实验教程[M]. 北京：高等教育出版社，2009.

[18] 徐虹，何嘉，张钟澍. 操作系统实验指导[M]. 北京：清华大学出版社，2009.

[19] 庞丽萍. 操作系统实验与课程设计[M]. 武汉：华中理工大学出版社，1995.

[20] 何文华，梁竞敏. Linux 操作系统实验与实训[M]. 北京：人民邮电出版社，2006.

[21] 孟庆昌. 操作系统原理[M]. 北京：机械工业出版社，2010.

[22] 严冰，刘加海，季江民. Linux 程序设计[M]. 杭州：浙江大学出版社，2012.

[23] 李养群，王攀，周梅. Linux 编程基础[M]. 北京：人民邮电出版社，2015.